오답노트 앱 사용가능
틀린 문제 저장&출력
오답노트 앱을 다운받으세요 (안드로이드만 가능)

기본부터 실력까지 한 권에 다 담은 유형서

동영상 강의 제공

KB094196

모든 유형을 다 담은 해결의 법칙

BOOK 1

기본

모바일 코칭 시스템

천재교육

언제나 만점이고 싶은 친구들

Welcome!

공부하기 싫어, 놀고 싶어!
공부는 지겹고, 어려워!
그 마음 잘 알아요.
그럼에도 꾸준히 공부하고 있는 여러분은
정말 대단하고, 칭찬받아 마땅해요.

여러분, 정말 미안해요.
공부를 지겹고 어려운 것으로 느끼게 해서요.

그래서 열심히 연구했어요.
공부하는 시간이 기다려지는 책을 만들려고요.
당장은 어려운 문제를 풀지 못해도 괜찮아요.
지금 여러분에겐 공부가 즐거워지는 것이 가장 중요하니까요.

이제 우리와 함께 재미있는 공부의 세계로 떠나볼까요?

#All 유형
#유형별완벽학습

유형
해결의 법칙

Chunjae
Makes
Chunjae

[유형 해결의 법칙] 초등 수학 6-1

기획총괄 김안나
편집개발 이근우, 한인숙, 서진호, 박웅
디자인총괄 김희정
표지디자인 윤순미
내지디자인 박희춘, 이혜미
제작 황성진, 조규영

발행일 2022년 9월 15일 개정초판 2022년 9월 15일 1쇄
발행인 (주)천재교육
주소 서울시 금천구 가산로9길 54
신고번호 제2001-000018호
고객센터 1577-0902

※ 정답 분실 시에는 천재교육 교재 홈페이지에서 내려받으세요.
※ KC 마크는 이 제품이 공통안전기준에 적합하였음을 의미합니다.
※ 주의
책 모서리에 다칠 수 있으니 주의하시기 바랍니다.
부주의로 인한 사고의 경우 책임지지 않습니다.
8세 미만의 어린이는 부모님의 관리가 필요합니다.

유형 해결의 법칙 BOOK 1 QR 활용 안내

오답 노트

틀린 문제 저장! 출력!

학습을 마칠 때에는 **오답노트**에 어떤 문제를 틀렸는지 표시해.
나중에 틀린 문제만 모아서 다시 풀면 **실력도 쑥쑥** 늘겠지?

① 오답노트 앱을 설치 후 로그인
② 책 표지의 QR 코드를 스캔하여 내 교재 등록
③ 오답 노트를 작성할 교재 아래에 있는 를 터치하여 문항 번호를 선택하기

자세한 개념 동영상

단원별로 필요한 기본 개념은 QR을 찍어 동영상으로 자세하게 학습할 수 있습니다.

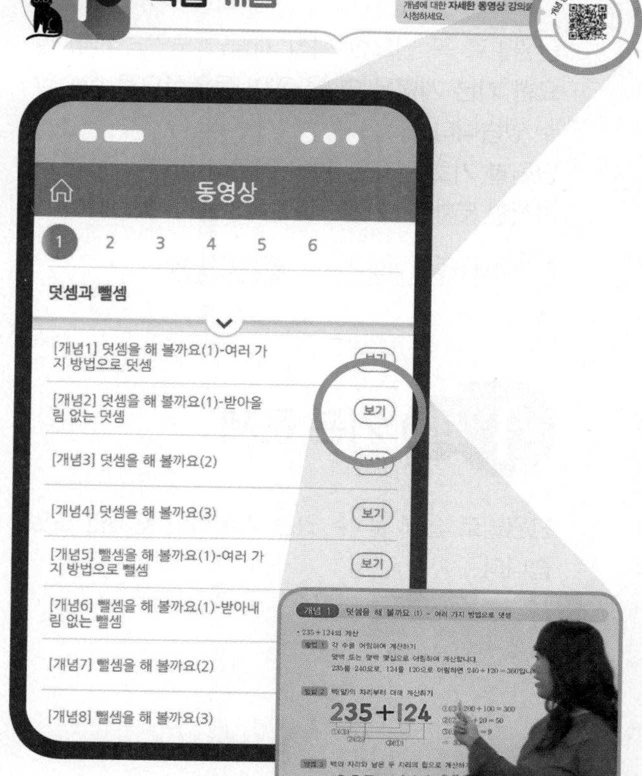

문제 풀이 동영상

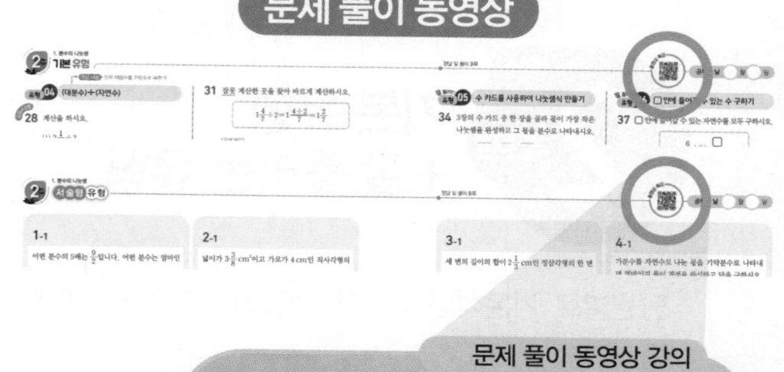

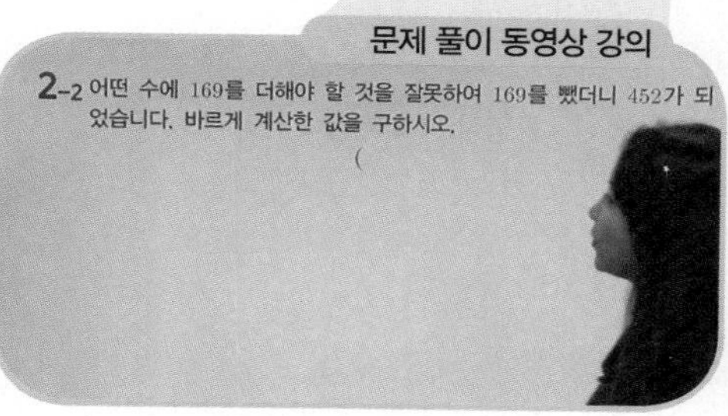

문제 생성기

추가적인 문제는 QR을 찍으면 더 풀 수 있습니다.

QR 코드를 찍어 보세요.
새로운 문제를 계속 풀 수 있어요.

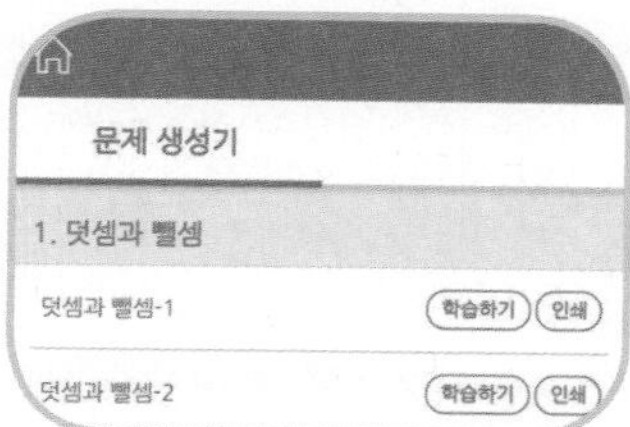

난이도 하와 중의 문제로 구성하였습니다.

1단계 핵심 개념 +기초 문제

단원별로 꼭 필요한 핵심 개념만 모았습니다. 필요한 기본 개념은 QR을 찍어 동영상으로 학습할 수 있습니다.
단원별 기초 문제를 통해 기초력 확인을 하고 추가적인 문제는 QR을 찍으면 더 풀 수 있습니다.

문제 생성기

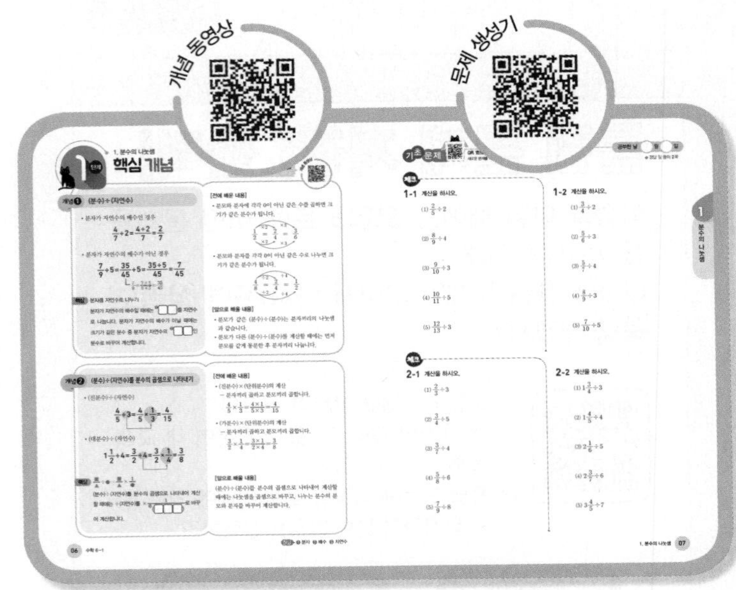

1단계 기본 문제

단원별로 쉽게 풀 수 있는 기본적인 문제만 모았습니다.

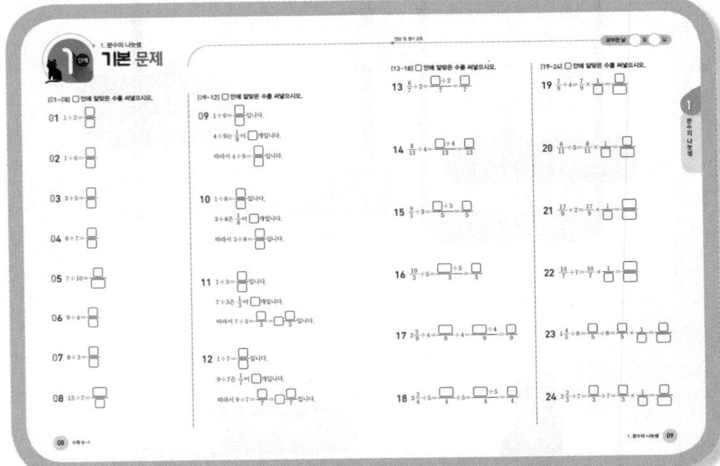

2단계 기본 유형 +잘 틀리는 유형

단원별로 기본적인 유형에 해당하는 문제를 모았습니다.

동영상 강의 제공

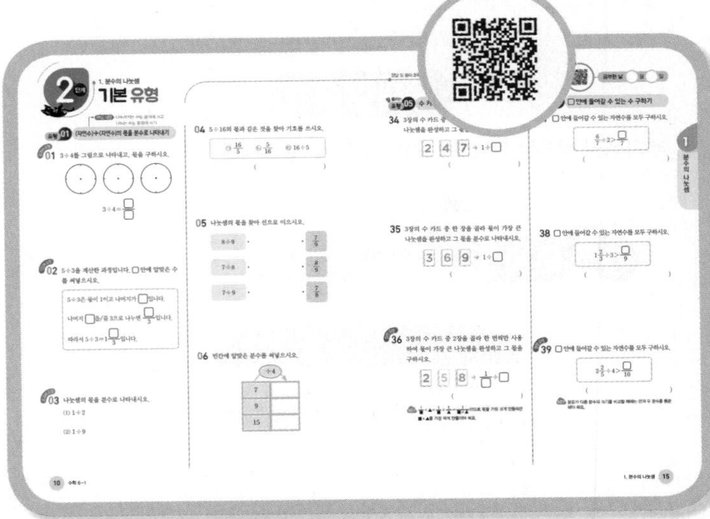

2 단계 서술형 유형

서술형 유형은 서술형 문제를 연습할 수 있습니다.

동영상 강의 제공

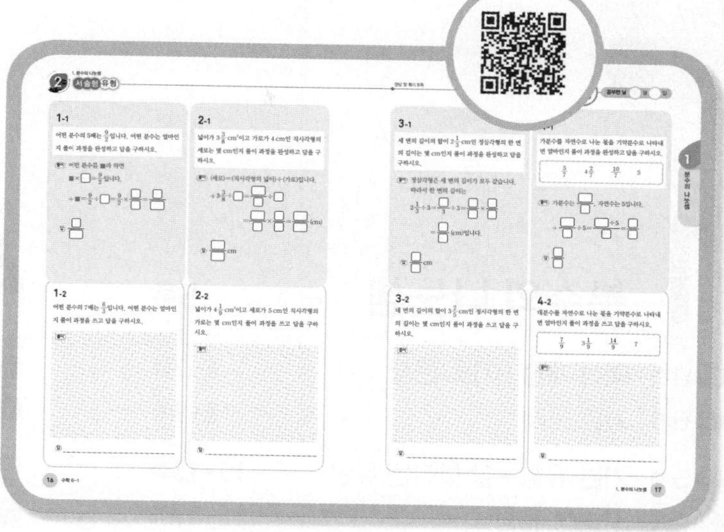

3 단계 유형 평가

단원별로 공부한 기본 유형을 제대로 공부했는지 유형 평가를 통해 복습할 수 있습니다.

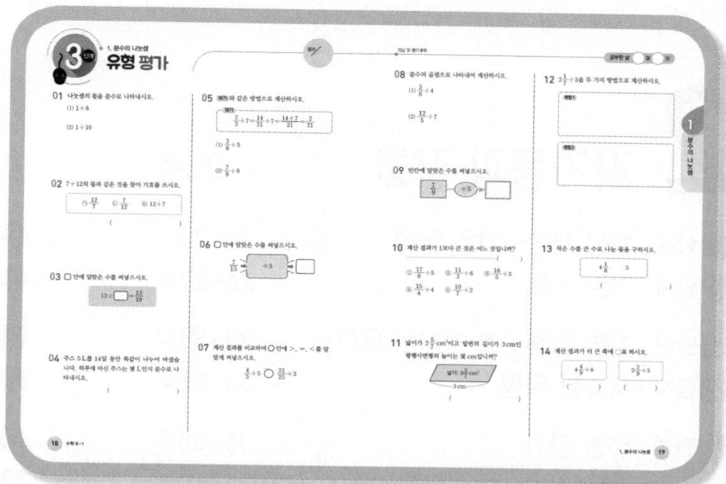

3 단계 단원 평가

단원 평가를 풀어 보면서 단원에서 배운 기본적인 개념과 문제를 다시 한 번 확실하게 기억할 수 있습니다.

유사 문제 제공

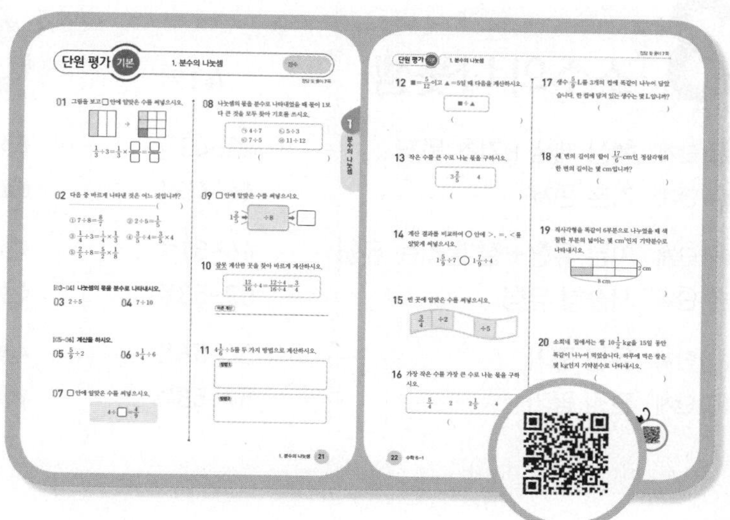

Book1

차례

1 분수의 나눗셈

학습 계획표

계획표대로 공부했으면 ○표, 못했으면 △표 하세요.

내용	쪽수	날짜	확인
❶단계 핵심 개념+기초 문제	6~7쪽	월 일	
❶단계 기본 문제	8~9쪽	월 일	
❷단계 기본 유형+잘 틀리는 유형	10~15쪽	월 일	
❷단계 서술형 유형	16~17쪽	월 일	
❸단계 유형 평가	18~20쪽	월 일	
❸단계 단원 평가	21~22쪽	월 일	

1. 분수의 나눗셈

핵심 개념

개념에 대한 **자세한 동영상 강의**를 시청하세요.

개념 ❶ (분수)÷(자연수)

- 분자가 자연수의 배수인 경우

$$\frac{4}{7}\div 2=\frac{4\div 2}{7}=\frac{2}{7}$$

- 분자가 자연수의 배수가 아닌 경우

$$\frac{7}{9}\div 5=\frac{35}{45}\div 5=\frac{35\div 5}{45}=\frac{7}{45}$$

$$\frac{7}{9}=\frac{7\times 5}{9\times 5}=\frac{35}{45}$$

핵심 분자를 자연수로 나누기

분자가 자연수의 배수일 때에는 ❶ ☐☐를 자연수로 나눕니다. 분자가 자연수의 배수가 아닐 때에는 크기가 같은 분수 중 분자가 자연수의 ❷ ☐☐인 분수로 바꾸어 계산합니다.

[전에 배운 내용]

- 분모와 분자에 각각 0이 아닌 같은 수를 곱하면 크기가 같은 분수가 됩니다.

$$\frac{1}{2}=\frac{2}{4}=\frac{3}{6}$$ (×2, ×3)

- 분모와 분자를 각각 0이 아닌 같은 수로 나누면 크기가 같은 분수가 됩니다.

$$\frac{4}{8}=\frac{2}{4}=\frac{1}{2}$$ (÷2, ÷4)

[앞으로 배울 내용]

- 분모가 같은 (분수)÷(분수)는 분자끼리의 나눗셈과 같습니다.
- 분모가 다른 (분수)÷(분수)를 계산할 때에는 먼저 분모를 같게 통분한 후 분자끼리 나눕니다.

개념 ❷ (분수)÷(자연수)를 분수의 곱셈으로 나타내기

- (진분수)÷(자연수)

$$\frac{4}{5}\div 3=\frac{4}{5}\times\frac{1}{3}=\frac{4}{15}$$

- (대분수)÷(자연수)

$$1\frac{1}{2}\div 4=\frac{3}{2}\div 4=\frac{3}{2}\times\frac{1}{4}=\frac{3}{8}$$

핵심 $\frac{■}{▲}\div●=\frac{■}{▲}\times\frac{1}{●}$

(분수)÷(자연수)를 분수의 곱셈으로 나타내어 계산할 때에는 ÷(자연수)를 $\times\frac{1}{(❸ ☐☐☐)}$로 바꾸어 계산합니다.

[전에 배운 내용]

- (진분수)×(단위분수)의 계산
  - 분자끼리 곱하고 분모끼리 곱합니다.

$$\frac{4}{5}\times\frac{1}{3}=\frac{4\times 1}{5\times 3}=\frac{4}{15}$$

- (가분수)×(단위분수)의 계산
  - 분자끼리 곱하고 분모끼리 곱합니다.

$$\frac{3}{2}\times\frac{1}{4}=\frac{3\times 1}{2\times 4}=\frac{3}{8}$$

[앞으로 배울 내용]

(분수)÷(분수)를 분수의 곱셈으로 나타내어 계산할 때에는 나눗셈을 곱셈으로 바꾸고, 나누는 분수의 분모와 분자를 바꾸어 계산합니다.

정답 ❶ 분자 ❷ 배수 ❸ 자연수

QR 코드를 찍어 보세요.
새로운 문제를 계속 풀 수 있어요.

공부한 날 월 일

● 정답 및 풀이 2쪽

1-1 계산을 하시오.

(1) $\frac{2}{5} \div 2$

(2) $\frac{8}{9} \div 4$

(3) $\frac{9}{10} \div 3$

(4) $\frac{10}{11} \div 5$

(5) $\frac{12}{13} \div 3$

1-2 계산을 하시오.

(1) $\frac{3}{4} \div 2$

(2) $\frac{5}{6} \div 3$

(3) $\frac{5}{7} \div 4$

(4) $\frac{8}{9} \div 3$

(5) $\frac{7}{10} \div 5$

2-1 계산을 하시오.

(1) $\frac{2}{3} \div 3$

(2) $\frac{3}{4} \div 5$

(3) $\frac{3}{7} \div 4$

(4) $\frac{5}{8} \div 6$

(5) $\frac{7}{9} \div 8$

2-2 계산을 하시오.

(1) $1\frac{3}{4} \div 3$

(2) $1\frac{4}{5} \div 4$

(3) $2\frac{1}{6} \div 5$

(4) $2\frac{3}{7} \div 6$

(5) $3\frac{4}{5} \div 7$

1. 분수의 나눗셈

기본 문제

[01~08] $\square$ 안에 알맞은 수를 써넣으시오.

01 $1 \div 2 = \frac{\square}{\square}$

02 $1 \div 6 = \frac{\square}{\square}$

03 $3 \div 5 = \frac{\square}{\square}$

04 $6 \div 7 = \frac{\square}{\square}$

05 $7 \div 10 = \frac{\square}{\square}$

06 $9 \div 4 = \frac{\square}{\square}$

07 $8 \div 3 = \frac{\square}{\square}$

08 $13 \div 7 = \frac{\square}{\square}$

[09~12] $\square$ 안에 알맞은 수를 써넣으시오.

09 $1 \div 9 = \frac{\square}{\square}$입니다.

$4 \div 9$는 $\frac{1}{9}$이 $\square$개입니다.

따라서 $4 \div 9 = \frac{\square}{\square}$입니다.

10 $1 \div 8 = \frac{\square}{\square}$입니다.

$3 \div 8$은 $\frac{1}{8}$이 $\square$개입니다.

따라서 $3 \div 8 = \frac{\square}{\square}$입니다.

11 $1 \div 3 = \frac{\square}{\square}$입니다.

$7 \div 3$은 $\frac{1}{3}$이 $\square$개입니다.

따라서 $7 \div 3 = \frac{\square}{3} = \square\frac{\square}{3}$입니다.

12 $1 \div 7 = \frac{\square}{\square}$입니다.

$9 \div 7$은 $\frac{1}{7}$이 $\square$개입니다.

따라서 $9 \div 7 = \frac{\square}{7} = \square\frac{\square}{7}$입니다.

공부한 날 ( ) 월 ( ) 일

[13~18] □ 안에 알맞은 수를 써넣으시오.

13 $\frac{6}{7} \div 2 = \frac{\square \div 2}{7} = \frac{\square}{7}$

14 $\frac{8}{13} \div 4 = \frac{\square \div 4}{13} = \frac{\square}{13}$

15 $\frac{9}{5} \div 3 = \frac{\square \div 3}{5} = \frac{\square}{5}$

16 $\frac{10}{3} \div 5 = \frac{\square \div 5}{3} = \frac{\square}{3}$

17 $2\frac{2}{9} \div 4 = \frac{\square}{9} \div 4 = \frac{\square \div 4}{9} = \frac{\square}{9}$

18 $3\frac{3}{4} \div 5 = \frac{\square}{4} \div 5 = \frac{\square \div 5}{4} = \frac{\square}{4}$

[19~24] □ 안에 알맞은 수를 써넣으시오.

19 $\frac{7}{9} \div 4 = \frac{7}{9} \times \frac{1}{\square} = \frac{\square}{\square}$

20 $\frac{8}{11} \div 5 = \frac{8}{11} \times \frac{1}{\square} = \frac{\square}{\square}$

21 $\frac{17}{9} \div 2 = \frac{17}{9} \times \frac{1}{\square} = \frac{\square}{\square}$

22 $\frac{10}{7} \div 7 = \frac{10}{7} \times \frac{1}{\square} = \frac{\square}{\square}$

23 $1\frac{4}{5} \div 8 = \frac{\square}{5} \div 8 = \frac{\square}{5} \times \frac{1}{\square} = \frac{\square}{\square}$

24 $2\frac{2}{3} \div 7 = \frac{\square}{3} \div 7 = \frac{\square}{3} \times \frac{1}{\square} = \frac{\square}{\square}$

1 분수의 나눗셈

1. 분수의 나눗셈

2단계 기본 유형

핵심 내용 나누어지는 수는 분자에 쓰고 나누는 수는 분모에 쓰기

유형 01 (자연수)÷(자연수)의 몫을 분수로 나타내기

01 3÷4를 그림으로 나타내고, 몫을 구하시오.

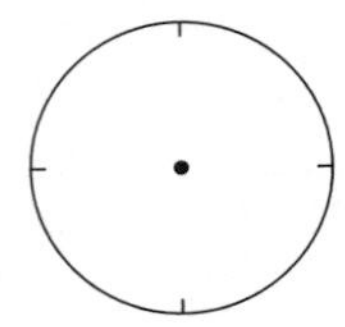
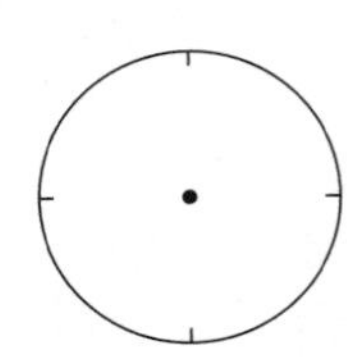
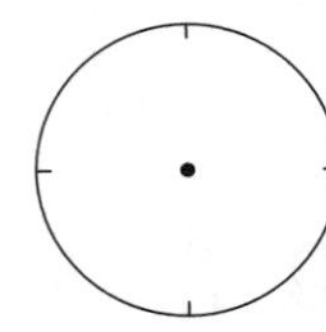

$3\div4=\frac{\square}{\square}$

02 5÷3을 계산한 과정입니다. □ 안에 알맞은 수를 써넣으시오.

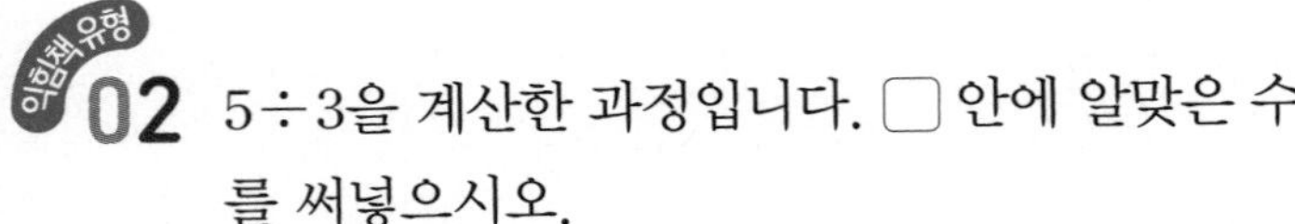

5÷3은 몫이 1이고 나머지가 □입니다.

나머지 □을/를 3으로 나누면 $\frac{\square}{3}$입니다.

따라서 $5\div3=1\frac{\square}{3}$입니다.

03 나눗셈의 몫을 분수로 나타내시오.

(1) 1÷2

(2) 1÷9

04 5÷16의 몫과 같은 것을 찾아 기호를 쓰시오.

㉠ $\frac{16}{5}$ ㉡ $\frac{5}{16}$ ㉢ 16÷5

( )

05 나눗셈의 몫을 찾아 선으로 이으시오.

8÷9 •	• $\frac{7}{9}$
7÷8 •	• $\frac{8}{9}$
7÷9 •	• $\frac{7}{8}$

06 빈칸에 알맞은 분수를 써넣으시오.

÷4

7	
9	
15	

공부한 날 월 일

07 나눗셈의 몫을 분수로 잘못 나타낸 것은 어느 것입니까? ·································· (　　　)

① $2 \div 5 = \frac{2}{5}$　② $4 \div 9 = \frac{4}{9}$

③ $6 \div 11 = \frac{6}{11}$　④ $8 \div 15 = \frac{15}{8}$

⑤ $7 \div 20 = \frac{7}{20}$

08 □ 안에 알맞은 수를 써넣으시오.

$10 \div \square = \frac{10}{13}$

09 나눗셈의 몫을 분수로 나타내었을 때 몫이 1보다 큰 것은 어느 것입니까? ··········· (　　　)

① $3 \div 8$　② $9 \div 16$　③ $13 \div 15$

④ $8 \div 17$　⑤ $6 \div 5$

10 주스 7 L를 10일 동안 똑같이 나누어 마셨습니다. 하루에 마신 주스는 몇 L인지 분수로 나타내시오.

(　　　　　　)

핵심 내용 분자를 자연수로 나누기

유형 02 (분수)÷(자연수)(1)

익힘책 유형

11 그림을 보고 □ 안에 알맞은 수를 써넣으시오.

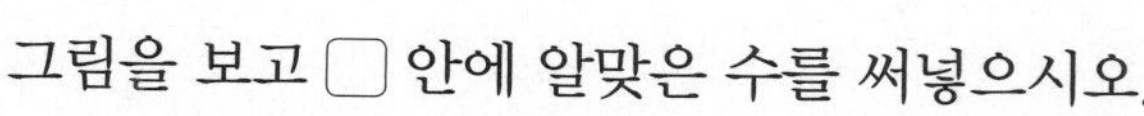

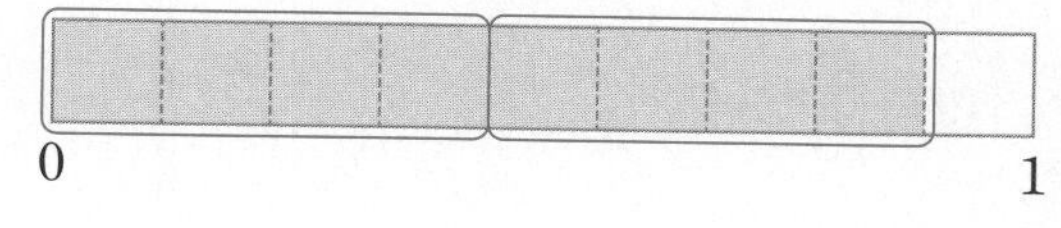

$\frac{8}{9} \div 2 = \frac{\square}{\square}$

익힘책 유형

12 $\frac{3}{4} \div 5$를 그림으로 나타내고, 계산 결과를 구하시오.

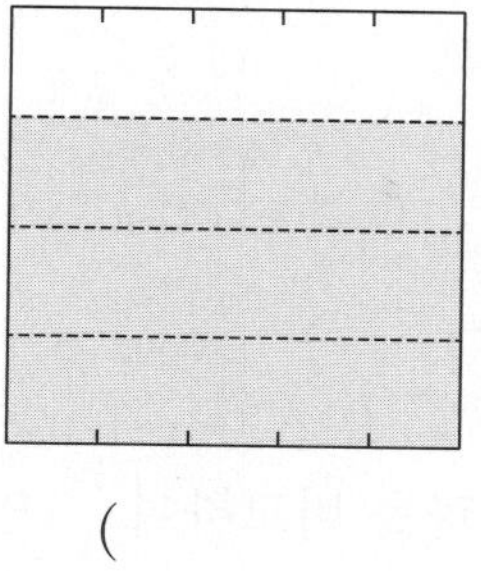

(　　　　　　)

13 보기 와 같은 방법으로 계산하시오.

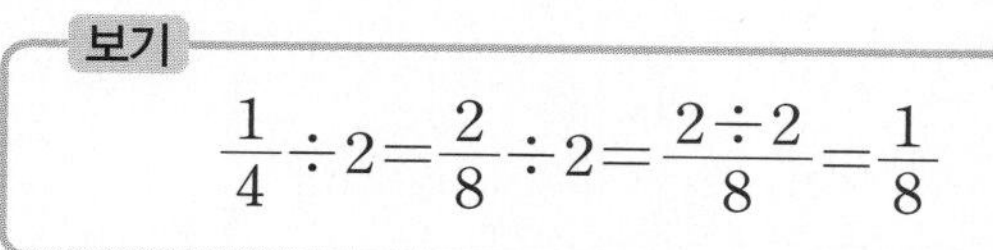

보기

$\frac{1}{4} \div 2 = \frac{2}{8} \div 2 = \frac{2 \div 2}{8} = \frac{1}{8}$

(1) $\frac{1}{2} \div 5$

(2) $\frac{2}{9} \div 3$

1 분수의 나눗셈

14 계산을 하시오.

(1) $\frac{2}{7}\div 2$

(2) $\frac{8}{13}\div 4$

15 □ 안에 알맞은 수를 써넣으시오.

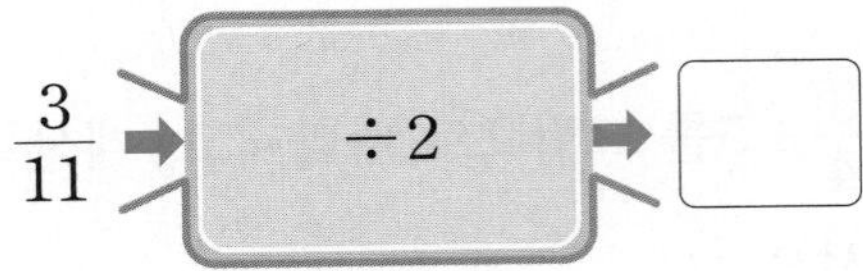

16 계산 결과를 비교하여 ○ 안에 >, =, <를 알맞게 써넣으시오.

$\frac{5}{7}\div 3$ ○ $\frac{16}{21}\div 4$

17 우유 $\frac{7}{8}$ L를 4개의 컵에 똑같이 나누어 담았습니다. 한 컵에 담겨 있는 우유는 몇 L입니까?

(　　　　　　　　　　)

핵심 내용 $\frac{■}{▲}\div ●=\frac{■}{▲}\times\frac{1}{●}$

유형 03 (분수)÷(자연수)(2)

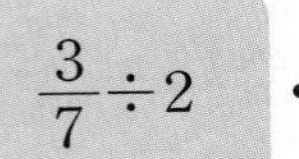

18 관계있는 것끼리 선으로 이으시오.

$\frac{3}{7}\div 2$ •	• $\frac{1}{8}\times\frac{1}{6}$
$\frac{1}{8}\div 6$ •	• $\frac{2}{5}\times\frac{1}{4}$
$\frac{2}{5}\div 4$ •	• $\frac{3}{7}\times\frac{1}{2}$

19 ㉠과 ㉡에 알맞은 수를 각각 구하시오.

$$\frac{10}{3}\div 7=\frac{10}{3}\times\frac{1}{㉠}=\frac{10}{㉡}$$

㉠ (　　　　　　　　　　)
㉡ (　　　　　　　　　　)

교과서 유형

20 분수의 곱셈으로 나타내어 계산하시오.

(1) $\frac{3}{8}\div 4$

(2) $\frac{11}{3}\div 8$

21 빈칸에 알맞은 수를 써넣으시오.

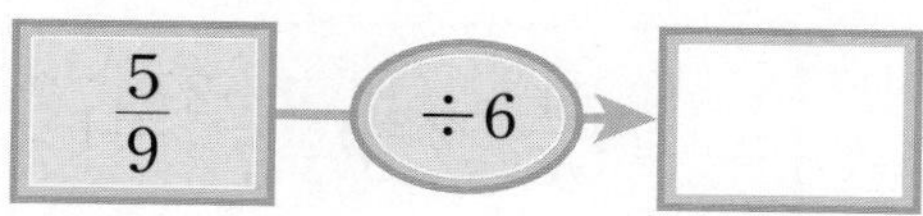

22 빈칸에 알맞은 수를 써넣으시오.

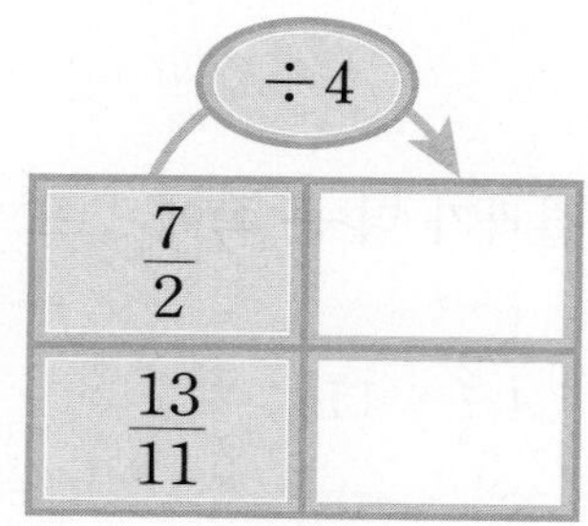

23 계산 결과를 비교하여 ○ 안에 >, =, <를 알맞게 써넣으시오.

$\frac{7}{8} \div 3$ ○ $\frac{11}{4} \div 6$

24 잘못 계산한 곳을 찾아 바르게 계산하시오.

$\frac{4}{7} \div 5 = \frac{4}{7} \times 5 = \frac{20}{7} = 2\frac{6}{7}$

바른 계산

25 계산 결과를 찾아 선으로 이으시오.

$\frac{9}{2} \div 5$ •	• $\frac{9}{10}$
$\frac{7}{5} \div 10$ •	• $\frac{5}{18}$
$\frac{5}{3} \div 6$ •	• $\frac{7}{50}$

26 계산 결과가 1보다 큰 것은 어느 것입니까? ( )

① $\frac{11}{8} \div 7$ ② $\frac{5}{2} \div 6$ ③ $\frac{8}{7} \div 4$
④ $\frac{9}{8} \div 5$ ⑤ $\frac{15}{4} \div 3$

27 넓이가 $1\frac{8}{9}$ cm²이고 밑변의 길이가 2 cm인 평행사변형의 높이는 몇 cm입니까?

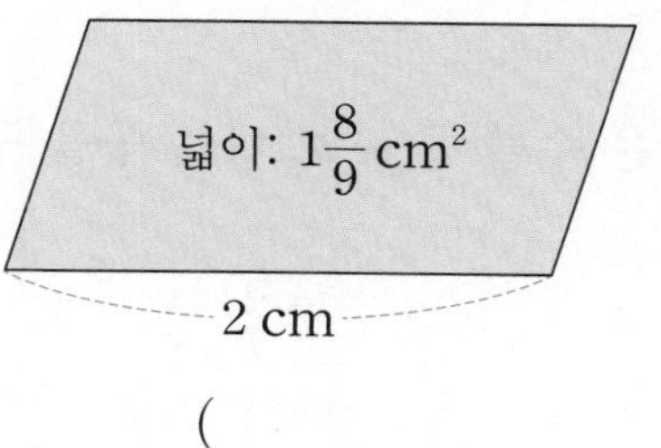

( )

기본 유형

핵심 내용 먼저 대분수를 가분수로 바꾸기

유형 04 (대분수)÷(자연수)

28 계산을 하시오.

(1) $2\frac{1}{2}\div 3$

(2) $3\frac{4}{7}\div 9$

29 $1\frac{7}{8}\div 5$를 두 가지 방법으로 계산하시오.

방법 1

방법 2

30 작은 수를 큰 수로 나눈 몫을 구하시오.

$2\frac{5}{7}$　　4

(　　　　　)

31 잘못 계산한 곳을 찾아 바르게 계산하시오.

$$1\frac{4}{7}\div 2=1\frac{4\div 2}{7}=1\frac{2}{7}$$

바른 계산

32 계산 결과가 더 큰 쪽에 ○표 하시오.

$4\frac{2}{5}\div 11$	$2\frac{2}{5}\div 3$
(　　　)	(　　　)

33 넓이가 $7\frac{1}{2}$ cm²이고 가로가 4 cm인 직사각형의 세로는 몇 cm입니까?

넓이: $7\frac{1}{2}$ cm²

4 cm

(　　　　　)

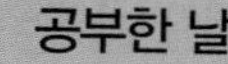

잘 틀리는 유형 05 수 카드를 사용하여 나눗셈식 만들기

34 3장의 수 카드 중 한 장을 골라 몫이 가장 작은 나눗셈을 완성하고 그 몫을 분수로 나타내시오.

2 4 7 → 1÷□

( )

35 3장의 수 카드 중 한 장을 골라 몫이 가장 큰 나눗셈을 완성하고 그 몫을 분수로 나타내시오.

3 6 9 → 1÷□

( )

합정 유형
36 3장의 수 카드 중 2장을 골라 한 번씩만 사용하여 몫이 가장 큰 나눗셈을 완성하고 그 몫을 구하시오.

2 5 8 → $\frac{1}{\square}\div\square$

( )

KEY $\frac{1}{■}\div▲=\frac{1}{■}\times\frac{1}{▲}=\frac{1}{■\times▲}$이므로 몫을 가장 크게 만들려면 ■×▲를 가장 작게 만들어야 해요.

잘 틀리는 유형 06 □ 안에 들어갈 수 있는 수 구하기

37 □ 안에 들어갈 수 있는 자연수를 모두 구하시오.

$$\frac{6}{7}\div2>\frac{\square}{7}$$

( )

38 □ 안에 들어갈 수 있는 자연수를 모두 구하시오.

$$1\frac{2}{3}\div3>\frac{\square}{9}$$

( )

합정 유형
39 □ 안에 들어갈 수 있는 자연수를 모두 구하시오.

$$2\frac{2}{5}\div4>\frac{\square}{10}$$

( )

KEY 분모가 다른 분수의 크기를 비교할 때에는 먼저 두 분수를 통분해야 해요.

1 분수의 나눗셈

1-1

어떤 분수의 5배는 $\frac{9}{2}$입니다. 어떤 분수는 얼마인지 풀이 과정을 완성하고 답을 구하시오.

풀이 어떤 분수를 ■라 하면

■×□$=\frac{9}{2}$입니다.

→ ■$=\frac{9}{2}\div$□$=\frac{9}{2}\times\frac{□}{□}=\frac{□}{□}$

답 $\frac{□}{□}$

2-1

넓이가 $3\frac{3}{8}$ cm²이고 가로가 4 cm인 직사각형의 세로는 몇 cm인지 풀이 과정을 완성하고 답을 구하시오.

풀이 (세로)=(직사각형의 넓이)÷(가로)입니다.

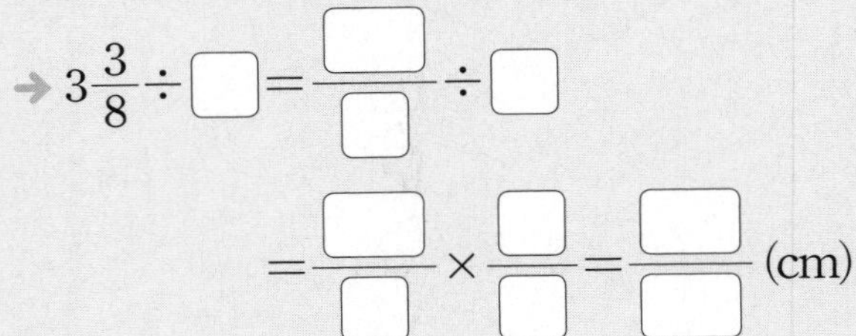

→ $3\frac{3}{8}\div$□$=\frac{□}{□}\div$□

$=\frac{□}{□}\times\frac{□}{□}=\frac{□}{□}$ (cm)

답 $\frac{□}{□}$ cm

1-2

어떤 분수의 7배는 $\frac{8}{3}$입니다. 어떤 분수는 얼마인지 풀이 과정을 쓰고 답을 구하시오.

풀이

답

2-2

넓이가 $4\frac{1}{9}$ cm²이고 세로가 5 cm인 직사각형의 가로는 몇 cm인지 풀이 과정을 쓰고 답을 구하시오.

풀이

답

3-1

세 변의 길이의 합이 $2\frac{1}{3}$ cm인 정삼각형의 한 변의 길이는 몇 cm인지 풀이 과정을 완성하고 답을 구하시오.

풀이 정삼각형은 세 변의 길이가 모두 같습니다.
따라서 한 변의 길이는

$$2\frac{1}{3}\div 3=\frac{\square}{3}\div 3=\frac{\square}{\square}\times\frac{\square}{\square}$$

$$=\frac{\square}{\square}\text{(cm)입니다.}$$

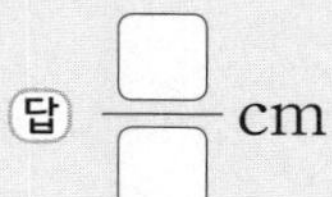

답 $\frac{\square}{\square}$ cm

4-1

가분수를 자연수로 나눈 몫을 기약분수로 나타내면 얼마인지 풀이 과정을 완성하고 답을 구하시오.

$\frac{5}{7}$	$4\frac{2}{7}$	$\frac{10}{7}$	5

풀이 가분수는 $\frac{\square}{\square}$, 자연수는 5입니다.

$$\rightarrow \frac{\square}{\square}\div 5=\frac{\square\div 5}{\square}=\frac{\square}{\square}$$

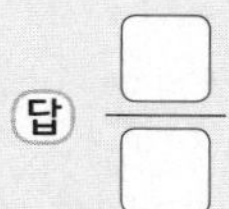

답 $\frac{\square}{\square}$

3-2

네 변의 길이의 합이 $3\frac{2}{5}$ cm인 정사각형의 한 변의 길이는 몇 cm인지 풀이 과정을 쓰고 답을 구하시오.

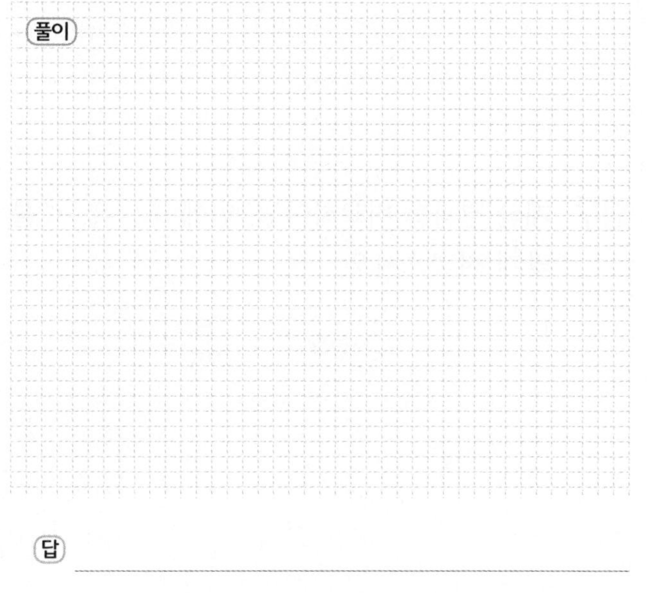

풀이

답

4-2

대분수를 자연수로 나눈 몫을 기약분수로 나타내면 얼마인지 풀이 과정을 쓰고 답을 구하시오.

$\frac{7}{9}$	$3\frac{1}{9}$	$\frac{14}{9}$	7

풀이

답

유형 평가

점수 /

01 나눗셈의 몫을 분수로 나타내시오.

(1) $1 \div 8$

(2) $1 \div 10$

02 $7 \div 12$의 몫과 같은 것을 찾아 기호를 쓰시오.

㉠ $\frac{12}{7}$　㉡ $\frac{7}{12}$　㉢ $12 \div 7$

(　　　　　　)

03 □ 안에 알맞은 수를 써넣으시오.

$13 \div \square = \frac{13}{19}$

04 주스 5 L를 14일 동안 똑같이 나누어 마셨습니다. 하루에 마신 주스는 몇 L인지 분수로 나타내시오.

(　　　　　　)

05 보기 와 같은 방법으로 계산하시오.

보기

$\frac{2}{3} \div 7 = \frac{14}{21} \div 7 = \frac{14 \div 7}{21} = \frac{2}{21}$

(1) $\frac{3}{8} \div 5$

(2) $\frac{7}{9} \div 8$

06 □ 안에 알맞은 수를 써넣으시오.

$\frac{7}{15}$
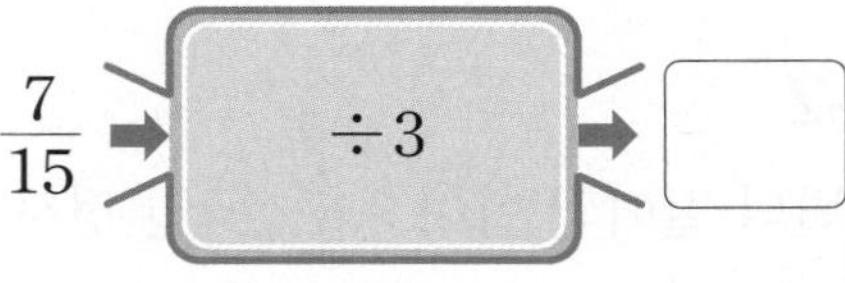

07 계산 결과를 비교하여 ○ 안에 >, =, <를 알맞게 써넣으시오.

$\frac{4}{5} \div 5$ ○ $\frac{21}{25} \div 3$

08 분수의 곱셈으로 나타내어 계산하시오.

(1) $\frac{5}{6} \div 4$

(2) $\frac{12}{5} \div 7$

09 빈칸에 알맞은 수를 써넣으시오.

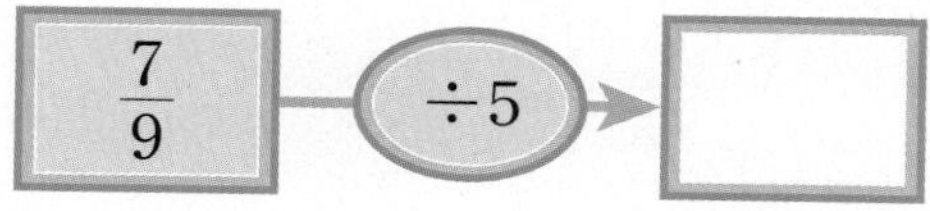

10 계산 결과가 1보다 큰 것은 어느 것입니까? ( )

① $\frac{17}{6} \div 5$ ② $\frac{11}{3} \div 6$ ③ $\frac{18}{5} \div 3$

④ $\frac{15}{4} \div 4$ ⑤ $\frac{10}{7} \div 2$

11 넓이가 $2\frac{5}{7}$ cm^2이고 밑변의 길이가 3 cm인 평행사변형의 높이는 몇 cm입니까?

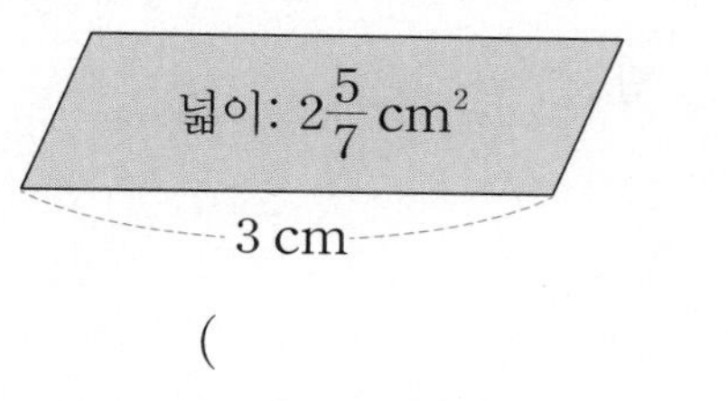

( )

12 $2\frac{1}{7} \div 3$을 두 가지 방법으로 계산하시오.

방법 2

13 작은 수를 큰 수로 나눈 몫을 구하시오.

$4\frac{1}{8}$ 5

( )

14 계산 결과가 더 큰 쪽에 ○표 하시오.

$4\frac{4}{9} \div 8$	$2\frac{2}{9} \div 5$
( )	( )

1 분수의 나눗셈

15 3장의 수 카드 중 한 장을 골라 몫이 가장 큰 나눗셈을 완성하고 그 몫을 분수로 나타내시오.

2 6 8 → 1÷□

(　　　　　　　　)

16 □ 안에 들어갈 수 있는 자연수를 모두 구하시오.

$$1\frac{1}{6} \div 2 > \frac{\square}{12}$$

(　　　　　　　　)

합정 유형

17 3장의 수 카드 중 2장을 골라 한 번씩만 사용하여 몫이 가장 큰 나눗셈을 완성하고 그 몫을 구하시오.

3 5 7 → $\frac{1}{\square} \div \square$

(　　　　　　　　)

합정 유형

18 □ 안에 들어갈 수 있는 자연수를 모두 구하시오.

$$1\frac{3}{7} \div 5 > \frac{\square}{14}$$

(　　　　　　　　)

서술형

19 넓이가 $7\frac{2}{3}$ cm^{2}이고 가로가 8 cm인 직사각형의 세로는 몇 cm인지 풀이 과정을 쓰고 답을 구하시오.

풀이

답

서술형

20 대분수를 자연수로 나눈 몫을 기약분수로 나타내면 얼마인지 풀이 과정을 쓰고 답을 구하시오.

$\frac{6}{7}$　　$4\frac{2}{7}$　　$\frac{24}{7}$　　6

풀이

답

단원 평가 기본

1. 분수의 나눗셈

점수

정답 및 풀이 7쪽

01 그림을 보고 □ 안에 알맞은 수를 써넣으시오.

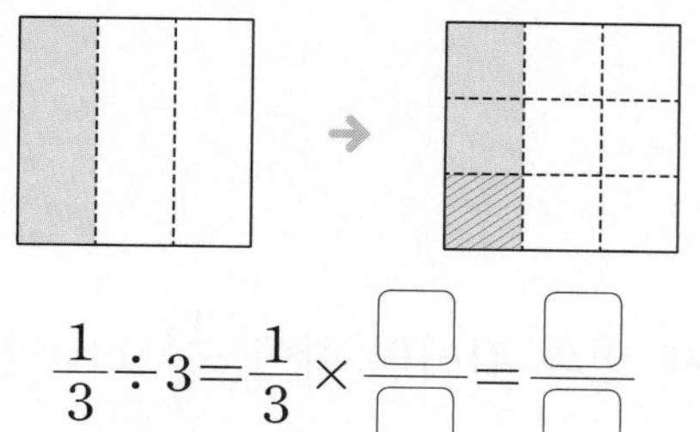

$\frac{1}{3} \div 3 = \frac{1}{3} \times \frac{\square}{\square} = \frac{\square}{\square}$

02 다음 중 바르게 나타낸 것은 어느 것입니까? ( )

① $7 \div 8 = \frac{8}{7}$　② $2 \div 5 = \frac{1}{5}$

③ $\frac{1}{4} \div 3 = \frac{1}{4} \times \frac{1}{3}$　④ $\frac{3}{5} \div 4 = \frac{3}{5} \times 4$

⑤ $\frac{2}{5} \div 8 = \frac{5}{2} \times \frac{1}{8}$

[03~04] 나눗셈의 몫을 분수로 나타내시오.

03 $2 \div 5$

04 $7 \div 10$

[05~06] 계산을 하시오.

05 $\frac{5}{9} \div 2$

06 $3\frac{1}{4} \div 6$

07 □ 안에 알맞은 수를 써넣으시오.

$4 \div \square = \frac{4}{9}$

08 나눗셈의 몫을 분수로 나타내었을 때 몫이 1보다 큰 것을 모두 찾아 기호를 쓰시오.

㉠ $4 \div 7$　㉡ $5 \div 3$

㉢ $7 \div 5$　㉣ $11 \div 12$

( )

09 □ 안에 알맞은 수를 써넣으시오.

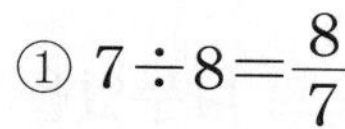

$1\frac{2}{5}$ ➡ $\div 8$ ➡ □

10 잘못 계산한 곳을 찾아 바르게 계산하시오.

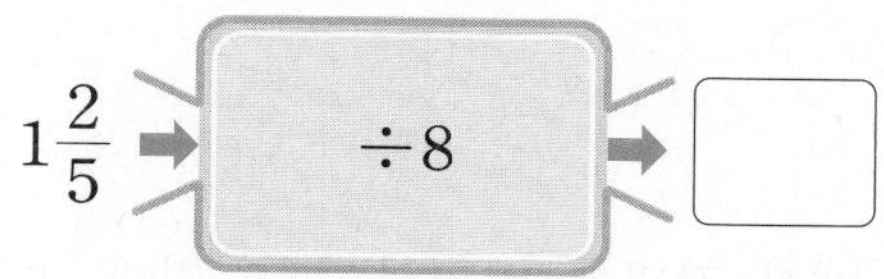

$\frac{12}{16} \div 4 = \frac{12 \div 4}{16 \div 4} = \frac{3}{4}$

바른 계산

11 $4\frac{1}{6} \div 5$를 두 가지 방법으로 계산하시오.

방법 1

방법 2

1 분수의 나눗셈

12 ■$=\frac{5}{12}$이고 ▲$=5$일 때 다음을 계산하시오.

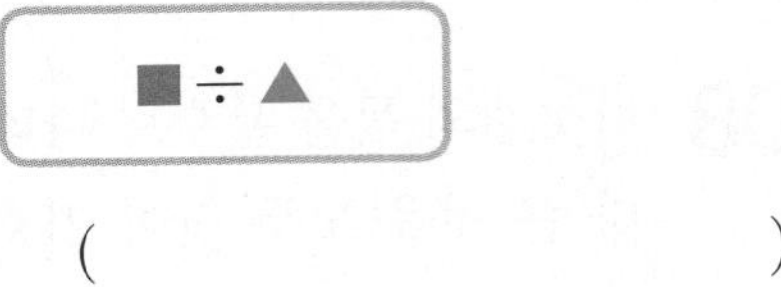

( )

13 작은 수를 큰 수로 나눈 몫을 구하시오.

$3\frac{2}{5}$ 4

( )

14 계산 결과를 비교하여 ○ 안에 >, =, <를 알맞게 써넣으시오.

$$1\frac{5}{9}\div 7 \bigcirc 1\frac{7}{9}\div 4$$

15 빈 곳에 알맞은 수를 써넣으시오.

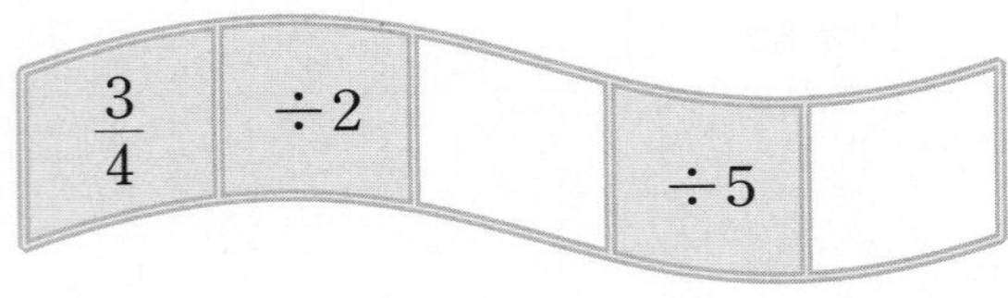

16 가장 작은 수를 가장 큰 수로 나눈 몫을 구하시오.

$\frac{5}{4}$ 2 $2\frac{1}{5}$ 4

( )

17 생수 $\frac{5}{9}$ L를 3개의 컵에 똑같이 나누어 담았습니다. 한 컵에 담겨 있는 생수는 몇 L입니까?

( )

18 세 변의 길이의 합이 $\frac{17}{6}$ cm인 정삼각형의 한 변의 길이는 몇 cm입니까?

( )

19 직사각형을 똑같이 6부분으로 나누었을 때 색칠한 부분의 넓이는 몇 cm^2인지 기약분수로 나타내시오.

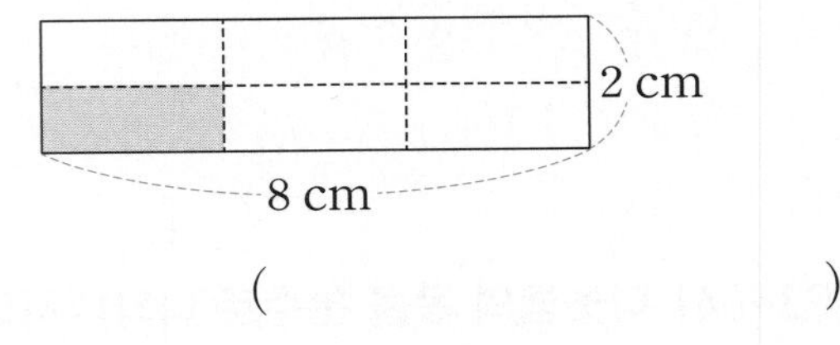

( )

20 소희네 집에서는 쌀 $10\frac{1}{2}$ kg을 15일 동안 똑같이 나누어 먹었습니다. 하루에 먹은 쌀은 몇 kg인지 기약분수로 나타내시오.

( )

2 각기둥과 각뿔

학습 계획표

계획표대로 공부했으면 ○표, 못했으면 △표 하세요.

내용	쪽수	날짜	확인
❶단계 핵심 개념+기초 문제	24~25쪽	월 일	
❶단계 기본 문제	26~27쪽	월 일	
❷단계 기본 유형+잘 틀리는 유형	28~33쪽	월 일	
❷단계 서술형 유형	34~35쪽	월 일	
❸단계 유형 평가	36~38쪽	월 일	
❸단계 단원 평가	39~40쪽	월 일	

핵심 개념

개념에 대한 **자세한 동영상 강의**를 시청하세요.

개념❶ 각기둥

• 각기둥의 밑면과 옆면

	각기둥의 밑면	각기둥의 옆면
모양	다각형	직사각형
수	2개	한 밑면의 변의 수와 같음

• 각기둥의 구성 요소의 수

	꼭짓점의 수(개)	면의 수(개)	모서리의 수(개)
■각기둥	■×2	■+2	■×3

핵심 각기둥의 이름은 밑면의 모양에 따라 정해짐

각기둥의 옆면의 모양은 ❶(직사각형 , 삼각형)입니다.

[전에 배운 내용]

• 다각형: 선분으로만 둘러싸인 도형
• 정다각형: 변의 길이가 모두 같고, 각의 크기가 모두 같은 다각형
• 다각형과 정다각형의 이름은 변의 수에 따라 정해집니다.

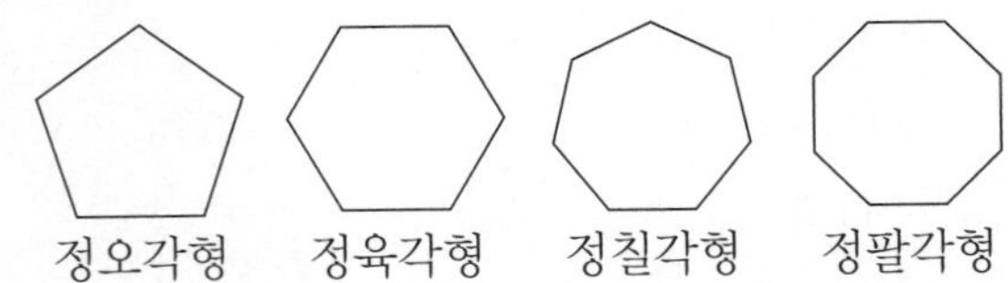

[앞으로 배울 내용]

• 원기둥: , , 등과 같은 입체도형
• 원기둥의 밑면은 원이고 2개입니다.
• 원기둥의 옆면은 굽은 면이고 1개입니다.

개념❷ 각뿔

• 각뿔의 밑면과 옆면

	각뿔의 밑면	각뿔의 옆면
모양	다각형	삼각형
수	1개	밑면의 변의 수와 같음

• 각뿔의 구성 요소의 수

	꼭짓점의 수(개)	면의 수(개)	모서리의 수(개)
▲각뿔	▲+1	▲+1	▲×2

핵심 각뿔의 이름은 밑면의 모양에 따라 정해짐

각뿔의 옆면의 모양은 ❷(직사각형 , 삼각형)입니다.

[전에 배운 내용]

• 직육면체: 직사각형 6개로 둘러싸인 도형
• 정육면체: 정사각형 6개로 둘러싸인 도형
• 직육면체의 겨냥도: 직육면체 모양을 잘 알 수 있도록 나타낸 그림
• 직육면체의 전개도: 직육면체의 모서리를 잘라서 펼친 그림

[앞으로 배울 내용]

• 원뿔: 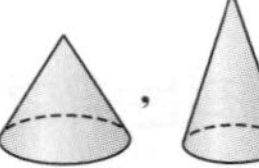, 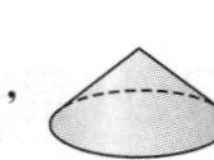, 등과 같은 입체도형
• 원뿔의 밑면은 원이고 1개입니다.
• 원뿔의 옆면은 굽은 면이고 1개입니다.

정답 ❶ 직사각형에 ○표 ❷ 삼각형에 ○표

QR 코드를 찍어 보세요.
새로운 문제를 계속 풀 수 있어요.

● 정답 및 풀이 9쪽

1-1 각기둥을 모두 찾아 ○표 하시오.

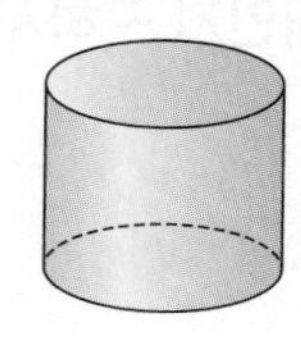
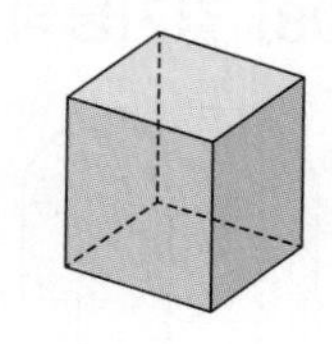

( ) ( )

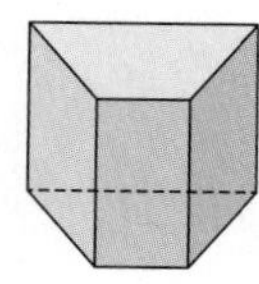
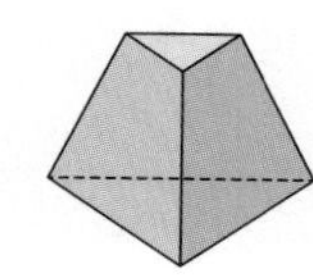

( ) ( )

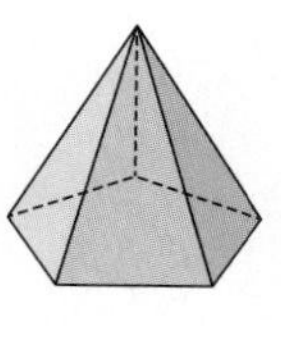
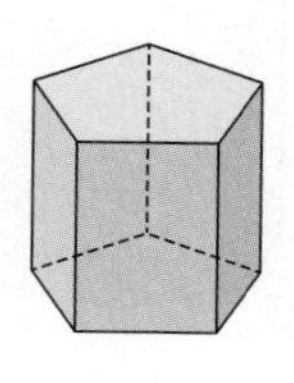

( ) ( )

1-2 □ 안에 알맞은 말을 써넣으시오.

(1)

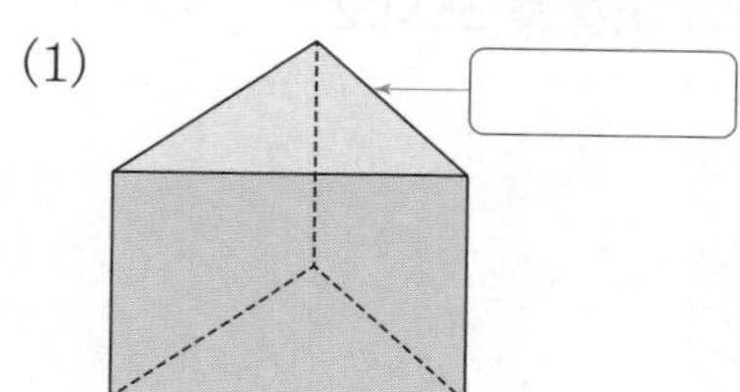

(2)

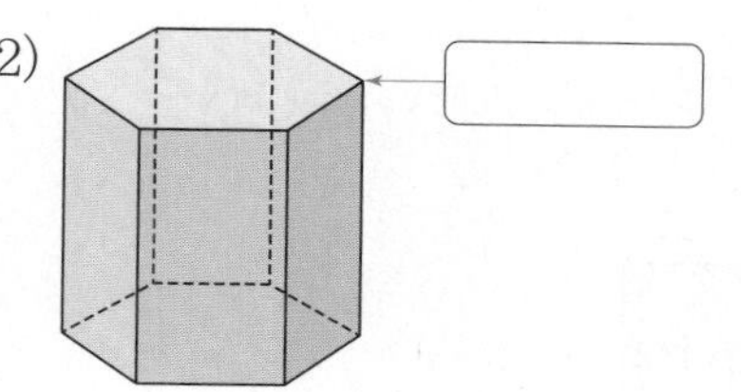

체크

2-1 각뿔을 모두 찾아 ○표 하시오.

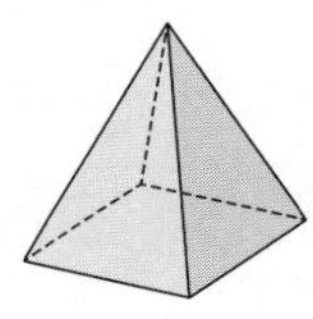
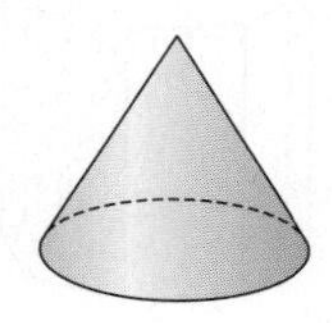

( ) ( )

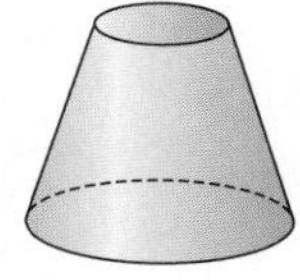
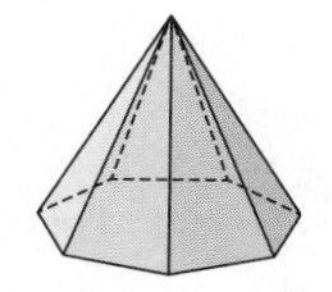
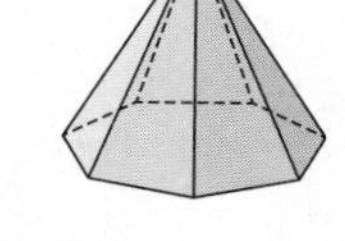

( ) ( )

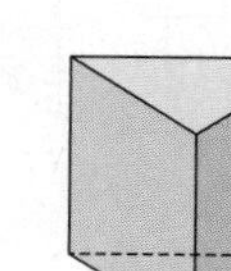
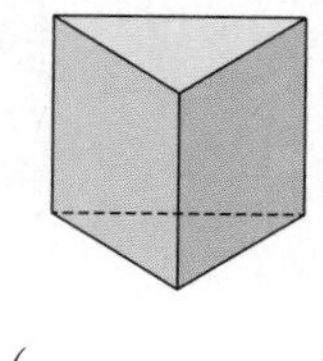

( ) ( )

2-2 □ 안에 알맞은 말을 써넣으시오.

(1)

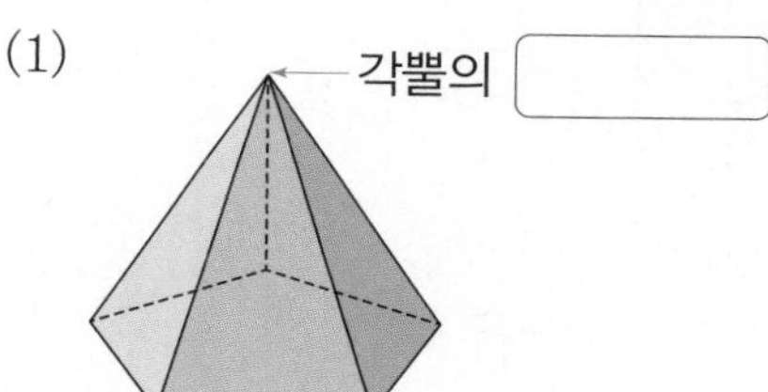

(2)

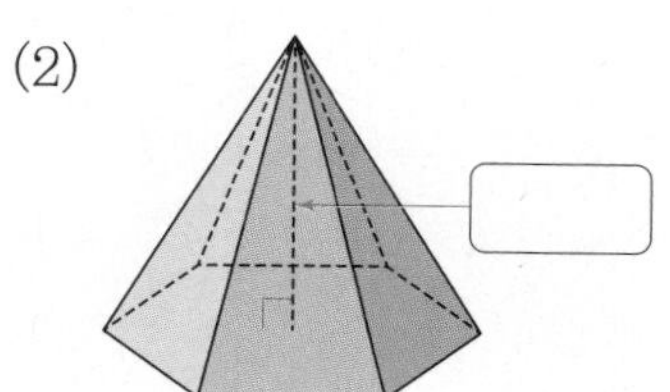

2 각기둥과 각뿔

2. 각기둥과 각뿔

기본 문제

[01~04] 각기둥의 이름을 쓰시오.

01

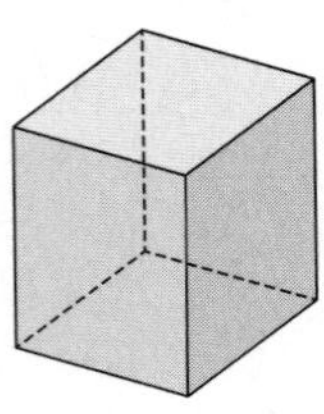

(　　　　　　　　　　)

02

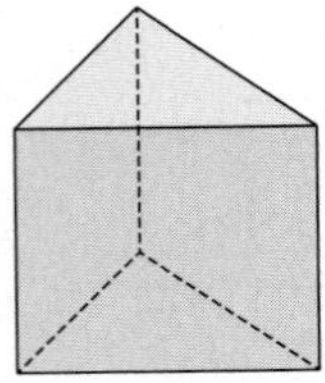

(　　　　　　　　　　)

03

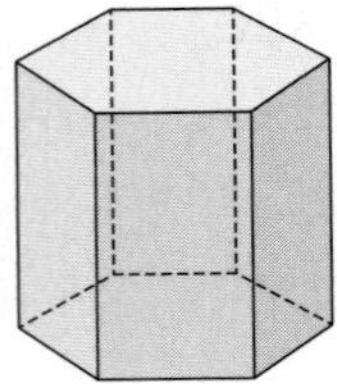

(　　　　　　　　　　)

04

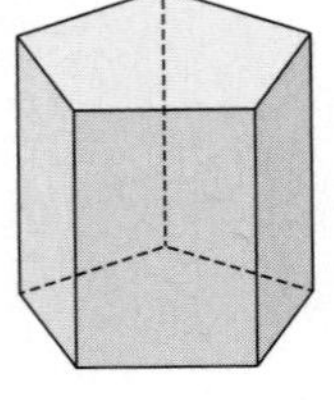

(　　　　　　　　　　)

[05~08] 각기둥의 면은 몇 개인지 구하시오.

05

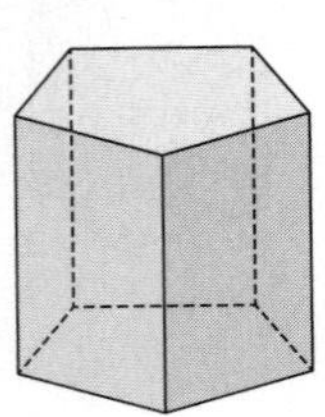

(　　　　　　　　　　)

06

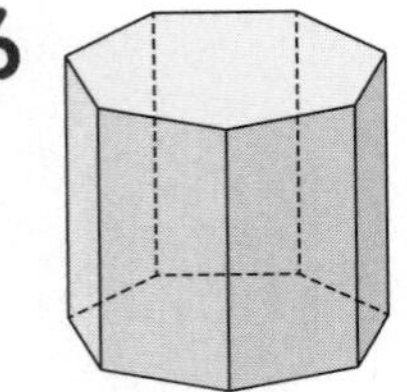

(　　　　　　　　　　)

07

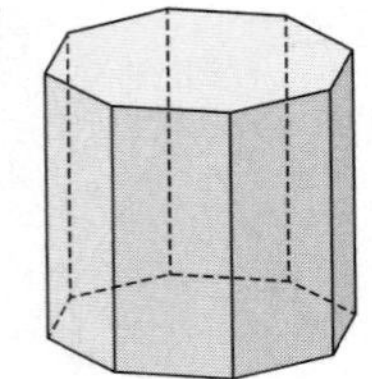

(　　　　　　　　　　)

08

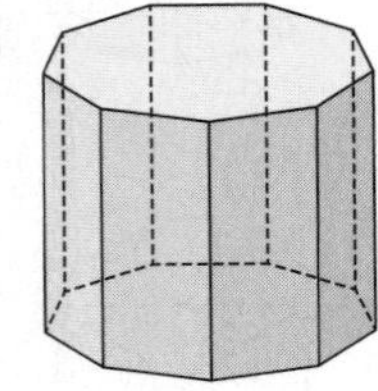

(　　　　　　　　　　)

[09~12] 각뿔의 이름을 쓰시오.

09

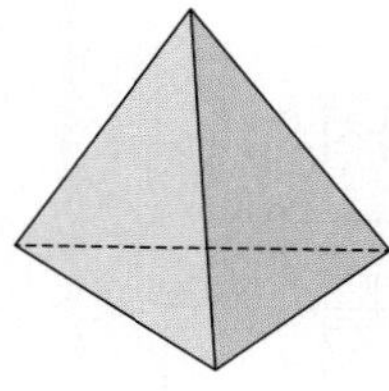

(　　　　　　　)

10

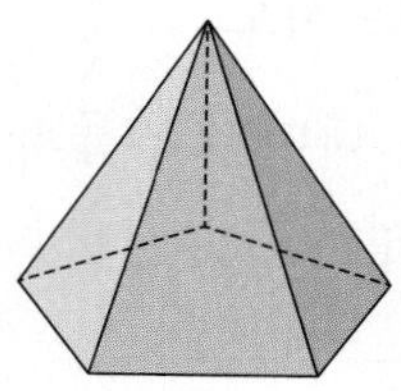

(　　　　　　　)

11

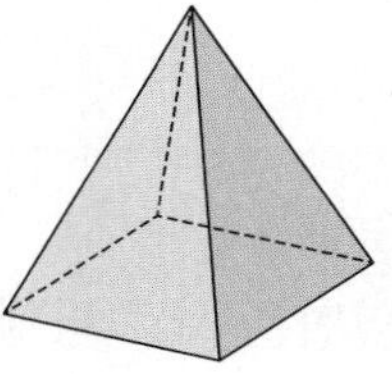

(　　　　　　　)

12

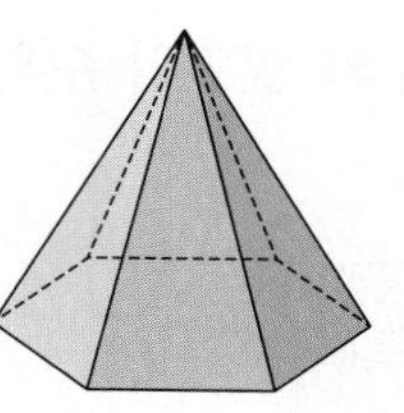

(　　　　　　　)

[13~16] 각뿔의 면은 몇 개인지 구하시오.

13

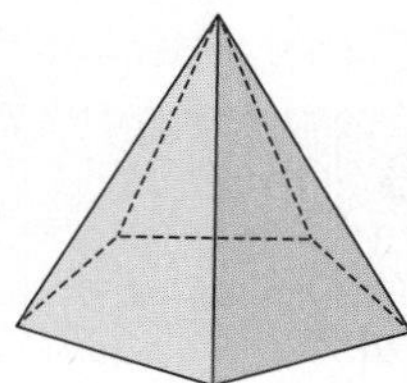

(　　　　　　　)

14

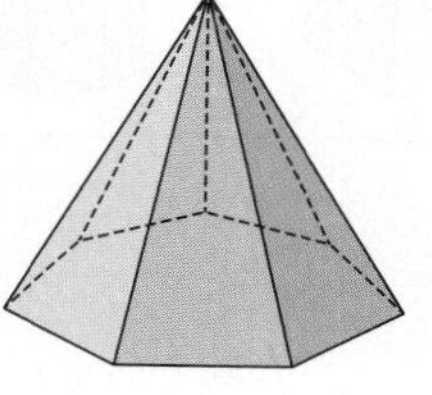

(　　　　　　　)

15

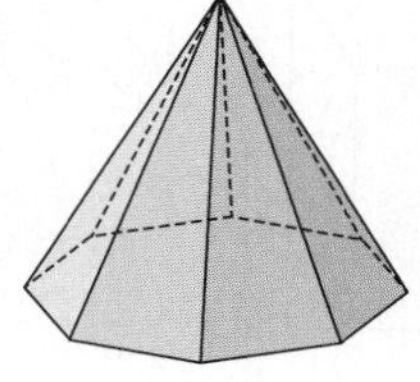

(　　　　　　　)

16

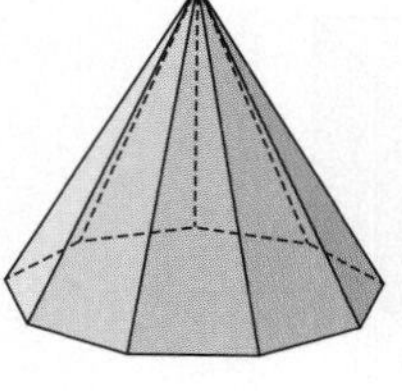

(　　　　　　　)

2. 각기둥과 각뿔

기본 유형

핵심 내용 밑면은 다각형, 옆면은 직사각형

유형 01 각기둥 알아보기(1)

01 각기둥은 모두 몇 개입니까?

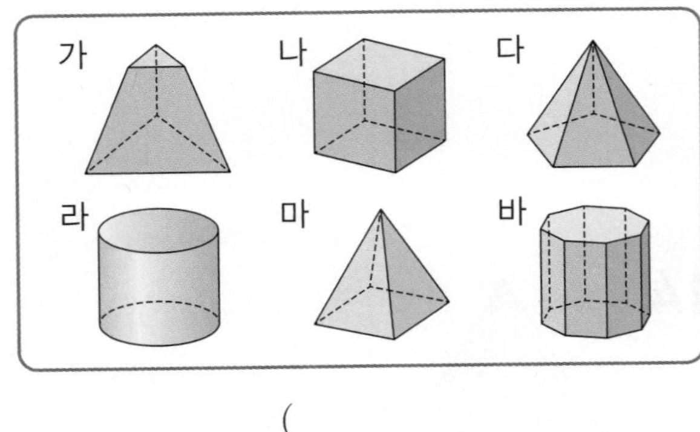

( )

교과서 유형

02 각기둥에서 밑면에는 ○표, 옆면에는 △표 하시오.

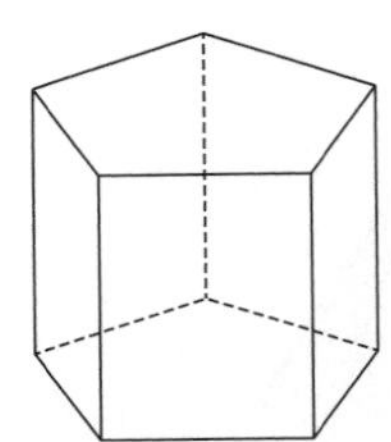

익힘책 유형

03 각기둥을 보고 밑면과 옆면을 모두 찾아 쓰시오.

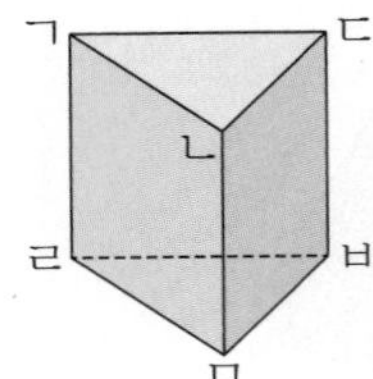

밑면	
옆면	

04 각기둥의 겨냥도를 완성하시오.

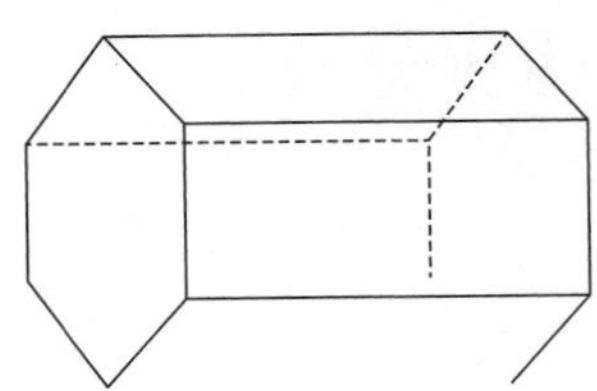

05 □ 안에 알맞은 말을 써넣으시오.

(1) 각기둥에서 두 밑면은 나머지 면들과 모두 □(으)로 만납니다.

(2) 각기둥의 옆면의 모양은 □입니다.

06 다음은 안나네 모둠 친구들이 각기둥에 대해 말한 것입니다. 바르게 말한 사람은 누구입니까?

안나: 각기둥의 밑면은 3개야.
근우: 각기둥의 밑면과 옆면은 서로 평행해.
정희: 각기둥의 밑면은 서로 합동이야.

( )

07 다음 각기둥의 밑면의 수와 옆면의 수의 차는 몇 개입니까?

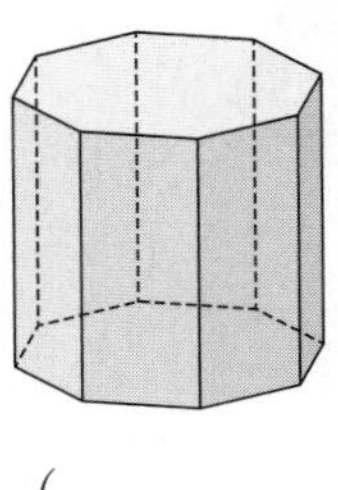

( )

핵심 내용 각기둥의 이름은 밑면의 모양에 따라 정해짐

유형 02 각기둥 알아보기(2)

08 밑면의 모양이 다음과 같은 각기둥의 이름을 쓰시오.

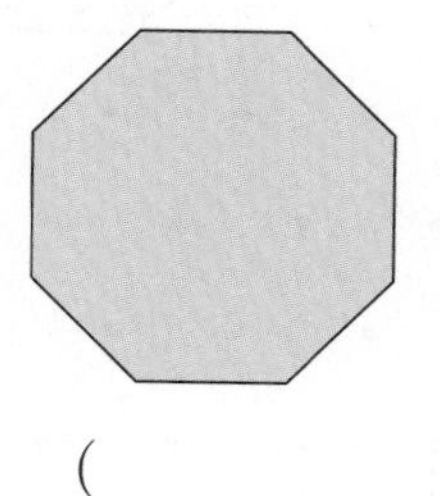

(   )

익힘책 유형

09 각기둥을 보고 표를 완성하시오.

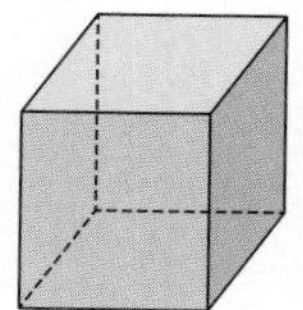

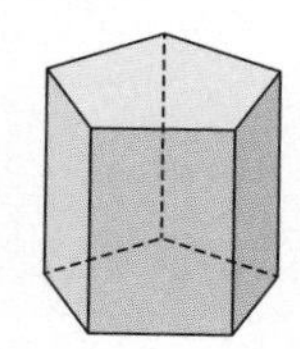

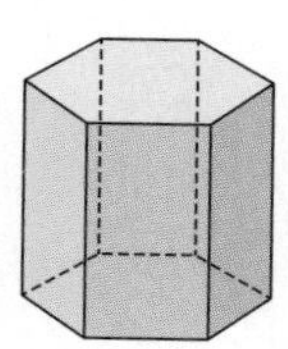

도형	한 밑면의 변의 수(개)	꼭짓점의 수(개)	면의 수(개)	모서리의 수(개)
사각기둥				
오각기둥				
육각기둥				

10 위 **09**의 표를 보고 각기둥에서 규칙을 찾아 □ 안에 알맞은 수를 써넣으시오.

(꼭짓점의 수)=(한 밑면의 변의 수)×□

(면의 수)=(한 밑면의 변의 수)+□

(모서리의 수)=(한 밑면의 변의 수)×□

교과서 유형

11 각기둥의 겨냥도에 모서리는 빨간색으로, 꼭짓점은 파란색으로 모두 표시하시오.

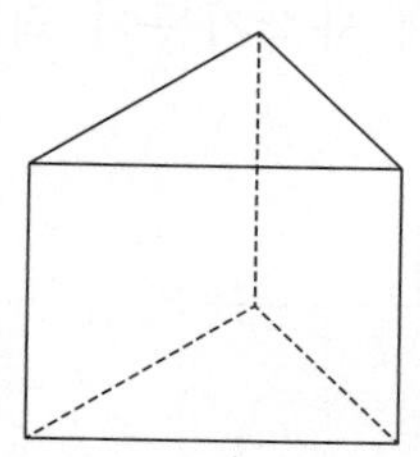

12 각기둥의 높이를 잴 수 있는 모서리를 모두 찾아 기호를 쓰시오.

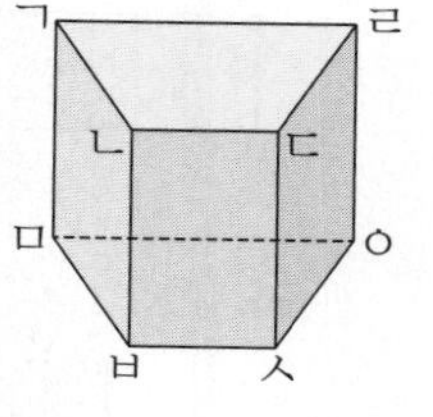

㉠ 모서리 ㄱㅁ

㉡ 모서리 ㄴㄷ

㉢ 모서리 ㄹㅇ

㉣ 모서리 ㅂㅅ

(   )

13 다음 각기둥의 꼭짓점의 수, 면의 수, 모서리의 수는 각각 몇 개입니까?

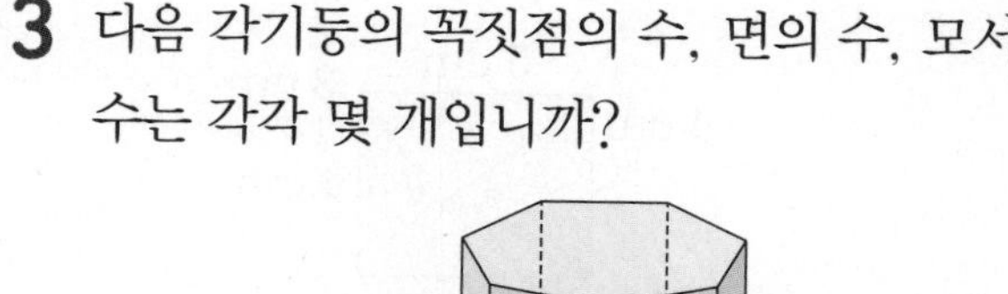

꼭짓점 (   )

면 (   )

모서리 (   )

2단계 기본 유형

핵심 내용 ■각기둥의 전개도에서 밑면인 ■각형은 2개, 옆면인 직사각형은 ■개

유형 03 각기둥의 전개도를 알아보고 그리기

14 접었을 때 사각기둥이 되는 전개도에 ○표 하시오.

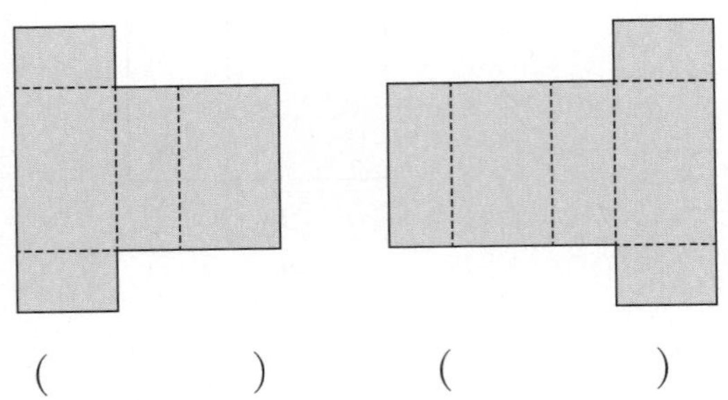

( ) ( )

15 오각기둥의 전개도를 모두 찾아 기호를 쓰시오.

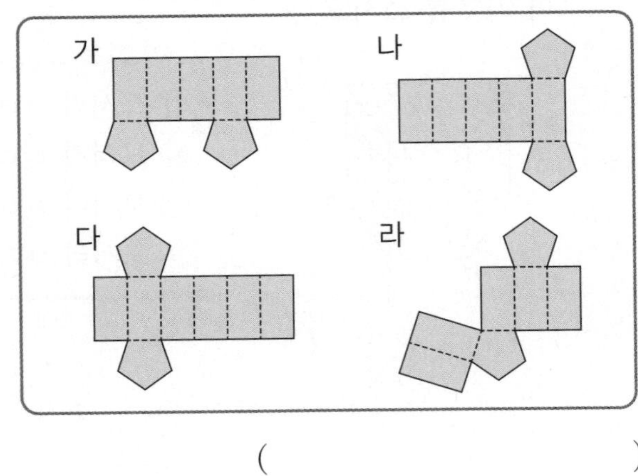

( )

익힘책 유형

16 삼각기둥의 전개도를 완성하시오.

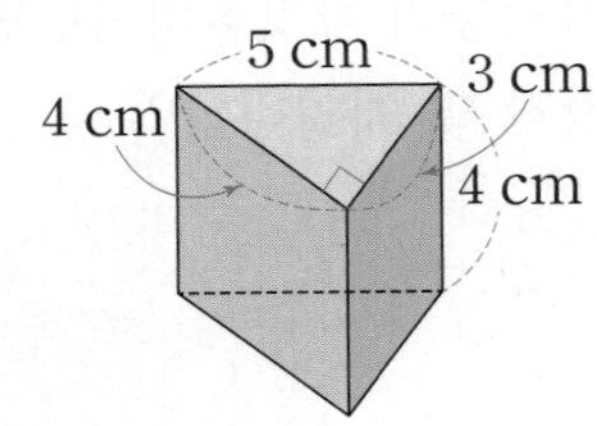

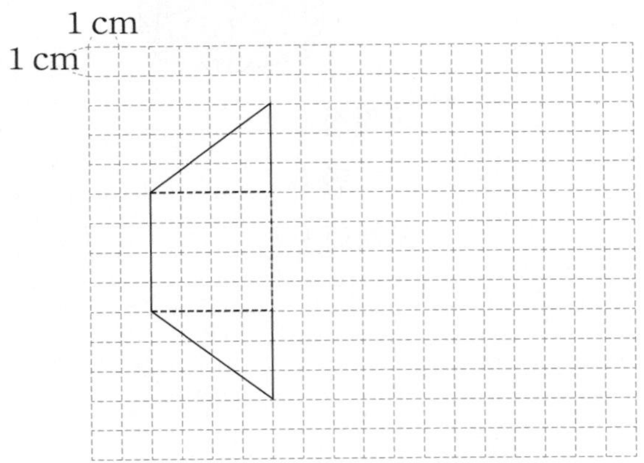

교과서 유형

17 육각기둥의 전개도를 완성하시오.

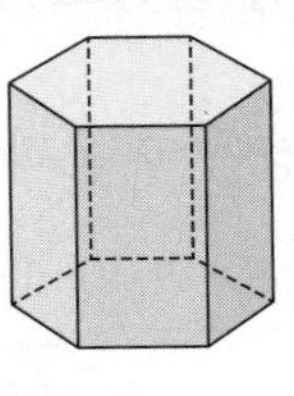

18 사각기둥의 전개도를 그리시오.

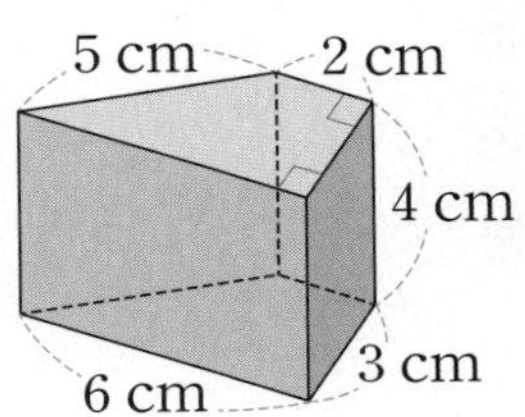

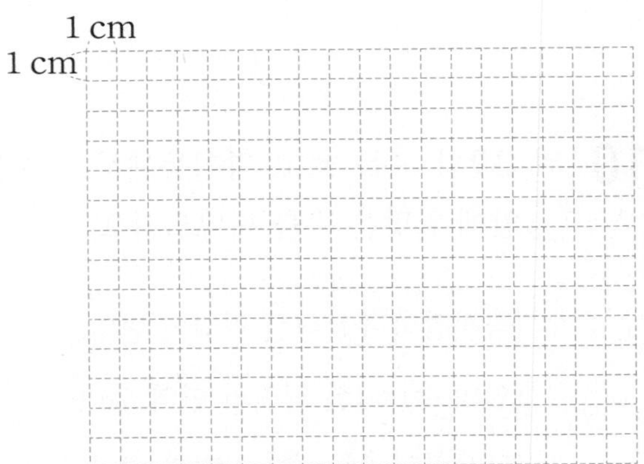

핵심 내용 밑면은 다각형, 옆면은 삼각형

유형 04 각뿔 알아보기(1)

19 각뿔은 모두 몇 개입니까?

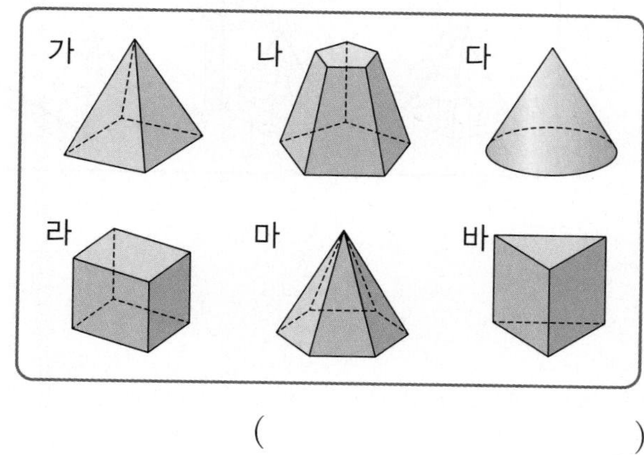

( )

교과서 유형

20 각뿔에서 밑면에는 ○표, 옆면에는 △표 하시오.

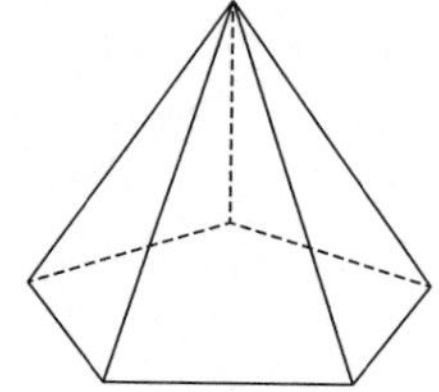

익힘책 유형

21 각뿔을 보고 밑면과 옆면을 모두 찾아 쓰시오.

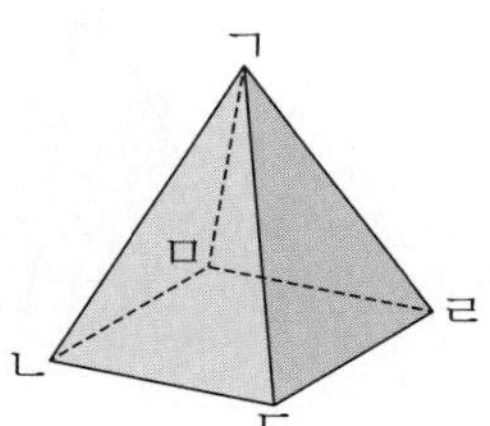

밑면	
옆면	

22 각뿔의 옆면의 모양을 찾아 선으로 이으시오.

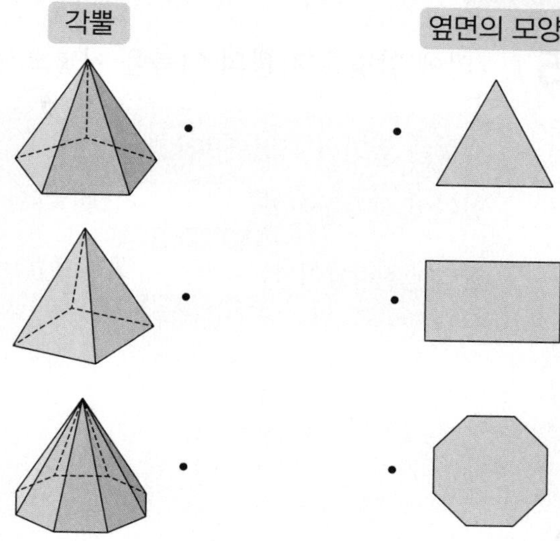

23 다음은 미라네 모둠 친구들이 각뿔에 대해 말한 것입니다. 바르게 말한 사람은 누구입니까?

미라: 각뿔의 밑면은 원이야.
윤호: 각뿔의 밑면은 1개야.
선주: 각뿔의 옆면은 직사각형이야.

( )

24 다음 각뿔의 밑면의 수와 옆면의 수의 차는 몇 개입니까?

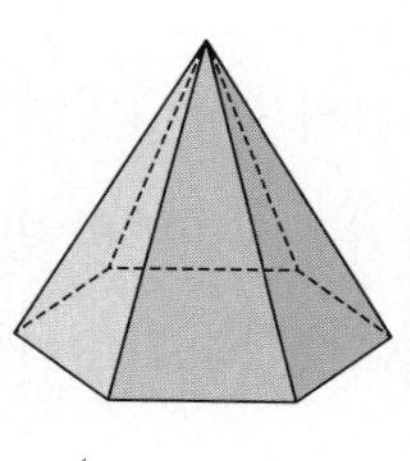

( )

2 각기둥과 각뿔

2단계 기본 유형

핵심 내용 각뿔의 이름은 밑면의 모양에 따라 정해짐

유형 05 각뿔 알아보기(2)

25 □ 안에 알맞은 각뿔의 이름을 써넣으시오.

각뿔은 밑면의 모양에 따라
밑면이 삼각형이면 □(이)라고 하고,
밑면이 칠각형이면 □(이)라고 합니다.

익힘책 유형

26 각뿔을 보고 표를 완성하시오.

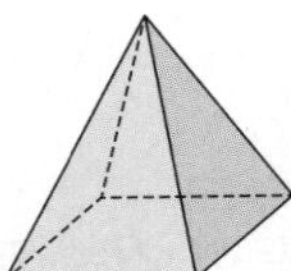 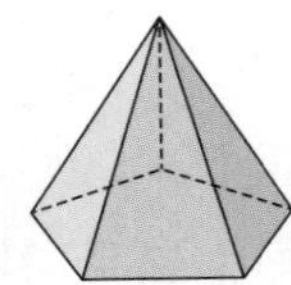 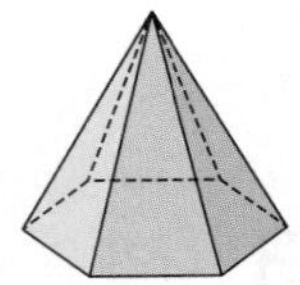

도형	밑면의 변의 수(개)	꼭짓점의 수(개)	면의 수(개)	모서리의 수(개)
사각뿔				
오각뿔				
육각뿔				

27 위 **26**의 표를 보고 각뿔에서 규칙을 찾아 □ 안에 알맞은 수를 써넣으시오.

(꼭짓점의 수)=(밑면의 변의 수)+□
(면의 수)=(밑면의 변의 수)+□
(모서리의 수)=(밑면의 변의 수)×□

28 각뿔의 높이를 바르게 재는 그림을 찾아 기호를 쓰시오.

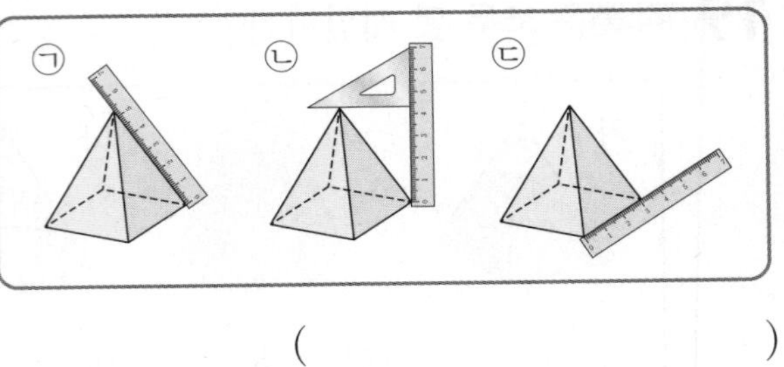

( )

교과서 유형

29 각뿔의 겨냥도에 모서리는 빨간색으로, 꼭짓점은 파란색으로 모두 표시하시오.

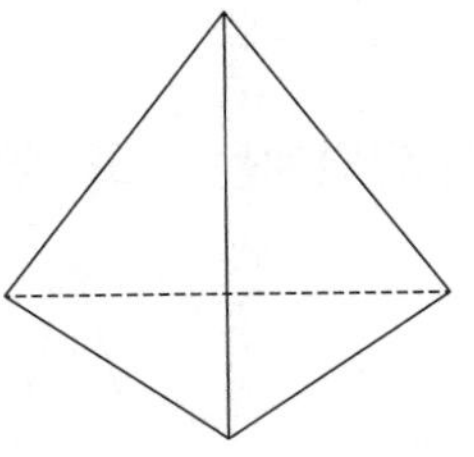

30 다음 각뿔의 꼭짓점의 수, 면의 수, 모서리의 수는 각각 몇 개입니까?

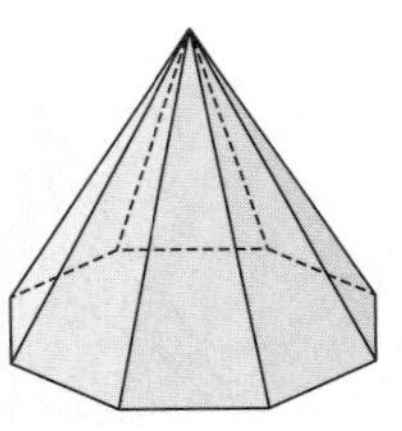

꼭짓점 ( )
면 ( )
모서리 ( )

공부한 날 월 일

잘 틀리는 유형 06 각기둥과 각뿔의 높이

31 다음 각뿔의 높이는 몇 cm입니까?

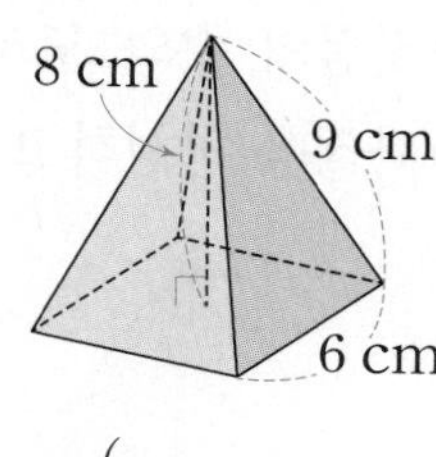

( )

32 다음 각기둥의 높이는 몇 cm입니까?

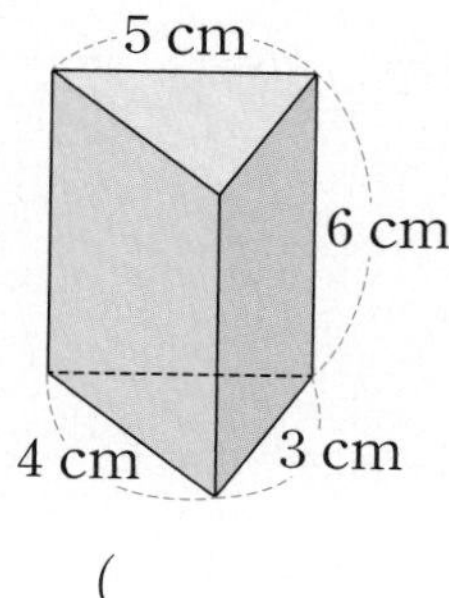

( )

함정 유형

33 다음 각기둥의 높이는 몇 cm입니까?

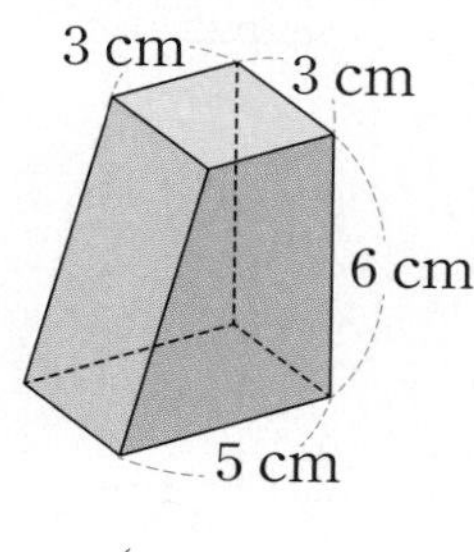

( )

KEY 위와 아래에 있는 면이 항상 각기둥의 두 밑면이라고 생각하면 안 돼요.

잘 틀리는 유형 07 전개도를 보고 각기둥의 이름 알아보기

[34~35] 다음 전개도를 접으면 어떤 도형이 됩니까?

34

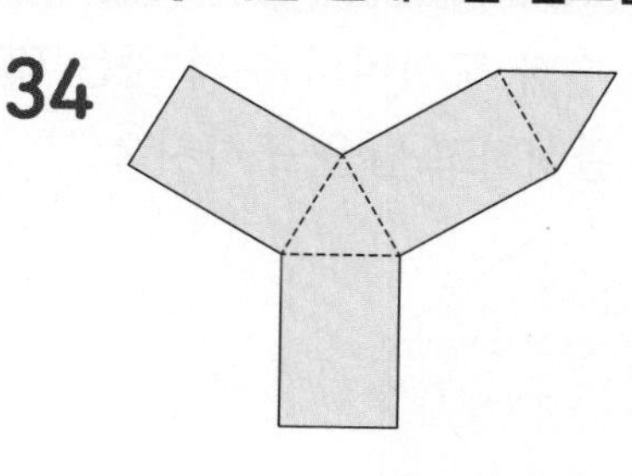

( )

35

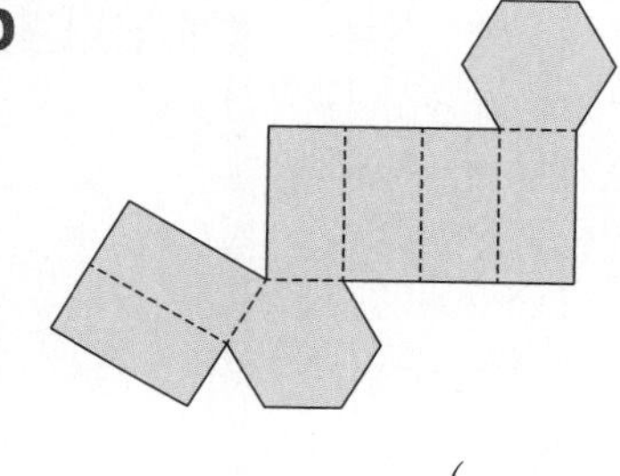

( )

함정 유형

36 다음은 어떤 각기둥의 전개도에서 옆면만 그린 것입니다. 이 각기둥의 이름은 무엇입니까?

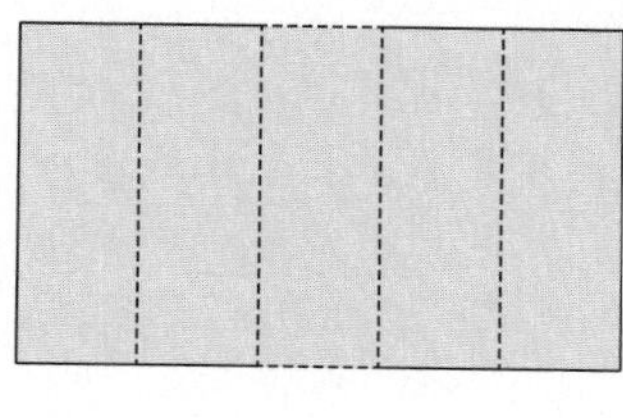

( )

KEY 옆면의 개수를 정확하게 세어야 해요.

2 각기둥과 각뿔

1-1

다음 각기둥의 면의 수와 모서리의 수의 차는 몇 개인지 풀이 과정을 완성하고 답을 구하시오.

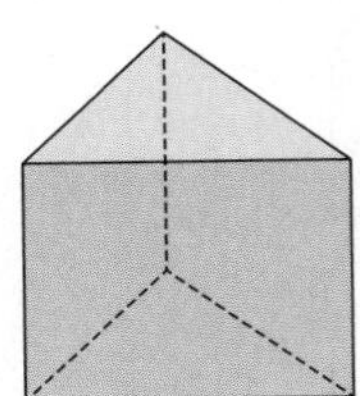

풀이 주어진 각기둥은 □입니다.

→ (면의 수)=□+2=□(개),

(모서리의 수)=□×3=□(개)

따라서 차는 □−□=□(개)입니다.

답 □개

2-1

다음 각뿔의 꼭짓점의 수와 모서리의 수의 차는 몇 개인지 풀이 과정을 완성하고 답을 구하시오.

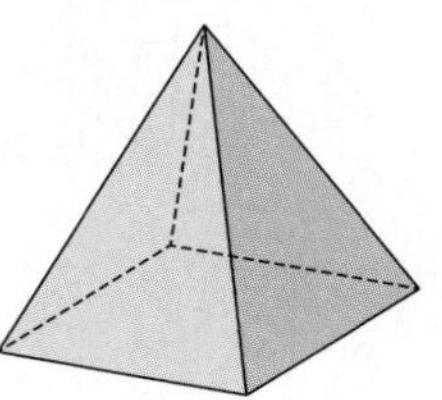

풀이 주어진 각뿔은 □입니다.

→ (꼭짓점의 수)=□+1=□(개),

(모서리의 수)=□×2=□(개)

따라서 차는 □−□=□(개)입니다.

답 □개

1-2

다음 각기둥의 면의 수와 모서리의 수의 차는 몇 개인지 풀이 과정을 쓰고 답을 구하시오.

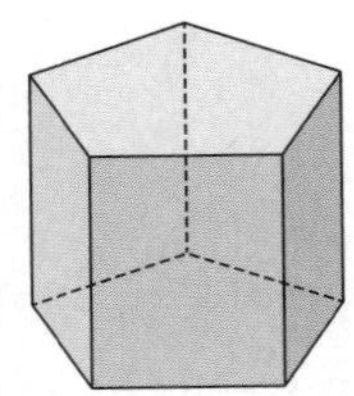

풀이

답

2-2

다음 각뿔의 꼭짓점의 수와 모서리의 수의 차는 몇 개인지 풀이 과정을 쓰고 답을 구하시오.

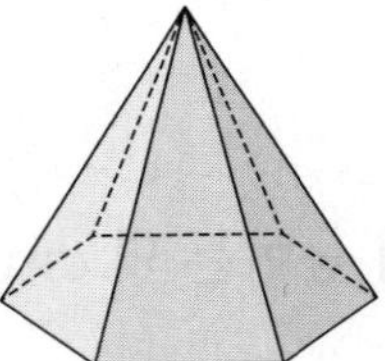

풀이

답

3-1

밑면의 모양이 다음과 같은 각기둥의 꼭짓점의 수는 몇 개인지 풀이 과정을 완성하고 답을 구하시오.

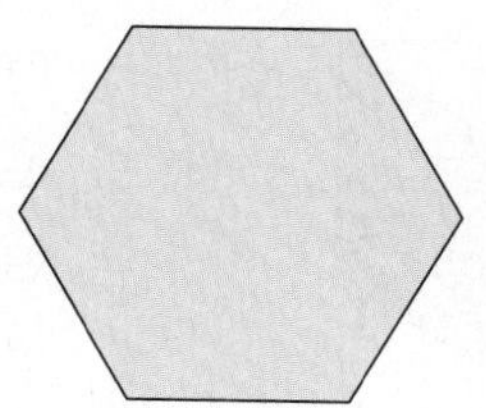

풀이 밑면의 모양이 ☐이므로

☐입니다.

따라서 꼭짓점의 수는 ☐$\times 2=$☐(개)입니다.

답 ☐개

4-1

밑면의 모양이 다음과 같은 각뿔의 면의 수는 몇 개인지 풀이 과정을 완성하고 답을 구하시오.

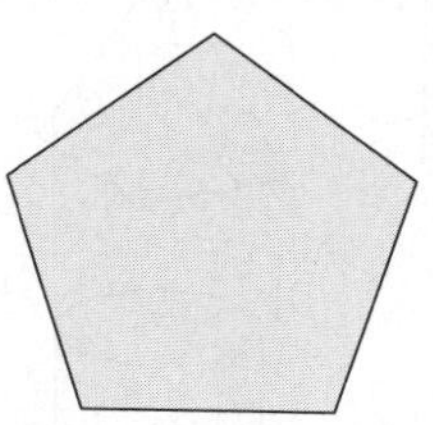

풀이 밑면의 모양이 ☐이므로

☐입니다.

따라서 면의 수는 ☐$+1=$☐(개)입니다.

답 ☐개

3-2

밑면의 모양이 다음과 같은 각기둥의 꼭짓점의 수는 몇 개인지 풀이 과정을 쓰고 답을 구하시오.

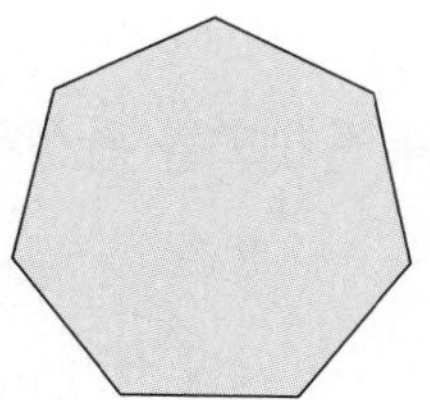

풀이

답

4-2

밑면의 모양이 다음과 같은 각뿔의 면의 수는 몇 개인지 풀이 과정을 쓰고 답을 구하시오.

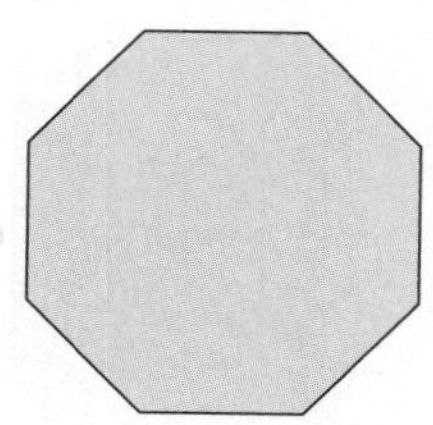

풀이

답

유형 평가

점수

01 각기둥은 모두 몇 개입니까?

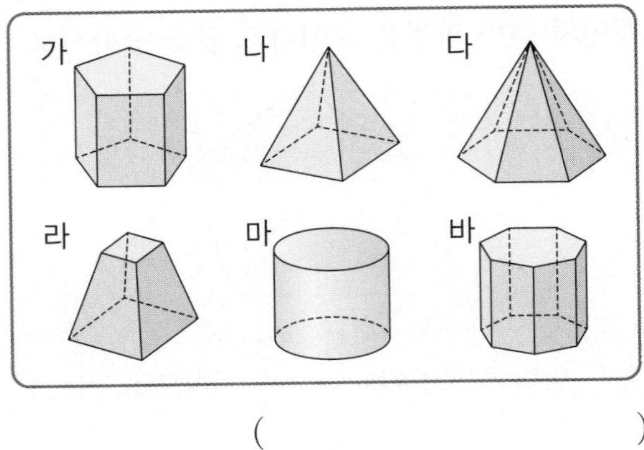

( )

02 각기둥의 겨냥도를 완성하시오.

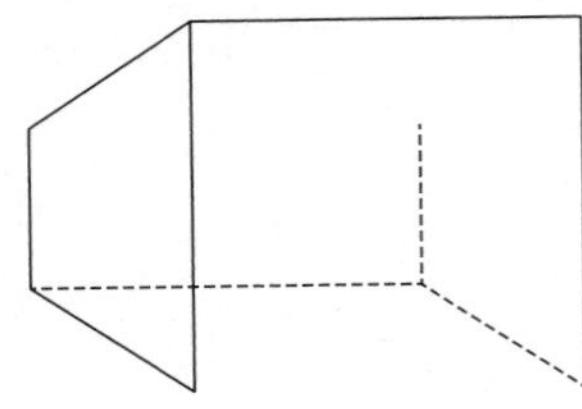

03 다음 각기둥의 밑면의 수와 옆면의 수의 차는 몇 개입니까?

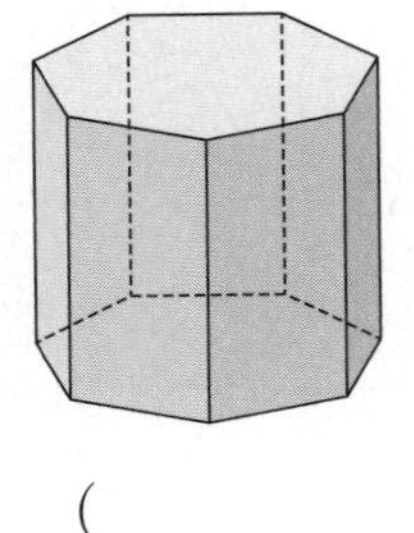

( )

04 밑면의 모양이 다음과 같은 각기둥의 이름을 쓰시오.

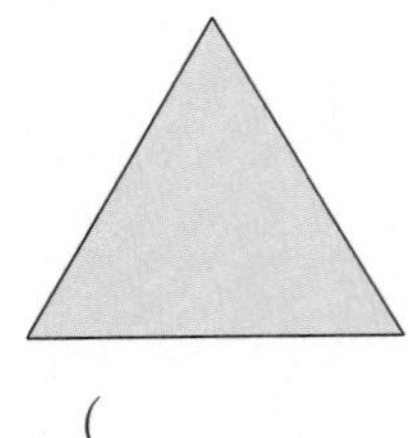

( )

05 각기둥의 높이를 잴 수 있는 모서리를 모두 찾아 기호를 쓰시오.

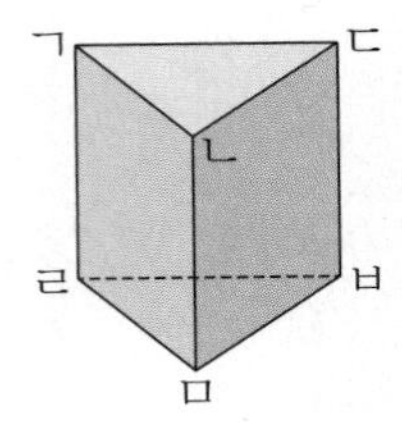

㉠ 모서리 ㄱㄴ
㉡ 모서리 ㄴㅁ
㉢ 모서리 ㄹㅁ
㉣ 모서리 ㄷㅂ

( )

06 다음 각기둥의 꼭짓점의 수, 면의 수, 모서리의 수는 각각 몇 개인지 차례로 쓰시오.

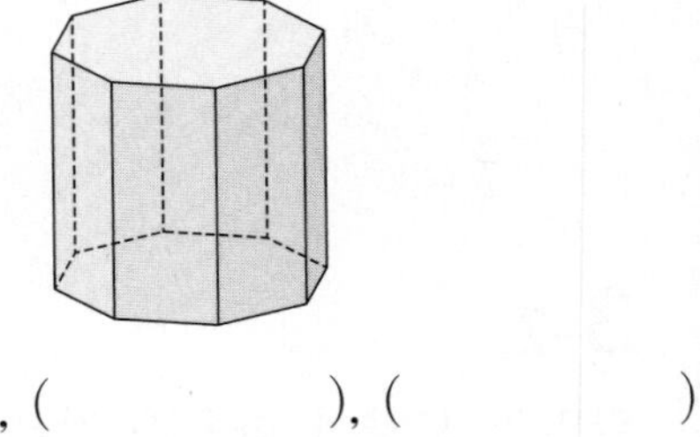

( ), ( ), ( )

07 사각기둥의 전개도를 완성하시오.

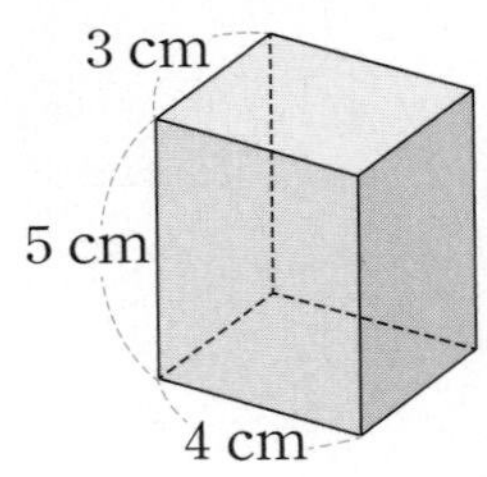

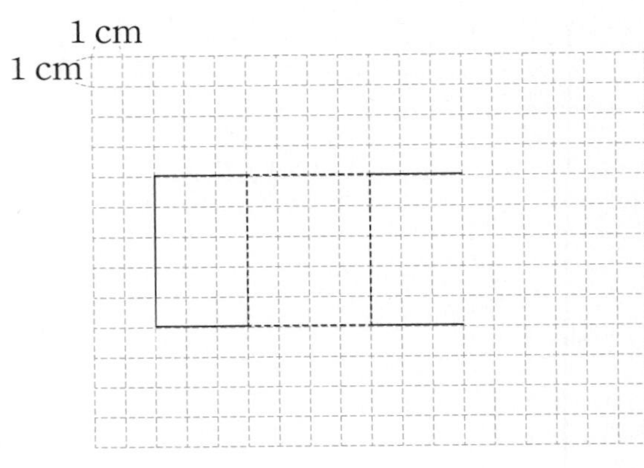

08 삼각기둥의 전개도를 완성하시오.

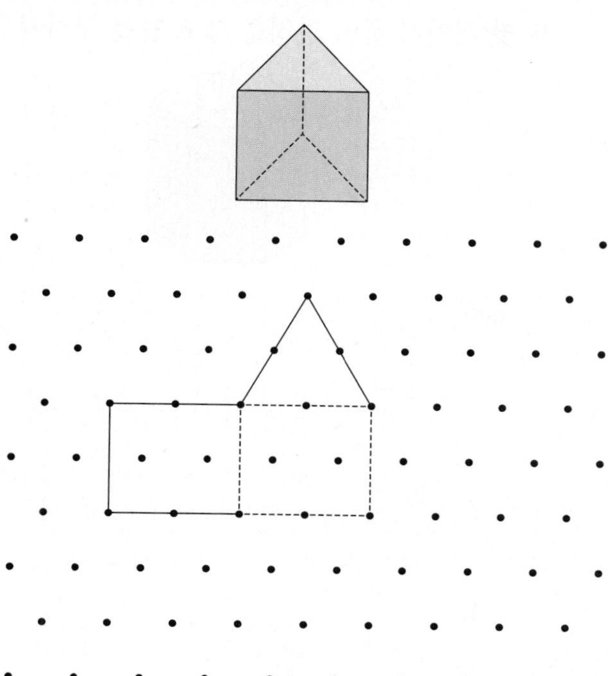

09 각뿔은 모두 몇 개입니까?

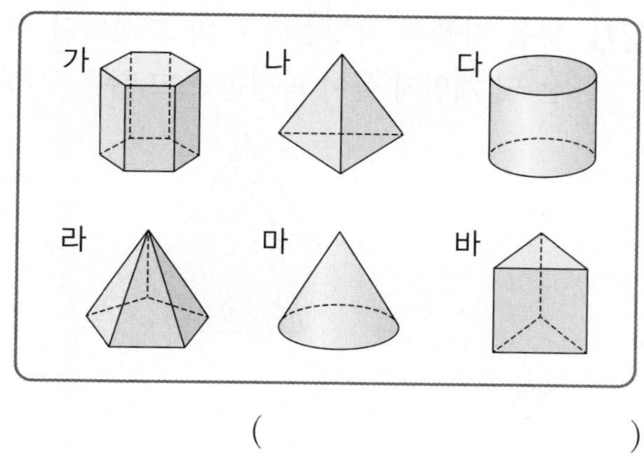

( )

10 각뿔에서 밑면에는 ○표, 옆면에는 △표 하시오.

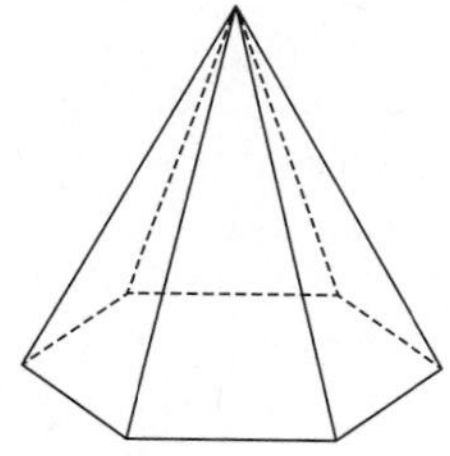

11 다음 각뿔의 밑면의 수와 옆면의 수의 차는 몇 개입니까?

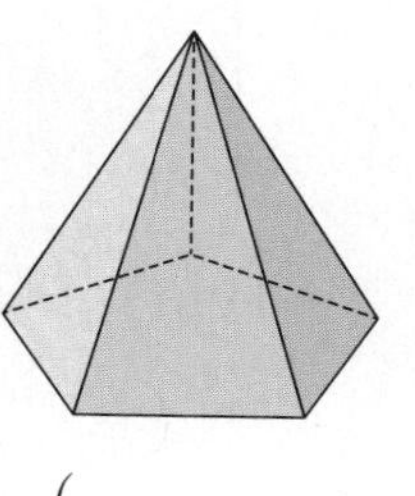

( )

12 □ 안에 알맞은 각뿔의 이름을 써넣으시오.

각뿔은 밑면의 모양에 따라
밑면이 사각형이면 □(이)라고 하고,
밑면이 구각형이면 □(이)라고 합니다.

13 각뿔의 겨냥도에 모서리는 빨간색으로, 꼭짓점은 파란색으로 모두 표시하시오.

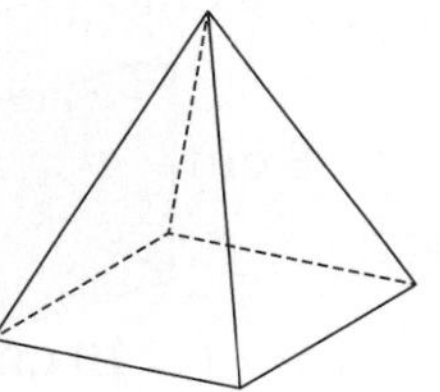

14 다음 각뿔의 꼭짓점의 수, 면의 수, 모서리의 수는 각각 몇 개인지 차례로 쓰시오.

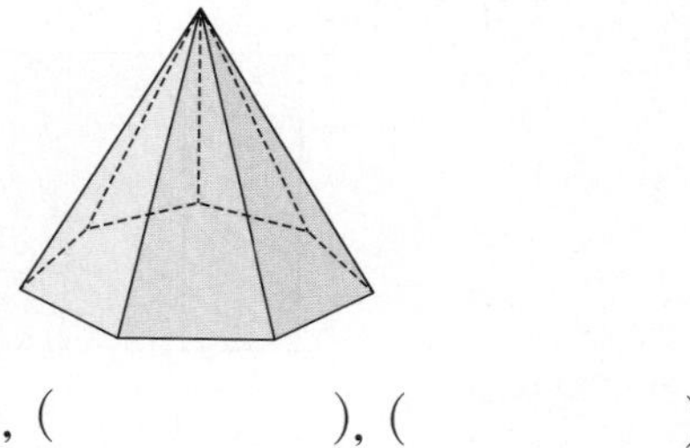

( ), ( ), ( )

15 다음 각기둥의 높이는 몇 cm입니까?

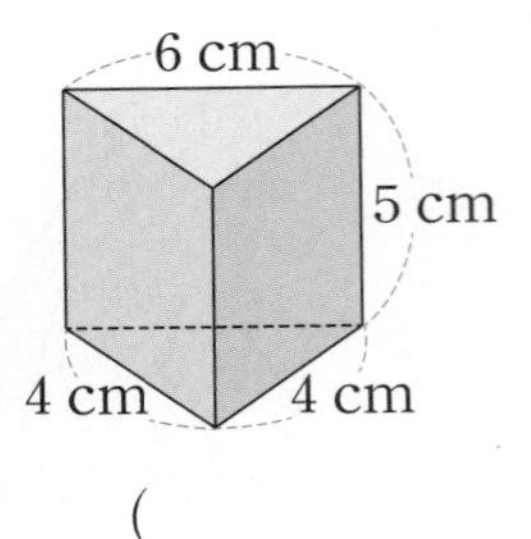

( )

16 다음 전개도를 접으면 어떤 도형이 됩니까?

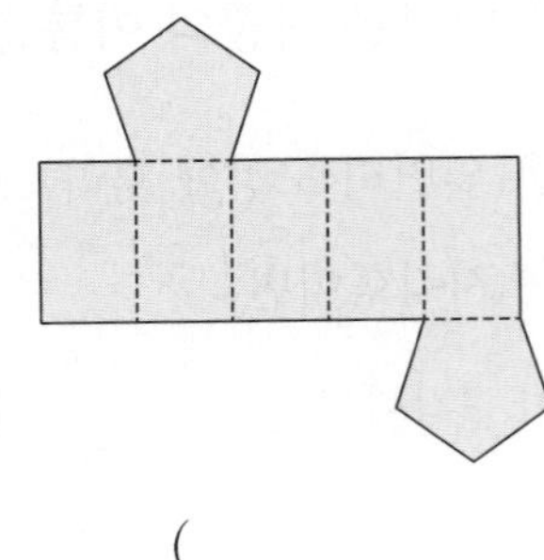

( )

합정 유형
17 다음 각기둥의 높이는 몇 cm입니까?

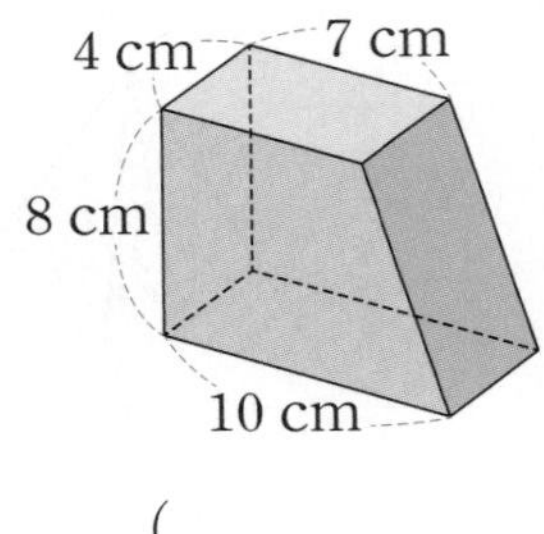

( )

합정 유형
18 다음은 어떤 각기둥의 전개도에서 옆면만 그린 것입니다. 이 각기둥의 이름은 무엇입니까?

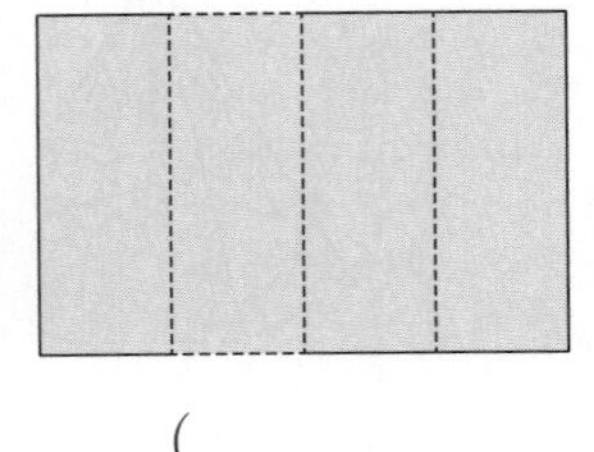

( )

서술형
19 다음 각기둥의 면의 수와 모서리의 수의 차는 몇 개인지 풀이 과정을 쓰고 답을 구하시오.

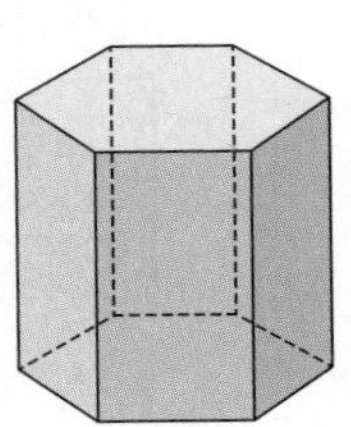

풀이

답

서술형
20 다음 각뿔의 꼭짓점의 수와 모서리의 수의 차는 몇 개인지 풀이 과정을 쓰고 답을 구하시오.

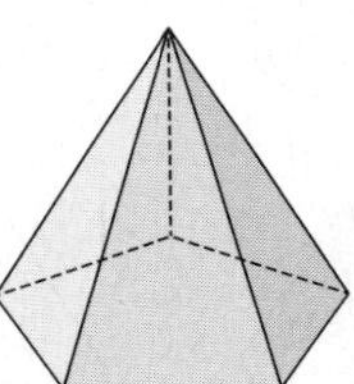

풀이

답

단원 평가 기본

2. 각기둥과 각뿔

점수

정답 및 풀이 14쪽

[01~03] 도형을 보고 물음에 답하시오.

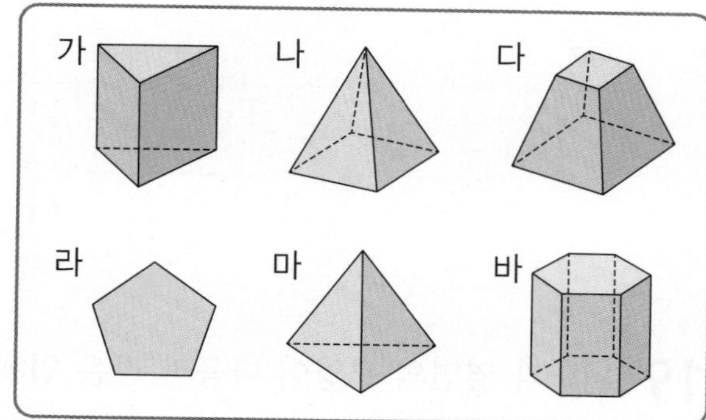

01 입체도형을 모두 찾아 기호를 쓰시오.

( )

02 각기둥을 모두 찾아 기호를 쓰시오.

( )

03 각뿔을 모두 찾아 기호를 쓰시오.

( )

[04~05] 각기둥과 각뿔의 밑면을 모두 색칠하시오.

04

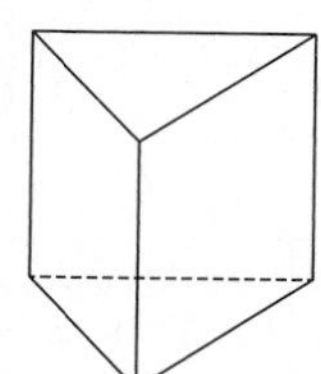

05

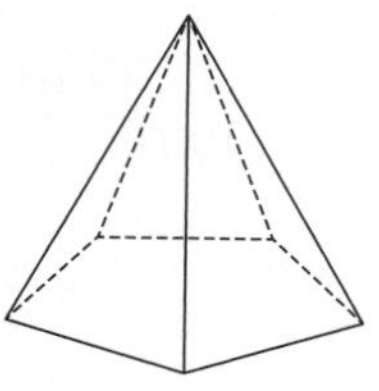

[06~07] 각기둥과 각뿔의 이름을 쓰시오.

06

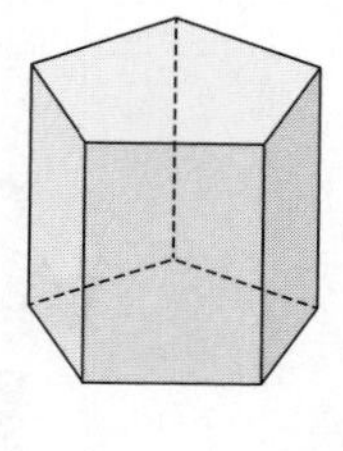

( )

07

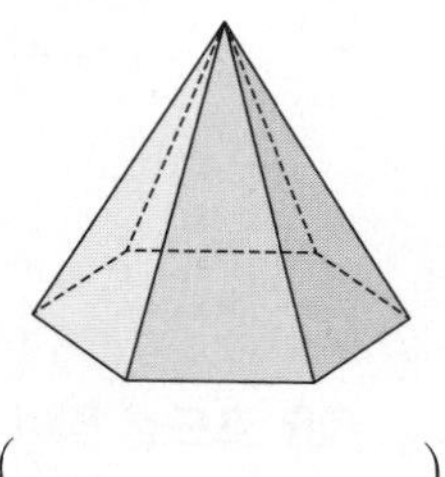

( )

[08~09] □ 안에 알맞은 수나 말을 써넣으시오.

08 각기둥의 밑면은 □개이고, 옆면의 모양은 □입니다.

09 각뿔의 밑면은 □개이고, 옆면의 모양은 □입니다.

[10~11] 각기둥을 보고 물음에 답하시오.

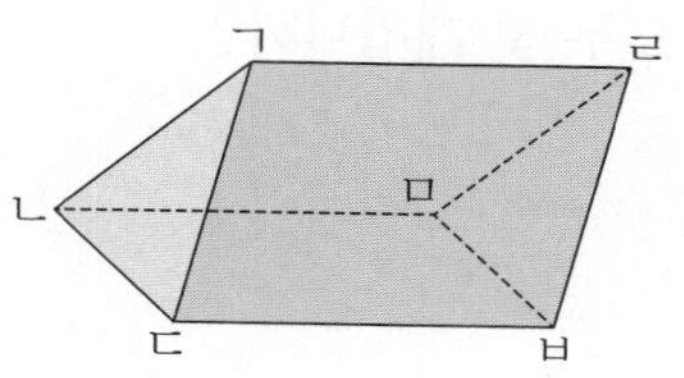

10 옆면을 모두 찾아 쓰시오.

( )

11 각기둥의 높이를 나타내는 모서리를 모두 찾아 쓰시오.

( )

12 구각기둥의 꼭짓점의 수, 면의 수, 모서리의 수는 각각 몇 개인지 차례로 쓰시오.

( ), ( ), ( )

13 십각뿔의 꼭짓점의 수, 면의 수, 모서리의 수는 각각 몇 개인지 차례로 쓰시오.

( ), ( ), ( )

2 각기둥과 각뿔

단원 평가 기본 2. 각기둥과 각뿔

[14~15] 각기둥의 전개도를 보고 물음에 답하시오.

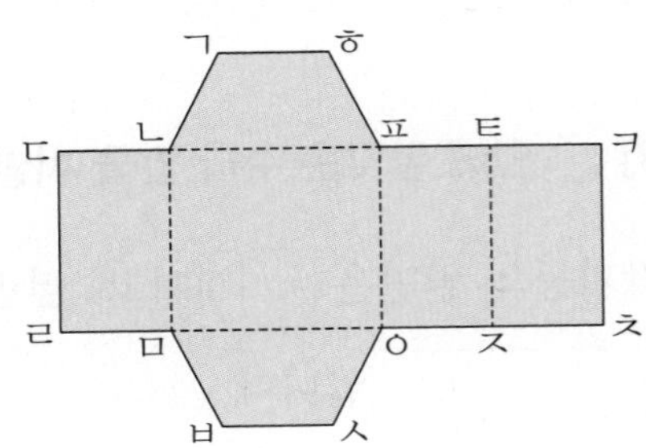

14 전개도를 접었을 때 선분 ㄱㅎ과 맞닿는 선분은 어느 것입니까?

( )

15 전개도를 접었을 때 면 ㅁㅂㅅㅇ과 만나는 면은 모두 몇 개입니까?

( )

16 칠각기둥의 밑면과 옆면의 모양을 그리시오.

밑면	옆면

17 사각뿔의 밑면과 옆면의 모양을 그리시오.

밑면	옆면

서술형

18 오른쪽 입체도형은 각기둥이 아닙니다. 그 이유를 쓰시오.

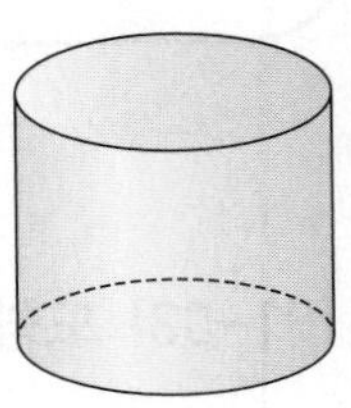

이유 ______

19 밑면과 옆면의 모양이 다음과 같은 입체도형의 꼭짓점의 수와 모서리의 수의 차는 몇 개입니까?

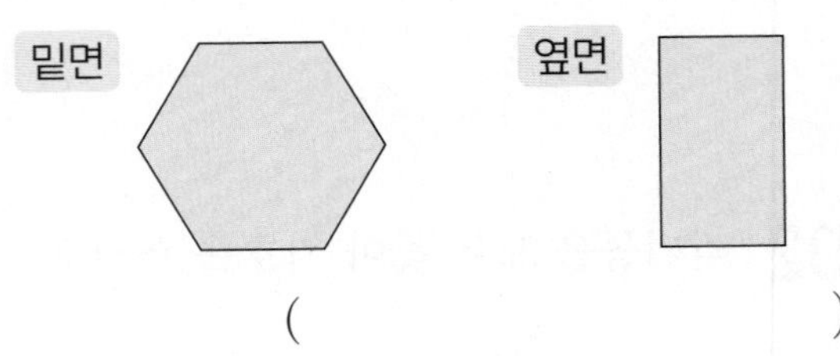

( )

20 사각기둥의 전개도를 완성하시오.

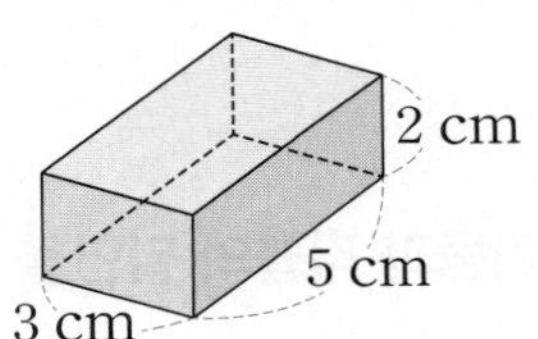

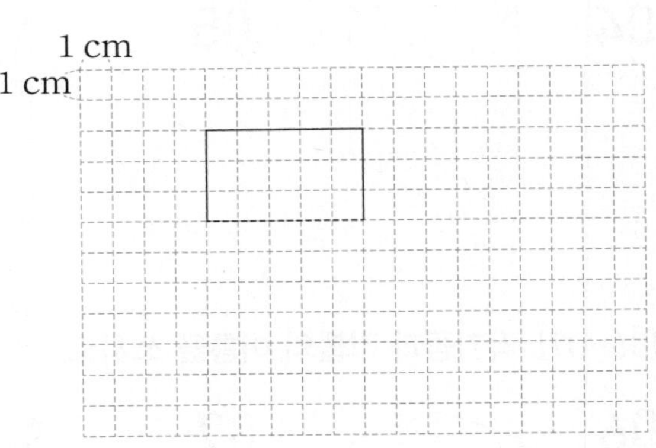

QR 코드를 찍어 단원 평가 를 더 풀어 보세요.

3 소수의 나눗셈

학습 계획표

계획표대로 공부했으면 ○표, 못했으면 △표 하세요.

❶단계 핵심 개념+기초 문제	42~43쪽	월 일	
❶단계 기본 문제	44~45쪽	월 일	
❷단계 기본 유형+잘 틀리는 유형	46~51쪽	월 일	
❷단계 서술형 유형	52~53쪽	월 일	
❸단계 유형 평가	54~56쪽	월 일	
❸단계 단원 평가	57~58쪽	월 일	

3. 소수의 나눗셈

핵심 개념

개념에 대한 **자세한 동영상 강의**를 시청하세요.

개념 ❶ 각 자리에서 나누어떨어지지 않는 (소수)÷자연수)

$$8\overline{)1168} = 146 \rightarrow 8\overline{)11.68} = 1.46$$

(8, 36, 32, 48, 48, 0)

핵심 몫의 소수점 위치는 나누어지는 수의 소수점 위치와 같음

자연수의 나눗셈과 같은 방법으로 세로로 계산하고, ❶ □□□□□ 수의 소수점 위치에 맞추어 몫의 소수점을 올려 찍습니다.

[전에 배운 내용]

$8\overline{)1168}$ → 몫 1: -8, 3 → 몫 14: -8, 36, -32, 4 → 몫 146: -8, 36, -32, 48, -48, 0

개념 ❷ 소수점 아래 0을 내려 계산하는 (소수)÷(자연수)

$$5\overline{)4870} = 974 \rightarrow 5\overline{)48.70} = 9.74$$

(45, 37, 35, 20, 20, 0)

핵심 계산이 끝나지 않으면 0을 내려 계산

소수점 아래에서 나누어떨어지지 않아 계산이 끝나지 않으면 나누어지는 수의 오른쪽 끝자리에 ❷ □이 계속 있는 것으로 생각하고 ❸ □을 내려 계산합니다.

[전에 배운 내용]

$5\overline{)4870}$ → 몫 9: -45, 3 → 몫 97: -45, 37, -35, 2 → 몫 974: -45, 37, -35, 20, -20, 0

[앞으로 배울 내용]

- (자연수)÷(소수)
- (소수)÷(소수)

정답 ❶ 나누어지는 ❷ 0 ❸ 0

QR 코드를 찍어 보세요.
새로운 문제를 계속 풀 수 있어요.

공부한 날 월 일

● 정답 및 풀이 15쪽

1-1 계산을 하시오.

(1) $2\overline{)6.2}$

(2) $5\overline{)18.5}$

(3) $8\overline{)27.84}$

(4) $3\overline{)2.55}$

1-2 계산을 하시오.

(1) 9.6÷3

(2) 8.24÷2

(3) 36.4÷7

(4) 15.88÷4

(5) 3.65÷5

(6) 2.52÷9

2-1 계산을 하시오.

(1) $4\overline{)13.4}$

(2) $2\overline{)12.3}$

(3) $5\overline{)28}$

(4) $8\overline{)58}$

2-2 계산을 하시오.

(1) 39.3÷5

(2) 21.2÷8

(3) 22.5÷6

(4) 34÷4

(5) 27÷6

(6) 81÷25

기본 문제

[01~05] □ 안에 알맞은 수를 써넣으시오.

01 $4.86 \div 2 = \frac{\square}{100} \div 2 = \frac{\square \div 2}{100}$

$= \frac{\square}{100} = \square$ ← 소수로 쓰시오.

02 $66.9 \div 3 = \frac{\square}{10} \div 3 = \frac{\square \div 3}{10}$

$= \frac{\square}{10} = \square$

03 $9.2 \div 4 = \frac{\square}{10} \div 4 = \frac{\square \div 4}{10}$

$= \frac{\square}{10} = \square$

04 $12.48 \div 3 = \frac{\square}{100} \div 3 = \frac{\square \div 3}{100}$

$= \frac{\square}{100} = \square$

05 $2.58 \div 6 = \frac{\square}{100} \div 6 = \frac{\square \div 6}{100}$

$= \frac{\square}{100} = \square$

[06~11] □ 안에 알맞은 수를 써넣으시오.

06

```
       1 . □ □
   ───────────
3 )  3 . 9   6
     3
   ───────────
         9
         9
   ───────────
             6
             □
   ───────────
             0
```

07

```
       1 □ . □
   ───────────
4 )  4   8 . 8
     □
   ───────────
         8
         □
   ───────────
             8
             □
   ───────────
             0
```

08

```
           8 . □
   ─────────────
2 )  1   7 . 2
     □   □
   ─────────────
         1   □
         □   □
   ─────────────
             0
```

09

```
           3 . □   □
   ─────────────────
7 )  2   4 . 9   9
     □   □
   ─────────────────
         3   □
         3   5
   ─────────────────
             4   9
             □   □
   ─────────────────
                 0
```

10

```
       0 . □   □
   ─────────────
7 )  4 . 0   6
     3   5
   ─────────────
         5   6
         □   □
   ─────────────
             0
```

11

```
       □ . □   □
   ─────────────
9 )  7 . 8   3
     7   2
   ─────────────
         6   □
         □   □
   ─────────────
             0
```

공부한 날 월 일

[12~16] □ 안에 알맞은 수를 써넣으시오.

12 $10.6\div4=\frac{106}{10}\div4=\frac{\square}{100}\div4$

$=\frac{\square\div4}{100}=\frac{\square}{100}$

$=\square$ ← 소수로 쓰시오.

13 $29.2\div8=\frac{292}{10}\div8=\frac{\square}{100}\div8$

$=\frac{\square\div8}{100}=\frac{\square}{100}$

$=\square$

14 $6.12\div3=\frac{\square}{100}\div3=\frac{\square\div3}{100}$

$=\frac{\square}{100}=\square$

15 $8\div5=\frac{8}{5}=\frac{8\times\square}{5\times2}=\frac{\square}{10}=\square$

16 $26\div8=\frac{26}{8}=\frac{26\times\square}{8\times125}$

$=\frac{\square}{1000}=\square$

[17~22] □ 안에 알맞은 수를 써넣으시오.

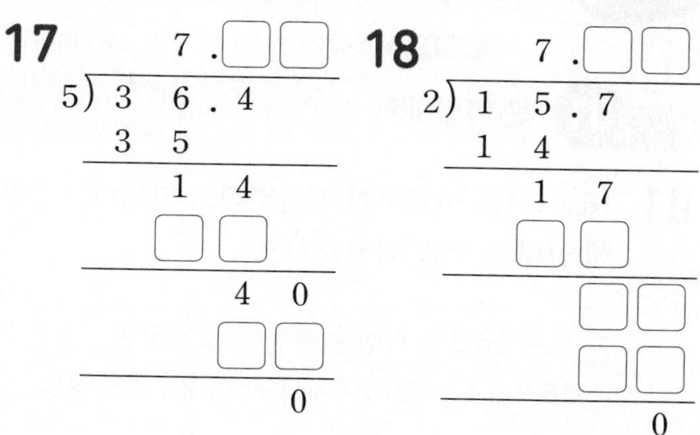

17 $36.4\div5=7.\square\square$

18 $15.7\div2=7.\square\square$

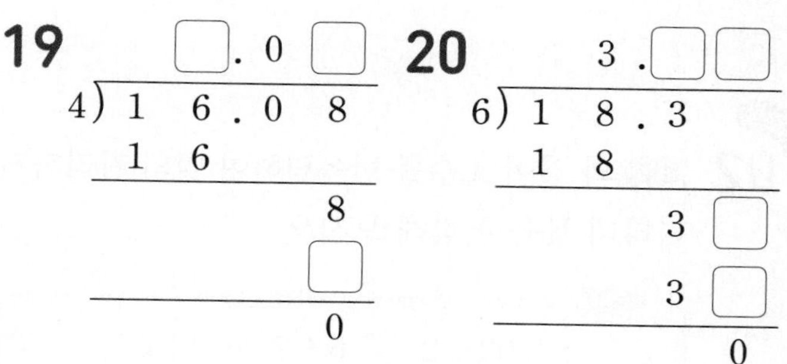

19 $16.08\div4=\square.0\square$

20 $18.3\div6=3.\square\square$

21

```
         3 . □
    ┌─────────
 14 ) 4  9
      4  2
    ─────────
         7  □
      □  □
    ─────────
            0
```

22

```
         5 . □ □
    ┌───────────
  4 ) 2  3
      2  0
    ───────────
         3  □
         2  8
    ───────────
            2  □
            □  □
    ───────────
               0
```

3. 소수의 나눗셈

기본 유형

핵심 내용 소수를 자연수로 나타내어 몫을 어림함

유형 01 몫 어림하기

01 16.2÷4를 어림하여 계산하려고 합니다. □ 안에 알맞은 수를 써넣으시오.

> 소수 16.2를 자연수 부분만 생각하면
> 16.2÷4 → 16÷4이므로 16.2÷4의 몫을
> 약 □(으)로 어림할 수 있습니다.

교과서 유형

02 보기 와 같이 소수를 반올림하여 일의 자리까지 나타내 몫을 어림해 보시오.

> 보기
> 5.92÷2 → 6÷2 → 약 3

(1) 11.64÷4 → □÷□ → 약 □

(2) 15.3÷3 → □÷□ → 약 □

03 어림셈을 이용하여 몫을 어림해 보시오.

34.65÷7

어림 □÷□ → 몫 약 □

핵심 내용 나누어지는 수가 $\frac{1}{10}$배, $\frac{1}{100}$배가 되면 몫도 $\frac{1}{10}$배, $\frac{1}{100}$배가 됨

유형 02 (소수)÷(자연수)(1)

04 636÷3을 이용하여 6.36÷3을 계산하는 방법을 설명한 것입니다. □ 안에 알맞은 수를 써넣으시오.

> 6.36은 636의 $\frac{1}{100}$배이므로 6.36÷3의 몫은
> 636÷3의 몫의 □배입니다.
> 636÷3=212이므로 6.36÷3의 몫은
> 212의 $\frac{1}{100}$배인 □입니다.

05 □ 안에 알맞은 수를 써넣으시오.

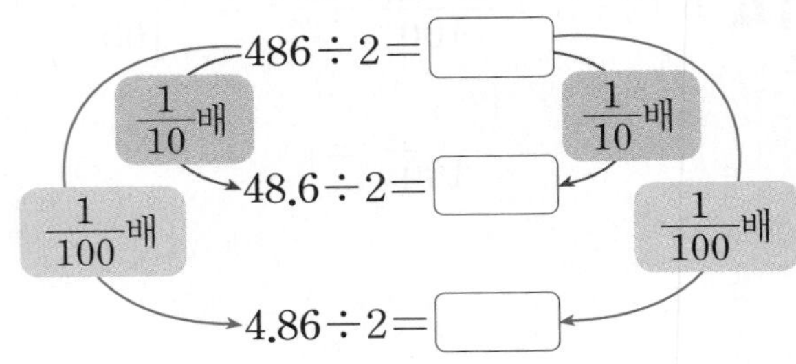

익힘책 유형

06 자연수의 나눗셈을 이용하여 소수의 나눗셈을 계산하시오.

> 484÷4=121
> 48.4÷4=□
> 4.84÷4=□

공부한 날 월 일

핵심 내용 소수를 분수로 나타내어 계산

유형 03 (소수)÷(자연수)(2) – 분수의 나눗셈으로 바꾸어 계산하기

07 바르게 계산한 것을 찾아 기호를 쓰시오.

㉠ $30.4\div16=\frac{304}{100}\div16=\frac{304\div16}{100}$
$=\frac{19}{100}=0.19$

㉡ $62.4\div24=\frac{624}{10}\div24=\frac{624\div24}{10}$
$=\frac{26}{10}=2.6$

( )

교과서 유형

08 소수의 나눗셈을 분수의 나눗셈으로 바꾸어 계산하시오.

(1) $21.2\div4$

(2) $7.32\div6$

09 나눗셈의 몫을 찾아 선으로 이어 보시오.

$10.2\div3$ •	• 3.55
$17.75\div5$ •	• 3.4

핵심 내용 몫의 소수점은 나누어지는 수의 소수점 위치에 맞추어 올려 찍음

유형 04 (소수)÷(자연수)(2) – 자연수의 나눗셈 이용하기

10 계산을 하시오.

(1) $7\overline{)17.5}$

(2) $4\overline{)39.68}$

익힘책 유형

11 계산을 잘못한 곳을 찾아 바르게 계산하시오.

```
      6 4.7
  8)5 1.7 6
    4 8
    ─────
      3 7
      3 2
    ─────
        5 6
        5 6
    ─────
          0
```

→ $8\overline{)51.76}$

12 계산 결과의 크기를 비교하여 ○ 안에 >, =, <를 알맞게 써넣으시오.

$67.8\div6$  $38.4\div4$

3 소수의 나눗셈

2단계 기본 유형

핵심 내용 소수를 분수로 나타내어 계산

유형 05 (소수)÷(자연수)(3) - 분수의 나눗셈으로 바꾸어 계산하기

13 □ 안에 알맞은 수를 써넣으시오.

$$2.4\div4=\frac{\square}{10}\div4=\frac{\square\div4}{10}$$

$$=\frac{\square}{10}=\square$$

14 계산을 잘못한 것을 찾아 기호를 쓰고, 바르게 계산하시오.

㉠ $3.6\div4=\frac{36}{10}\div4=\frac{36\div4}{10}=\frac{9}{10}=0.9$

㉡ $3.64\div7=\frac{364}{10}\div7=\frac{364\div7}{10}$

$=\frac{52}{10}=5.2$

잘못한 계산 (　　　　　　　　)

바르게 계산하기

15 (익힘책 유형) 가장 작은 수를 가장 큰 수로 나누어 몫을 구하시오.

6.66	7	8.88	18

(　　　　　　　　)

핵심 내용 (나누어지는 수)<(나누는 수)이면 몫이 1보다 작음

유형 06 (소수)÷(자연수)(3) - 자연수의 나눗셈 이용하기

16 자연수의 나눗셈을 이용하여 □ 안에 알맞은 수를 써넣으시오.

$192\div3=64$ → $1.92\div3=\square$

17 계산을 하시오.

(1) $7\overline{)2.38}$　　(2) $6\overline{)4.98}$

18 몫의 소수점을 잘못 찍은 것은 어느 것입니까?
…………………………………………… (　　　)

① $91\div7=13$ → $9.1\div7=1.3$
② $568\div8=71$ → $5.68\div8=0.71$
③ $36\div9=4$ → $3.6\div9=0.4$
④ $108\div4=27$ → $1.08\div4=2.7$
⑤ $195\div5=39$ → $1.95\div5=0.39$

19 (익힘책 유형) 계산 결과의 크기를 비교하여 ○ 안에 >, =, <를 알맞게 써넣으시오.

$2.12\div4$  $4.68\div9$

공부한 날 (월) (일)

핵심 내용 분자가 자연수로 나누어떨어지도록 고침

유형 07 (소수)÷(자연수)(4) – 분수의 나눗셈으로 바꾸어 계산하기

20 □ 안에 알맞은 수를 써넣으시오.

$$18.2\div4=\frac{182}{10}\div4=\frac{\square}{100}\div4$$

$$=\frac{\square\div4}{100}$$

$$=\frac{\square}{100}=\square$$

교과서 유형

[21~22] 보기 와 같이 분수의 나눗셈으로 바꾸어 계산하시오.

보기

$$9.9\div6=\frac{99}{10}\div6=\frac{990}{100}\div6$$

$$=\frac{990\div6}{100}$$

$$=\frac{165}{100}=1.65$$

21 16.5÷6

22 18.6÷5

핵심 내용 소수점 아래 0을 내려 계산

유형 08 (소수)÷(자연수)(4) – 자연수의 나눗셈 이용하기

23 나머지가 0이 될 때까지 계산하시오.

(1)
```
     4.1
 4)1 6.6
   1 6
   ---
     6
     4
   ---
     2
```

(2)
```
      3.6
 12)4 3.8
    3 6
   ----
      7 8
      7 2
   ----
        6
```

24 나눗셈의 몫을 찾아 선으로 이어 보시오.

24.9÷6 •	• 2.326
14.6÷4 •	• 4.15
11.63÷5 •	• 3.65

익힘책 유형

25 계산 결과가 더 큰 것의 기호를 쓰시오.

㉠ 18.71÷5 ㉡ 23.1÷6

( )

3 소수의 나눗셈

핵심 내용 몫에 0을 쓰고 수를 하나 더 내려 계산

유형 09 (소수)÷(자연수)(5)

26 보기 와 같이 분수의 나눗셈으로 바꾸어 계산하시오.

보기

$$9.15\div3=\frac{915}{100}\div3=\frac{915\div3}{100}=\frac{305}{100}=3.05$$

$30.45\div5$

교과서 유형

27 계산을 하시오.

(1) $7\overline{)2\ 8.3\ 5}$

(2) $8\overline{)7\ 2.4}$

28 빈칸에 알맞은 수를 써넣으시오.

÷ ↓

18.45	61.2
9	15

핵심 내용 몫의 소수점은 자연수 바로 뒤에서 올려 찍음

유형 10 (자연수)÷(자연수)의 몫을 소수로 나타내기

29 나눗셈의 몫을 소수로 나타내려고 합니다. □ 안에 알맞은 수를 써넣으시오.

$$5\div2=\frac{\square}{2}=\frac{\square}{10}=\square$$

30 보기 와 같은 방법으로 계산하시오.

보기

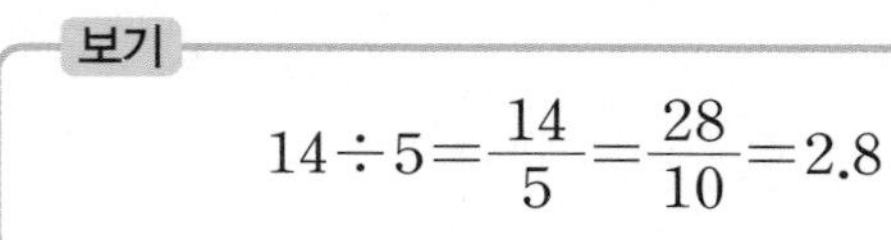

$$14\div5=\frac{14}{5}=\frac{28}{10}=2.8$$

$30\div20$

31 계산을 하시오.

(1) $5\overline{)2\ 7}$

(2) $8\overline{)1\ 0}$

익힘책 유형

32 □ 안에 들어갈 수 있는 가장 큰 자연수를 구하시오.

$57\div6>\square$

(　　　　　　　　)

잘 틀리는 유형 11 몫이 1보다 작은지, 큰지 알아보기

33 몫이 1보다 작은 나눗셈은 어느 것입니까? ······························ (　　　)

① 3.05÷5　② 6.2÷5
③ 6.43÷5　④ 7.5÷5
⑤ 8.25÷5

34 몫이 1보다 큰 나눗셈의 기호를 쓰고, 그 몫을 구하시오.

㉠ 3.4÷4	㉡ 7.5÷6

기호 (　　　　　)
몫 (　　　　　)

35 몫이 1보다 큰 나눗셈을 모두 찾아 ◯표 하시오.

5.4÷3	4.2÷5
3.87÷3	5.35÷5
1.14÷3	8.65÷5

KEY 몫이 1보다 작은지, 큰지 알아보기 위해 나누어지는 수와 나누는 수의 크기를 비교할 때 나누어지는 수의 자연수 부분만 비교하지 않도록 주의합니다.

잘 틀리는 유형 12 모르는 수 구하기

36 ●를 구하시오.

2×●=6.52

(　　　　　)

37 빈 곳에 알맞은 수를 써넣으시오.

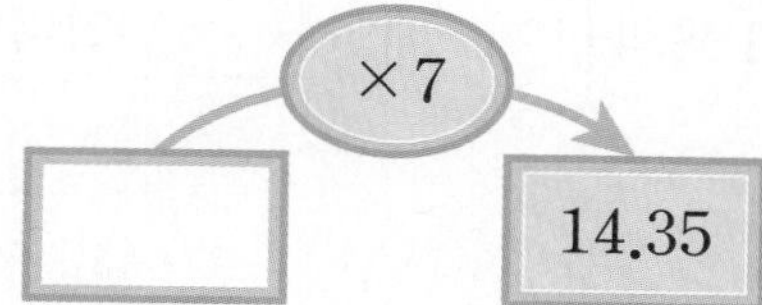

38 어떤 수에 8을 곱했더니 46.8이 되었습니다. 어떤 수를 구하시오.

(　　　　　)

KEY 어떤 수를 라 하고 식을 세운 후 곱셈과 나눗셈의 관계를 이용하여 어떤 수를 구합니다.

3 소수의 나눗셈

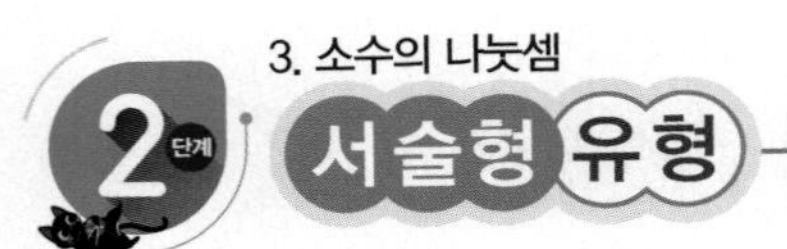

1-1

768÷6을 이용하여 76.8÷6을 계산하는 방법을 완성하고, □ 안에 알맞은 수를 써넣으시오.

$\frac{1}{10}$배

768÷6=128 76.8÷6=□

$\frac{1}{10}$배

방법 76.8은 768의 $\frac{1}{10}$배이므로 76.8÷6의 몫은

768÷6의 몫의 □배입니다.

768÷6=128이므로 76.8÷6의 몫은

128의 □배인 □입니다.

2-1

둘레가 37.32 cm인 정삼각형이 있습니다. 이 정삼각형의 한 변의 길이는 몇 cm인지 풀이 과정을 완성하고 답을 구하시오.

풀이 정삼각형은 세 변의 길이가 모두
(같습니다 , 다릅니다).
→ (정삼각형의 한 변의 길이)
=37.32÷□=□ (cm)

답 □ cm

1-2

2125÷5를 이용하여 21.25÷5를 계산하는 방법을 쓰고, □ 안에 알맞은 수를 써넣으시오.

$\frac{1}{100}$배

2125÷5=425 21.25÷5=□

$\frac{1}{100}$배

방법

2-2

둘레가 30.4 cm인 정오각형이 있습니다. 이 정오각형의 한 변의 길이는 몇 cm인지 풀이 과정을 쓰고 답을 구하시오.

풀이

답

3-1

동현이는 일정한 빠르기로 425 m를 달리는 데 2분 5초가 걸렸습니다. 동현이가 1초 동안 달린 거리는 몇 m인지 소수로 나타내려고 합니다. 풀이 과정을 완성하고 답을 구하시오.

풀이 2분 5초=☐초이므로

동현이가 1초 동안 달린 거리는

425÷☐=☐(m)입니다.

답 ☐ m

4-1

그림과 같은 직사각형을 넓이가 같은 5개의 작은 직사각형으로 나누었습니다. 작은 직사각형 한 개의 넓이는 몇 cm^2인지 풀이 과정을 완성하고 답을 구하시오.

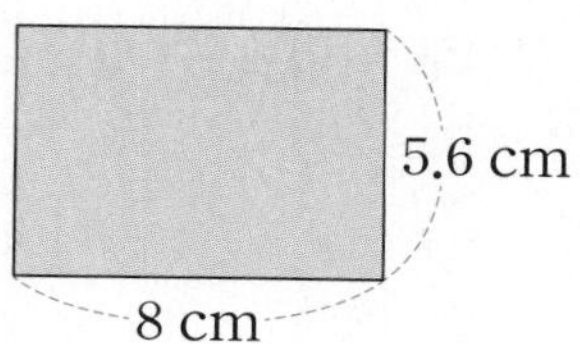

풀이 주어진 직사각형의 넓이는

8×☐=☐(cm^2)이므로

작은 직사각형 한 개의 넓이는

☐÷5=☐(cm^2)입니다.

답 ☐ cm^2

3-2

미진이는 일정한 빠르기로 630 m를 달리는 데 2분 55초가 걸렸습니다. 미진이가 1초 동안 달린 거리는 몇 m인지 소수로 나타내려고 합니다. 풀이 과정을 쓰고 답을 구하시오.

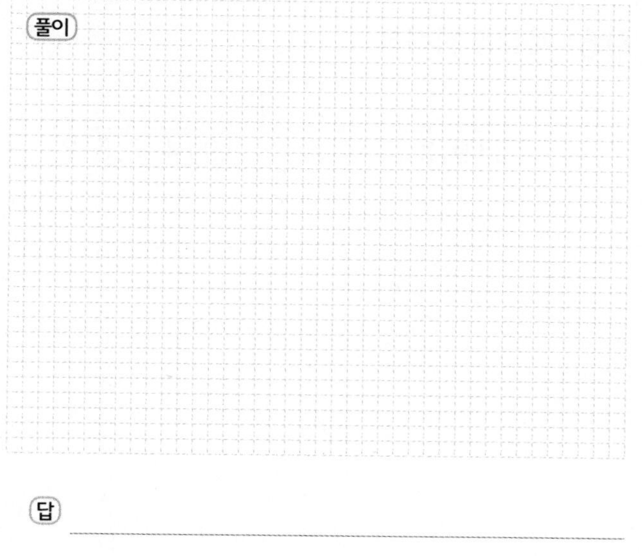

답

4-2

그림과 같은 직사각형을 넓이가 같은 8개의 작은 직사각형으로 나누었습니다. 작은 직사각형 한 개의 넓이는 몇 cm^2인지 풀이 과정을 쓰고 답을 구하시오.

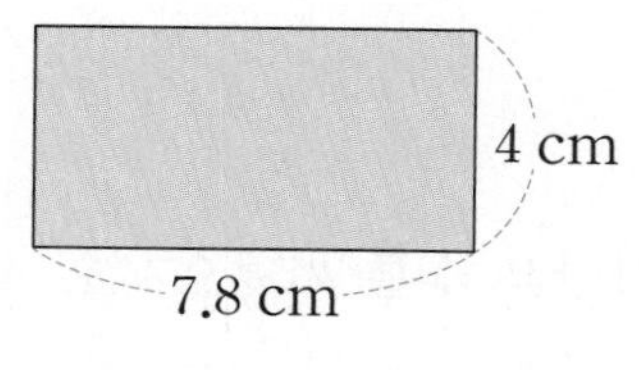

답

3 소수의 나눗셈

3. 소수의 나눗셈

유형 평가

점수

01 54.6÷3을 어림하여 계산하려고 합니다. □ 안에 알맞은 수를 써넣으시오.

> 소수 54.6을 자연수 부분만 생각하면
> 54.6÷3 → 54÷3이므로 54.6÷3의 몫을
> 약 □(으)로 어림할 수 있습니다.

02 보기 와 같이 소수를 반올림하여 일의 자리까지 나타내 몫을 어림해 보시오.

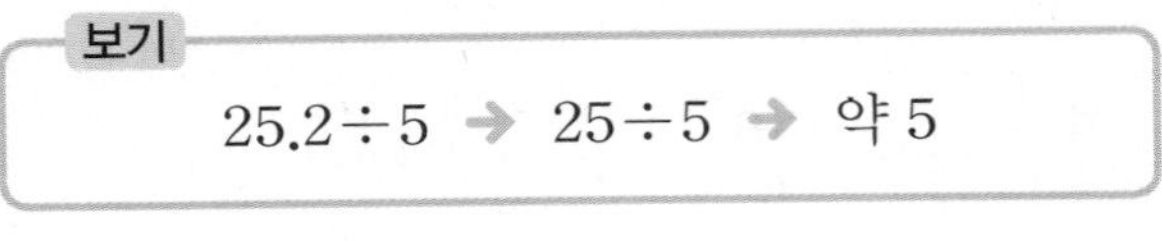

(1) 30.4÷2 → □÷□ → 약 □

(2) 75.83÷4 → □÷□ → 약 □

03 □ 안에 알맞은 수를 써넣으시오.

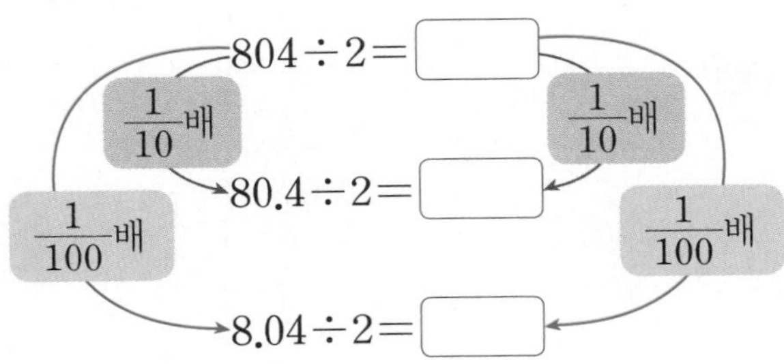

04 자연수의 나눗셈을 이용하여 소수의 나눗셈을 계산하시오.

> 396÷3=132
> 39.6÷3=□
> 3.96÷3=□

05 소수의 나눗셈을 분수의 나눗셈으로 바꾸어 계산하시오.

(1) 7.8÷3

(2) 11.44÷8

06 계산을 하시오.

(1) $2\overline{)9.2}$

(2) $9\overline{)47.52}$

07 계산을 잘못한 곳을 찾아 바르게 계산하시오.

```
   1 5.3
5)7.6 5      →   5)7.6 5
  5
  2 6
  2 5
    1 5
    1 5
      0
```

08 가장 작은 수를 가장 큰 수로 나누어 몫을 구하시오.

5.74 5.88 6 7

( )

09 계산 결과의 크기를 비교하여 ○ 안에 >, =, < 를 알맞게 써넣으시오.

$1.85 \div 5$ ○ $1.56 \div 4$

10 보기 와 같이 분수의 나눗셈으로 바꾸어 계산하시오.

보기

$$11.8 \div 4 = \frac{118}{10} \div 4 = \frac{1180}{100} \div 4 = \frac{1180 \div 4}{100} = \frac{295}{100} = 2.95$$

$31.6 \div 8$

11 나눗셈의 몫을 찾아 선으로 이어 보시오.

$22.5 \div 6$ •	• 3.75
$41.4 \div 12$ •	• 3.45

12 빈칸에 알맞은 수를 써넣으시오.

÷ →

21.42	7	
28.7	14	

13 보기 와 같은 방법으로 계산하시오.

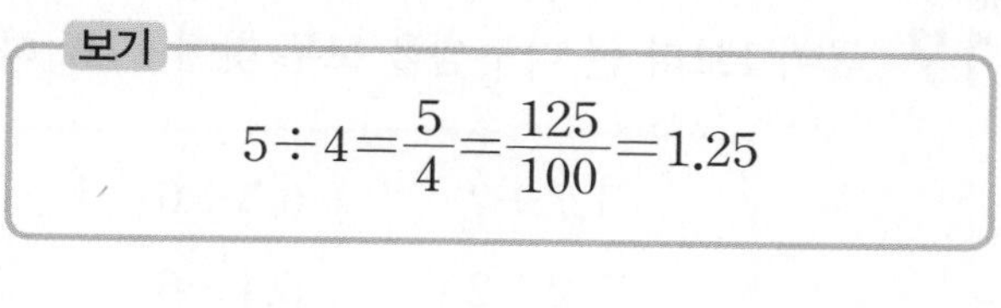
보기

$$5 \div 4 = \frac{5}{4} = \frac{125}{100} = 1.25$$

$16 \div 25$

14 □ 안에 들어갈 수 있는 가장 큰 자연수를 구하시오.

$34 \div 5 >$ □

( )

3 소수의 나눗셈

15 몫이 1보다 작은 나눗셈의 기호를 쓰고, 그 몫을 구하시오.

㉠ $3.64 \div 7$　　㉡ $8.4 \div 6$

기호 (　　　　　　　　)
몫 (　　　　　　　　)

16 빈 곳에 알맞은 수를 써넣으시오.

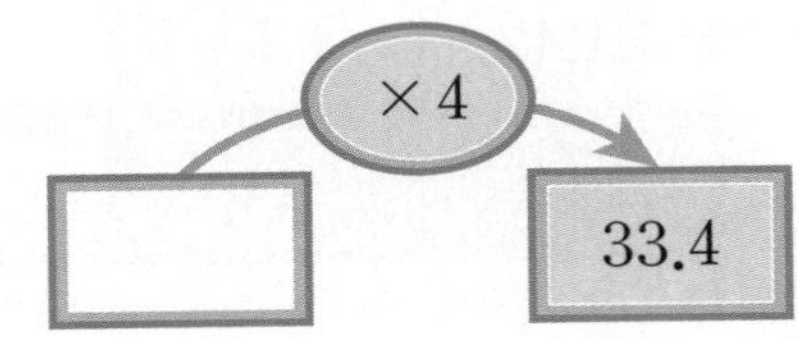

합정 유형
17 몫이 1보다 큰 나눗셈을 모두 찾아 ○표 하시오.

$1.7 \div 2$	$6.3 \div 6$
$7.2 \div 2$	$5.4 \div 6$
$2.1 \div 2$	$3.36 \div 6$

합정 유형
18 어떤 수에 9를 곱했더니 63.36이 되었습니다. 어떤 수를 구하시오.

(　　　　　　　　)

서술형
19 둘레가 71.2 cm인 정사각형이 있습니다. 이 정사각형의 한 변의 길이는 몇 cm인지 풀이 과정을 쓰고 답을 구하시오.

풀이

답

서술형
20 재인이는 일정한 빠르기로 294 m를 달리는 데 1분 24초가 걸렸습니다. 재인이가 1초 동안 달린 거리는 몇 m인지 소수로 나타내려고 합니다. 풀이 과정을 쓰고 답을 구하시오.

풀이

답

단원 평가 기본

3. 소수의 나눗셈

점수

정답 및 풀이 20쪽

01 $23.7 \div 4$를 어림하여 계산하려고 합니다. □ 안에 알맞은 수를 써넣으시오.

> 소수 23.7을 반올림하여 일의 자리까지 나타내면 $23.7 \div 4$ ➔ □$\div 4$이므로 $23.7 \div 4$의 몫을 약 □(으)로 어림할 수 있습니다.

02 끈 6.36 m를 3명에게 똑같이 나누어 주려고 합니다. 한 명이 끈을 몇 m 가질 수 있는지 알아보시오.

> 6.36 m=□cm입니다.
>
> $636 \div 3=$□
>
> 한 명이 가질 수 있는 끈은 □cm이므로 □m입니다.

03 □ 안에 알맞은 수를 써넣으시오.

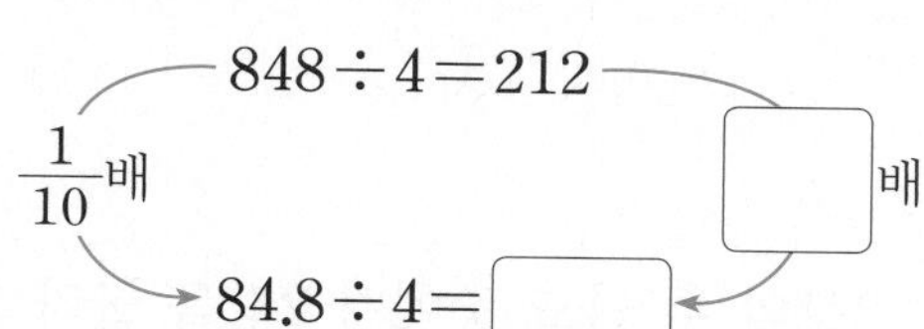

[04~05] 알맞은 위치에 몫의 소수점을 찍어 보시오.

04

```
       3□2□
   ┌──────
 4 ) 1 2.8
     1 2
   ──────
         8
         8
   ──────
         0
```

05

```
       2□4□6□
   ┌──────────
 7 ) 1 7.2 2
     1 4
   ──────────
       3 2
       2 8
   ──────────
         4 2
         4 2
   ──────────
           0
```

06 자연수의 나눗셈을 이용하여 소수의 나눗셈을 계산하시오.

> $756 \div 6=126$
>
> $75.6 \div 6=$□
>
> $7.56 \div 6=$□

07 보기 와 같은 방법으로 계산하시오.

> 보기
>
> $3.9 \div 3=\frac{39}{10} \div 3=\frac{39 \div 3}{10}=\frac{13}{10}=1.3$

$4.8 \div 2$

[08~09] 계산을 하시오.

08 $6\overline{)\,4\,2.9}$

09 $16\overline{)\,6\,4.8}$

10 나눗셈의 몫을 소수로 나타내려고 합니다. □ 안에 알맞은 수를 써넣으시오.

> $6 \div 5=\frac{6}{5}=\frac{□}{10}=$□

3

소수의 나눗셈

11 나눗셈의 몫을 찾아 선으로 이어 보시오.

9.3÷3 •	• 3.2
12.8÷4 •	• 3.1

12 빈칸에 알맞은 수를 써넣으시오.

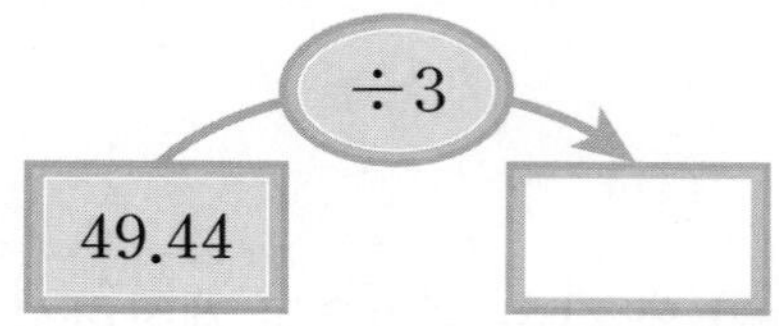

13 계산을 잘못한 곳을 찾아 바르게 계산하시오.

$$\begin{array}{r} 8.6 \\ 12 \overline{) 9\,6.7\,2} \\ 9\,6 \\ \hline 7\,2 \\ 7\,2 \\ \hline 0 \end{array} \rightarrow 12\overline{)9\,6.7\,2}$$

14 큰 수를 작은 수로 나눈 몫을 구하시오.

17	22.1

( )

15 다음 중 몫의 소수 첫째 자리 숫자가 더 작은 쪽에 ○표 하시오.

15.25÷5	31.02÷6

16 몫의 소수점을 바르게 찍은 것은 어느 것입니까? ··········( )

① 5430÷6=905 → 54.3÷6=90.5
② 3240÷8=405 → 32.4÷8=40.5
③ 3530÷5=706 → 35.3÷5=0.706
④ 1830÷6=305 → 18.3÷6=3.05
⑤ 1510÷5=302 → 15.1÷5=30.2

17 무게가 같은 연필 2자루의 무게가 24.86 g일 때 연필 한 자루의 무게는 몇 g입니까?

( )

18 쌀 97.8 kg이 있습니다. 이 쌀을 12명에게 똑같이 나누어 주려고 합니다. 한 사람에게 몇 kg씩 나누어 주면 됩니까?

( )

19 수직선의 0과 6.35 사이를 5등분 하였습니다. 눈금 한 칸의 크기를 구하시오.

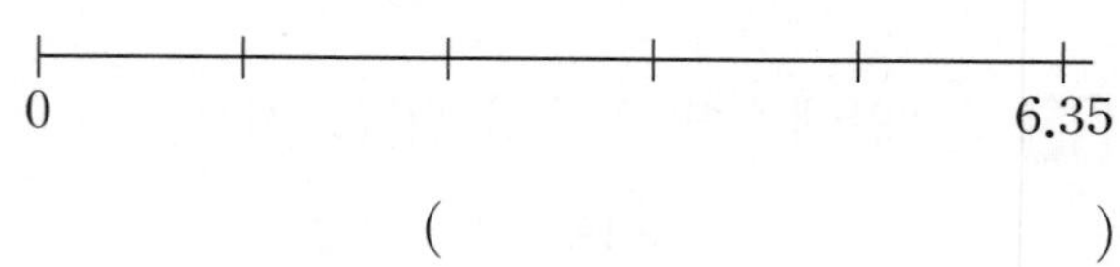

( )

20 3장의 수 카드 중에서 2장을 골라 가장 작은 소수 한 자리 수를 만들었습니다. 만든 소수 한 자리 수를 남은 수 카드의 수로 나눈 몫을 구하시오.

( )

QR 코드를 찍어 단원 평가 를 더 풀어 보세요.

4 비와 비율

학습 계획표

계획표대로 공부했으면 ○표, 못했으면 △표 하세요.

내용	쪽수	날짜	확인
❶단계 핵심 개념+기초 문제	60~61쪽	월 일	
❶단계 기본 문제	62~63쪽	월 일	
❷단계 기본 유형+잘 틀리는 유형	64~69쪽	월 일	
❷단계 서술형 유형	70~71쪽	월 일	
❸단계 유형 평가	72~74쪽	월 일	
❸단계 단원 평가	75~76쪽	월 일	

핵심 개념

개념에 대한 **자세한 동영상 강의**를 시청하세요.

개념 1 비와 비율 알아보기

- 두 수를 나눗셈으로 비교하기 위해 기호 :을 사용하여 나타낸 것을 비라고 합니다.
  비 3 : 5 읽기 → 3 대 5, 3과 5의 비,
  3의 5에 대한 비, 5에 대한 3의 비
- 비 3 : 5에서 5는 기준량, 3은 비교하는 양입니다. 기준량에 대한 비교하는 양의 크기를 비율이라고 합니다.

$$(\text{비율})=(\text{비교하는 양})\div(\text{기준량})=\frac{(\text{비교하는 양})}{(\text{기준량})}$$

핵심 기준량, 비교하는 양

비에서 기호 : 의 오른쪽에 있는 수가 ❶ □□□이고, 기호 : 의 왼쪽에 있는 수가 ❷ □□□□□입니다.

[전에 배운 내용]

- 대응 관계를 식으로 나타내기

강아지 수(마리)	1	2	3	4
다리 수(개)	4	8	12	16

① 강아지 수에 4를 곱하면 다리 수와 같습니다.
→ (강아지 수)×4=(다리 수)

② 다리 수를 4로 나누면 강아지 수와 같습니다.
→ (다리 수)÷4=(강아지 수)

강아지 수(■)와 다리 수(▲) 사이의 대응 관계를 식으로 나타내면 ■×4=▲, ▲÷4=■입니다.

개념 2 비율이 사용되는 경우, 백분율

- 전체 타수에 대한 안타 수의 비율(타율)
  예 전체 25타수 중에서 안타를 8번 쳤을 때
  → $\frac{8}{25}(=0.32)$
- 걸린 시간에 대한 간 거리의 비율
  예 200 km를 4시간 동안 갔을 때
  → $\frac{200}{4}(=50)$
- 기준량을 100으로 할 때의 비율을 백분율이라고 합니다. 비율 $\frac{60}{100}$을 60 %라 쓰고 60 퍼센트라고 읽습니다.

핵심 백분율은 기준량이 100

백분율은 $\frac{(\text{비교하는 양})}{(\text{기준량})}\times$ ❸ □ 을 구한 다음, % 기호를 붙여서 나타냅니다.

[전에 배운 내용]

- 분수와 소수의 관계
  ① 분수를 소수로 나타내기
  $$\frac{8}{25}=\frac{8\times4}{25\times4}=\frac{32}{100}=0.32$$
  ② 소수를 분수로 나타내기
  $$0.28=\frac{\overset{7}{\cancel{28}}}{\underset{25}{\cancel{100}}}=\frac{7}{25}$$
- 분수의 곱셈
  $$\frac{5}{\underset{3}{\cancel{6}}}\times\overset{4}{\cancel{8}}=\frac{5\times4}{3}=\frac{20}{3}=6\frac{2}{3}$$

[앞으로 배울 내용]

- 여러 가지 그래프(띠그래프, 원그래프)
- 비례식과 비례배분

정답 ❶ 기준량 ❷ 비교하는 양 ❸ 100

QR 코드를 찍어 보세요.
새로운 문제를 계속 풀 수 있어요.

● 정답 및 풀이 21쪽

1-1 비로 나타내시오.

(1) 2 대 7

( )

(2) 3과 8의 비

( )

(3) 4의 5에 대한 비

( )

1-2 다음 비의 비율을 분수와 소수로 나타내시오.

(1) 1 : 4

분수 ( ), 소수 ( )

(2) 3 : 5

분수 ( ), 소수 ( )

(3) 7 : 10

분수 ( ), 소수 ( )

2-1 비율을 백분율로 나타내시오.

(1) $\frac{4}{5}$

( )

(2) $\frac{22}{25}$

( )

(3) $\frac{21}{50}$

( )

2-2 비율을 백분율로 나타내시오.

(1) 0.28

( )

(2) 0.95

( )

(3) 0.7

( )

4 비와 비율

4. 비와 비율

기본 문제

[01~02] 비를 읽어 보시오.

01

3 : 4 →
- □ 대 4
- 3과 □의 비
- 3의 □에 대한 비
- 4에 대한 □의 비

02

8 : 7 →
- □ 대 □
- □과 □의 비
- □의 □에 대한 비
- □에 대한 □의 비

[03~06] 비로 나타내시오.

03 7 대 8 → 7 : □

04 10과 25의 비 → □ : 25

05 12의 19에 대한 비 → □ : □

06 42에 대한 13의 비 → □ : □

[07~11] 다음 비의 비율을 분수나 소수로 나타내시오.

07 2 : 9

→ $(\text{비율})=\dfrac{(\text{비교하는 양})}{(\text{기준량})}=\dfrac{\square}{9}$

08 4 : 15

→ $(\text{비율})=\dfrac{(\text{비교하는 양})}{(\text{기준량})}=\dfrac{4}{\square}$

09 11 : 23

→ $(\text{비율})=\dfrac{(\text{비교하는 양})}{(\text{기준량})}=\dfrac{\square}{\square}$

10 17 : 20

→ $(\text{비율})=\dfrac{(\text{비교하는 양})}{(\text{기준량})}=\dfrac{\square}{\square}=\square$ (소수)

11 18 : 48

→ $(\text{비율})=\dfrac{(\text{비교하는 양})}{(\text{기준량})}=\dfrac{\square}{48}=\square$ (소수)

[12~19] 비율을 백분율로 나타내시오.

12 $\frac{3}{10}$ → $\frac{3}{10}=\frac{30}{100}=\square$ %

13 $\frac{1}{4}$ → $\frac{1}{4}=\frac{\square}{100}=\square$ %

14 0.32 → $0.32=\frac{32}{100}=\square$ %

15 0.4 → $0.4=\frac{4}{10}=\frac{\square}{100}=\square$ %

16 $\frac{13}{20}$ → $\frac{13}{20}\times 100=\square$ → $\square$ %

17 $\frac{2}{5}$ → $\frac{2}{5}\times\square=\square$ → $\square$ %

18 0.52 → $0.52\times 100=\square$ → $\square$ %

19 0.8 → $0.8\times\square=\square$ → $\square$ %

[20~27] 백분율을 분수나 소수로 나타내시오.

20 57 % → $57\ \%=\frac{\square}{100}$

21 45 % → $45\ \%=\frac{45}{100}=\frac{\square}{20}$

22 60 % → $60\ \%=\frac{\square}{100}=\frac{\square}{5}$

23 84 % → $84\ \%=\frac{\square}{100}=\frac{\square}{25}$

24 32 % → $32\ \%=\frac{32}{100}=\square$ (소수)

25 78 % → $78\ \%=\frac{\square}{100}=\square$ (소수)

26 50 % → $50\ \%=\frac{\square}{100}=\square$ (소수)

27 9 % → $9\ \%=\frac{\square}{100}=\square$ (소수)

4. 비와 비율

2단계 기본 유형

핵심 내용 빨셈으로 비교, 나눗셈으로 비교

유형 01 두 수를 비교하기

[01~03] 어느 마트에서는 과자 4봉지에 초콜릿을 1봉지씩 묶어 판매합니다. 물음에 답하시오.

묶음 수(묶음)	1	2	3	4
과자 수(봉지)	4	8	12	16
초콜릿 수(봉지)	1	2	3	4

01 묶음 수에 따른 과자 수와 초콜릿 수를 뺄셈으로 비교해 보시오.

묶음 수에 따라 과자 수는 초콜릿 수보다 3봉지, 6봉지, □봉지, □봉지가 더 많습니다.

02 묶음 수에 따른 과자 수와 초콜릿 수를 나눗셈으로 비교해 보시오.

묶음 수에 따라 과자 수는 초콜릿 수의 □배입니다.

교과서 유형

03 뺄셈으로 비교한 경우와 나눗셈으로 비교한 경우의 차이점을 알아보시오.

뺄셈으로 비교한 경우에는 과자 수와 초콜릿 수의 관계가 (변하고 , 변하지 않고),
나눗셈으로 비교한 경우에는 과자 수와 초콜릿 수의 관계가 (변합니다 , 변하지 않습니다).

핵심 내용 ■ : ▲에서 기준이 되는 수는 ▲

유형 02 비 알아보기

04 5 : 6을 바르게 읽은 사람을 찾아 이름을 쓰시오.

(　　　　　　　　)

05 그림을 보고 □ 안에 알맞은 수를 써넣으시오.

(1) 사과 수와 귤 수의 비 → □ : □

(2) 사과 수에 대한 귤 수의 비 → □ : □

익힘책 유형

06 전체에 대한 색칠한 부분의 비를 쓰시오.

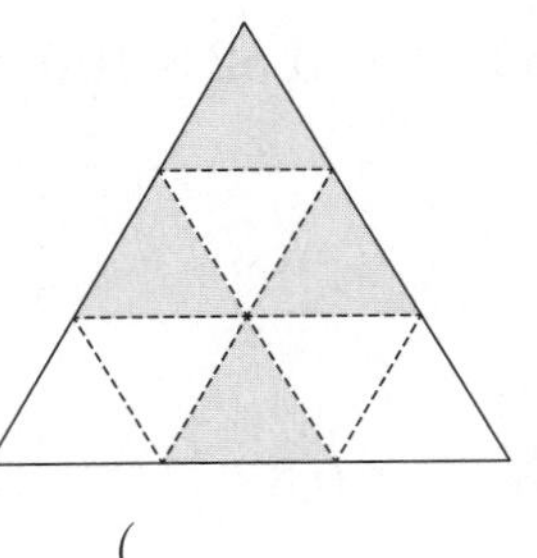

(　　　　　　　　)

핵심 내용 ■ : ▲에서 기준량은 ▲, 비교하는 양은 ■

유형 03 기준량과 비교하는 양

07 □ 안에 알맞은 수를 써넣으시오.

(1) 비 3 : 10에서 비교하는 양은 □이고 기준량은 10입니다.

(2) 비 9 : 7에서 비교하는 양은 □이고 기준량은 □입니다.

교과서 유형

08 기준량에는 '기', 비교하는 양에는 '비'를 (   ) 안에 써넣으시오.

(1) 딸기 수와 망고 수의 비
(   ) (   )

(2) 딸기 수에 대한 망고 수의 비
(   ) (   )

09 기준량을 나타내는 수가 다른 하나를 찾아 기호를 쓰시오.

㉠ 2와 7의 비
㉡ 2 대 7
㉢ 2에 대한 7의 비
㉣ 7에 대한 2의 비

(   )

핵심 내용 (비율)$=\dfrac{(\text{비교하는 양})}{(\text{기준량})}$

유형 04 비율 알아보기

10 9 : 10의 비율을 분수와 소수로 각각 나타내시오.

분수 (   )
소수 (   )

익힘책 유형

11 관계있는 것끼리 선으로 이으시오.

5에 대한 3의 비	$\frac{4}{5}$	0.6
4와 5의 비	$\frac{3}{5}$	0.8

12 비를 보고 빈칸에 알맞은 수를 써넣으시오.

8에 대한 7의 비

비교하는 양	기준량	비율	
		분수	소수

13 가로가 12 cm이고 세로가 5 cm인 직사각형이 있습니다. 가로에 대한 세로의 비를 쓰고, 비율을 분수로 나타내시오.

비 (   )
비율 (   )

4 비와 비율

기본 유형

핵심 내용 $\frac{(간\ 거리)}{(걸린\ 시간)}$, $\frac{(안타\ 수)}{(전체\ 타수)}$, $\frac{(주행\ 거리)}{(연료의\ 양)}$, $\frac{(성공한\ 횟수)}{(전체\ 횟수)}$, $\frac{(인구수)}{(넓이)}$, $\frac{(소금의\ 양)}{(소금물의\ 양)}$

유형 05 비율이 사용되는 경우

14 어떤 자동차가 120 km를 가는 데 2시간이 걸렸습니다. 이 자동차가 120 km를 가는 데 걸린 시간에 대한 간 거리의 비율을 구하시오.

(걸린 시간에 대한 간 거리의 비율)

$=\frac{(비교하는\ 양)}{(기준량)}=\frac{\square}{\square}=\square$

15 어느 야구 선수가 90타수 중에서 안타를 36번 쳤습니다. 이 야구 선수의 전체 타수에 대한 안타 수의 비율을 소수로 나타내시오.

(　　　　　　　　)

익힘책 유형

16 다음을 보고 연료의 양에 대한 주행 거리의 비율을 구하시오.

주행 거리: 자동차와 같은 교통 수단이 움직여 간 거리

(　　　　　　　　)

17 다음을 보고 영은이가 골인에 성공한 비율을 분수로 나타내시오.

(　　　　　　　　)

익힘책 유형

18 다음을 보고 두 마을의 넓이에 대한 인구수의 비율을 각각 구하시오.

마을	별빛 마을	산들 마을
인구수(명)	9400	10000
넓이(km^2)	4	8
넓이에 대한 인구수의 비율		

19 현웅이는 과학 시간에 물에 소금 15 g을 녹여 소금물 120 g을 만들었습니다. 소금물의 양에 대한 소금의 양의 비율을 분수로 나타내시오.

(　　　　　　　　)

핵심 내용 (비율)×100을 구한 다음, 기호 %를 붙임

유형 06 백분율 알아보기

20 비율을 백분율로 나타내시오.

(1) $\frac{17}{100}$ → ( )

(2) 0.53 → ( )

교과서 유형

21 그림을 보고 전체에 대한 색칠한 부분의 비율을 백분율로 나타내시오.

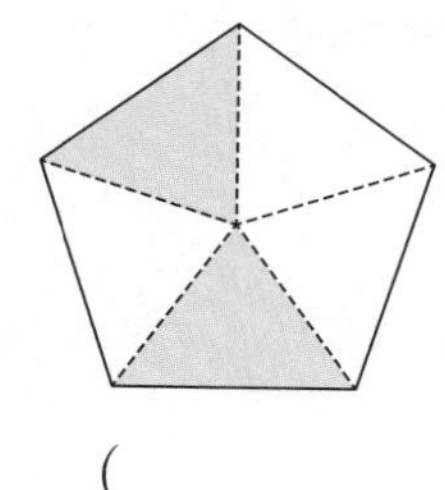

( )

22 다음 비의 비율을 백분율로 나타내시오.

20에 대한 17의 비

( )

23 준수네 반은 여학생이 14명이고 남학생이 11명입니다. 준수네 반에서 여학생의 비율은 몇 %입니까?

( )

핵심 내용 ■ % = $\frac{■}{100}$

유형 07 백분율을 분수, 소수로 나타내기

24 백분율을 분수와 소수로 각각 나타내시오.

97 %

분수 ( )

소수 ( )

25 빈칸을 알맞게 채우시오.

비율(분수)	비율(소수)	백분율
$\frac{3}{10}$		
	0.43	
		77 %

26 백분율을 비율로 잘못 나타낸 사람의 이름을 쓰시오.

( )

기본 유형

핵심 내용 성공률, 득표율, 할인율, 진하기, 이자율

유형 08 백분율이 사용되는 경우

27 선빈이는 과녁에 화살을 쏘는 놀이를 했습니다. 화살을 25번 쏘아서 과녁에 맞힌 횟수가 13번이라면 선빈이의 성공률은 몇 %입니까?

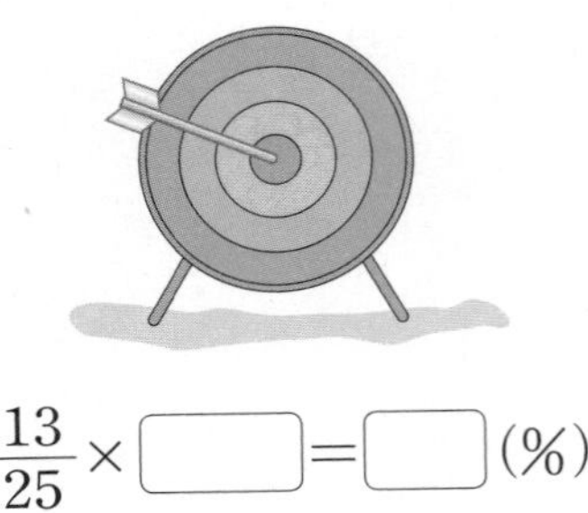

$\frac{13}{25}\times\square=\square(\%)$

[28~29] **전교 어린이 회장 선거에서 800명이 투표에 참여했습니다. 물음에 답하시오.**

후보	가	나	무효표
득표 수(표)	480	312	8

교과서 유형

28 가와 나 후보의 득표율은 각각 몇 %입니까?

가 후보: $\frac{\square}{800}\times100=\square(\%)$

나 후보: $\frac{\square}{800}\times100=\square(\%)$

29 무효표는 몇 %입니까?

(　　　　　　　　)

30 유연이는 태권도 경기를 20번 하여 그중 3경기를 졌습니다. 유연이의 승률은 몇 %입니까?
(단, 비긴 경우는 없습니다.)

(　　　　　　　　)

익힘책 유형

31 정가가 24000원인 바지를 할인하여 18000원에 샀습니다. 바지의 할인율은 몇 %입니까?

할인율: 원래 가격에 대한 할인 금액의 비율

(　　　　　　　　)

익힘책 유형

32 소금 80 g을 녹여 소금물 400 g을 만들었습니다. 소금물의 진하기는 몇 %입니까?

소금물의 진하기: 소금물의 양에 대한 소금의 양의 비율

(　　　　　　　　)

익힘책 유형

33 하연이가 은행에 20만 원을 예금한 뒤 1년이 되어 찾은 금액이 206000원입니다. 이 예금의 이자율은 몇 %입니까?

이자율: 예금한 금액에 대한 이자의 비율

(　　　　　　　　)

잘 틀리는 유형 09 부분의 비 구하기

34 준수네 반 학생 수를 나타낸 것입니다. 남학생 수의 전체 학생 수에 대한 비를 구하시오.

전체 학생 수	여학생 수
27명	15명

( )

35 은주가 빨간 장미와 노란 장미를 모두 21송이 샀습니다. 그중 빨간 장미가 11송이입니다. 노란 장미 수와 빨간 장미 수의 비를 구하시오.

( )

36 (함정 유형) 정민이는 100 m 달리기를 하고 있습니다. 출발점에서부터 39 m 달렸다면 도착점까지 남은 거리에 대한 출발점에서부터 달린 거리의 비를 구하시오.

( )

KEY 도착점까지 남은 거리에 대한 출발점에서부터 달린 거리의 비에서 기준은 도착점까지 남은 거리입니다.

잘 틀리는 유형 10 비율로 나타낸 후 크기 비교하기

37 비율이 더 작은 것에 ○표 하시오.

1 : 4	3 : 20
( )	( )

38 비율이 더 큰 것에 ○표 하시오.

2 : 3	3 : 5
( )	( )

39 (함정 유형) 비율이 더 큰 것에 ○표 하시오.

5와 8의 비	( )
10에 대한 7의 비	( )

KEY 비교하는 양과 기준량을 알아야 비율을 구할 수 있습니다.

$$(\text{비율})=\frac{(\text{비교하는 양})}{(\text{기준량})}$$

1-1

두 비 5 : 8과 8 : 5를 비교하려고 합니다. 알맞은 말에 ○표 하고, 그 이유를 완성하시오.

5 : 8과 8 : 5는 (같습니다 , 다릅니다).

이유 5 : 8은 기준이 ☐이고,

8 : 5는 기준이 ☐이기 때문입니다.

2-1

종석이네 반 여학생 수는 12명이고 반 전체 학생 수는 20명입니다. 종석이네 반 전체 학생 수에 대한 여학생 수의 비율을 소수로 나타내는 풀이 과정을 완성하고 답을 구하시오.

풀이 기준량은 전체 학생 수인 ☐명이고

비교하는 양은 여학생 수인 ☐명이므로

전체 학생 수에 대한 여학생 수의 비율은

$\frac{☐}{☐}$ = ☐입니다.

답 ☐

1-2

9 : 5와 5 : 9는 다른 비입니다. 그 이유를 설명하시오.

이유

2-2

수지네 학교 남학생 수는 390명이고 학교 전체 학생 수는 910명입니다. 수지네 학교 전체 학생 수에 대한 남학생 수의 비율을 기약분수로 나타내는 풀이 과정을 쓰고 답을 구하시오.

풀이

답

3-1

비율이 가장 큰 것을 찾아 기호를 쓰려고 합니다. 풀이 과정을 완성하고 답을 구하시오.

㉠ $\frac{2}{5}$　　㉡ 0.45　　㉢ 52 %

풀이 비율을 소수로 바꾸어 크기를 비교합니다.

㉠ $\frac{2}{5}=$ ☐　　㉢ 52 % $=$ ☐

따라서 비율이 가장 큰 것은 ☐입니다.

답 ☐

4-1

전체에 대한 색칠한 부분의 비율을 백분율로 나타내면 몇 %인지 풀이 과정을 완성하고 답을 구하시오.

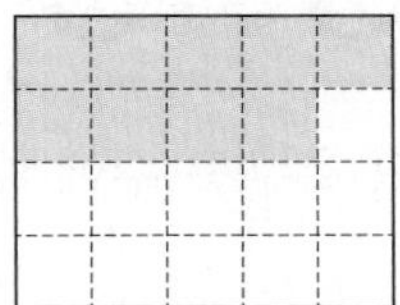

풀이 전체 20칸 중 ☐칸에 색칠되어 있습니다. 따라서 전체에 대한 색칠한 부분의 비율을 백분율로 나타내면 $\frac{☐}{20}\times100=$ ☐ (%)입니다.

답 ☐ %

3-2

비율이 가장 작은 것을 찾아 기호를 쓰려고 합니다. 풀이 과정을 쓰고 답을 구하시오.

㉠ 0.7　　㉡ $\frac{5}{8}$　　㉢ 67 %

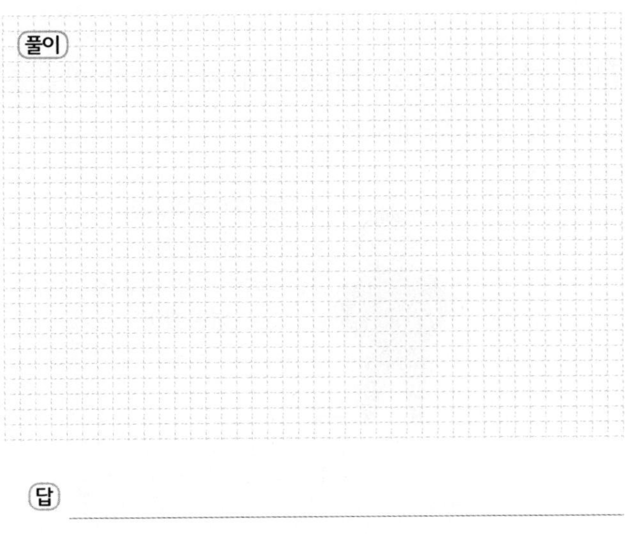

풀이

답

4-2

전체에 대한 색칠한 부분의 비율을 백분율로 나타내면 몇 %인지 풀이 과정을 쓰고 답을 구하시오.

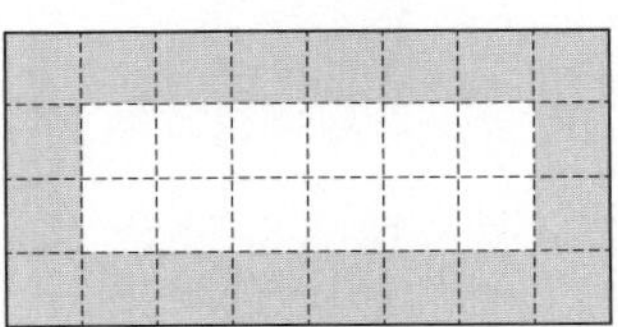

풀이

답

4 비와 비율

4. 비와 비율

유형 평가

점수

01 그림을 보고 □ 안에 알맞은 수를 써넣으시오.

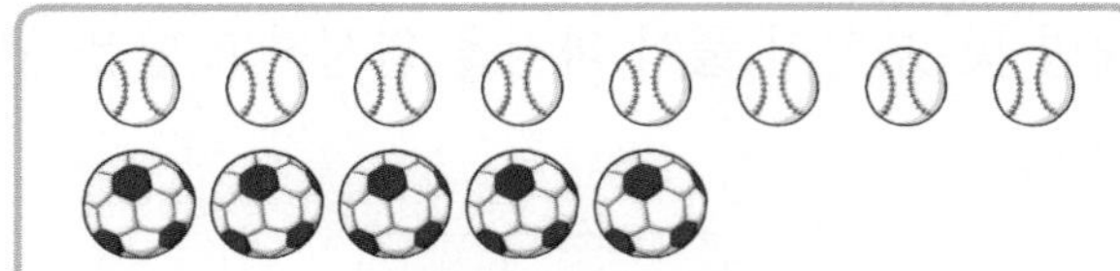

(1) 야구공 수의 축구공 수에 대한 비

→ □ : □

(2) 야구공 수에 대한 축구공 수의 비

→ □ : □

02 전체에 대한 색칠한 부분의 비를 쓰시오.

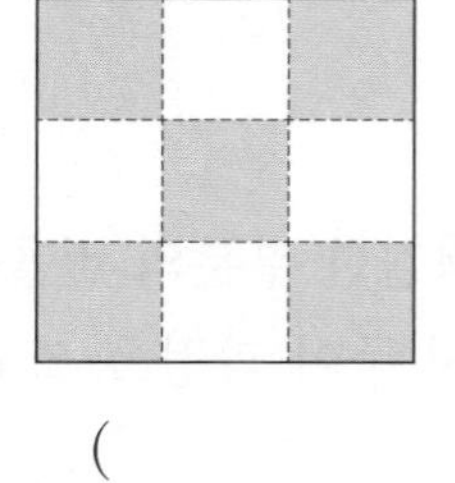

(　　　　　　　　)

03 기준량에는 '기', 비교하는 양에는 '비'를 (　) 안에 써넣으시오.

(1) 연필 수와 볼펜 수의 비
(　　) (　　)

(2) 연필 수에 대한 볼펜 수의 비
(　　)　　(　　)

04 1 : 4의 비율을 분수와 소수로 각각 나타내시오.

분수 (　　　　　　　　)
소수 (　　　　　　　　)

05 비를 보고 빈칸에 알맞은 수를 써넣으시오.

15에 대한 6의 비

비교하는 양	기준량	비율	
		분수	소수

06 어느 야구 선수가 200타수 중에서 안타를 70번 쳤습니다. 이 야구 선수의 전체 타수에 대한 안타 수의 비율을 소수로 나타내시오.

(　　　　　　　　)

07 다음을 보고 성수가 골인에 성공한 비율을 분수로 나타내시오.

(　　　　　　　　)

08 다음을 보고 두 마을의 넓이에 대한 인구수의 비율을 각각 구하시오.

마을	초록 마을	숲속 마을
인구수(명)	21600	11000
넓이(km^2)	12	5
넓이에 대한 인구수의 비율		

09 다음 비의 비율을 백분율로 나타내시오.

12와 25의 비

( )

10 채령이네 반은 여학생이 9명이고 남학생이 11명입니다. 채령이네 반에서 남학생의 비율은 몇 %입니까?

( )

11 백분율을 분수와 소수로 각각 나타내시오.

73 %

분수 ( )
소수 ( )

12 빈칸을 알맞게 채우시오.

비율(분수)	비율(소수)	백분율
$\frac{3}{4}$		
	0.87	
		49 %

13 서영이는 과녁에 화살을 쏘는 놀이를 했습니다. 화살을 125번 쏘아서 과녁에 맞힌 횟수가 80번이라면 서영이의 성공률은 몇 %입니까?

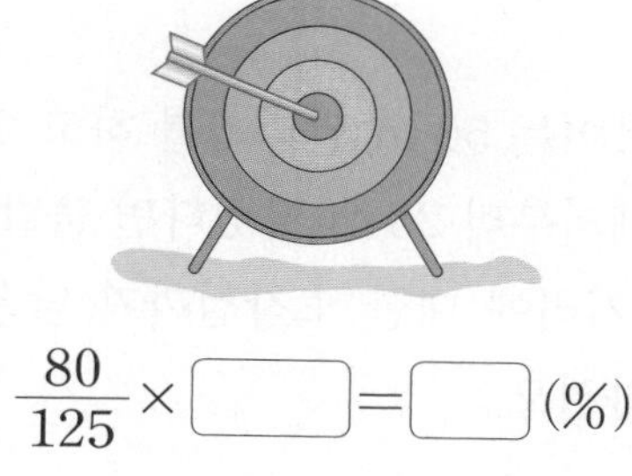

$\frac{80}{125} \times \square = \square$ (%)

14 정가가 35000원인 장갑을 할인하여 28000원에 샀습니다. 장갑의 할인율은 몇 %입니까?

할인율: 원래 가격에 대한 할인 금액의 비율

( )

4 비와 비율

15 윤재가 초콜릿과 사탕을 모두 27개 샀습니다. 그중 사탕이 14개입니다. 초콜릿 수와 사탕 수의 비를 구하시오.

(　　　　　　　　)

16 비율이 더 큰 것에 ○표 하시오.

4 : 12	4 : 8
(　　　)	(　　　)

합정 유형

17 하웅이는 50 m 달리기를 하고 있습니다. 출발점에서부터 23 m 달렸다면 출발점에서부터 달린 거리에 대한 도착점까지 남은 거리의 비를 구하시오.

(　　　　　　　　)

합정 유형

18 비율이 더 큰 것에 ○표 하시오.

13과 20의 비	(　　　)
5에 대한 3의 비	(　　　)

서술형

19 보람이네 학교 여학생 수는 420명이고 학교 전체 학생 수는 750명입니다. 보람이네 학교 전체 학생 수에 대한 여학생 수의 비율을 소수로 나타내는 풀이 과정을 쓰고 답을 구하시오.

풀이

답

서술형

20 전체에 대한 색칠한 부분의 비율을 백분율로 나타내면 몇 %인지 풀이 과정을 쓰고 답을 구하시오.

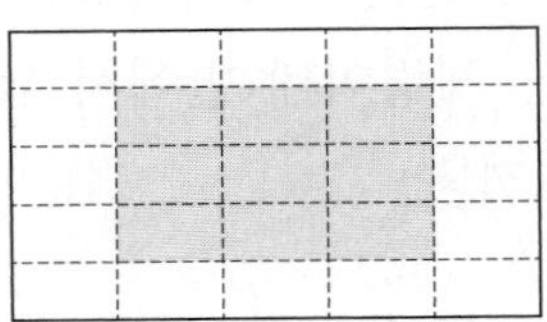

풀이

답

단원 평가 기본 4. 비와 비율

점수

정답 및 풀이 27쪽

01 그림을 보고 □ 안에 알맞은 수를 써넣으시오.

(가)

(나)

(가)와 (나)의 비 ➔ □ : □

[02~03] 비로 나타내시오.

02 10의 13에 대한 비

( )

03 9에 대한 7의 비

( )

[04~06] 비를 보고 물음에 답하시오.

9 : 14

04 기준량을 쓰시오.

( )

05 비교하는 양을 쓰시오.

( )

06 비율을 분수로 나타내시오.

( )

07 다음 중 비가 다른 것은 어느 것입니까? ( )

① 10에 대한 11의 비
② 10 대 11
③ 11에 대한 10의 비
④ 10과 11의 비
⑤ 10의 11에 대한 비

08 비율을 백분율로 나타내시오.

$\frac{19}{25}$

( )

09 다음 중 기준량을 나타내는 수가 다른 것은 어느 것입니까? ( )

① 3과 7의 비
② 7에 대한 8의 비
③ 24 : 7
④ 7의 9에 대한 비
⑤ 13 대 7

10 비를 2가지 방법으로 읽어 보시오.

12 : 19

읽기

11 백분율을 분수와 소수로 각각 나타내시오.

56 %

분수 (　　　　　　　　)

소수 (　　　　　　　　)

12 비율이 같은 것끼리 선으로 이어 보시오.

5에 대한 2의 비 •	• $\frac{12}{25}$
12 : 25 •	• 0.4

[13~14] 비율이 더 큰 것에 ○표 하시오.

13

36 %	0.326
(　　)	(　　)

14

$\frac{1}{50}$	4 %
(　　)	(　　)

15 경아네 아파트에 사는 학생 중 남학생은 17명, 여학생은 11명입니다. 경아네 아파트에 사는 전체 학생 수에 대한 남학생 수의 비를 구하시오.

(　　　　　　　　)

16 공장에서 인형을 450개 만들었는데 그중 불량품이 9개였습니다. 전체 인형 수에 대한 불량품 수의 비율을 분수로 나타내시오.

(　　　　　　　　)

17 그림을 보고 전체에 대한 색칠한 부분의 비율을 소수로 나타내시오.

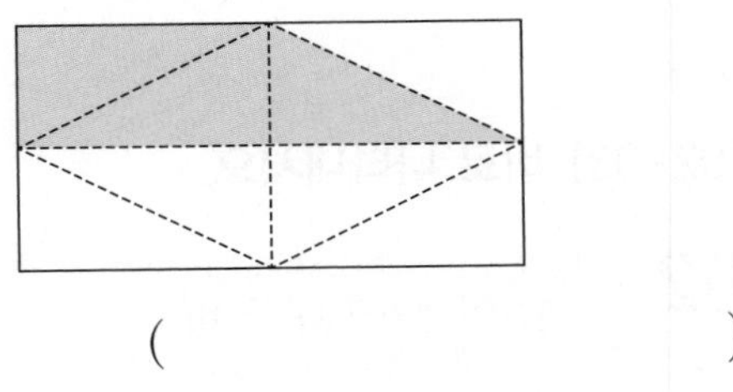

(　　　　　　　　)

[18~20] 정훈이는 설탕 60 g을 녹여 설탕물 300 g을 만들었고, 현수는 설탕 75 g을 녹여 설탕물 500 g을 만들었습니다. 누가 만든 설탕물이 더 진한지 비교해 보려고 합니다. 물음에 답하시오.

18 정훈이가 만든 설탕물의 진하기는 몇 %입니까?

설탕물의 양에 대한 설탕의 양의 비율

(　　　　　　　　)

19 현수가 만든 설탕물의 진하기는 몇 %입니까?

(　　　　　　　　)

20 누가 만든 설탕물이 더 진합니까?

(　　　　　　　　)

QR 코드를 찍어 단원 평가 를 더 풀어 보세요.

5 여러 가지 그래프

학습 계획표

계획표대로 공부했으면 ○표, 못했으면 △표 하세요.

내용	쪽수	날짜	확인
❶단계 핵심 개념+기초 문제	78~79쪽	월 일	
❶단계 기본 문제	80~81쪽	월 일	
❷단계 기본 유형+잘 틀리는 유형	82~87쪽	월 일	
❷단계 서술형 유형	88~89쪽	월 일	
❸단계 유형 평가	90~92쪽	월 일	
❸단계 단원 평가	93~94쪽	월 일	

핵심 개념

개념에 대한 **자세한 동영상 강의**를 시청하세요.

개념 1 띠그래프 알아보기

좋아하는 과일별 학생 수

과일	딸기	귤	수박	기타	합계
학생 수(명)	7	6	4	3	20
백분율(%)	35	30	20	15	100

좋아하는 과일별 학생 수

0 10 20 30 40 50 60 70 80 90 100 (%)

딸기 (35 %)	귤 (30 %)	수박 (20 %)	기타 (15 %)

→ 백분율의 크기만큼 선을 그어 띠를 나눕니다.

핵심 띠의 길이가 길수록 비율이 큼

전체에 대한 각 부분의 비율을 띠 모양에 나타낸 그래프를 ❶□□□□(이)라고 합니다.

[전에 배운 내용]

• 백분율

좋아하는 과일별 학생 수

과일	딸기	귤	수박	기타	합계
학생 수(명)	7	6	4	3	20

딸기: $\frac{7}{20}\times 100=35\,(\%)$

귤: $\frac{6}{20}\times 100=30\,(\%)$

수박: $\frac{4}{20}\times 100=20\,(\%)$

기타: $\frac{3}{20}\times 100=15\,(\%)$

백분율은 $\frac{(\text{비교하는 양})}{(\text{기준량})}\times 100$을 구한 다음, % 기호를 붙여서 나타내요.

개념 2 원그래프 알아보기

좋아하는 색깔별 학생 수

색깔	초록	파랑	보라	빨강	기타	합계
학생 수(명)	6	4	4	3	3	20
백분율(%)	30	20	20	15	15	100

좋아하는 색깔별 학생 수

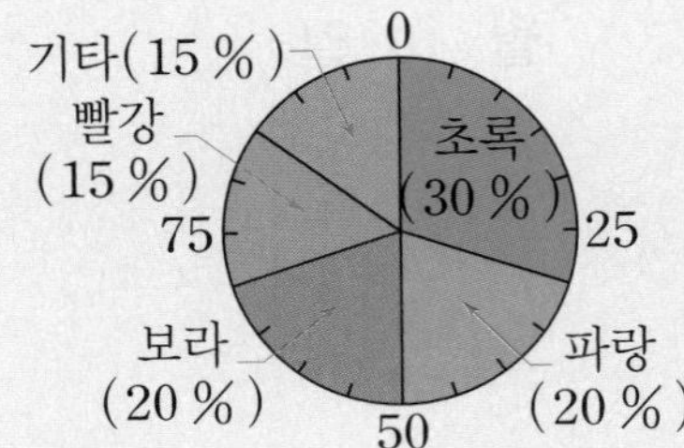

핵심 차지하는 부분이 넓을수록 비율이 큼

전체에 대한 각 부분의 비율을 원 모양에 나타낸 그래프를 ❷□□□□(이)라고 합니다.

[전에 배운 내용]

• 막대그래프

좋아하는 색깔별 학생 수

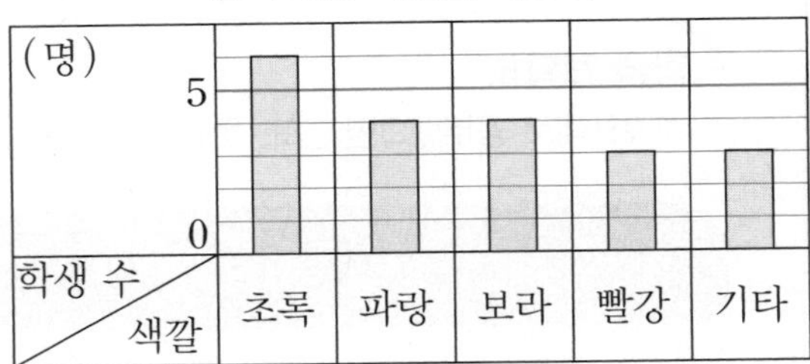

• 꺾은선그래프

운동장의 온도

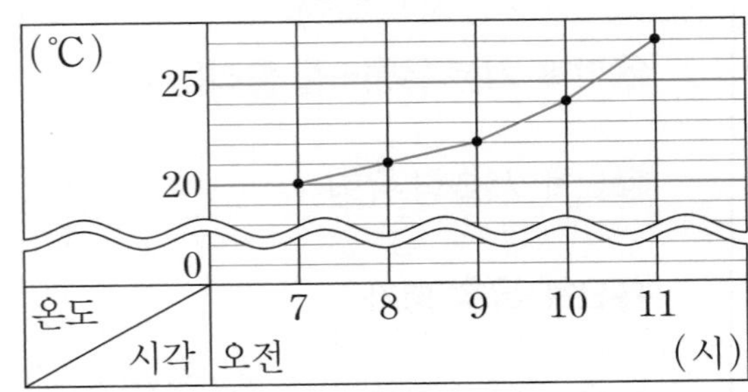

정답 ❶ 띠그래프 ❷ 원그래프

기초 문제

QR 코드를 찍어 보세요.
새로운 문제를 계속 풀 수 있어요.

공부한 날 월 일

● 정답 및 풀이 28쪽

체크

1-1 전체 학생 수에 대한 교통 수단별 학생 수의 비율을 띠 모양 그래프로 나타내었습니다. 물음에 답하시오.

등교시 이용하는 교통 수단별 학생 수

0 10 20 30 40 50 60 70 80 90 100(%)

도보 (45 %)	자전거 (25 %)	버스 (20 %)	기타 (10 %)

(1) 버스를 타고 등교하는 학생은 전체의 몇 %입니까?

( )

(2) 가장 많은 학생들의 교통 수단은 무엇입니까?

( )

1-2 전체 학생 수에 대한 좋아하는 꽃별 학생 수의 비율을 띠 모양 그래프로 나타내었습니다. 물음에 답하시오.

좋아하는 꽃별 학생 수

0 10 20 30 40 50 60 70 80 90 100(%)

장미 (40 %)	무궁화 (30 %)	튤립 (20 %)	기타 (10 %)

(1) 무궁화를 좋아하는 학생은 전체의 몇 %입니까?

( )

(2) 가장 많은 학생들이 좋아하는 꽃은 무엇입니까?

( )

체크

2-1 전체 학생 수의 대한 취미 생활별 학생 수의 비율을 원 모양 그래프로 나타내었습니다. 물음에 답하시오.

취미 생활별 학생 수

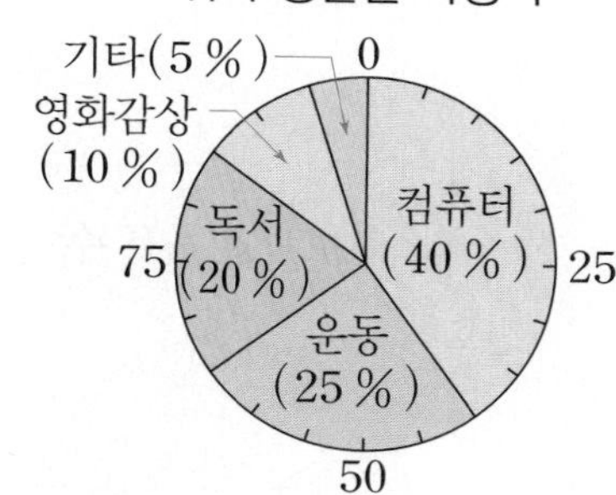

(1) 취미 생활이 운동인 학생은 전체의 몇 %입니까?

( )

(2) 가장 많은 학생들의 취미 생활은 무엇입니까?

( )

2-2 전체 학생 수에 대한 좋아하는 채소별 학생 수의 비율을 원 모양 그래프로 나타내었습니다. 물음에 답하시오.

좋아하는 채소별 학생 수

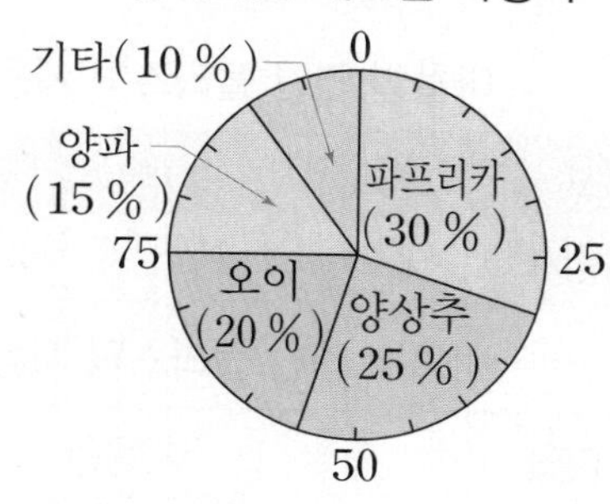

(1) 오이를 좋아하는 학생은 전체의 몇 %입니까?

( )

(2) 가장 많은 학생들이 좋아하는 채소는 무엇입니까?

( )

5 여러 가지 그래프

5. 여러 가지 그래프

기본 문제

[01~02] 자료를 조사하여 나타낸 표입니다. ▢ 안에 알맞은 수를 써넣고 그림그래프로 나타내시오.

01

지역별 인구수

지역	강원	충북	전남	경남
인구수(명)	150만	160만	180만	330만

☺은 100만 명, ☺은 10만 명을 나타냅니다.

- 강원 지역 → ☺ ▢개, ☺ ▢개
- 충북 지역 → ☺ ▢개, ☺ ▢개
- 전남 지역 → ☺ ▢개, ☺ ▢개
- 경남 지역 → ☺ ▢개, ☺ ▢개

지역별 인구수

지역	인구수
강원	
충북	
전남	
경남	

☺ 100만 명 ☺ 10만 명

02

마을별 연간 플라스틱 사용량

마을	가	나	다	라
사용량(t)	24	17	33	20

마을별 연간 플라스틱 사용량

마을	사용량
가	
나	
다	
라	

10 t 1 t

[03~05] 표를 보고 백분율을 구하여 띠그래프와 원그래프로 나타내시오.

후보자별 득표 수

후보	민우	현경	채영	선호	합계
득표 수(표)	70	60	40	30	200

03

- 민우: $\frac{70}{200} \times 100 = 35\,(\%)$
- 현경: $\frac{60}{200} \times 100 = 30\,(\%)$
- 채영: $\frac{40}{200} \times 100 = $ ▢ (%)
- 선호: $\frac{30}{200} \times 100 = $ ▢ (%)

04

후보자별 득표 수

0 10 20 30 40 50 60 70 80 90 100 (%)

민우 (35 %) | 현경 (30 %) | |

채영(▢ %) 선호(▢ %)

05

후보자별 득표 수

0, 25, 50, 75

민우 (35 %)

현경 (▢ %)

채영 (▢ %)

선호 (▢ %)

[06~08] 표를 완성하고 띠그래프로 나타내시오.

06

도서관에 있는 종류별 책 수

종류	소설책	위인전	학습만화	기타	합계
책 수(권)	350	300	200	150	1000
백분율(%)	35				100

도서관에 있는 종류별 책 수

0 10 20 30 40 50 60 70 80 90 100 (%)

소설책 (35 %)

07

좋아하는 운동별 학생 수

운동	축구	농구	수영	야구	합계
학생 수(명)	120	120	100	60	400
백분율(%)	30				100

좋아하는 운동별 학생 수

0 10 20 30 40 50 60 70 80 90 100 (%)

축구 (30 %)

08

의료 시설 종류별 시설 수

종류	병원	약국	한의원	기타	합계
시설 수(개)	128	96	64	32	320
백분율(%)					100

의료 시설 종류별 시설 수

0 10 20 30 40 50 60 70 80 90 100 (%)

[09~10] 표를 완성하고 원그래프로 나타내시오.

09

좋아하는 음식별 학생 수

음식	파스타	마라탕	치킨	기타	합계
학생 수(명)	200	175	100	25	500
백분율(%)	40				100

좋아하는 음식별 학생 수

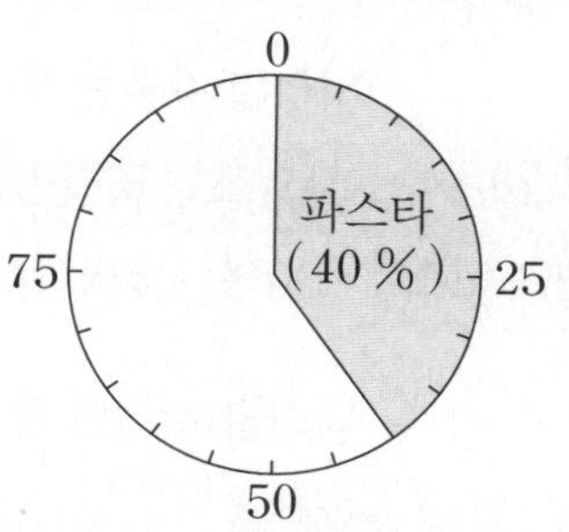

10

용돈의 쓰임새별 금액

쓰임새	군것질	학용품	저금	기타	합계
금액(원)	7000	6000	5000	2000	20000
백분율(%)					100

용돈의 쓰임새별 금액

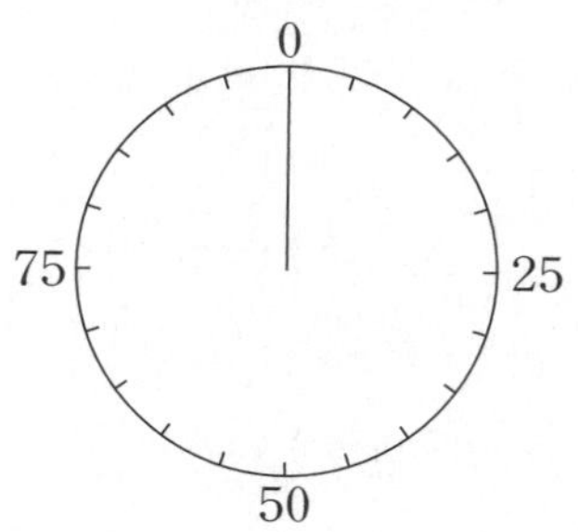

띠그래프와 원그래프로 나타내려면 먼저 백분율을 구해야 해요.

5 여러 가지 그래프

5. 여러 가지 그래프

기본 유형

핵심 내용 수량을 비교할 때는 큰 그림의 수를 비교한 후 작은 그림의 수를 비교

유형 01 그림그래프에서 알 수 있는 것

[01~03] 어느 해 우리나라에서 4개의 나라로 수출한 무역액을 나타낸 표와 그림그래프입니다. 물음에 답하시오.

나라별 수출한 무역액

나라	프랑스	필리핀	호주	러시아
무역액(달러)	30억	105억	200억	70억

나라별 수출한 무역액

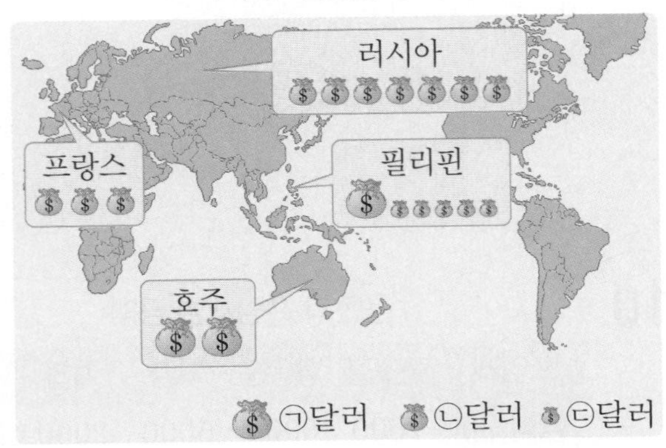

교과서 유형

01 위 그림그래프에서 ㉠, ㉡, ㉢에 알맞은 수를 구하시오.

㉠ ( )
㉡ ( )
㉢ ( )

02 수출한 무역액이 가장 많은 나라를 찾아 쓰시오.

( )

03 수출한 무역액이 가장 적은 나라를 찾아 쓰시오.

( )

핵심 내용 각각의 그림이 몇 개 필요한지 확인

유형 02 그림그래프로 나타내기

[04~05] 권역별 고구마 생산량을 조사하여 나타낸 표입니다. 물음에 답하시오.

권역별 고구마 생산량

권역	생산량(t)	권역	생산량(t)
서울·인천·경기	2204530	대구·부산·울산·경상	5739410
강원	4382160	광주·전라	3148520
대전·세종·충청	1557380	제주	1063740

04 권역별 고구마 생산량을 반올림하여 십만의 자리까지 나타내시오.

권역별 고구마 생산량

권역	생산량(t)	권역	생산량(t)
서울·인천·경기		대구·부산·울산·경상	
강원		광주·전라	
대전·세종·충청		제주	

익힘책 유형

05 위 **04**의 표를 보고 그림그래프로 나타내시오.

권역별 고구마 생산량

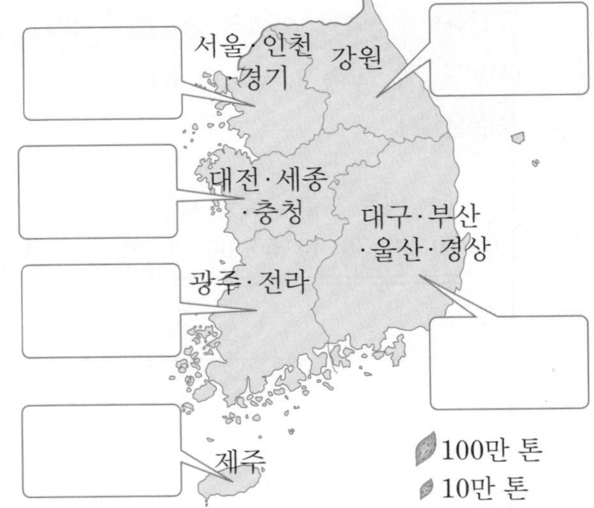

핵심 내용 전체에 대한 각 부분의 비율을 띠 모양에 나타낸 그래프

유형 03 띠그래프 알아보기

[06~08] 창욱이네 학교 학생들이 좋아하는 운동을 조사하여 나타낸 표입니다. 물음에 답하시오.

좋아하는 운동별 학생 수

운동	축구	양궁	농구	스키	합계
학생 수(명)	70	60	50	20	200

06 전체 학생 수에 대한 좋아하는 운동별 학생 수의 백분율을 각각 구하시오.

축구: $\frac{70}{200} \times 100 = \square$ (%)

양궁: $\frac{60}{200} \times 100 = \square$ (%)

농구: $\frac{\square}{200} \times 100 = \square$ (%)

스키: $\frac{\square}{200} \times 100 = \square$ (%)

교과서 유형

07 위 **06**에서 구한 백분율을 이용하여 띠그래프를 완성하시오.

좋아하는 운동별 학생 수

0 10 20 30 40 50 60 70 80 90 100(%)

| 축구 (35 %) | 양궁 (□ %) | □ (25 %) | |

스키 (10 %)

08 가장 많은 학생들이 좋아하는 운동은 무엇입니까?

( )

[09~13] 밀가루에 들어 있는 영양소를 조사하여 나타낸 띠그래프입니다. 물음에 답하시오.

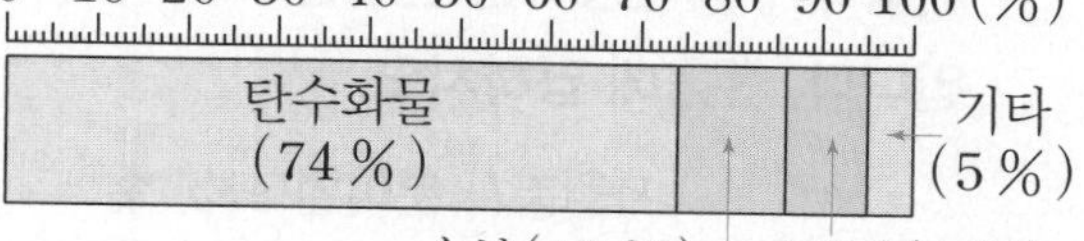

09 밀가루에 들어 있는 단백질은 전체의 몇 %입니까?

( )

10 차지하는 비율이 전체의 12 %인 영양소는 무엇입니까?

( )

익힘책 유형

11 밀가루에 가장 많이 들어 있는 영양소는 무엇입니까?

( )

12 영양소별 백분율을 모두 더하면 몇 %입니까?

( )

13 □ 안에 알맞은 말을 써넣으시오.

> 띠그래프는 각 항목이 차지하는 □을/를 쉽게 알아볼 수 있습니다.

5 여러 가지 그래프

2단계 기본 유형

핵심 내용 전체에 대한 각 부분의 비율을 원 모양에 나타낸 그래프

유형 04 원그래프 알아보기

[14~16] 성민이네 학교 6학년 학생들이 요양원 어르신들에게 자원봉사한 분야를 조사하여 나타낸 표입니다. 물음에 답하시오.

자원봉사 분야별 학생 수

분야	청소	활동 보조	말벗	기타	합계
학생 수(명)	16	10	8	6	40

14 전체 학생 수에 대한 자원봉사 분야별 학생 수의 백분율을 구하시오.

청소: $\frac{16}{40}\times 100=\square$ (%)

활동 보조: $\frac{10}{40}\times 100=\square$ (%)

말벗: $\frac{\square}{40}\times 100=\square$ (%)

기타: $\frac{\square}{40}\times 100=\square$ (%)

교과서 유형

15 위 **14**에서 구한 백분율을 이용하여 원그래프를 완성하시오.

자원봉사 분야별 학생 수

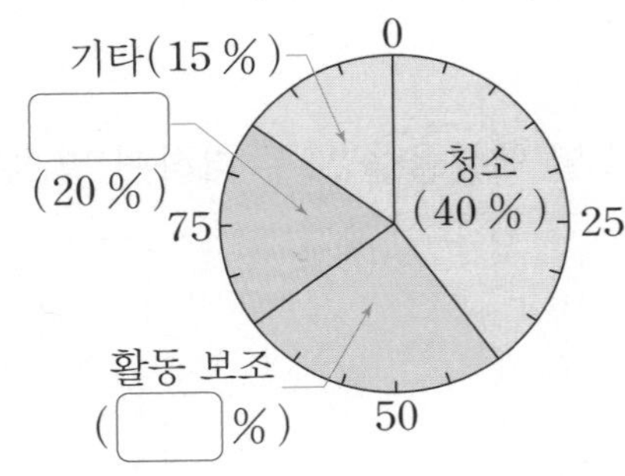

16 가장 많은 학생들이 자원봉사한 분야는 무엇입니까?

(　　　　　　　　)

[17~20] 주영이네 학교 학생들이 좋아하는 급식 메뉴를 조사하여 나타낸 원그래프입니다. 물음에 답하시오.

좋아하는 급식 메뉴별 학생 수

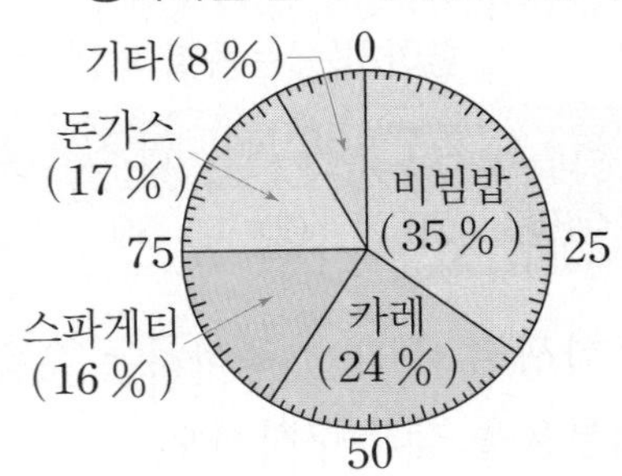

17 카레를 좋아하는 학생의 비율은 전체의 몇 %입니까?

(　　　　　　　　)

18 차지하는 비율이 전체의 17 %인 메뉴는 무엇입니까?

(　　　　　　　　)

익힘책 유형

19 주영이네 학교에서 가장 많은 학생들이 좋아하는 급식 메뉴는 무엇입니까?

(　　　　　　　　)

20 급식 메뉴별 백분율을 모두 더하면 몇 %입니까?

(　　　　　　　　)

공부한 날 월 일

핵심 내용 백분율의 크기만큼 선을 그어 띠를 나눔

유형 05 띠그래프로 나타내기

[21~24] 다음을 읽고 물음에 답하시오.

진호가 가진 색종이를 세어 보았더니 빨간색 28장, 파란색 24장, 초록색 20장, 노란색 3장, 보라색 3장, 검은색 2장이었습니다.

21 위의 자료를 보고 표를 완성하시오.

색깔별 색종이 수

색깔	빨간색	파란색	초록색	기타	합계
색종이 수(장)	28			8	
백분율(%)	35				

22 자료와 표를 보고 기타 항목에 포함된 색깔을 모두 쓰시오.

( )

23 위 **21**에서 구한 백분율의 합계는 몇 %입니까?

( )

익힘책 유형

24 위 **21**의 표를 보고 띠그래프로 나타내시오.

색깔별 색종이 수

0 10 20 30 40 50 60 70 80 90 100(%)

핵심 내용 백분율의 크기만큼 선을 그어 원을 나눔

유형 06 원그래프로 나타내기

[25~26] 다음을 읽고 물음에 답하시오.

진주네 학교에서 수학여행 희망 일정을 조사하였더니 당일 여행은 15 %, 1박 2일은 40 %, 2박 3일은 45 %를 선택하였습니다.

25 표를 완성하시오.

수학여행 일정별 학생 수

일정	당일 여행	1박 2일	2박 3일	합계
백분율(%)				100

26 위 **25**의 표를 보고 원그래프로 나타내시오.

수학여행 일정별 학생 수

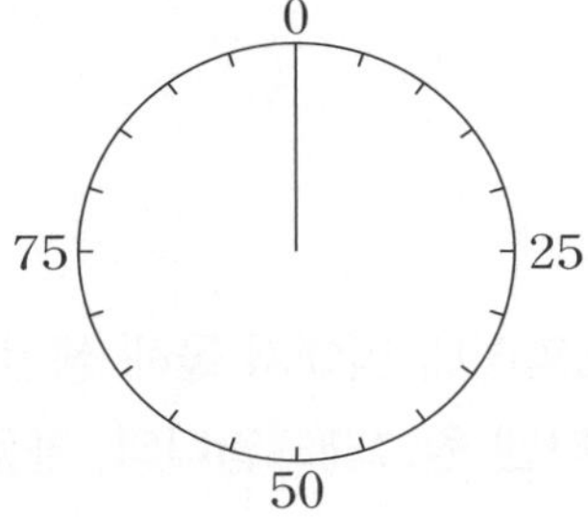

익힘책 유형

27 표의 빈칸에 알맞은 수를 써넣고 원그래프를 완성하시오.

재활용품별 배출량

재활용품	종이	고철	빈병	기타	합계
무게(kg)	700	600	400	300	2000
백분율(%)	35				100

재활용품별 배출량

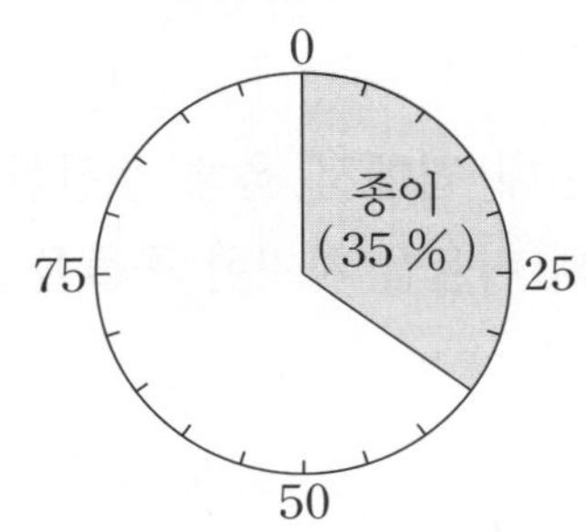

5 여러 가지 그래프

2단계 기본 유형

핵심 내용 신문, 인터넷, 잡지 등에서 띠그래프와 원그래프를 찾아 내용 알아보기

유형 07 그래프 해석하기

[28~29] 지성이네 학교 학생들이 좋아하는 중화요리를 조사하여 띠그래프로 나타낸 것입니다. 물음에 답하시오.

좋아하는 중화요리별 학생 수

자장면 (33 %)	짬뽕 (16 %)	탕수육 (16 %)	군만두 (13 %)	기타 (22 %)

〈총 응답자: 1000명〉

28 조사한 학생은 모두 몇 명입니까?

( )

29 짬뽕을 좋아하는 학생 수와 비율이 같은 중화요리의 종류는 무엇입니까?

( )

[30~31] 소영이네 집에서 올해 생산한 곡물을 조사하여 나타낸 원그래프입니다. 물음에 답하시오.

곡물별 생산량

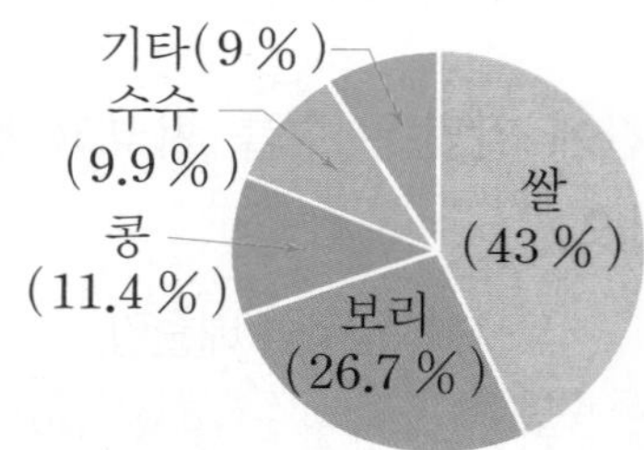

30 가장 많이 생산한 곡물은 무엇입니까?

( )

교과서 유형

31 소영이네 집에서 올해 생산한 곡물 중 20 % 이상의 비율을 차지한 곡물을 모두 쓰시오.

( )

핵심 내용 그림그래프, 막대그래프, 꺾은선그래프, 띠그래프, 원그래프의 특징

유형 08 여러 가지 그래프 비교하기

32 다음을 보고 ㈎와 ㈏ 그래프가 어떤 그래프인지 각각 쓰시오.

㈎ 세계 주요 도시별 미세 먼지 농도

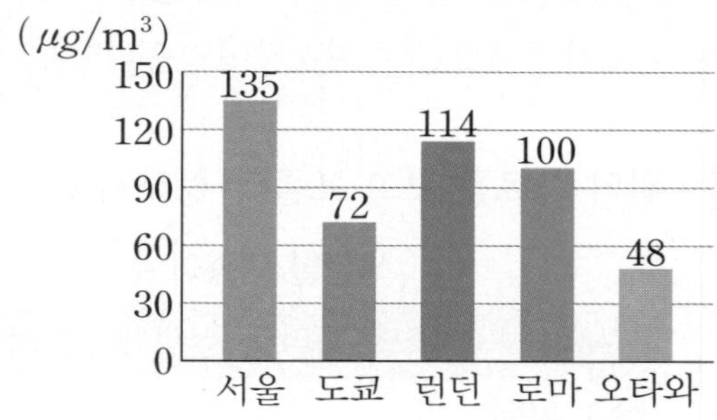

㈏ 미세 먼지의 주요 성분

황산염 · 질산염 등 (58 %)	탄소류 (16 %)	광물(6 %)	기타 (20 %)

㈎ 그래프 ( )

㈏ 그래프 ( )

익힘책 유형

33 특징에 알맞은 그래프를 찾아 선으로 이으시오.

시간에 따라 연속적으로 변하는 양을 나타내기 편리함. • • 원그래프

전체에 대한 각 부분의 비율을 한눈에 알아보기 쉬움. • • 꺾은선그래프

34 어느 도시의 연령별 인구 구성 비율을 나타낼 때에는 어떤 그래프가 좋은지 모두 찾아보시오. ( )

① 막대그래프 ② 꺾은선그래프
③ 띠그래프 ④ 원그래프
⑤ 그림그래프

잘 틀리는 유형 09 남은 항목의 백분율 구하기

35 소망이네 학교 학생들의 혈액형을 조사하여 나타낸 원그래프입니다. O형인 학생 수는 전체의 몇 %입니까?

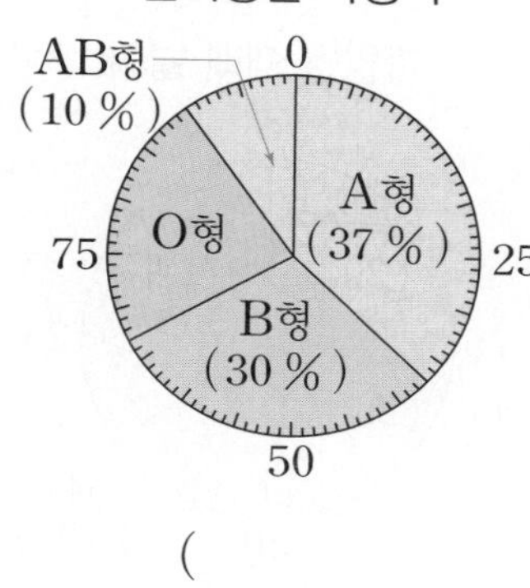

(　　　　　　　　　　)

36 하늘이네 학교 학생들이 생일에 받고 싶은 선물을 조사하여 나타낸 띠그래프입니다. 신발을 받고 싶은 학생 수는 전체의 몇 %입니까?

받고 싶은 선물별 학생 수

0 10 20 30 40 50 60 70 80 90 100 (%)

스마트폰 (33 %)	신발	상품권 (20 %)	책 (15 %)	기타 (10 %)

(　　　　　　　　　　)

37 (함정 유형) 초록 마을의 재활용품별 배출량을 조사하여 나타낸 띠그래프입니다. 배출한 재활용품 중 25 % 이상의 비율을 차지한 것을 찾아 모두 쓰시오.

재활용품별 배출량

0 10 20 30 40 50 60 70 80 90 100 (%)

종이류 (35 %)	플라스틱류	병류 (24 %)	기타 (13 %)

(　　　　　　　　　　)

KEY 플라스틱류의 비율을 알아야 25 % 이상의 비율을 차지한 재활용품을 알 수 있습니다.

잘 틀리는 유형 10 몇 배인지 구하기

38 연우의 용돈의 쓰임새를 조사하여 나타낸 원그래프입니다. 군것질에 사용한 금액은 저금에 사용한 금액의 몇 배입니까?

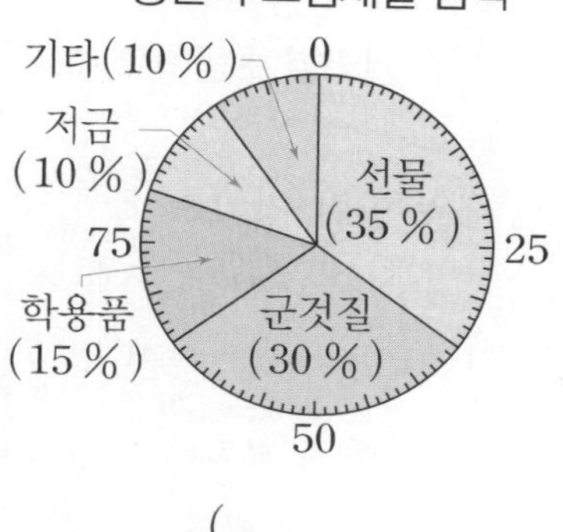

(　　　　　　　　　　)

39 준하네 학교 학생들이 태어난 계절을 조사하여 나타낸 띠그래프입니다. 봄에 태어난 학생 수는 가을에 태어난 학생 수의 몇 배입니까?

계절별 태어난 학생 수

0 10 20 30 40 50 60 70 80 90 100 (%)

봄 (40 %)	여름 (25 %)	가을 (20 %)	겨울 (15 %)

(　　　　　　　　　　)

40 (함정 유형) 한별이네 학교 학생들이 가고 싶은 체험 학습 장소를 조사하여 나타낸 띠그래프입니다. 미술관에 가고 싶은 학생 수는 과학관에 가고 싶은 학생 수의 몇 배입니까?

체험 학습 장소별 학생 수

0 10 20 30 40 50 60 70 80 90 100 (%)

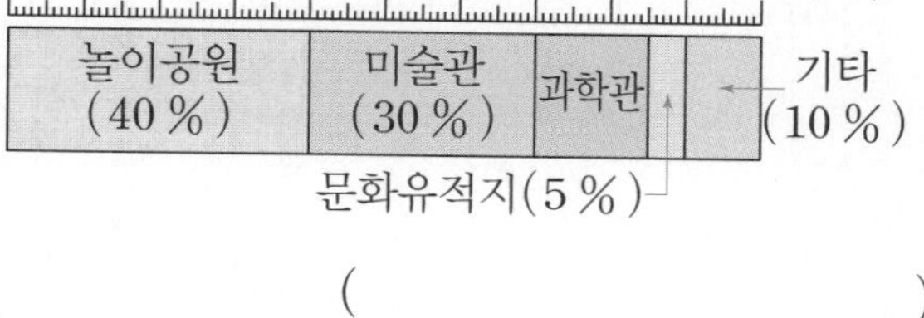

(　　　　　　　　　　)

KEY 먼저 과학관에 가고 싶은 학생 수의 비율을 구합니다.

5 여러 가지 그래프

1-1

다음 그림그래프를 보고 강원 권역과 광주 · 전라 권역의 초등학교 수의 차는 몇 개인지 풀이 과정을 완성하고 답을 구하시오.

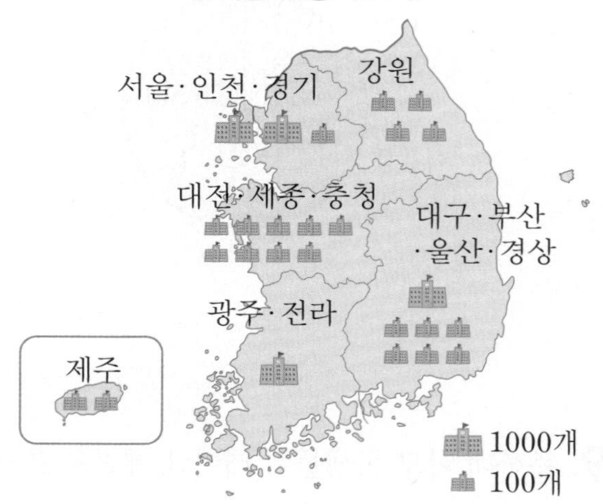

풀이 강원 권역의 초등학교 수는 ☐개이고, 광주 · 전라 권역의 초등학교 수는 ☐개입니다. ➜ 두 권역의 초등학교 수의 차는 ☐−☐=☐(개)입니다.

답 ☐개

2-1

다음 원그래프를 보고 재배 넓이가 귤보다 더 넓은 과일은 무엇인지 풀이 과정을 완성하고 답을 구하시오.

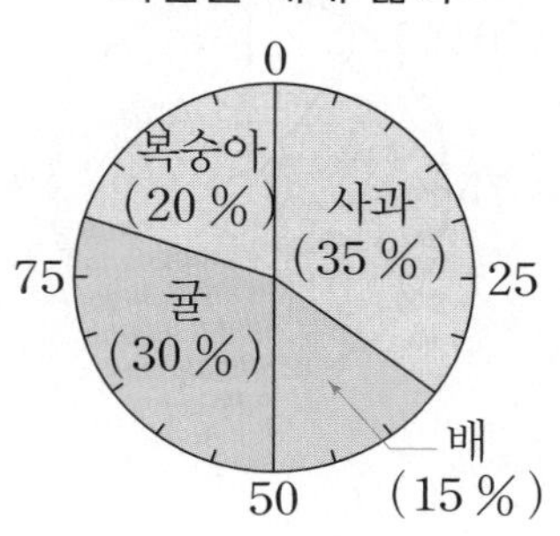

풀이 귤의 재배 넓이는 전체의 ☐ %입니다. 따라서 재배 넓이가 귤보다 더 넓은 과일은 비율이 ☐ %인 ☐입니다.

답 ☐

1-2

위 **1-1**에서 대전 · 세종 · 충청 권역과 대구 · 부산 · 울산 · 경상 권역의 초등학교 수의 차는 몇 개인지 풀이 과정을 쓰고 답을 구하시오.

풀이

답

2-2

위 **2-1**에서 재배 넓이가 귤보다 더 좁은 과일은 무엇인지 모두 알아보려고 합니다. 풀이 과정을 쓰고 답을 구하시오.

풀이

답

3-1

다음 띠그래프를 보고 너를 믿어 또는 넌 최고야를 선택한 학생 수는 전체의 몇 %인지 풀이 과정을 완성하고 답을 구하시오.

부모님께 들으면 기분 좋은 말별 학생 수

0 10 20 30 40 50 60 70 80 90 100(%)

너를 믿어 (32 %)	넌 최고야 (26 %)	사랑해 (20 %)	잘했어(14 %)	기타 (8 %)

풀이 너를 믿어를 선택한 학생 수의 비율 ☐ %와 넌 최고야를 선택한 학생 수의 비율 ☐ %를 더합니다.

→ ☐ + ☐ = ☐ (%)

답 ☐ %

4-1

다음 원그래프를 보고 학습 시간이 3시간 이상인 학생 수의 비율은 몇 %인지 풀이 과정을 완성하고 답을 구하시오.

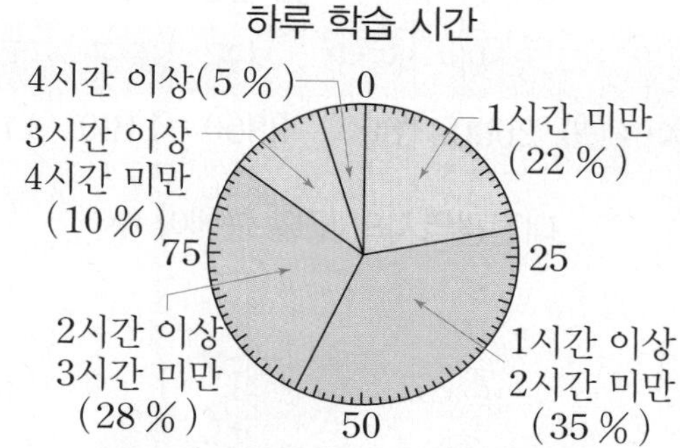

풀이 학습 시간이 3시간 이상 4시간 미만인 비율과 4시간 이상인 비율을 더합니다.

→ 10 + ☐ = ☐ (%)

답 ☐ %

3-2

위 3-1에서 사랑해 또는 잘했어를 선택한 학생 수는 전체의 몇 %인지 풀이 과정을 쓰고 답을 구하시오.

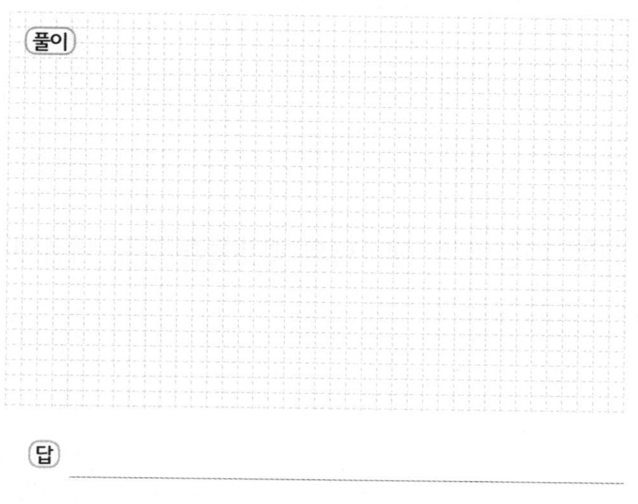

답

4-2

위 4-1에서 학습 시간이 2시간 미만인 학생 수의 비율은 몇 %인지 풀이 과정을 쓰고 답을 구하시오.

풀이

답

5 여러 가지 그래프

5. 여러 가지 그래프

유형 평가

점수

[01~03] 어느 해 대전광역시의 구별 출생아 수를 조사하여 나타낸 표와 그림그래프입니다. 물음에 답하시오.

대전광역시의 구별 출생아 수

구	유성구	대덕구	서구	중구	동구
출생아 수(명)	2600	800	2800	1100	1100

대전광역시의 구별 출생아 수

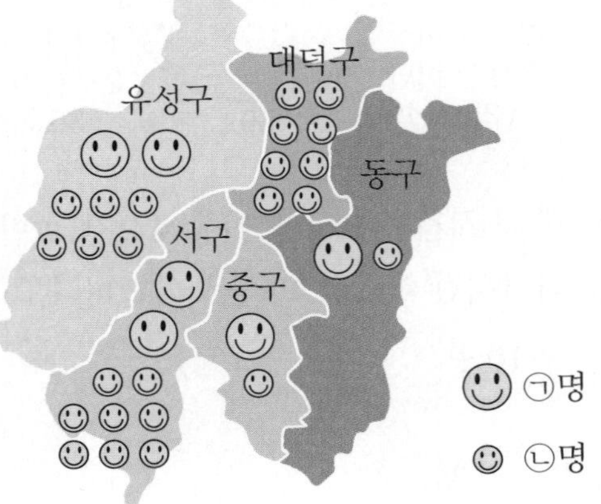

01 위 그림그래프에서 ㉠, ㉡에 알맞은 수를 구하시오.

㉠ (　　　　　　　)

㉡ (　　　　　　　)

02 출생아 수가 가장 많은 구를 찾아 쓰시오.

(　　　　　　　)

03 출생아 수가 가장 적은 구를 찾아 쓰시오.

(　　　　　　　)

[04~07] 어느 지역의 마을별 배 생산량을 조사하여 나타낸 띠그래프입니다. 물음에 답하시오.

마을별 배 생산량

0 10 20 30 40 50 60 70 80 90 100(%)

가 (20 %)	나 (25 %)	다 (18 %)	라 (24 %)	마 (13 %)

04 다 마을의 배 생산량은 전체의 몇 %입니까?

(　　　　　　　)

05 배 생산량이 전체의 20 %를 차지하는 마을은 어느 마을입니까?

(　　　　　　　)

06 배 생산량이 가장 많은 마을은 어느 마을입니까?

(　　　　　　　)

07 마을별 배 생산량의 백분율을 모두 더하면 몇 %입니까?

(　　　　　　　)

[08~11] 유빈이네 학교 학생들이 좋아하는 문화재를 조사하여 나타낸 표입니다. 물음에 답하시오.

좋아하는 문화재별 학생 수

문화재	숭례문	경복궁	훈민정음	기타	합계
학생 수(명)	42	36	24	18	120

08 전체 학생 수에 대한 좋아하는 문화재별 학생 수의 백분율을 각각 구하시오.

숭례문: $\frac{42}{120} \times 100 = \square$ (%)

경복궁: $\frac{36}{120} \times 100 = \square$ (%)

훈민정음: $\frac{\square}{120} \times 100 = \square$ (%)

기타: $\frac{\square}{120} \times 100 = \square$ (%)

09 위 **08**에서 구한 백분율을 이용하여 원그래프를 완성하시오.

좋아하는 문화재별 학생 수

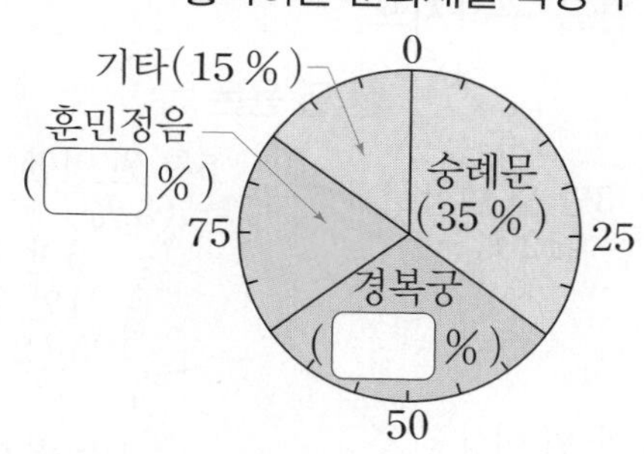

10 가장 많은 학생들이 좋아하는 문화재는 무엇입니까?

( )

11 차지하는 비율이 전체의 20 %인 문화재는 무엇입니까?

( )

[12~16] 다음을 읽고 물음에 답하시오.

민경이는 한 달 용돈 20000원으로 학용품을 사는 데 6000원, 교통비로 5000원, 군것질을 하는 데 4000원, 생일 선물비로 2500원, 기부금으로 2500원을 썼습니다.

12 위의 자료를 보고 표를 완성하시오.

용돈의 쓰임새별 금액

쓰임새	학용품	교통비	군것질	기타	합계
용돈(원)	6000			5000	
백분율(%)	30				

13 자료와 표를 보고 기타 항목에 포함된 쓰임새를 모두 쓰시오.

( )

14 위 **12**에서 구한 백분율의 합계는 몇 %입니까?

( )

15 위 **12**의 표를 보고 띠그래프로 나타내시오.

용돈의 쓰임새별 금액

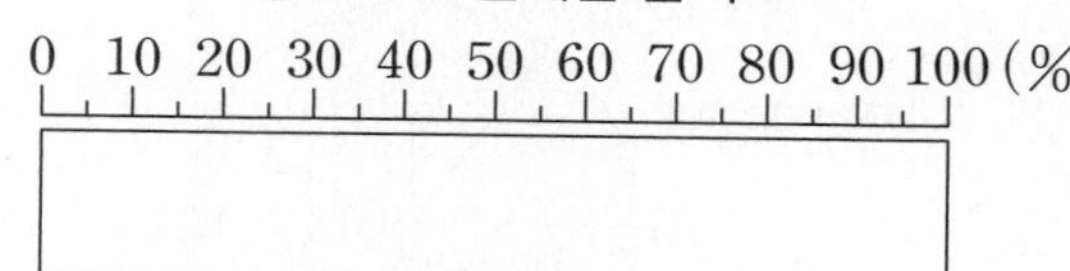

16 위 **12**의 표를 보고 원그래프로 나타내시오.

용돈의 쓰임새별 금액

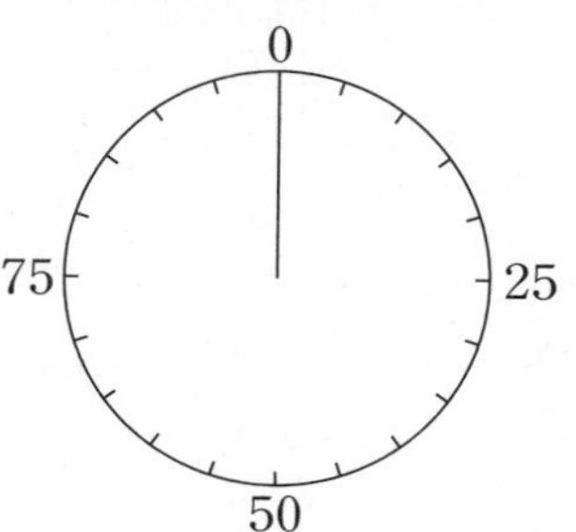

합정 유형

17 호영이가 먹은 과자 한 봉지의 영양소를 조사하여 나타낸 원그래프입니다. 과자 한 봉지의 영양소 중 15 % 이상의 비율을 차지한 것을 찾아 모두 쓰시오.

과자 한 봉지의 영양소

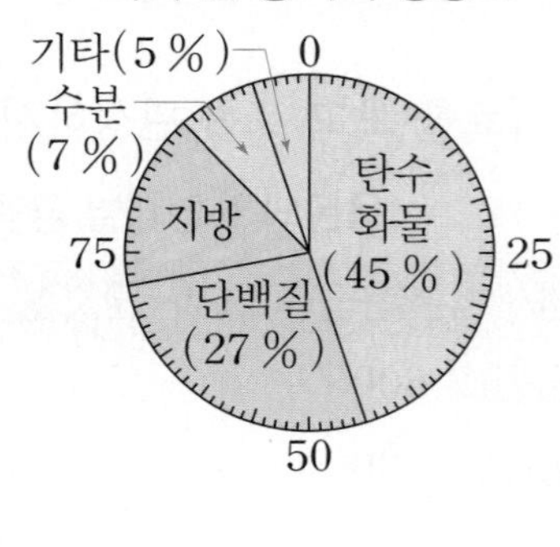

(   )

합정 유형

18 무진이네 집의 한 달 생활비의 쓰임새를 나타낸 원그래프입니다. 저축은 문화생활비의 몇 배입니까?

생활비의 쓰임새별 금액

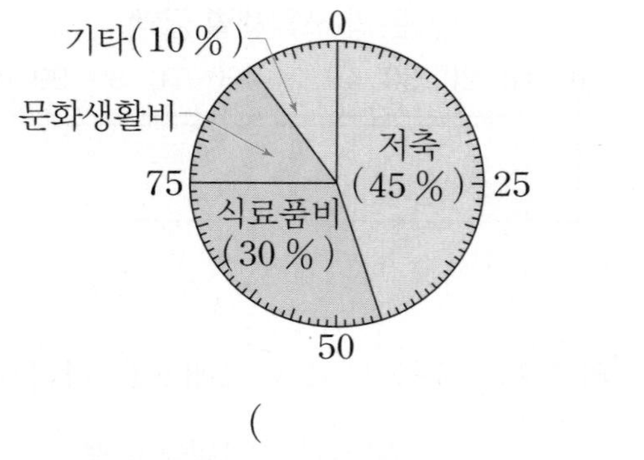

(   )

서술형

19 다음 띠그래프를 보고 영상 시청 또는 SNS를 하는 청소년 수는 전체의 몇 %인지 풀이 과정을 쓰고 답을 구하시오.

스마트폰으로 주로 하는 일별 청소년 수

0 10 20 30 40 50 60 70 80 90 100 (%)

영상 시청 (26 %) | SNS (22 %) | 게임 (18 %) | 음악감상 (16 %) | 전화(8 %) | 기타 (10 %)

풀이

답

서술형

20 다음 원그래프를 보고 한 달 용돈이 2만 원 미만인 학생 수의 비율은 몇 %인지 풀이 과정을 쓰고 답을 구하시오.

한 달 용돈

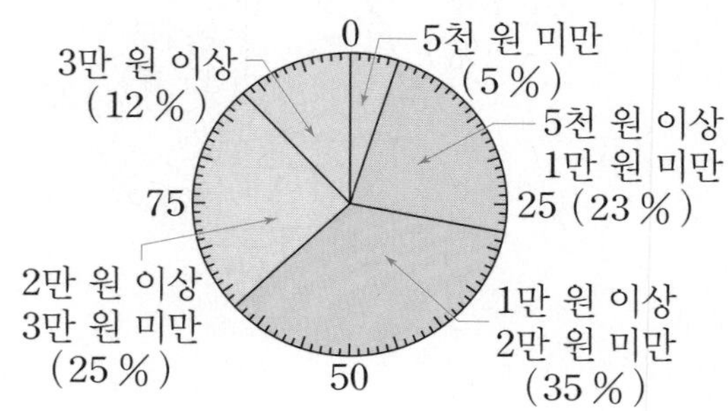

풀이

답

단원 평가 기본

5. 여러 가지 그래프

점수

정답 및 풀이 35쪽

[01~05] 다음 그림그래프를 보고 물음에 답하시오.

권역별 초등학생 수

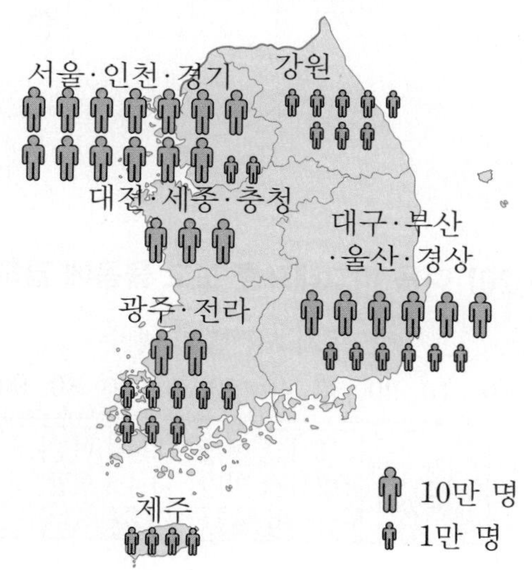

01 과 은 각각 초등학생 몇 명을 나타냅니까?

( )

( )

02 광주 · 전라 권역의 초등학생은 몇 명입니까?

( )

03 초등학생 수가 가장 많은 권역은 어디입니까?

( )

04 초등학생 수가 가장 적은 권역은 어디입니까?

( )

05 초등학생 수가 30만 명인 권역은 어디입니까?

( )

**[06~10] 다음 띠그래프를 보고 물음에 답하시오.
(단, 한 가구당 한 가지 신문을 구독합니다.)**

신문의 종류별 구독 가구 수

0 10 20 30 40 50 60 70 80 90 100 (%)

가 (30 %)	나 (15 %)	다 (25 %)	라 (30 %)

06 위와 같이 전체에 대한 각 부분의 비율을 띠 모양에 나타낸 그래프를 무슨 그래프라고 합니까?

( )

07 가 신문을 구독하는 가구는 전체의 몇 %입니까?

( )

08 가장 적은 가구가 구독하는 신문은 어느 신문입니까?

( )

09 구독하는 신문의 비율이 가 신문과 같은 신문은 어느 신문입니까?

( )

10 가 신문을 구독하는 가구 수는 나 신문을 구독하는 가구 수의 몇 배입니까?

( )

5 여러 가지 그래프

[11~13] 다음 원그래프를 보고 물음에 답하시오.

발생 원인별 교통사고 수

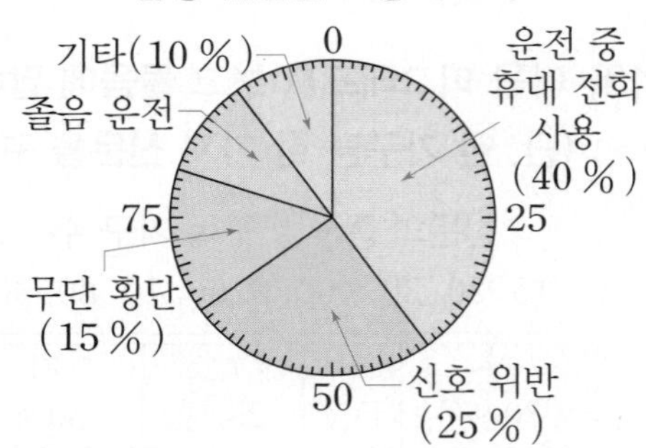

11 졸음 운전으로 인한 교통사고 발생율은 전체의 몇 %입니까?

( )

12 교통사고 발생 원인으로 운전 중 휴대 전화 사용은 신호 위반의 몇 배인지 소수로 나타내시오.

( )

13 교통사고 발생 원인 중 가장 많은 부분을 차지하는 원인부터 순서대로 3가지 쓰시오.

( )

[14~16] 다음 표를 보고 물음에 답하시오.

태어난 계절별 학생 수

계절	봄	여름	가을	겨울	합계
학생 수(명)	8	4	6	2	20
백분율(%)	40	20			100

14 표의 빈칸에 알맞은 수를 써넣으시오.

15 표를 보고 띠그래프로 나타내시오.

태어난 계절별 학생 수

0 10 20 30 40 50 60 70 80 90 100(%)

16 표를 보고 원그래프로 나타내시오.

태어난 계절별 학생 수

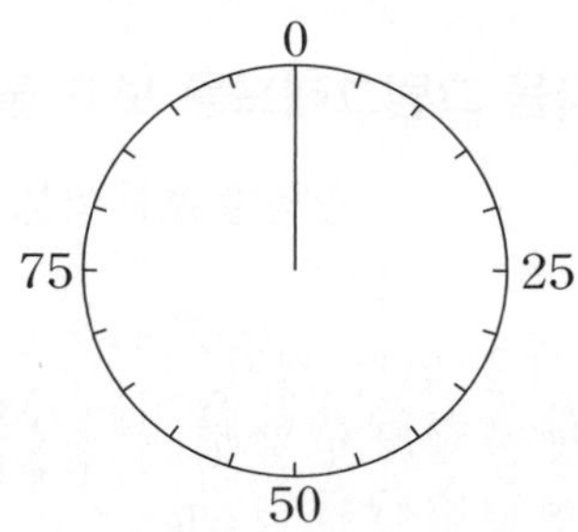

[17~20] 다음 띠그래프를 보고 물음에 답하시오.

독서 시간별 학생 수

0 10 20 30 40 50 60 70 80 90 100(%)

1시간 미만 (24 %)	1시간 이상 2시간 미만 (36 %)	2시간 이상 3시간 미만 (24 %)	3시간 이상

17 독서 시간이 3시간 이상인 학생 수는 전체의 몇 %입니까?

( )

18 가장 많은 비율을 차지하는 독서 시간을 쓰시오.

( )

19 독서 시간이 1시간 미만인 학생 수와 비율이 같은 독서 시간을 쓰시오.

( )

20 독서 시간이 2시간 이상인 학생의 비율은 몇 %입니까?

( )

QR 코드를 찍어 단원 평가 를 더 풀어 보세요.

직육면체의 부피와 겉넓이

학습 계획표

계획표대로 공부했으면 ○표, 못했으면 △표 하세요.

내용	쪽수	날짜	확인
❶단계 핵심 개념+기초 문제	96~97쪽	월 일	
❶단계 기본 문제	98~99쪽	월 일	
❷단계 기본 유형+잘 틀리는 유형	100~105쪽	월 일	
❷단계 서술형 유형	106~107쪽	월 일	
❸단계 유형 평가	108~110쪽	월 일	
❸단계 단원 평가	111~112쪽	월 일	

핵심 개념

개념에 대한 **자세한 동영상 강의**를 시청하세요.

개념 1 직육면체의 부피

• 직육면체의 부피

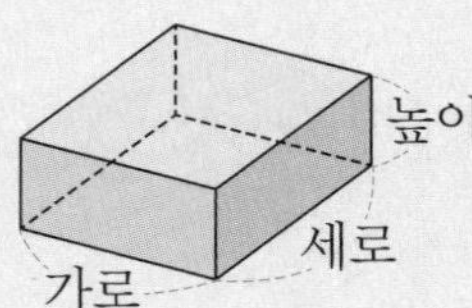

(직육면체의 부피)
=(가로)×(세로)×(높이)
=(밑면의 넓이)×(높이)

• 정육면체의 부피

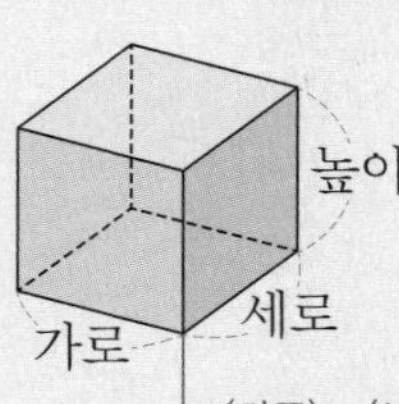

(정육면체의 부피)
=(한 모서리의 길이)
×(한 모서리의 길이)
×(한 모서리의 길이)

핵심 $1000000\ cm^3=1\ m^3$

$1\ cm^3$: 한 모서리의 길이가 ❶ ☐ cm인 정육면체의 부피

$1\ m^3$: 한 모서리의 길이가 ❷ ☐ m인 정육면체의 부피

[전에 배운 내용]

• $1\ cm^2$: 한 변의 길이가 1 cm인 정사각형의 넓이
• $1\ m^2$: 한 변의 길이가 1 m인 정사각형의 넓이
• $1\ km^2$: 한 변의 길이가 1 km인 정사각형의 넓이

$1\ m^2=10000\ cm^2$
$1\ km^2=1000000\ m^2=10000000000\ cm^2$

• (직사각형의 넓이)=(가로)×(세로)
• (정사각형의 넓이)=(한 변의 길이)×(한 변의 길이)
• (평행사변형의 넓이)=(밑변의 길이)×(높이)
• (삼각형의 넓이)=(밑변의 길이)×(높이)÷2
• (마름모의 넓이)
=(한 대각선의 길이)×(다른 대각선의 길이)÷2
• (사다리꼴의 넓이)
={(윗변의 길이)+(아랫변의 길이)}×(높이)÷2

개념 2 직육면체의 겉넓이

• 직육면체의 겉넓이

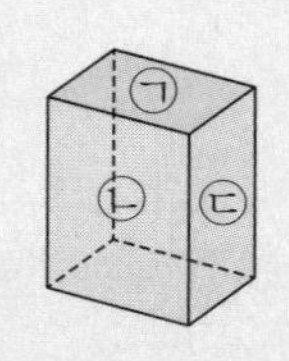

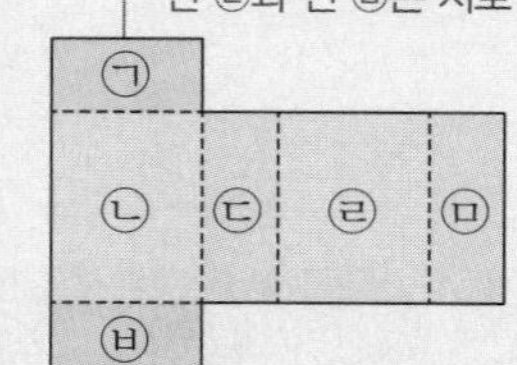

(직육면체의 겉넓이)
=(합동인 세 면의 넓이의 합)×2
=(㉠+㉡+㉢)×2

• 정육면체의 겉넓이

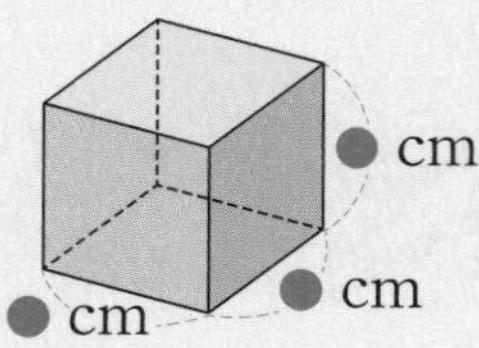

(정육면체의 겉넓이)
=(한 면의 넓이)×6 (면의 수)
=(●×●×6) cm^2

핵심 직육면체의 합동인 면이 3쌍임을 이용

[전에 배운 내용]

• 직육면체: 직사각형 6개로 둘러싸인 도형
• 정육면체: 정사각형 6개로 둘러싸인 도형
• 직육면체의 밑면: 직육면체에서 계속 늘여도 만나지 않는 평행한 두 면
• 직육면체의 옆면: 직육면체에서 밑면과 수직인 면
• 직육면체의 겨냥도: 직육면체 모양을 잘 알 수 있도록 나타낸 그림
• 직육면체의 전개도: 직육면체의 모서리를 잘라서 펼친 그림

[앞으로 배울 내용]

• 쌓기나무를 위, 앞, 옆에서 본 모양
• 쌓기나무를 위에서 본 모양에 수 쓰기
• 쌓기나무를 층별로 나타낸 모양

정답 ❶ 1 ❷ 1

QR 코드를 찍어 보세요.
새로운 문제를 계속 풀 수 있어요.

공부한 날 월 일

● 정답 및 풀이 36쪽

1-1 □ 안에 알맞은 수를 써넣으시오.

(1)

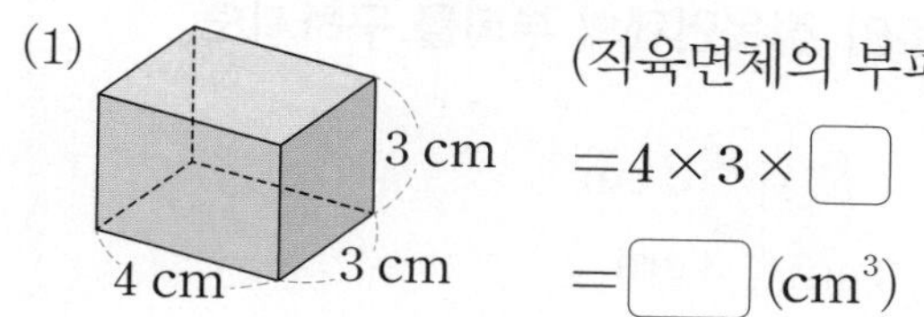

(직육면체의 부피)
$=4\times3\times\square$
$=\square$ (cm^3)

(2)

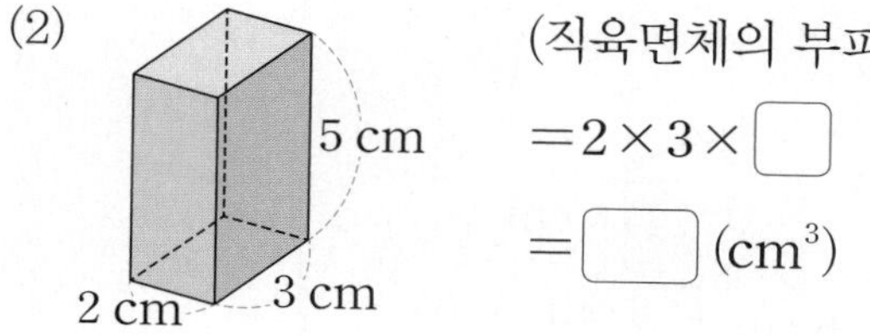

(직육면체의 부피)
$=2\times3\times\square$
$=\square$ (cm^3)

1-2 □ 안에 알맞은 수를 써넣으시오.

(1)

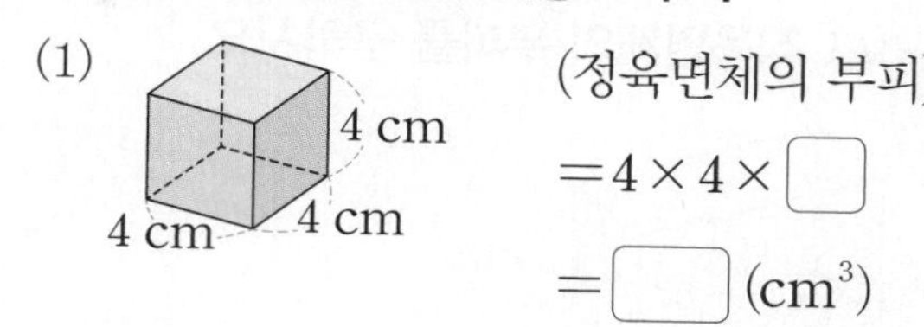

(정육면체의 부피)
$=4\times4\times\square$
$=\square$ (cm^3)

(2)

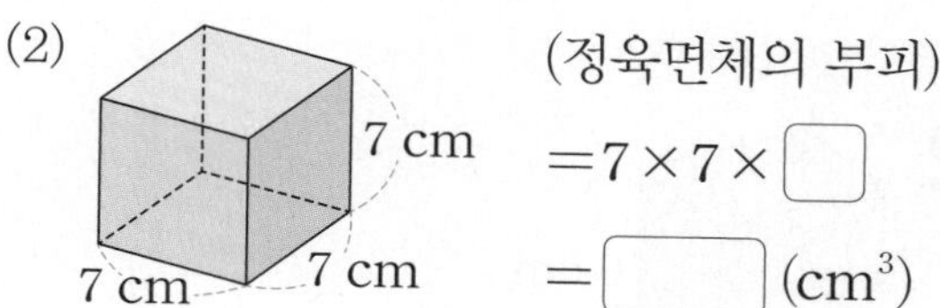

(정육면체의 부피)
$=7\times7\times\square$
$=\square$ (cm^3)

체크

2-1 □ 안에 알맞은 수를 써넣으시오.

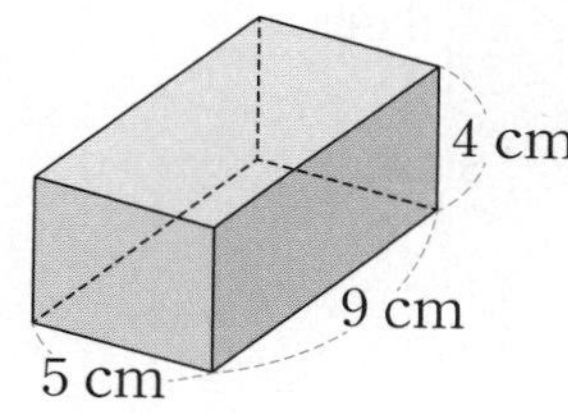

(직육면체의 겉넓이)
$=(5\times9+5\times\square+9\times\square)\times2$
$=(45+\square+\square)\times2$
$=\square\times2$
$=\square$ (cm^2)

2-2 □ 안에 알맞은 수를 써넣으시오.

(1)

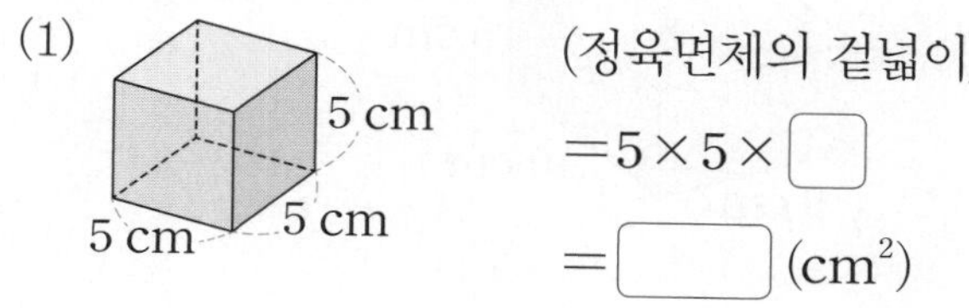

(정육면체의 겉넓이)
$=5\times5\times\square$
$=\square$ (cm^2)

(2)

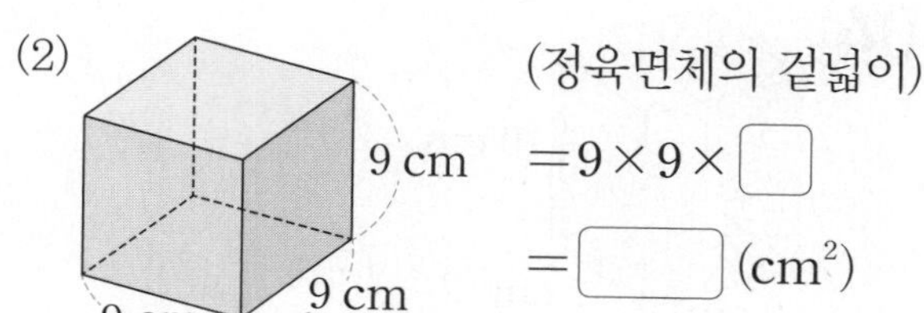

(정육면체의 겉넓이)
$=9\times9\times\square$
$=\square$ (cm^2)

6. 직육면체의 부피와 겉넓이

기본 문제

[01~04] 직육면체의 부피를 구하시오.

01

(　　　　　　　　)

02

(　　　　　　　　)

03

(　　　　　　　　)

04

(　　　　　　　　)

[05~08] 정육면체의 부피를 구하시오.

05

(　　　　　　　　)

06

(　　　　　　　　)

07

(　　　　　　　　)

08

(　　　　　　　　)

[09~12] 직육면체의 겉넓이를 구하시오.

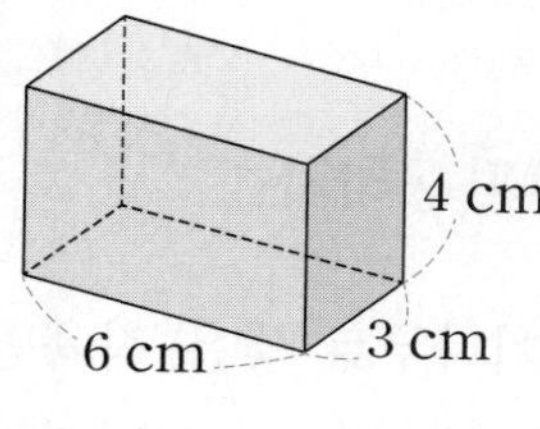

( )

10

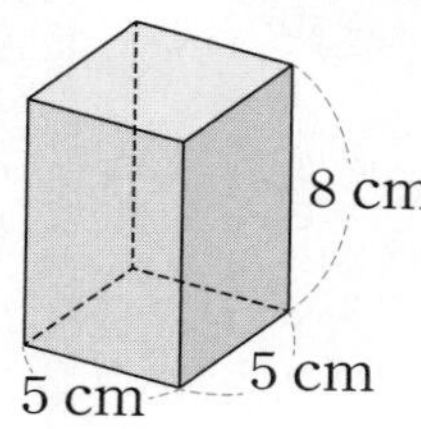

( )

11

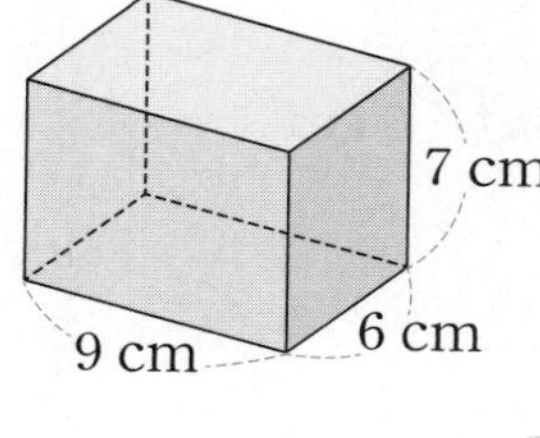

( )

12

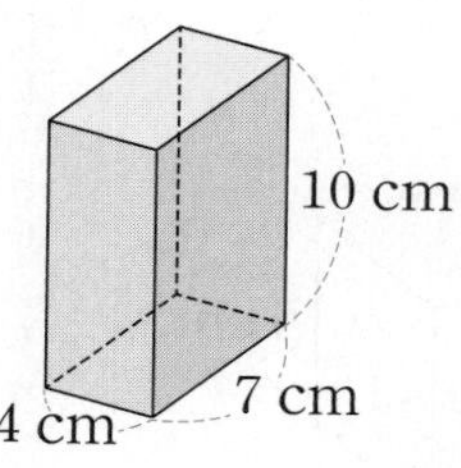

( )

[13~16] 정육면체의 겉넓이를 구하시오.

13

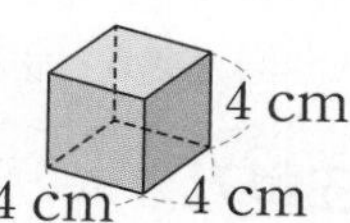

( )

14

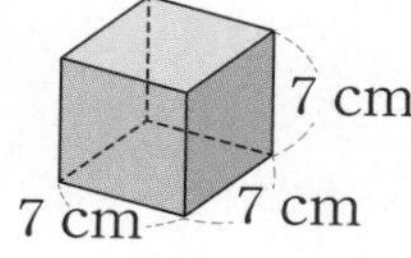

( )

15

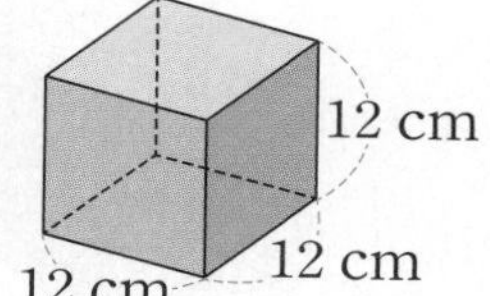

( )

16

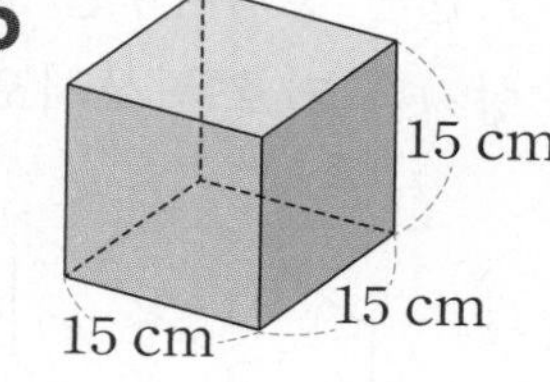

( )

6. 직육면체의 부피와 겉넓이

기본 유형

핵심 내용 직접 맞대어 보거나 단위 물건을 사용하여 비교

유형 01 직육면체의 부피 비교하기

01 직접 맞대었을 때 부피가 더 큰 직육면체의 기호를 쓰시오.

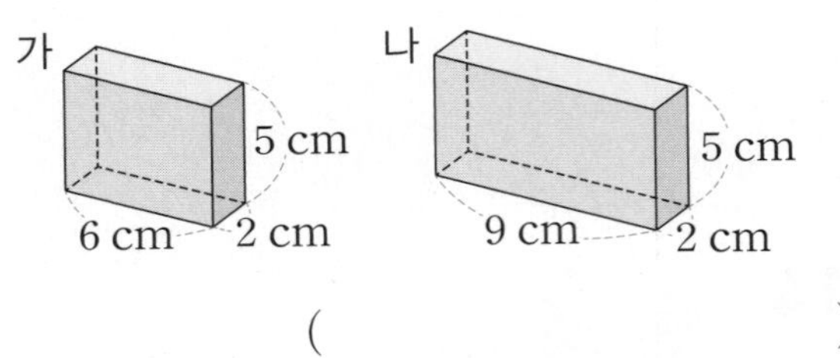

( )

익힘책 유형 **02** 크기가 같은 쌓기나무로 쌓은 직육면체와 정육면체입니다. 부피가 더 작은 것의 기호를 쓰시오.

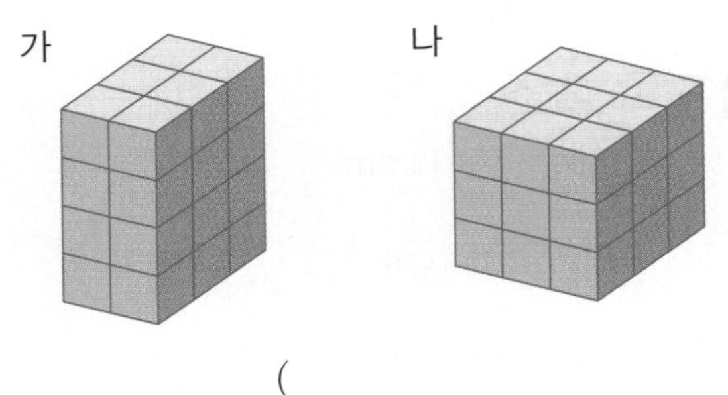

( )

익힘책 유형 **03** 상자 가와 나에 크기가 같은 쌓기나무를 담았습니다. 부피가 더 큰 상자의 기호를 쓰시오.

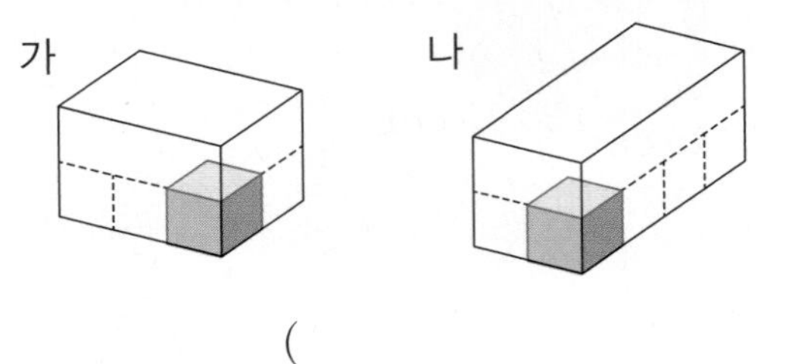

( )

핵심 내용 (직육면체의 부피)=(가로)×(세로)×(높이)

유형 02 직육면체의 부피 구하기

04 부피가 1 cm^3인 쌓기나무로 쌓은 직육면체입니다. 직육면체의 부피는 몇 cm^3입니까?

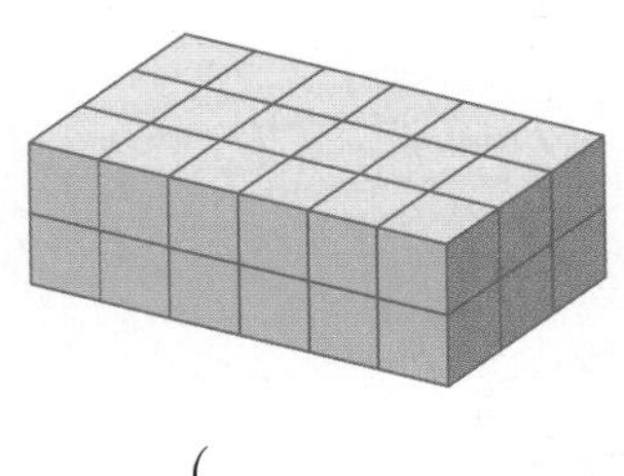

( )

교과서 유형 **05** 직육면체의 부피는 몇 cm^3입니까?

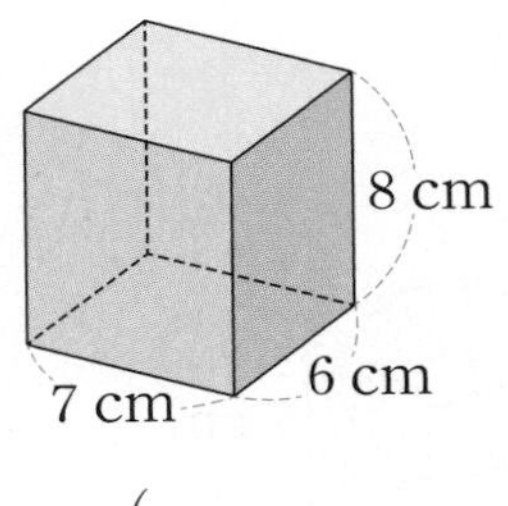

( )

06 다음은 색칠한 두 면의 넓이의 합이 70 cm^2인 직육면체입니다. 직육면체의 부피는 몇 cm^3입니까?

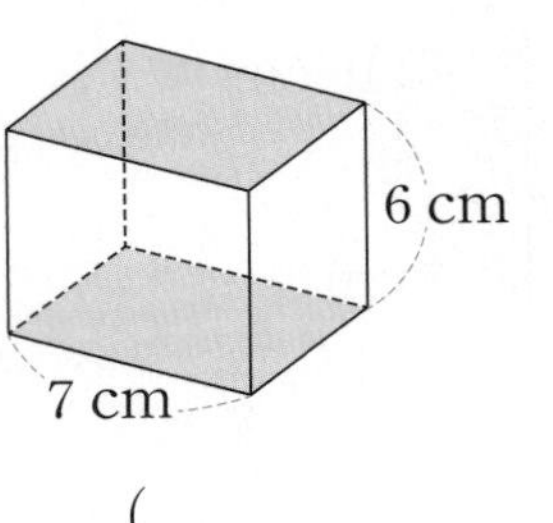

( )

공부한 날 월 일

07 직육면체의 부피가 72 cm^3일 때 □ 안에 알맞은 수를 써넣으시오.

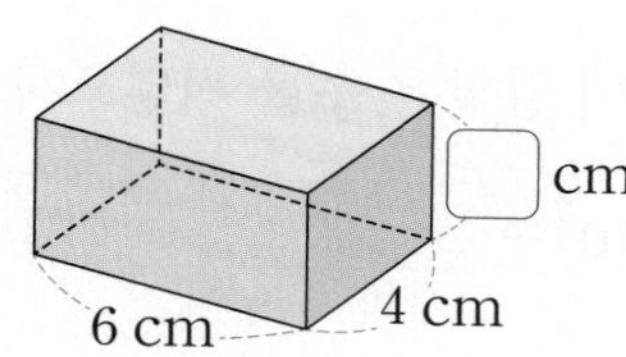

08 다음 전개도를 접어서 만든 직육면체의 부피가 5000 cm^3일 때 □ 안에 알맞은 수를 써넣으시오.

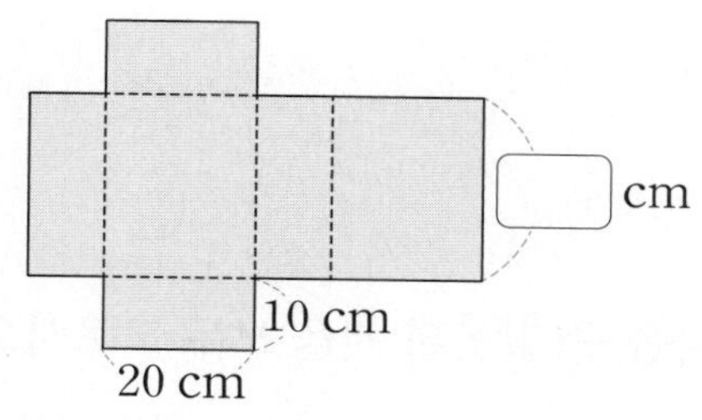

09 부피가 큰 직육면체부터 차례로 기호를 쓰시오.

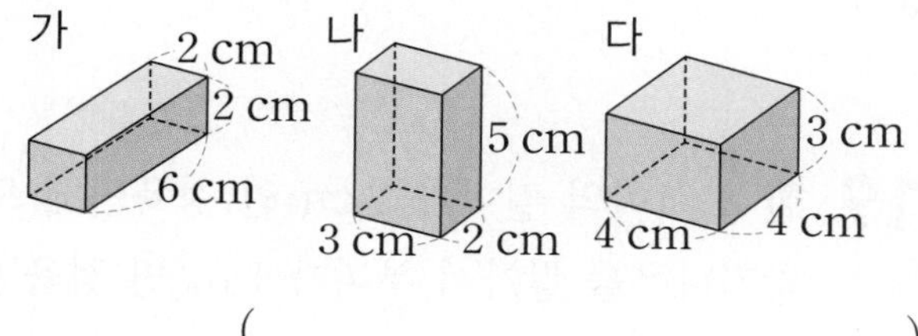

( )

핵심 내용 (정육면체의 부피)=(한 모서리의 길이) ×(한 모서리의 길이)×(한 모서리의 길이)

유형 03 정육면체의 부피 구하기

10 부피가 1 cm^3인 쌓기나무로 쌓은 정육면체입니다. 정육면체의 부피는 몇 cm^3입니까?

( )

교과서 유형

11 정육면체의 부피는 몇 cm^3입니까?

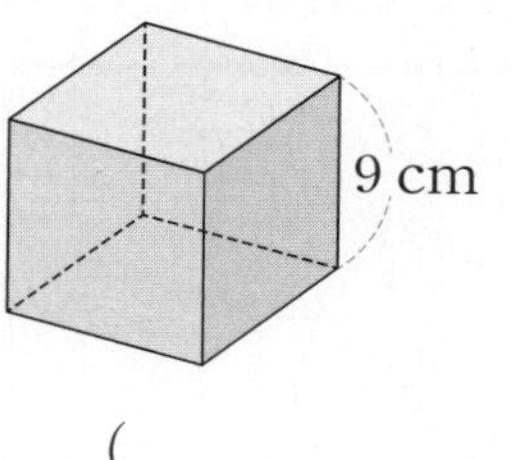

( )

12 어느 정육면체의 한 면을 나타낸 것입니다. 이 정육면체의 부피는 몇 cm^3입니까?

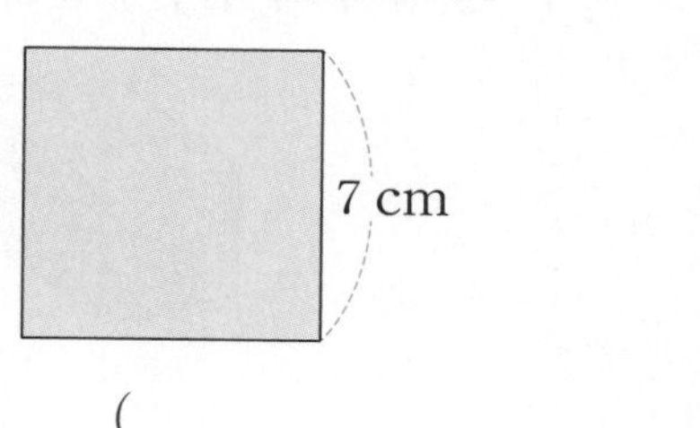

( )

6 직육면체의 부피와 겉넓이

13 정육면체의 부피가 125 cm^3일 때 □ 안에 알맞은 수를 써넣으시오.

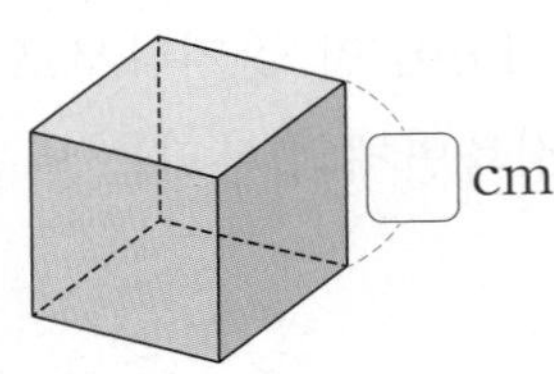

14 대화를 읽고 두 사람이 각자 만든 정육면체의 부피의 차를 구하시오.

> 주민: 한 변의 길이가 8 cm인 정사각형 모양의 종이 6장으로 정육면체를 만들었어.
> 진호: 난 한 면의 넓이가 36 cm^2인 정육면체를 만들었어.

(　　　　　　　　)

15 다음과 같이 크기가 같은 정육면체 모양의 쌓기나무를 12개 쌓아서 입체도형을 만들었습니다. 이 입체도형의 부피가 324 cm^3일 때 쌓기나무 한 개의 모서리의 길이는 몇 cm입니까?

(　　　　　　　　)

핵심 내용 $1000000\text{ cm}^3=1\text{ m}^3$

유형 04 1 cm^3보다 더 큰 단위 알아보기

교과서 유형

16 □ 안에 알맞은 수를 써넣으시오.

(1) $3\text{ m}^3=$ □ cm^3

(2) $7000000\text{ cm}^3=$ □ m^3

17 부피를 비교하여 ○ 안에 $>$, $=$, $<$를 알맞게 써넣으시오.

(1) 4.2 m^3 ○ 5600000 cm^3

(2) 0.4 m^3 ○ 810000 cm^3

18 다음 중 잘못된 것을 모두 고르시오. .... (　　　　)

① $5.2\text{ m}^3=52000000\text{ cm}^3$
② $36\text{ m}^3=36000000\text{ cm}^3$
③ $10000000\text{ cm}^3=10\text{ m}^3$
④ $0.8\text{ m}^3=800000\text{ cm}^3$
⑤ $2500000\text{ cm}^3=25\text{ m}^3$

19 한 모서리의 길이가 1 cm인 정육면체 모양의 쌓기나무를 쌓아서 부피가 1 m^3인 정육면체를 만들려고 합니다. 필요한 쌓기나무는 모두 몇 개입니까?

(　　　　　　　　)

핵심 내용 (직육면체의 겉넓이)
=(합동인 세 면의 넓이의 합)×2

유형 05 직육면체의 겉넓이 구하기

교과서 유형
20 직육면체의 겉넓이는 몇 cm^2입니까?

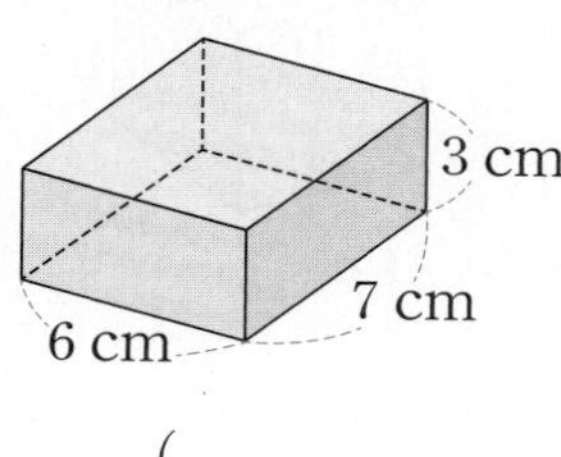

(　　　　　　　　)

익힘책 유형
21 다음 전개도를 접어서 만든 직육면체의 겉넓이는 몇 cm^2입니까?

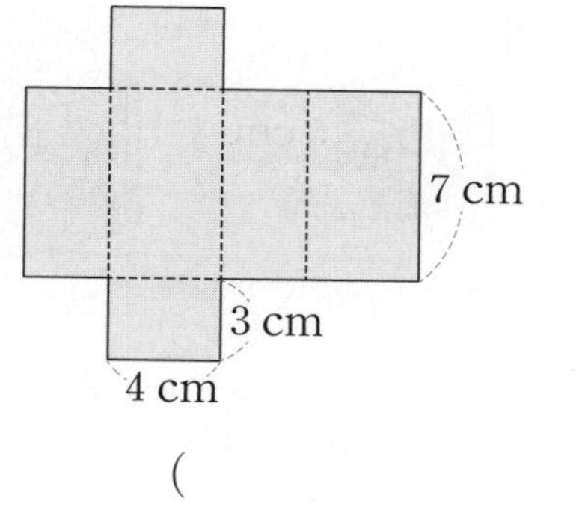

(　　　　　　　　)

22 직육면체의 겉넓이가 254 cm^2일 때 □ 안에 알맞은 수를 써넣으시오.

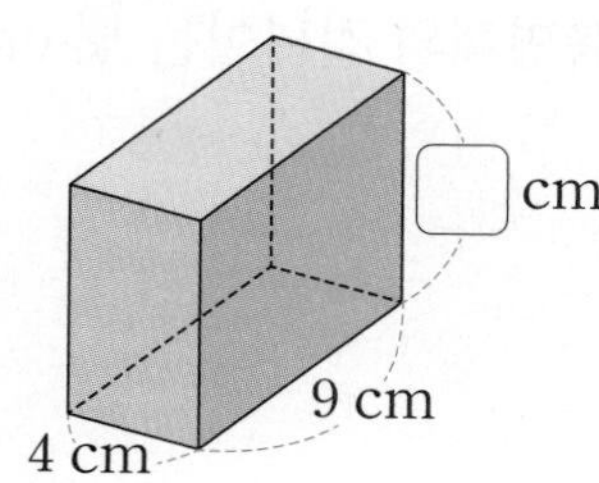

23 다음 전개도를 접어서 만든 직육면체의 겉넓이가 82 cm^2일 때 □ 안에 알맞은 수를 써넣으시오.

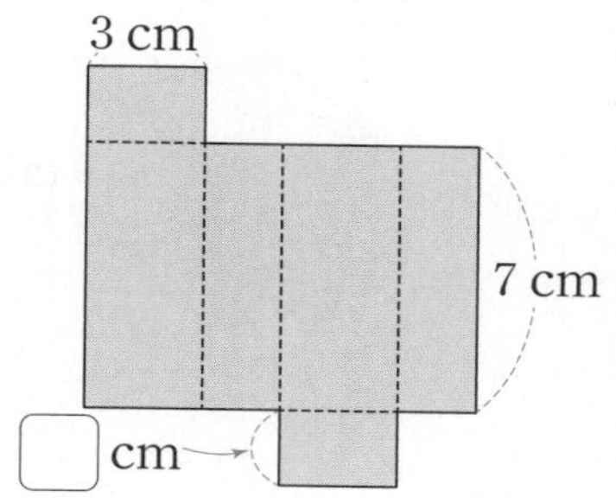

24 어느 직육면체의 합동인 세 면을 나타낸 것입니다. 이 직육면체의 겉넓이는 몇 cm^2입니까?

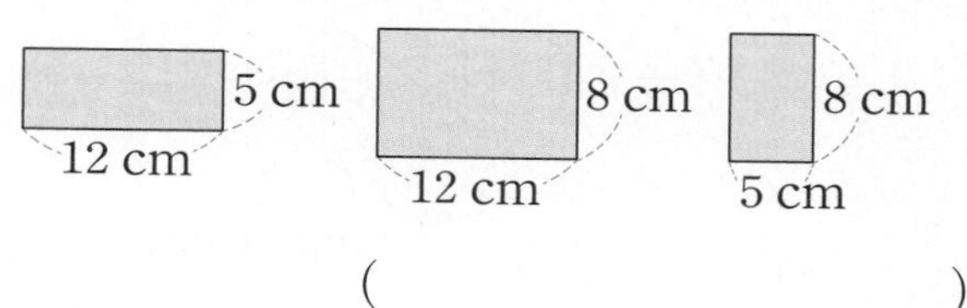

(　　　　　　　　)

25 다음과 같은 쌓기나무를 가로로 4개씩, 세로로 2개씩 이어 붙여 놓은 모양을 5층으로 쌓아 직육면체를 만들었습니다. 만든 직육면체의 겉넓이는 몇 cm^2입니까?

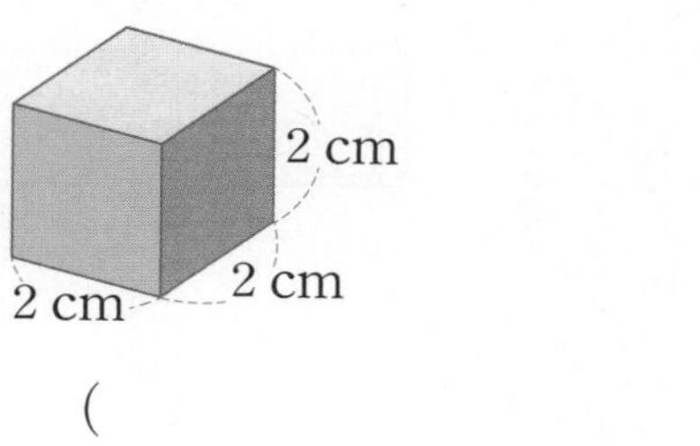

(　　　　　　　　)

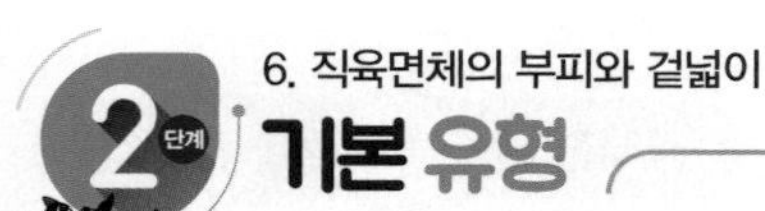

2단계 기본 유형

핵심 내용 (정육면체의 겉넓이)=(한 면의 넓이)×6

유형 06 정육면체의 겉넓이 구하기

교과서 유형

26 정육면체의 겉넓이는 몇 cm^2입니까?

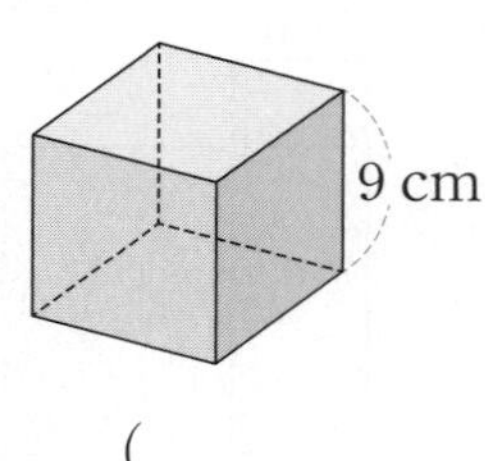

(　　　　　　　　　　)

27 정육면체에 한 면의 넓이를 나타낸 것입니다. 이 정육면체의 겉넓이는 몇 cm^2입니까?

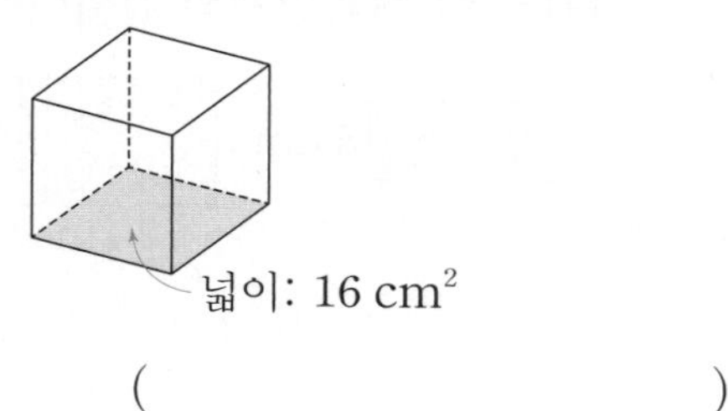

(　　　　　　　　　　)

익힘책 유형

28 다음 전개도를 접어서 만든 정육면체의 겉넓이는 몇 cm^2입니까?

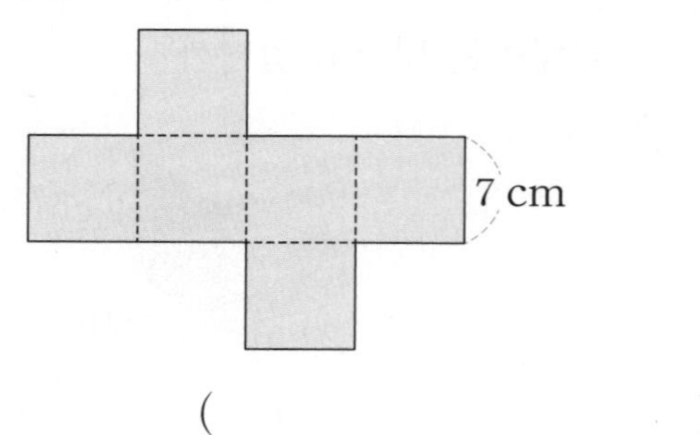

(　　　　　　　　　　)

29 정육면체의 겉넓이가 600 cm^2일 때 □ 안에 알맞은 수를 써넣으시오.

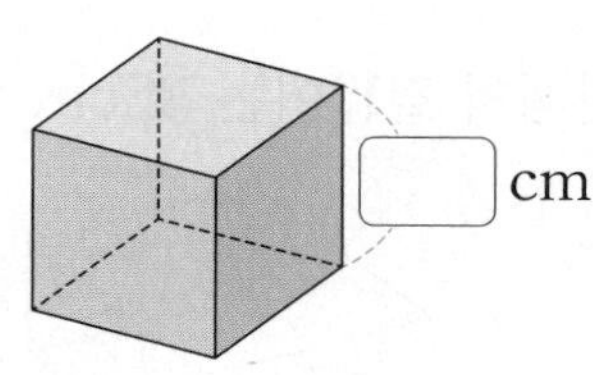

30 정육면체 가와 나의 겉넓이의 차는 몇 cm^2입니까?

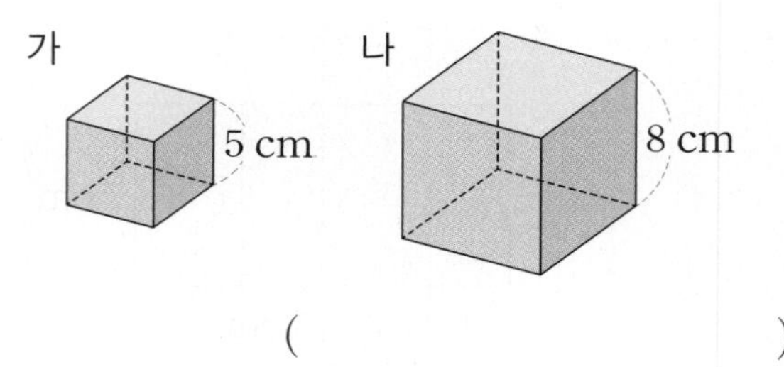

(　　　　　　　　　　)

31 정육면체의 면 4개의 넓이의 합이 400 cm^2일 때 정육면체의 겉넓이는 몇 cm^2입니까?

(　　　　　　　　　　)

잘 틀리는 유형 07 직육면체와 정육면체의 부피 - m^3 단위

32 □ 안에 알맞은 수를 써넣으시오.

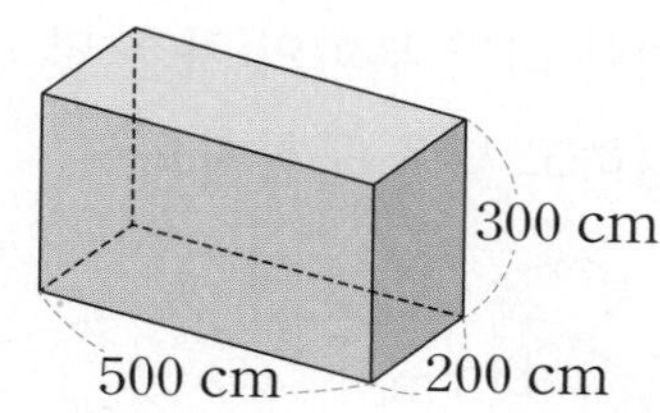

(가로)=□m, (세로)=□m, (높이)=□m

➔ (부피)=□m^3

33 정육면체의 부피는 몇 m^3입니까?

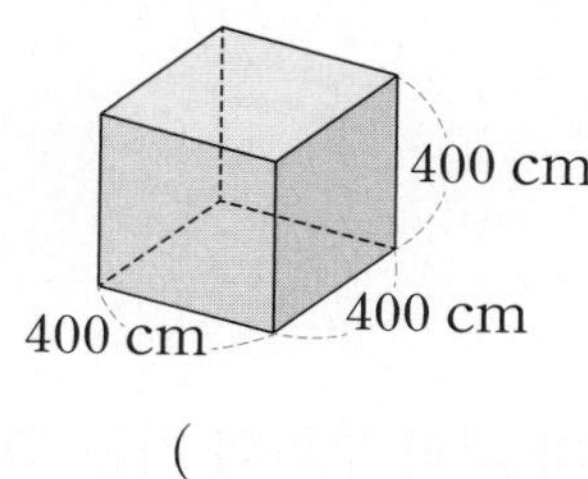

(　　　　　　　　)

합정 유형 34 직육면체의 부피는 몇 m^3입니까?

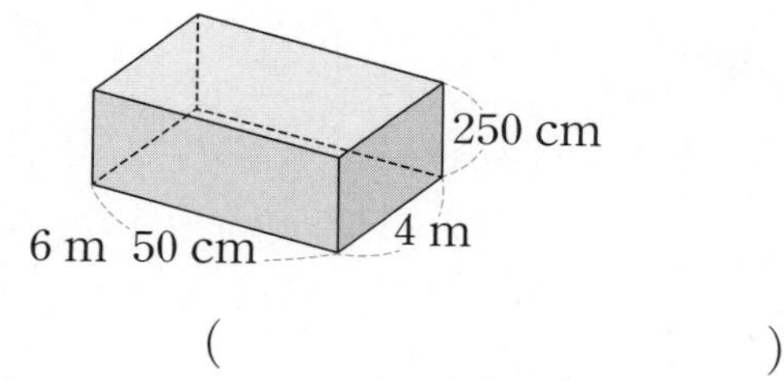

(　　　　　　　　)

KEY m^3 단위로 답해야 할 때는 주어진 길이를 m 단위로 바꾸어야 해요.

잘 틀리는 유형 08 전개도로 정육면체 부피 구하기

35 다음 전개도를 접어서 만든 정육면체의 부피는 몇 cm^3입니까?

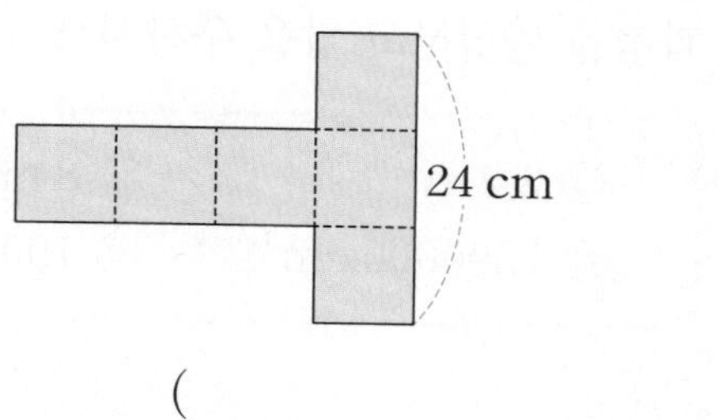

(　　　　　　　　)

36 정육면체의 전개도에 한 면의 넓이를 나타낸 것입니다. 이 전개도를 접어서 만든 정육면체의 부피는 몇 cm^3입니까?

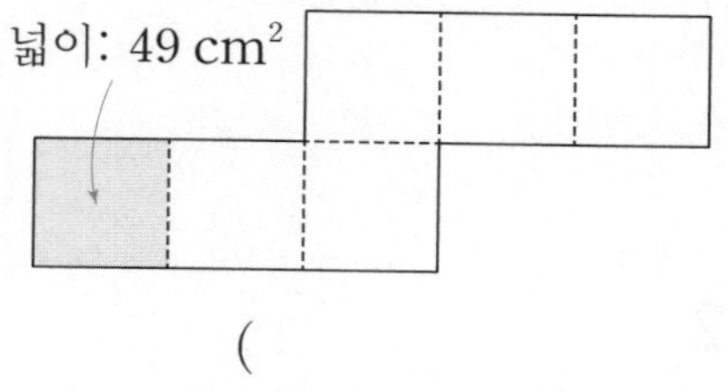

(　　　　　　　　)

합정 유형 37 정사각형 모양의 종이에 정육면체의 전개도를 그렸습니다. 이 전개도를 접어서 만든 정육면체의 부피는 몇 cm^3입니까?

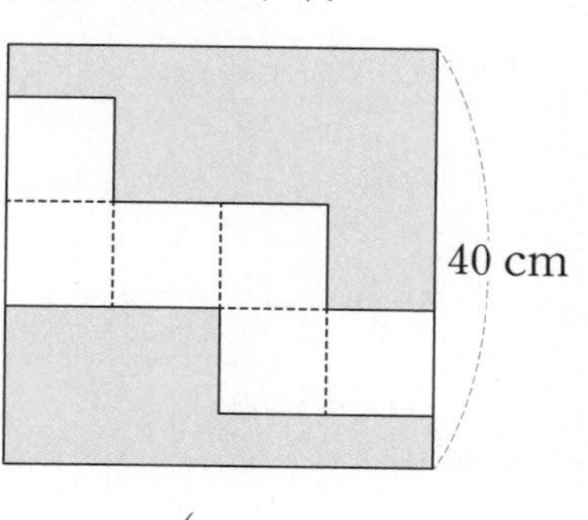

(　　　　　　　　)

KEY 모서리 몇 개의 길이의 합이 40 cm인지 알아보세요.

6 직육면체의 부피와 겉넓이

1-1

부피가 가장 큰 것의 기호를 쓰려고 합니다. 풀이 과정을 완성하고 답을 구하시오.

㉠ $2.2\ m^3$	㉡ $8\ m^3$
㉢ $7300000\ cm^3$	㉣ $19000000\ cm^3$

풀이 ㉢ $7300000\ cm^3 = \square\ m^3$

㉣ $19000000\ cm^3 = \square\ m^3$

➔ $\square\ m^3 > \square\ m^3 > \square\ m^3 > \square\ m^3$

이므로 부피가 가장 큰 것의 기호는 $\square$입니다.

답 $\square$

2-1

직육면체 가와 나의 부피의 차는 몇 m^3인지 풀이 과정을 완성하고 답을 구하시오.

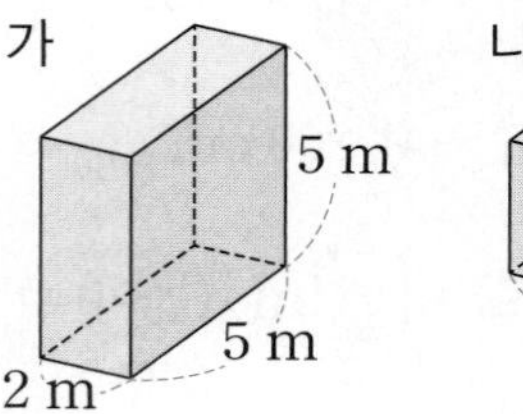

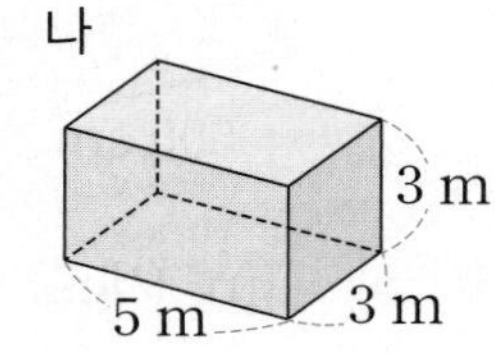

풀이 (가의 부피) $= \square \times \square \times 5 = \square\ (m^3)$

(나의 부피) $= \square \times \square \times 3 = \square\ (m^3)$

➔ $\square - \square = \square\ (m^3)$

답 $\square\ m^3$

1-2

부피가 가장 큰 것의 기호를 쓰려고 합니다. 풀이 과정을 쓰고 답을 구하시오.

㉠ $8.6\ m^3$	㉡ $17\ m^3$
㉢ $25000000\ cm^3$	㉣ $3400000\ cm^3$

풀이

답

2-2

직육면체 가와 나의 부피의 차는 몇 m^3인지 풀이 과정을 쓰고 답을 구하시오.

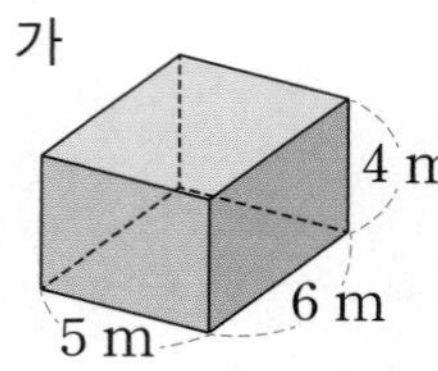

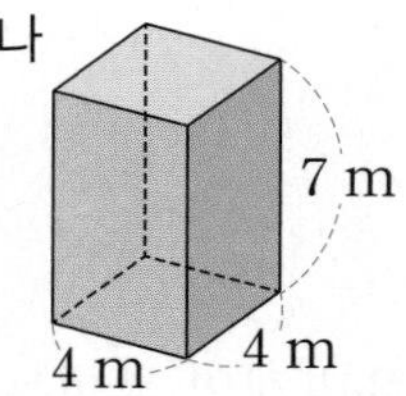

풀이

답

동영상 특강

공부한 날 월 일

3-1

다음 직육면체와 부피가 같은 정육면체의 한 모서리의 길이는 몇 cm인지 풀이 과정을 완성하고 답을 구하시오.

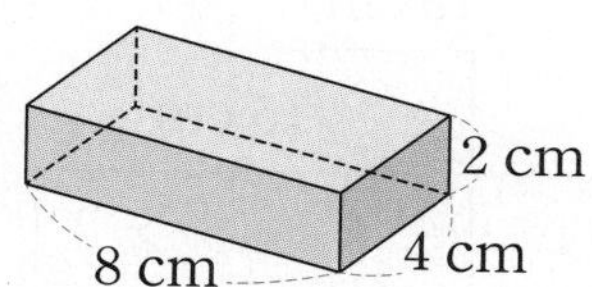

풀이 직육면체의 부피가

□×□×2=□ (cm^3)이므로

정육면체의 한 모서리의 길이를 ■ cm라 하면

■×■×■=□입니다.

→ 4×4×4=□이므로 ■=□입니다.

답 □ cm

4-1

겉넓이가 62 cm^2인 직육면체의 높이는 몇 cm인지 풀이 과정을 완성하고 답을 구하시오.

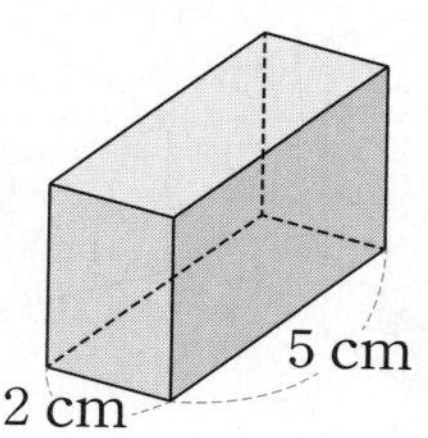

풀이 높이를 ■ cm라 하면

(겉넓이)=(2×5+2×■+5×■)×□

=62 (cm^2)입니다.

→ □+7×■=31, 7×■=□,

■=□

답 □ cm

3-2

다음 직육면체와 부피가 같은 정육면체의 한 모서리의 길이는 몇 cm인지 풀이 과정을 쓰고 답을 구하시오.

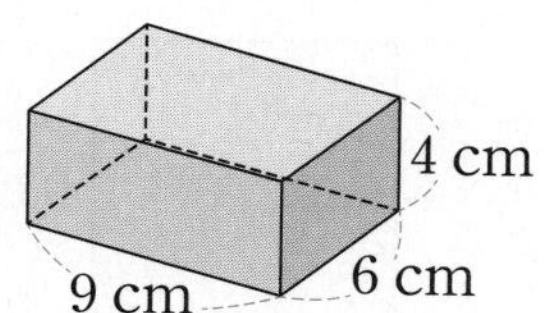

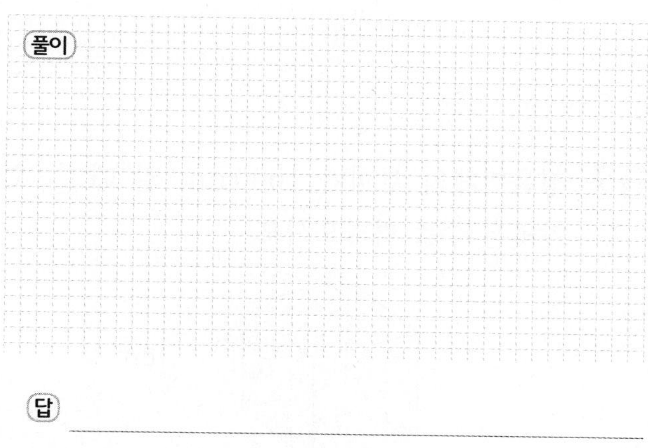

풀이

답

4-2

겉넓이가 148 cm^2인 직육면체의 높이는 몇 cm인지 풀이 과정을 쓰고 답을 구하시오.

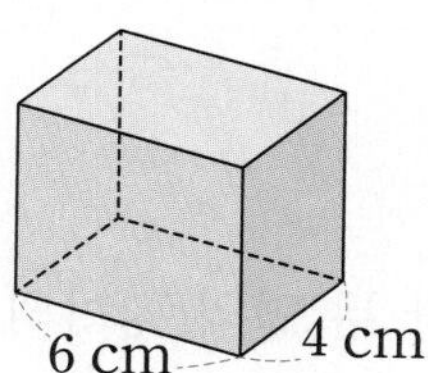

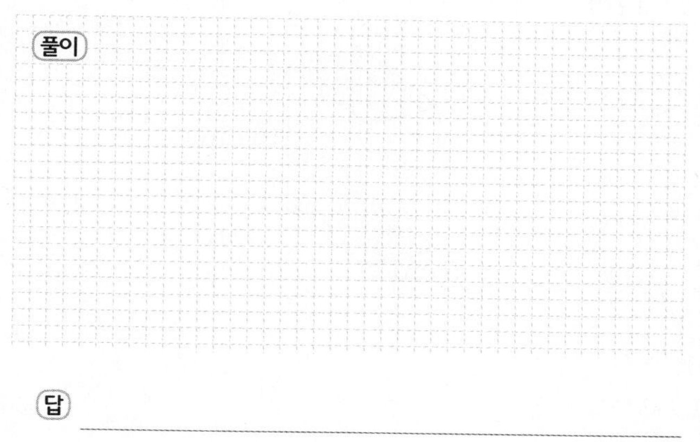

풀이

답

6 직육면체의 부피와 겉넓이

유형 평가

점수

01 상자 가와 나에 크기가 같은 쌓기나무를 담았습니다. 부피가 더 큰 상자의 기호를 쓰시오.

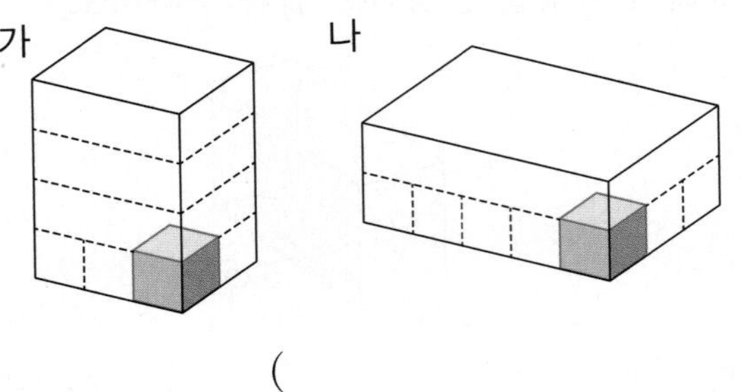

( )

02 직육면체의 부피는 몇 cm^3입니까?

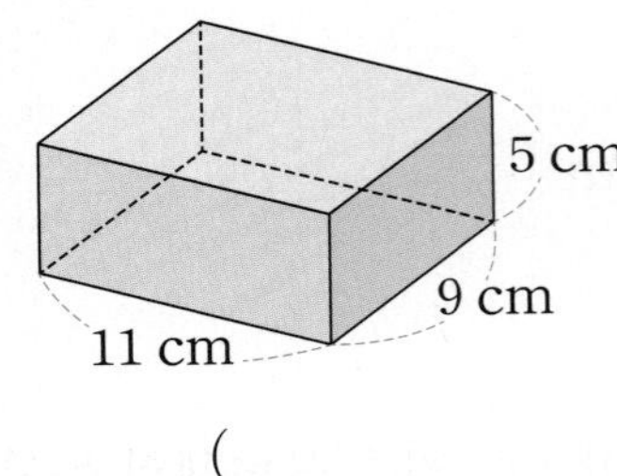

( )

03 다음은 색칠한 두 면의 넓이의 합이 80 cm^2인 직육면체입니다. 직육면체의 부피는 몇 cm^3입니까?

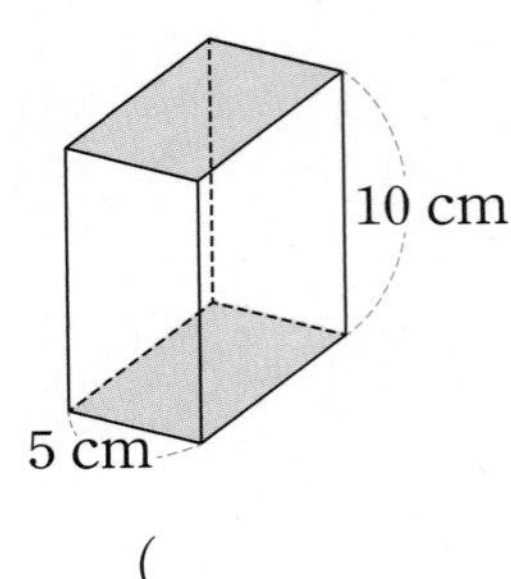

( )

04 다음 전개도를 접어서 만든 직육면체의 부피가 5400 cm^3일 때 □ 안에 알맞은 수를 써넣으시오.

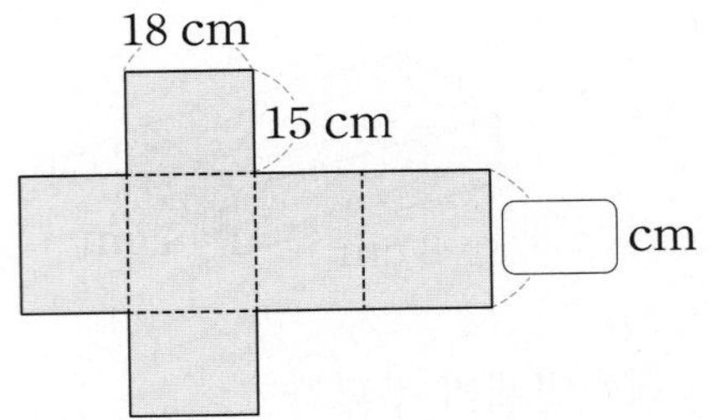

05 정육면체의 부피는 몇 cm^3입니까?

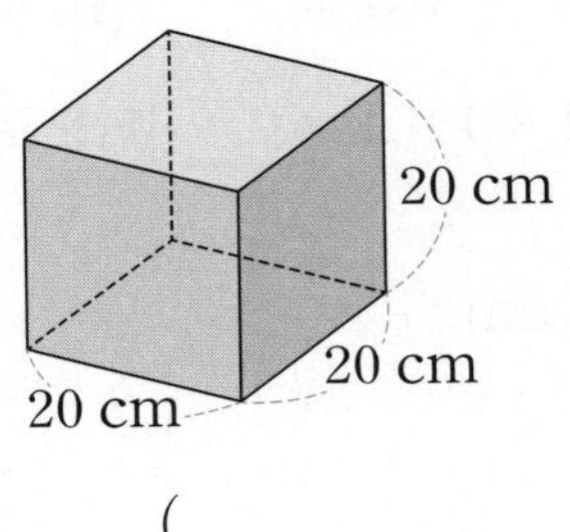

( )

06 어느 정육면체의 한 면을 나타낸 것입니다. 이 정육면체의 부피는 몇 cm^3입니까?

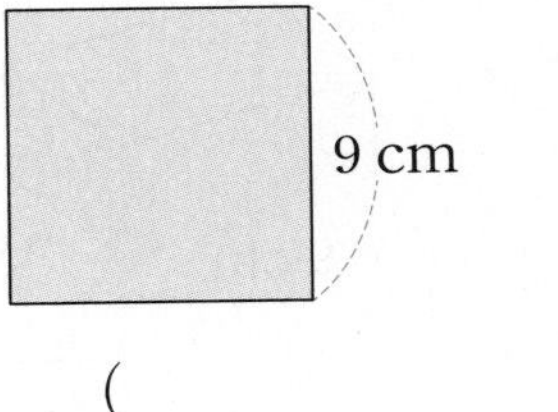

( )

07 정육면체의 부피가 1000 cm^3일 때 □ 안에 알맞은 수를 써넣으시오.

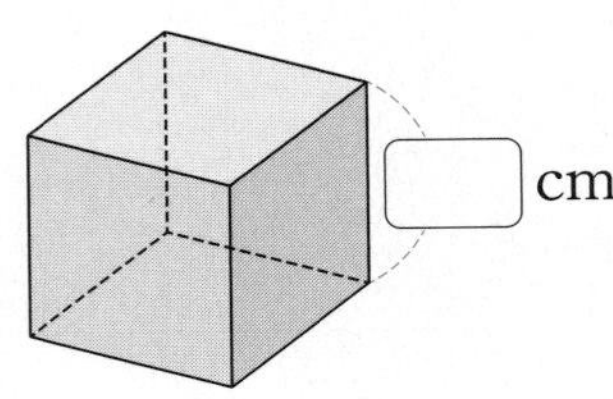

08 부피를 비교하여 ○ 안에 >, =, <를 알맞게 써넣으시오.

(1) $7.4\ m^3$ ○ $3500000\ cm^3$

(2) $0.9\ m^3$ ○ $620000\ cm^3$

09 직육면체의 겉넓이는 몇 cm^2입니까?

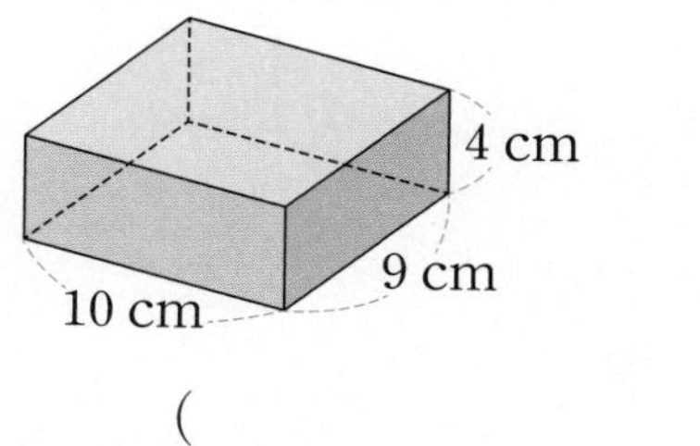

(　　　　　　　　)

10 다음 전개도를 접어서 만든 직육면체의 겉넓이가 $600\ cm^2$일 때 □ 안에 알맞은 수를 써넣으시오.

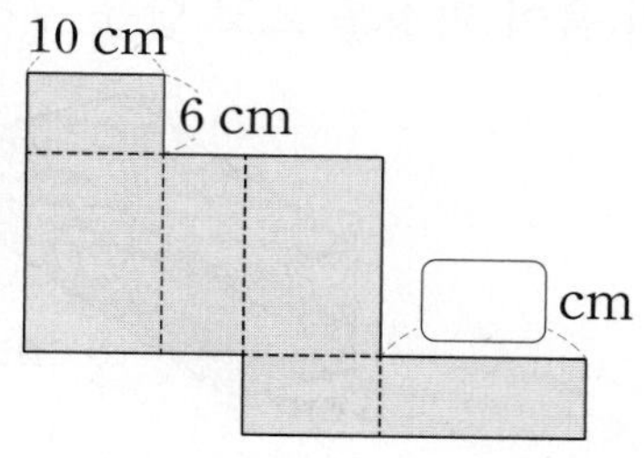

11 어느 직육면체의 합동인 세 면을 나타낸 것입니다. 이 직육면체의 겉넓이는 몇 cm^2입니까?

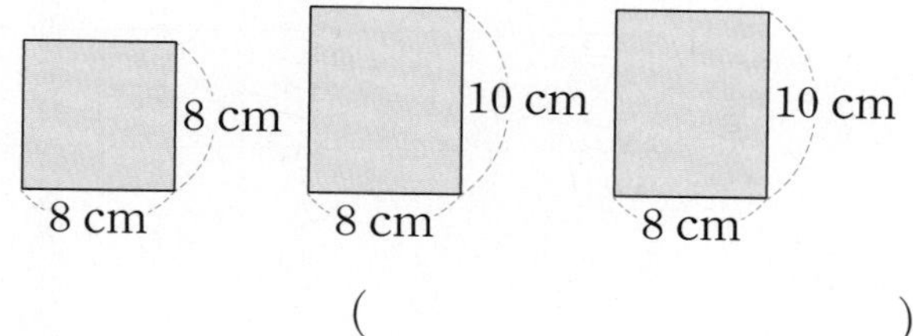

(　　　　　　　　)

12 정육면체의 겉넓이는 몇 cm^2입니까?

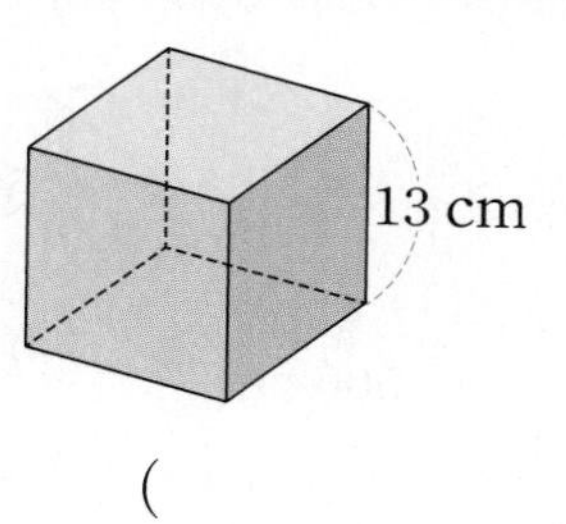

(　　　　　　　　)

13 정육면체의 겉넓이가 $726\ cm^2$일 때 □ 안에 알맞은 수를 써넣으시오.

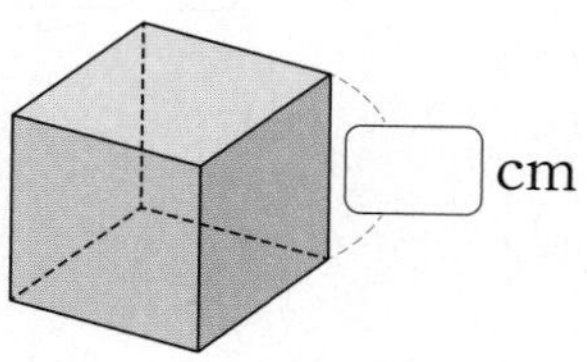

14 정육면체 가와 나의 겉넓이의 차는 몇 cm^2입니까?

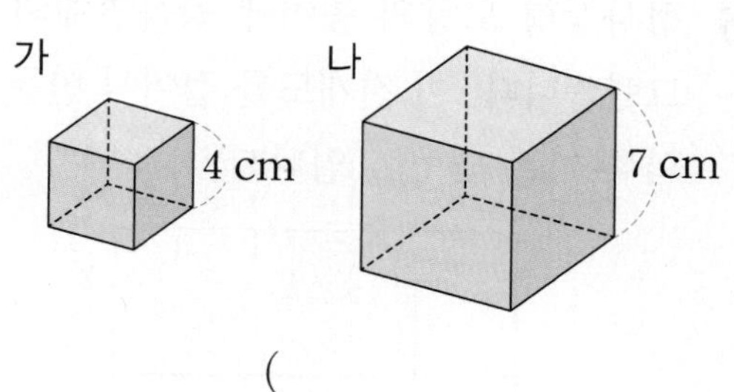

(　　　　　　　　)

15 정육면체의 부피는 몇 m^3입니까?

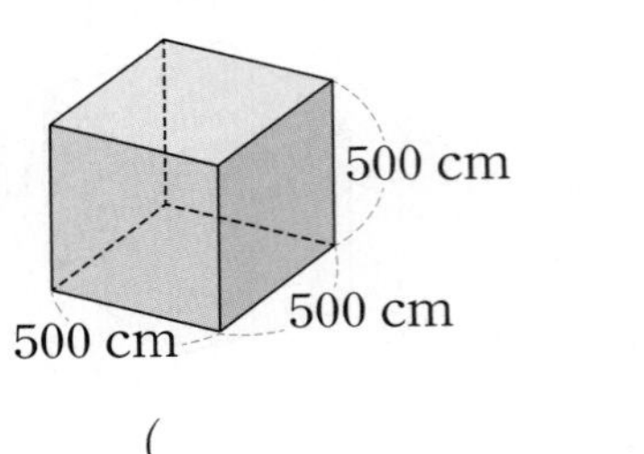

( )

16 정육면체의 전개도에 한 면의 넓이를 나타낸 것입니다. 이 전개도를 접어서 만든 정육면체의 부피는 몇 cm^3입니까?

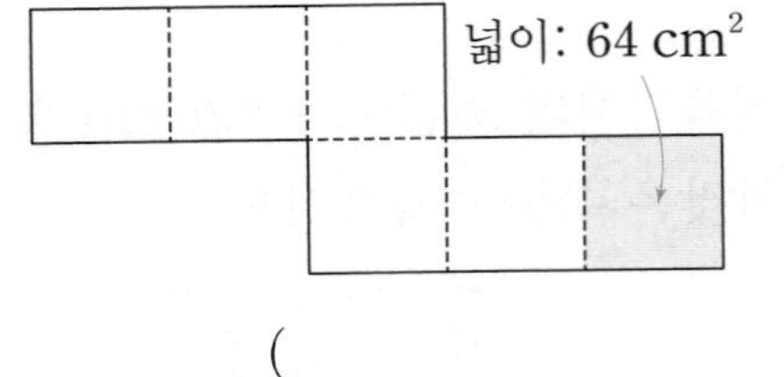

( )

합정 유형

17 직육면체의 부피는 몇 m^3입니까?

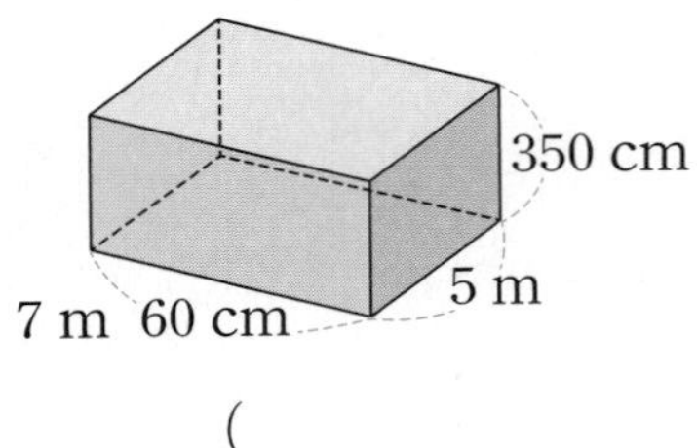

( )

합정 유형

18 정사각형 모양의 종이에 정육면체의 전개도를 그렸습니다. 이 전개도를 접어서 만든 정육면체의 부피는 몇 cm^3입니까?

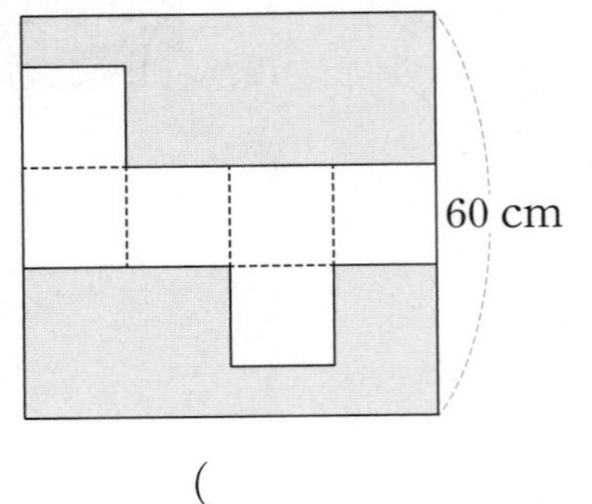

( )

서술형

19 직육면체 가와 나의 부피의 차는 몇 m^3인지 풀이 과정을 쓰고 답을 구하시오.

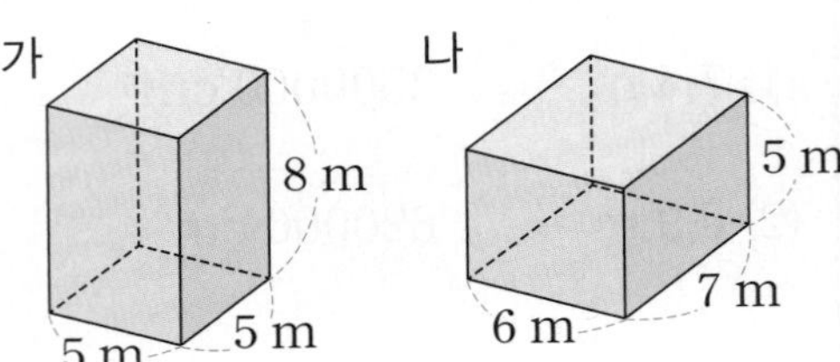

풀이

답

서술형

20 겉넓이가 114 cm^2인 직육면체의 높이는 몇 cm인지 풀이 과정을 쓰고 답을 구하시오.

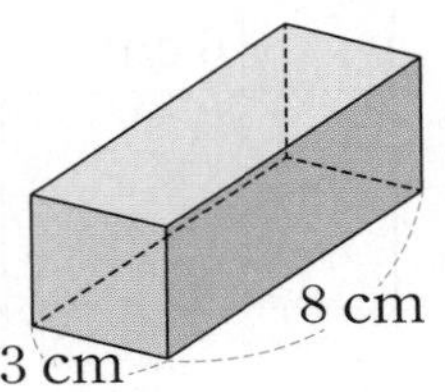

풀이

답

단원 평가 기본

6. 직육면체의 부피와 겉넓이

점수

정답 및 풀이 40쪽

01 직육면체 가와 나 중 어느 것의 부피가 더 큰지 알아보려고 합니다. 직접 맞대어 알 수 있는지, 알 수 없는지 쓰시오.

가

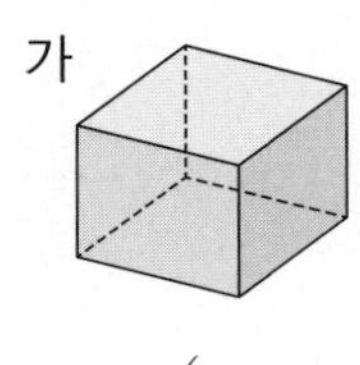

나

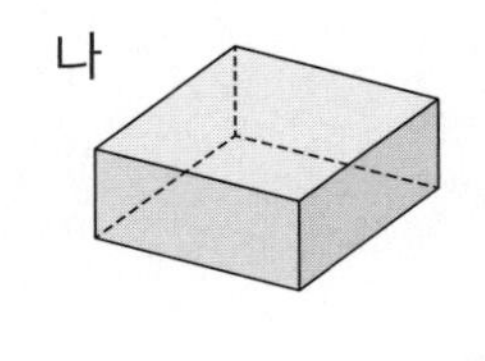

(　　　　　　　　　　　　　　　　)

[02~03] □ 안에 알맞은 수를 써넣으시오.

02 $5\ m^3=\square\ cm^3$

03 $2700000\ cm^3=\square\ m^3$

[04~05] 부피가 $1\ cm^3$인 쌓기나무로 쌓은 직육면체입니다. 물음에 답하시오.

04 쌓기나무는 모두 몇 개입니까?

(　　　　　　　　)

05 직육면체의 부피는 몇 cm^3입니까?

(　　　　　　　　)

06 직육면체의 부피는 몇 cm^3입니까?

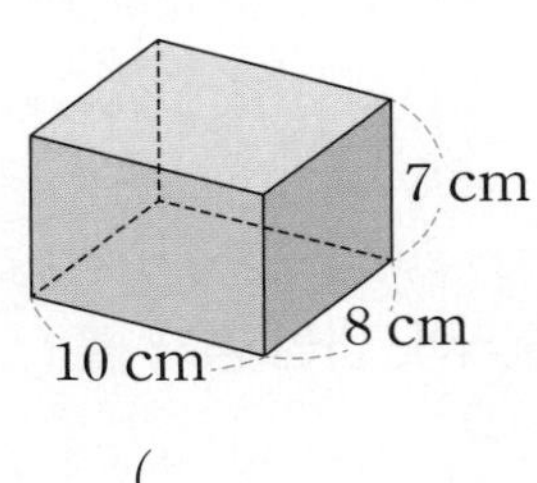

(　　　　　　　　)

07 정육면체의 부피는 몇 m^3입니까?

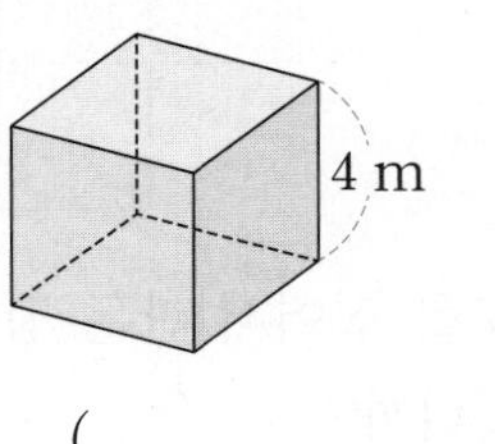

(　　　　　　　　)

08 정육면체에 한 면의 넓이를 나타낸 것입니다. 이 정육면체의 겉넓이는 몇 cm^2입니까?

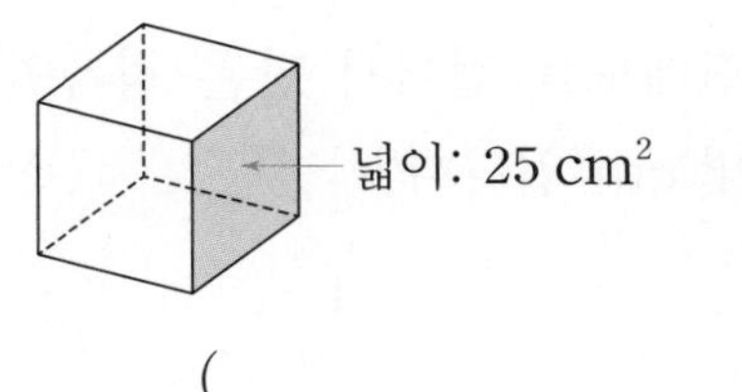

(　　　　　　　　)

[09~10] 부피를 비교하여 ○ 안에 >, =, <를 알맞게 써넣으시오.

09 $6.7\ m^3$ ○ $830000\ cm^3$

10 $3.1\ m^3$ ○ $22000000\ cm^3$

[11~12] 직육면체의 전개도를 보고 물음에 답하시오.

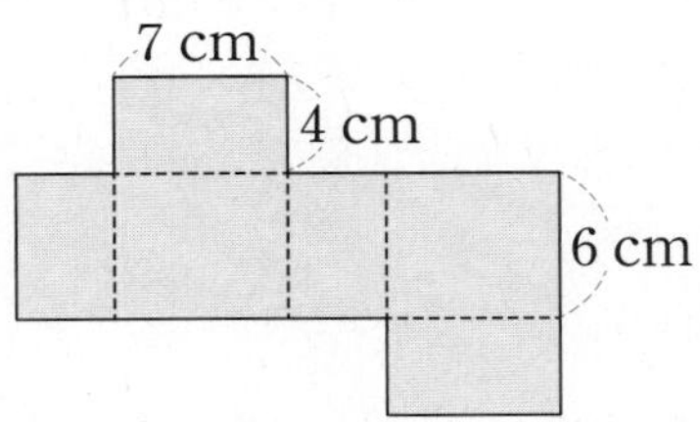

11 전개도를 접어서 만든 직육면체의 부피는 몇 cm^3입니까?

(　　　　　　　　)

12 전개도를 접어서 만든 직육면체의 겉넓이는 몇 cm^2입니까?

(　　　　　　　　)

6 직육면체의 부피와 겉넓이

[13~14] 정육면체의 전개도를 보고 물음에 답하시오.

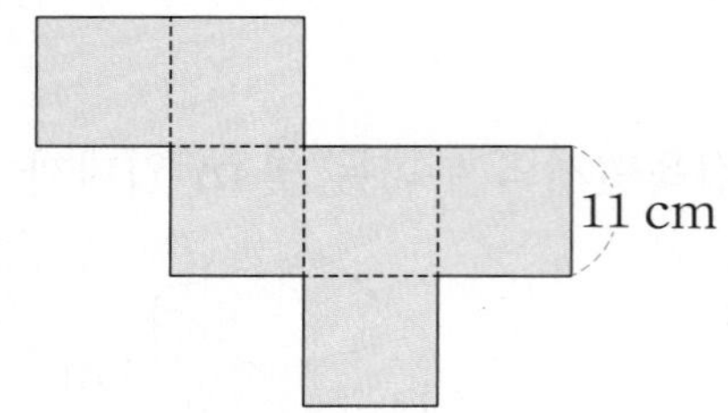

13 전개도를 접어서 만든 정육면체의 부피는 몇 cm^3입니까?

( )

14 전개도를 접어서 만든 정육면체의 겉넓이는 몇 cm^2입니까?

( )

15 직육면체 모양의 지우개를 오른쪽 상자에 빈틈없이 채워 넣었을 때 상자에 들어 있는 지우개는 모두 몇 개입니까? (단, 상자의 두께는 생각하지 않습니다.)

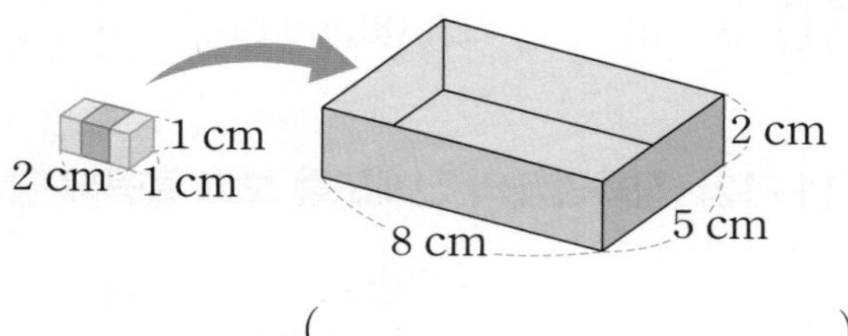

( )

16 직육면체의 부피는 몇 m^3입니까?

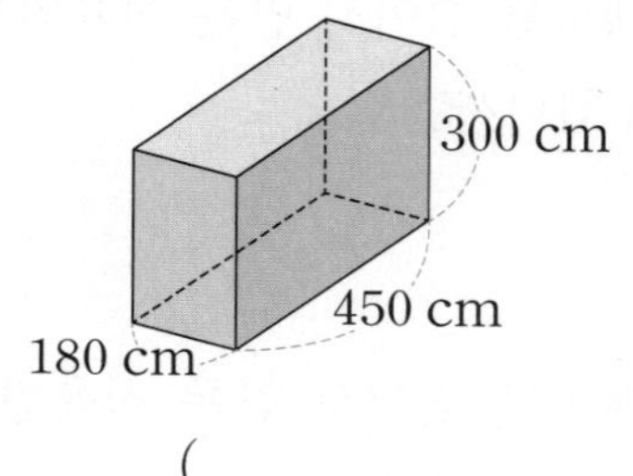

( )

17 부피가 더 큰 것의 기호를 쓰시오.

㉠ 가로가 0.8 m, 세로가 5 m, 높이가 90 cm인 직육면체
㉡ 한 모서리의 길이가 150 cm인 정육면체

( )

18 겉넓이가 864 cm^2인 정육면체의 한 모서리의 길이는 몇 cm입니까?

( )

19 다음 직육면체와 부피가 같은 정육면체의 한 모서리의 길이는 몇 cm입니까?

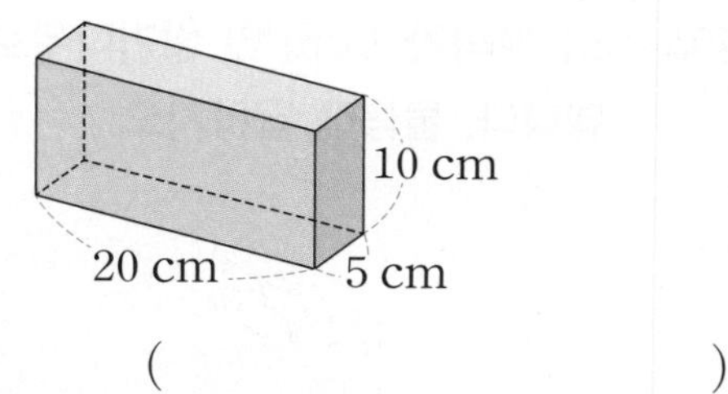

( )

20 가로가 12 cm, 세로가 15 cm, 높이가 10 cm인 직육면체 모양 상자의 여섯 면 중 다섯 면에만 종이를 겹치지 않게 빈틈없이 붙이려고 합니다. 사용한 종이의 넓이가 가장 넓을 때의 넓이는 몇 cm^2입니까?

( )

QR 코드를 찍어 단원 평가 를 더 풀어 보세요.

배움으로 행복한 내일을 꿈꾸는

천재교육 커뮤니티 안내

교재 안내부터 구매까지 한 번에!

천재교육 홈페이지

자사가 발행하는 참고서, 교과서에 대한 소개는 물론
도서 구매도 할 수 있습니다. 회원에게 지급되는 별을 모아
다양한 상품 응모에도 도전해 보세요!

다양한 교육 꿀팁에 깜짝 이벤트는 덤!

천재교육 인스타그램

천재교육의 새롭고 중요한 소식을 가장 먼저 접하고 싶다면?
천재교육 인스타그램 팔로우가 필수!
깜짝 이벤트도 수시로 진행되니 놓치지 마세요!

수업이 편리해지는

천재교육 ACA 사이트

오직 선생님만을 위한, 천재교육 모든 교재에 대한 정보가 담긴
아카 사이트에서는 다양한 수업자료 및 부가 자료는 물론
시험 출제에 필요한 문제도 다운로드하실 수 있습니다.

https://aca.chunjae.co.kr

천재교육을 사랑하는 샘들의 모임

천사샘

학원 강사, 공부방 선생님이시라면 누구나 가입할 수 있는 천사샘!
교재 개발 및 평가를 통해 교재 검토진으로 참여할 수 있는 기회는 물론
다양한 교사용 교재 증정 이벤트가 선생님을 기다립니다.

아이와 함께 성장하는 학부모들의 모임공간

튠맘 학습연구소

튠맘 학습연구소는 초·중등 학부모를 대상으로 다양한 이벤트와 함께
교재 리뷰 및 학습 정보를 제공하는 네이버 카페입니다.
초등학생, 중학생 자녀를 둔 학부모님이라면 튠맘 학습연구소로 오세요!

book.chunjae.co.kr

교재 내용 문의 ………… 교재 홈페이지 ▸ 초등 ▸ 교재상담
교재 내용 외 문의 ………… 교재 홈페이지 ▸ 고객센터 ▸ 1:1문의
발간 후 발견되는 오류 ………… 교재 홈페이지 ▸ 초등 ▸ 학습지원 ▸ 학습자료실

My name~

초등학교

학년 반 번

이름

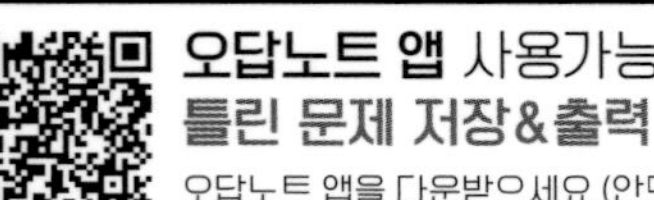
오답노트 앱 사용가능
틀린 문제 저장&출력
오답노트 앱을 다운받으세요 (안드로이드만 가능)

기본부터 실력까지 한 권에 다 담은 유형서

동영상 강의 제공

모든 유형을 다 담은 해결의 법칙

BOOK 2

실력

모바일 코칭 시스템

천재교육

모든 유형을 다 담은 해결의 법칙

유형 해결의 법칙 BOOK 2 QR 활용 안내

오답 노트

오답노트 저장! 출력!

학습을 마칠 때에는 **오답노트**에 어떤 문제를 틀렸는지 표시해.
나중에 틀린 문제만 모아서 다시 풀면 **실력도 쑥쑥** 늘겠지?

① 오답노트 앱을 설치 후 로그인
② 책 표지의 QR 코드를 스캔하여 내 교재 등록
③ 오답 노트를 작성할 교재 아래에 있는 를 터치하여 문항 번호를 선택하기

틀린 문제는 모르는 채 넘어 가지 말자구!

모든 문제의 **풀이 동영상 강의 제공**

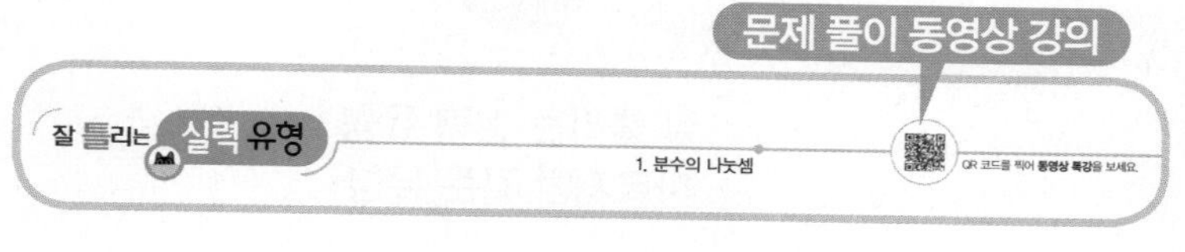

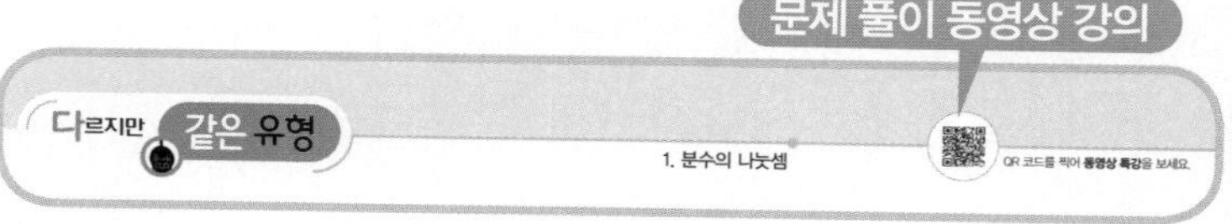

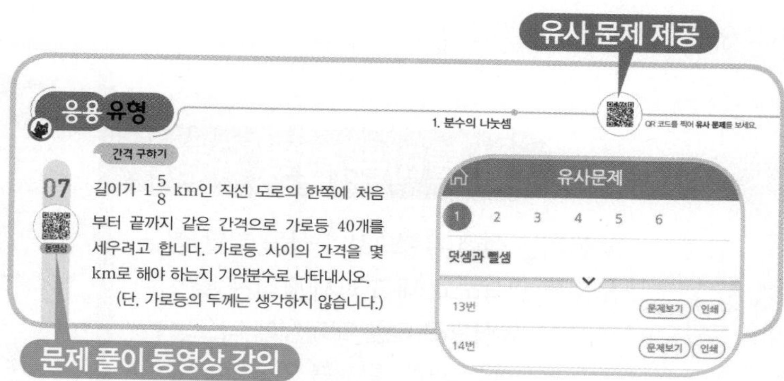

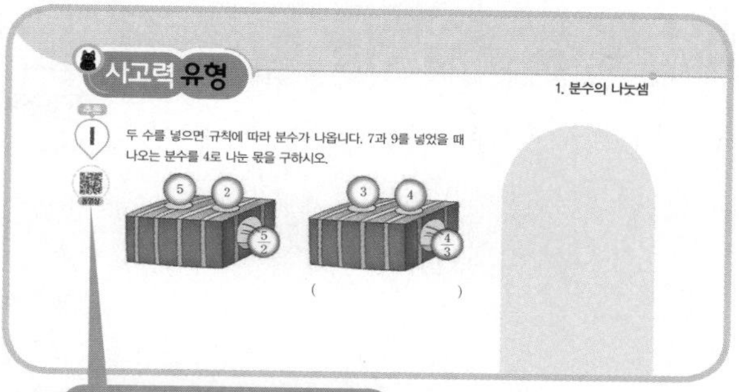

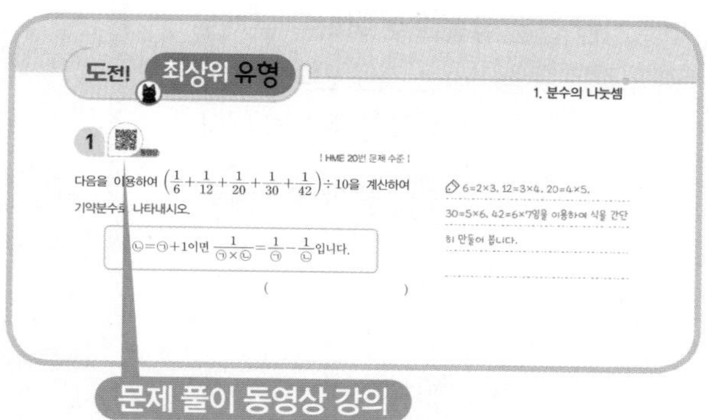

난이도 중, 상과 최상위 문제로 구성하였습니다.

잘 틀리는 실력 유형

잘 틀리는 실력 유형으로 오답을 피할 수 있도록 연습하고 새 교과서에 나온 활동 유형으로 다른 교과서에 나오는 잘 틀리는 문제를 연습합니다.

동영상 강의 제공

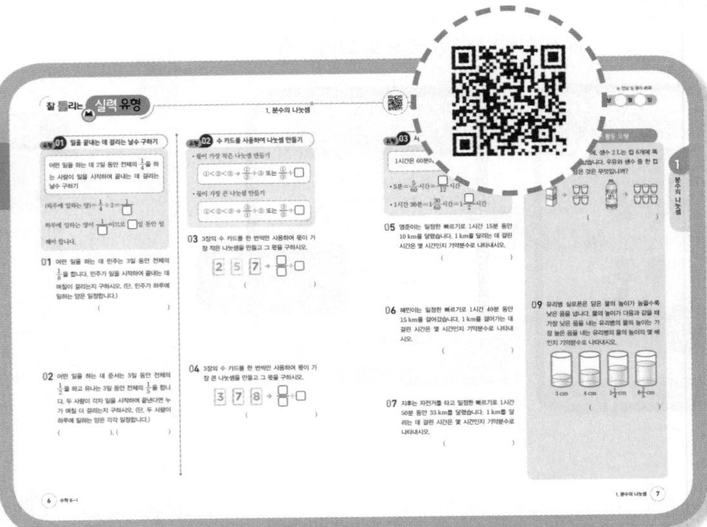

다르지만 같은 유형

다르지만 같은 유형으로 어려운 문제도 결국 같은 유형이라는 것을 안다면 쉽게 해결할 수 있습니다.

동영상 강의 제공

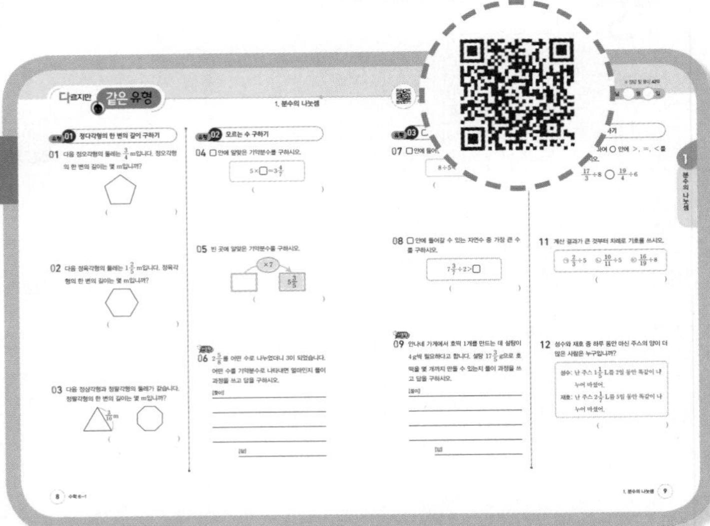

응용 유형

응용 유형 문제를 풀면서 어려운 문제도 풀 수 있는 힘을 키워 보세요.

동영상 강의 제공

유사 문제 제공

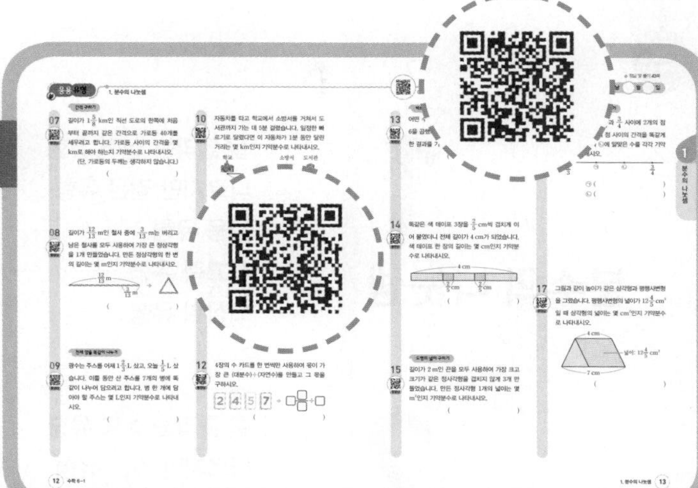

사고력 유형

평소 쉽게 접하지 않은 사고력 유형도 연습할 수 있습니다.

동영상 강의 제공

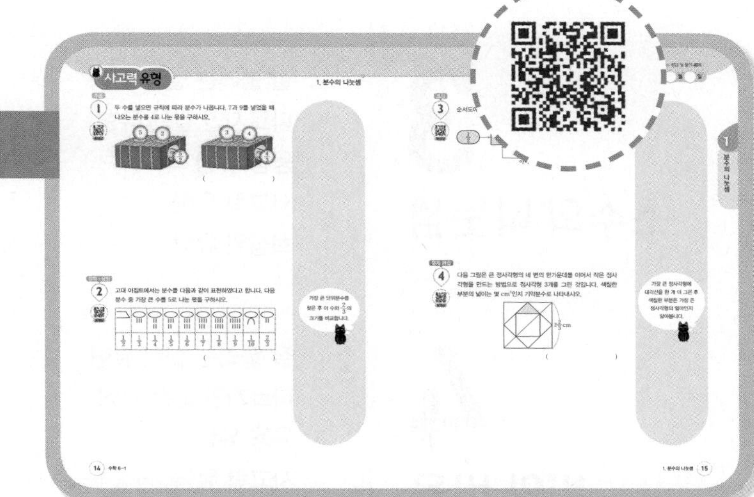

최상위 유형

도전! 최상위 유형~ 가장 어려운 최상위 문제를 풀려고 도전해 보세요.

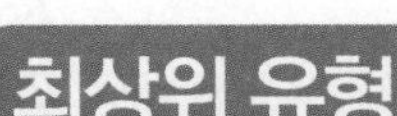

동영상 강의 제공

Book 2
차례

분수의 나눗셈

학습 계획표

계획표대로 공부했으면 ○표, 못했으면 △표 하세요.

내용	쪽수	날짜	확인
잘 틀리는 실력 유형	6~7쪽	월 일	
다르지만 같은 유형	8~9쪽	월 일	
응용 유형	10~13쪽	월 일	
사고력 유형	14~15쪽	월 일	
최상위 유형	16~17쪽	월 일	

유형 01 일을 끝내는 데 걸리는 날수 구하기

어떤 일을 하는 데 2일 동안 전체의 $\frac{1}{4}$을 하는 사람이 일을 시작하여 끝내는 데 걸리는 날수 구하기

(하루에 일하는 양)$=\frac{1}{4}\div 2=\frac{1}{\square}$

하루에 일하는 양이 $\frac{1}{\square}$이므로 $\square$일 동안 일해야 합니다.

01 어떤 일을 하는 데 민주는 3일 동안 전체의 $\frac{1}{8}$을 합니다. 민주가 일을 시작하여 끝내는 데 며칠이 걸리는지 구하시오. (단, 민주가 하루에 일하는 양은 일정합니다.)

(　　　　　　　　)

02 어떤 일을 하는 데 준서는 5일 동안 전체의 $\frac{1}{2}$을 하고 유나는 3일 동안 전체의 $\frac{1}{5}$을 합니다. 두 사람이 각자 일을 시작하여 끝낸다면 누가 며칠 더 걸리는지 구하시오. (단, 두 사람이 하루에 일하는 양은 각각 일정합니다.)

(　　　　　　　　), (　　　　　　　　)

유형 02 수 카드를 사용하여 나눗셈 만들기

• 몫이 가장 작은 나눗셈 만들기

①<②<③ → $\frac{①}{②}$÷③ 또는 $\frac{①}{③}$÷$\square$

• 몫이 가장 큰 나눗셈 만들기

①<②<③ → $\frac{③}{①}$÷② 또는 $\frac{③}{②}$÷$\square$

03 3장의 수 카드를 한 번씩만 사용하여 몫이 가장 작은 나눗셈을 만들고 그 몫을 구하시오.

2　5　7 → $\frac{\square}{\square}\div\square$

(　　　　　　　　)

04 3장의 수 카드를 한 번씩만 사용하여 몫이 가장 큰 나눗셈을 만들고 그 몫을 구하시오.

3　7　8 → $\frac{\square}{\square}\div\square$

(　　　　　　　　)

유형 03 시간을 분수로 고쳐 계산하기

1시간은 60분이므로 1분$=\frac{1}{60}$시간입니다.

- 5분$=\frac{5}{60}$시간$=\frac{\square}{12}$시간
- 1시간 30분$=1\frac{30}{60}$시간$=1\frac{\square}{2}$시간

05 영준이는 일정한 빠르기로 1시간 15분 동안 10 km를 달렸습니다. 1 km를 달리는 데 걸린 시간은 몇 시간인지 기약분수로 나타내시오.

( )

06 혜민이는 일정한 빠르기로 1시간 40분 동안 15 km를 걸어갔습니다. 1 km를 걸어가는 데 걸린 시간은 몇 시간인지 기약분수로 나타내시오.

( )

07 지후는 자전거를 타고 일정한 빠르기로 1시간 50분 동안 33 km를 달렸습니다. 1 km를 달리는 데 걸린 시간은 몇 시간인지 기약분수로 나타내시오.

( )

유형 04 새 교과서에 나온 활동 유형

08 우유 1 L는 컵 4개에, 생수 2 L는 컵 6개에 똑같이 나누어 담았습니다. 우유와 생수 중 한 컵에 더 많이 담은 것은 무엇입니까?

( )

09 유리병 실로폰은 담은 물의 높이가 높을수록 낮은 음을 냅니다. 물의 높이가 다음과 같을 때 가장 낮은 음을 내는 유리병의 물의 높이는 가장 높은 음을 내는 유리병의 물의 높이의 몇 배인지 기약분수로 나타내시오.

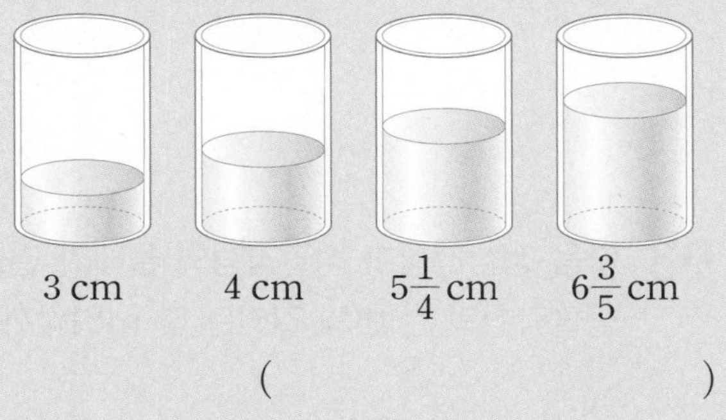

3 cm　4 cm　$5\frac{1}{4}$ cm　$6\frac{3}{5}$ cm

( )

유형 01 정다각형의 한 변의 길이 구하기

01 다음 정오각형의 둘레는 $\frac{3}{4}$ m입니다. 정오각형의 한 변의 길이는 몇 m입니까?

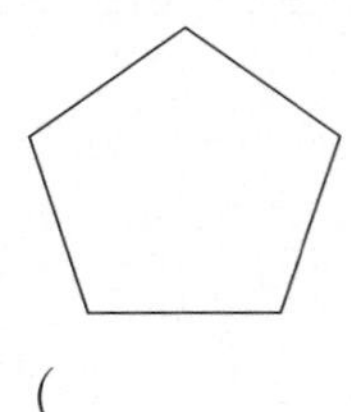

(　　　　　　　　　　)

02 다음 정육각형의 둘레는 $1\frac{2}{5}$ m입니다. 정육각형의 한 변의 길이는 몇 m입니까?

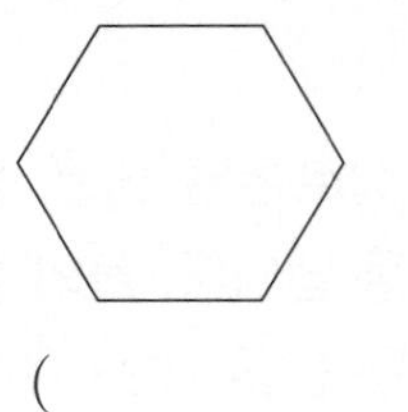

(　　　　　　　　　　)

03 다음 정삼각형과 정팔각형의 둘레가 같습니다. 정팔각형의 한 변의 길이는 몇 m입니까?

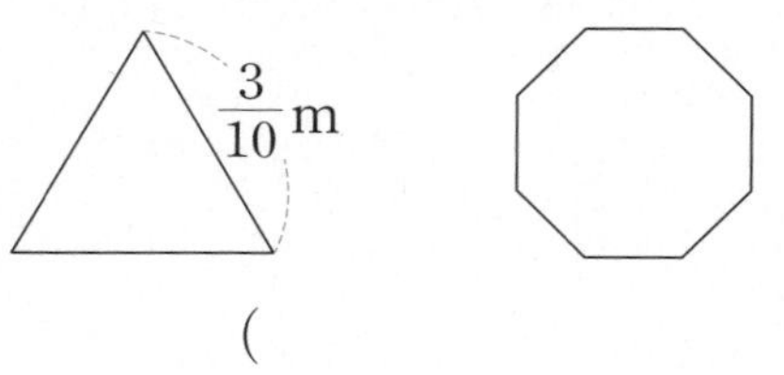

(　　　　　　　　　　)

유형 02 모르는 수 구하기

04 □ 안에 알맞은 기약분수를 구하시오.

$$5\times\square=3\frac{4}{7}$$

(　　　　　　　　　　)

05 빈 곳에 알맞은 기약분수를 구하시오.

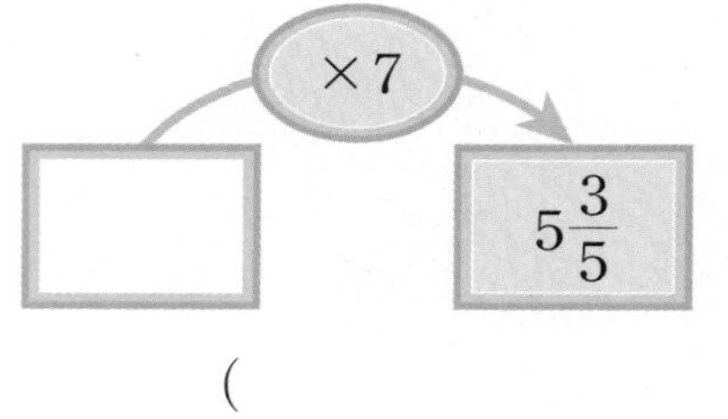

(　　　　　　　　　　)

서술형

06 $2\frac{5}{8}$를 어떤 수로 나누었더니 3이 되었습니다. 어떤 수를 기약분수로 나타내면 얼마인지 풀이 과정을 쓰고 답을 구하시오.

[풀이]

[답]

유형 03 □ 안에 들어갈 수 있는 수 구하기

07 □ 안에 들어갈 수 있는 자연수를 모두 구하시오.

$8 \div 5 < \square < 20 \div 3$

( )

08 □ 안에 들어갈 수 있는 자연수 중 가장 큰 수를 구하시오.

$7\frac{3}{7} \div 2 > \square$

( )

서술형

09 안나네 가게에서 호떡 1개를 만드는 데 설탕이 4 g씩 필요하다고 합니다. 설탕 $17\frac{3}{5}$ g으로 호떡을 몇 개까지 만들 수 있는지 풀이 과정을 쓰고 답을 구하시오.

[풀이]

[답]

유형 04 계산 결과 비교하기

10 계산 결과를 비교하여 ○ 안에 >, =, < 를 알맞게 써넣으시오.

$\frac{17}{3} \div 8$ ○ $\frac{19}{4} \div 6$

11 계산 결과가 큰 것부터 차례로 기호를 쓰시오.

㉠ $\frac{2}{3} \div 5$ ㉡ $\frac{10}{11} \div 5$ ㉢ $\frac{16}{19} \div 8$

( )

12 성수와 재호 중 하루 동안 마신 주스의 양이 더 많은 사람은 누구입니까?

성수: 난 주스 $1\frac{1}{5}$ L를 2일 동안 똑같이 나누어 마셨어.

재호: 난 주스 $2\frac{1}{7}$ L를 5일 동안 똑같이 나누어 마셨어.

( )

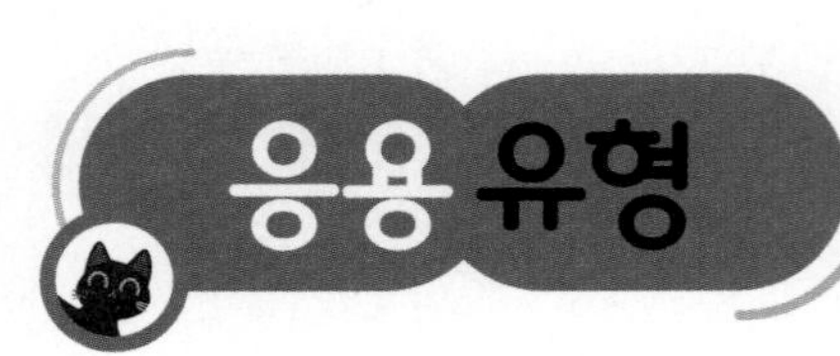

간격 구하기

01 ❶길이가 $1\frac{5}{9}$ km인 직선 도로의 한쪽에 처음부터 끝까지 같은 간격으로 가로등 50개를 세우려고 합니다. / ❷가로등 사이의 간격을 몇 km로 해야 하는지 기약분수로 나타내시오. (단, 가로등의 두께는 생각하지 않습니다.)

(　　　　　　　　　　)

❶ (간격의 수)=(전체 가로등 수)−1
❷ (가로등 사이의 간격)
=(도로의 길이)÷(간격의 수)

전체 양을 똑같이 나누기

02 ❶재석이는 생수를 어제 $1\frac{3}{5}$ L 샀고, 오늘 $\frac{1}{2}$ L 샀습니다. 이틀 동안 산 생수를 / ❷3개의 물통에 똑같이 나누어 담으려고 합니다. 물통 한 개에 담아야 할 생수는 몇 L인지 기약분수로 나타내시오.

(　　　　　　　　　　)

❶ (이틀 동안 산 생수의 양)
=(어제 산 생수의 양)+(오늘 산 생수의 양)
❷ (물통 한 개에 담아야 할 생수의 양)
=(이틀 동안 산 생수의 양)÷(물통 수)

상자에 들어 있는 물건의 무게 구하기

03 ❶무게가 같은 배 6개가 들어 있는 상자의 무게는 $4\frac{7}{20}$ kg입니다. 빈 상자의 무게가 $\frac{3}{5}$ kg일 때 / ❷배 한 개의 무게는 몇 kg인지 기약분수로 나타내시오.

(　　　　　　　　　　)

❶ (배 6개의 무게)
=(배 6개가 들어 있는 상자의 무게)
−(빈 상자의 무게)
❷ (배 한 개의 무게)=(배 6개의 무게)÷6

바르게 계산한 값 구하기

04 ❷어떤 수를 4로 나누어야 할 것을 / ❶잘못하여 4를 곱했더니 $\frac{6}{5}$이 되었습니다. / ❷바르게 계산한 결과를 기약분수로 나타내시오.

( )

❶ 어떤 수를 □라 하고 잘못 계산한 식을 세운 후 어떤 수를 구합니다.
❷ 바른 계산은 어떤 수를 4로 나누는 계산입니다.

도형의 넓이 구하기

05 ❶길이가 1 m인 끈을 모두 사용하여 가장 크고 크기가 같은 정사각형을 겹치지 않게 2개 만들었습니다. / ❷만든 정사각형 1개의 넓이는 몇 m^2인지 분수로 나타내시오.

( )

❶ (정사각형을 1개 만드는 데 사용한 끈의 길이)
=(전체 끈의 길이)÷(만든 정사각형의 수)
❷ (정사각형의 한 변의 길이)
=(정사각형의 둘레)÷4
(정사각형의 넓이)
=(한 변의 길이)×(한 변의 길이)

수직선에서 나타내는 수 구하기

06 ❶수직선 위의 두 점 $\frac{7}{2}$과 $\frac{21}{5}$ 사이에 / ❷3개의 점을 더 찍어서 5개의 점 사이의 간격을 똑같게 하였습니다. / ❸㉠과 ㉡에 알맞은 수를 각각 기약분수로 나타내시오.

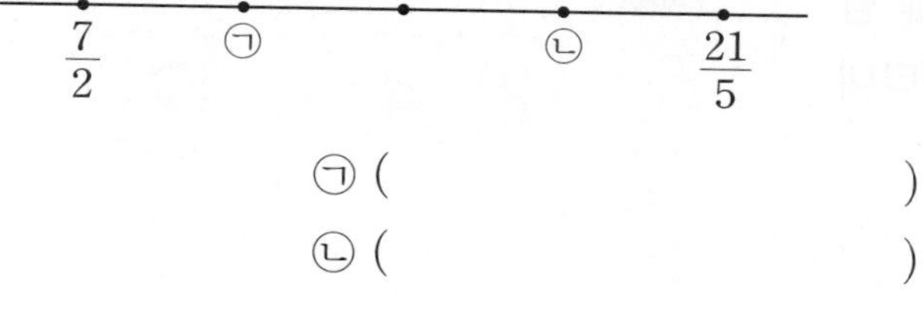

㉠ ( )
㉡ ( )

❶ $\left(\frac{7}{2}\text{과 }\frac{21}{5}\text{ 사이의 간격}\right)=\frac{21}{5}-\frac{7}{2}$
❷ (점 사이의 간격)
$=\left(\frac{7}{2}\text{과 }\frac{21}{5}\text{ 사이의 간격}\right)\div(\text{간격 수})$
❸ ㉠$=\frac{7}{2}+$(점 사이의 간격),
㉡$=\frac{21}{5}-$(점 사이의 간격)

간격 구하기

07 길이가 $1\frac{5}{8}$ km인 직선 도로의 한쪽에 처음부터 끝까지 같은 간격으로 가로등 40개를 세우려고 합니다. 가로등 사이의 간격을 몇 km로 해야 하는지 기약분수로 나타내시오.

(단, 가로등의 두께는 생각하지 않습니다.)

(　　　　　　　　　　)

08 길이가 $\frac{12}{13}$ m인 철사 중에 $\frac{3}{13}$ m는 버리고 남은 철사를 모두 사용하여 가장 큰 정삼각형을 1개 만들었습니다. 만든 정삼각형의 한 변의 길이는 몇 m인지 기약분수로 나타내시오.

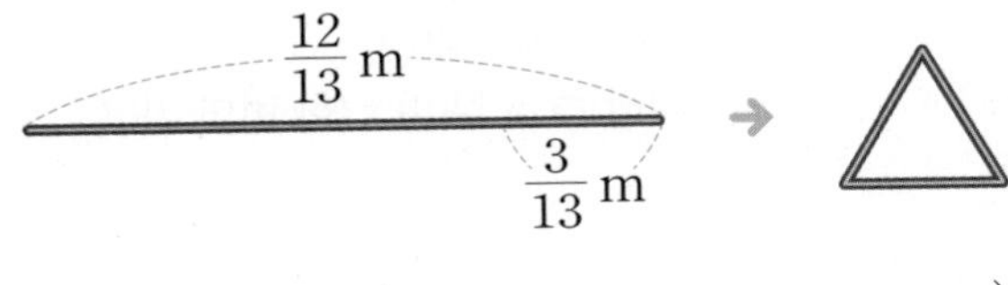

(　　　　　　　　　　)

전체 양을 똑같이 나누기

09 광수는 주스를 어제 $1\frac{2}{3}$ L 샀고, 오늘 $\frac{1}{5}$ L 샀습니다. 이틀 동안 산 주스를 7개의 병에 똑같이 나누어 담으려고 합니다. 병 한 개에 담아야 할 주스는 몇 L인지 기약분수로 나타내시오.

(　　　　　　　　　　)

10 자동차를 타고 학교에서 소방서를 거쳐서 도서관까지 가는 데 5분 걸렸습니다. 일정한 빠르기로 달렸다면 이 자동차가 1분 동안 달린 거리는 몇 km인지 기약분수로 나타내시오.

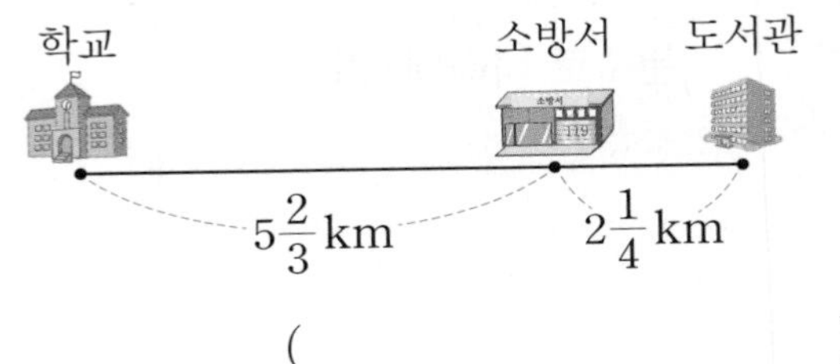

(　　　　　　　　　　)

상자에 들어 있는 물건의 무게 구하기

11 무게가 같은 인형 40개가 들어 있는 상자의 무게는 $4\frac{5}{6}$ kg입니다. 빈 상자의 무게가 $\frac{2}{3}$ kg일 때 인형 한 개의 무게는 몇 kg인지 기약분수로 나타내시오.

(　　　　　　　　　　)

12 4장의 수 카드를 한 번씩만 사용하여 몫이 가장 큰 (대분수)÷(자연수)를 만들고 그 몫을 구하시오.

(　　　　　　　　　　)

바르게 계산한 값 구하기

13 어떤 수를 6으로 나누어야 할 것을 잘못하여 6을 곱했더니 $\frac{4}{15}$가 되었습니다. 바르게 계산한 결과를 기약분수로 나타내시오.

동영상

( )

14 똑같은 색 테이프 3장을 $\frac{2}{5}$ cm씩 겹치게 이어 붙였더니 전체 길이가 4 cm가 되었습니다. 색 테이프 한 장의 길이는 몇 cm인지 기약분수로 나타내시오.

동영상

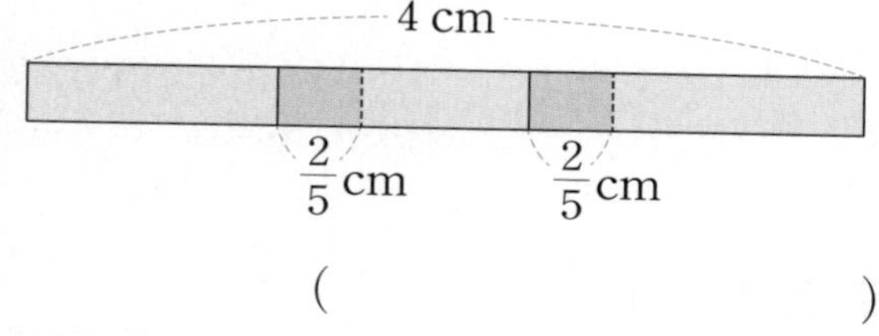

( )

도형의 넓이 구하기

15 길이가 2 m인 끈을 모두 사용하여 가장 크고 크기가 같은 정사각형을 겹치지 않게 3개 만들었습니다. 만든 정사각형 1개의 넓이는 몇 m^2인지 기약분수로 나타내시오.

동영상

( )

수직선에서 나타내는 수 구하기

16 수직선 위의 두 점 $\frac{1}{3}$과 $\frac{3}{4}$ 사이에 2개의 점을 더 찍어서 4개의 점 사이의 간격을 똑같게 하였습니다. ㉠과 ㉡에 알맞은 수를 각각 기약분수로 나타내시오.

동영상

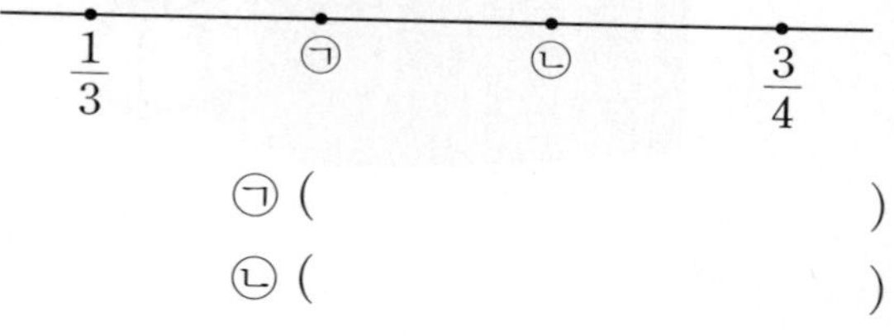

㉠ ( )

㉡ ( )

17 그림과 같이 높이가 같은 삼각형과 평행사변형을 그렸습니다. 평행사변형의 넓이가 $12\frac{4}{5}$ cm^{2}일 때 삼각형의 넓이는 몇 cm^{2}인지 기약분수로 나타내시오.

동영상

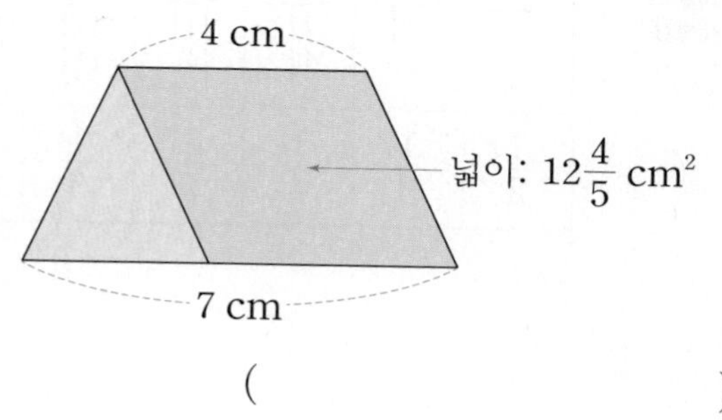

( )

추론

두 수를 넣으면 규칙에 따라 분수가 나옵니다. 7과 9를 넣었을 때 나오는 분수를 4로 나눈 몫을 구하시오.

동영상

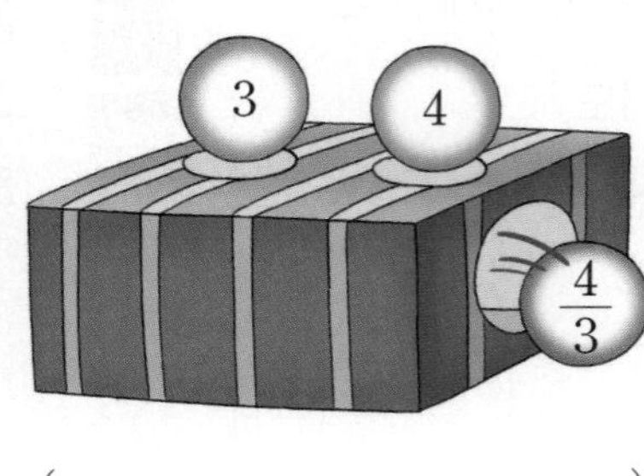

(　　　　　　　　　　)

창의・융합

두 수를 넣으면 규칙에 따라 분수가 나옵니다.

고대 이집트에서는 분수를 다음과 같이 표현하였다고 합니다. 다음 분수 중 가장 큰 수를 5로 나눈 몫을 구하시오.

동영상

$\frac{1}{2}$	$\frac{1}{3}$	$\frac{1}{4}$	$\frac{1}{5}$	$\frac{1}{6}$	$\frac{1}{7}$	$\frac{1}{8}$	$\frac{1}{9}$	$\frac{1}{10}$	$\frac{2}{3}$

(　　　　　　　　　　)

가장 큰 단위분수를 찾은 후 이 수와 $\frac{2}{3}$의 크기를 비교합니다.

● 정답 및 풀이 46쪽

3 순서도에 따라 계산했을 때 [ ]에 계산한 몫을 써넣으시오.

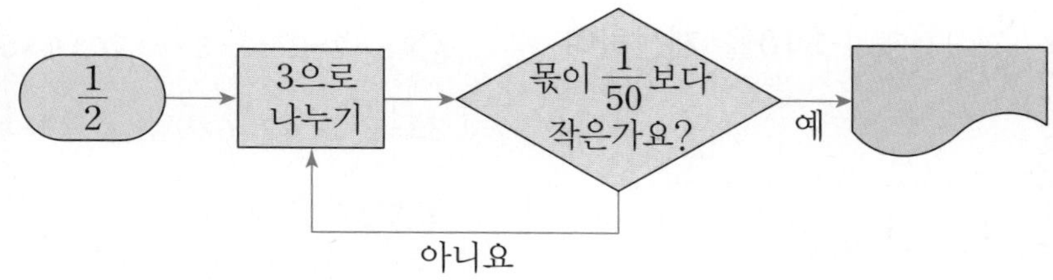

문제 해결

4 다음 그림은 큰 정사각형의 네 변의 한가운데를 이어서 작은 정사각형을 만드는 방법으로 정사각형 3개를 그린 것입니다. 색칠한 부분의 넓이는 몇 cm^2인지 기약분수로 나타내시오.

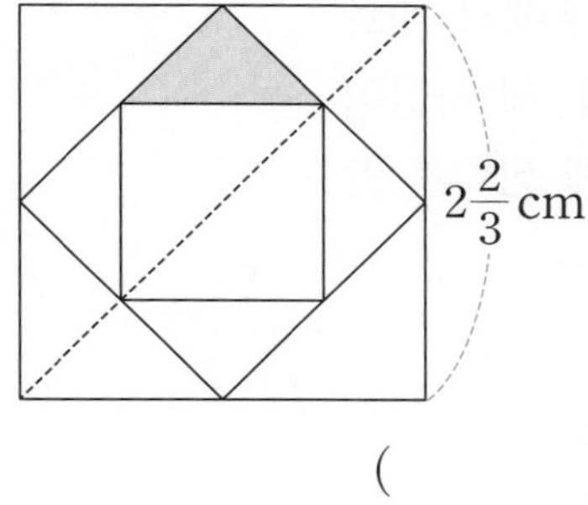

( )

가장 큰 정사각형에 대각선을 한 개 더 그은 후 색칠한 부분은 가장 큰 정사각형의 얼마인지 알아봅니다.

1  동영상

| HME 20번 문제 수준 |

다음을 이용하여 $\left(\frac{1}{6}+\frac{1}{12}+\frac{1}{20}+\frac{1}{30}+\frac{1}{42}\right)\div 10$을 계산하여 기약분수로 나타내시오.

> ㉡=㉠+1이면 $\frac{1}{㉠\times㉡}=\frac{1}{㉠}-\frac{1}{㉡}$입니다.

( )

6=2×3, 12=3×4, 20=4×5, 30=5×6, 42=6×7임을 이용하여 식을 간단히 만들어 봅니다.

2  동영상

| HME 21번 문제 수준 |

근우, 안나, 정희가 곧은 길 위에 서 있습니다. 근우는 ㉮에서 ㉯로 한 시간에 5 km를 가는 빠르기로 걷고 안나와 정희는 ㉯에서 ㉮로 각자 한 시간에 4 km, 3 km를 가는 빠르기로 걷습니다. 세 사람이 동시에 출발하였을 때 근우는 안나를 만난 후 몇 분 만에 정희를 만나게 됩니까?

㉮ —— 24 km —— ㉯
근우 → ← 안나
← 정희

( )

3 | HME 22번 문제 수준 |

어떤 일을 하는 데 민준이는 3일 동안 전체의 $\frac{1}{4}$을 하고, 수빈이는 4일 동안 전체의 $\frac{1}{6}$을 합니다. 3일 동안 수빈이가 혼자서 일한 후 두 사람이 함께 일을 한다면 일을 시작하여 끝내는 데 모두 며칠이 걸리는지 구하시오. (단, 두 사람이 하루에 일하는 양은 각각 일정합니다.)

( )

전체 일의 양은 1이라고 생각합니다.

4 | HME 23번 문제 수준 |

다음 식의 계산 결과가 자연수가 되도록 하려고 합니다. ㉡에 들어갈 수 있는 자연수 중 가장 큰 수를 구하시오. (단, ㉠과 ㉡은 각각 1보다 크고 20보다 작은 자연수입니다.)

$\frac{5}{6} \times ㉠ \div ㉡$

( )

세상에 이런 도형이?

그림 속에서는 가능하지만 실제로는 존재할 수 없는 도형이 있다고 생각하나요? 자, 여기 신비한 도형의 세계로 들어가 봅시다.

우표에 실린 오스카의 이상한 도형

1934년 스웨덴의 화가인 오스카 로이터스바르드(Oscar Reutersvard)는 오른쪽 우표 속의 그림들을 그려서 발표했어요.
그냥 평범해 보인다구요?
첫 번째 우표의 그림을 자세히 보세요. 똑같은 크기와 모양의 정육면체들을 결합하여 삼각형 모양을 그렸는데 실제로는 이런 모양으로 정육면체를 결합할 수 없답니다.
두 번째, 세 번째 우표의 그림도 첫 번째 우표의 그림과 마찬가지로 그냥 평범한 구조물처럼 보이지만 실제 이런 구조물은 도저히 만들 수 없어요.
처음에 이 그림들이 발표되었을 때, 사람들은 그냥 대수롭지 않게 넘겼대요. 나중에서야 그림의 비밀이 알려지면서 1982년 스웨덴 체신국에서 우표로까지 발행하게 되었답니다.

펜로즈의 삼각형

1958년 영국의 심리학자 펜로즈(Penrose)는 네덜란드의 화가 에셔의 작품들을 연구하면서 〈펜로즈의 삼각형〉을 발견하게 되었죠.
〈펜로즈의 삼각형〉이란 막대 세 개로 만들어진 삼각형 모양의 도형으로 입체 공간에서는 불가능하지만 평면 공간에서는 가능한 것처럼 그려 놓은 도형이랍니다.

〈펜로즈의 삼각형〉

각기둥과 각뿔

학습 계획표

계획표대로 공부했으면 ○표, 못했으면 △표 하세요.

내용	쪽수	날짜	확인
잘 틀리는 실력 유형	20~21쪽	월 일	
다르지만 같은 유형	22~23쪽	월 일	
응용 유형	24~27쪽	월 일	
사고력 유형	28~29쪽	월 일	
최상위 유형	30~31쪽	월 일	

유형 01 각기둥과 각뿔의 비교

	■각기둥	▲각뿔
밑면의 모양	■각형	▲각형
밑면의 수(개)	□	□
옆면의 모양	직사각형	삼각형
옆면의 수(개)	■	▲

01 각기둥과 각뿔에 대한 설명으로 잘못된 것은 어느 것입니까? ························· (　　　　)

① 각뿔은 밑면이 1개입니다.

② 각기둥은 밑면이 2개입니다.

③ 각뿔의 밑면은 항상 삼각형입니다.

④ 각기둥의 옆면은 항상 직사각형입니다.

⑤ 밑면의 모양이 사각형인 각기둥은 사각기둥입니다.

서술형

02 오각기둥과 오각뿔의 밑면과 옆면의 모양을 알아보고 두 도형의 같은 점과 다른 점을 쓰시오.

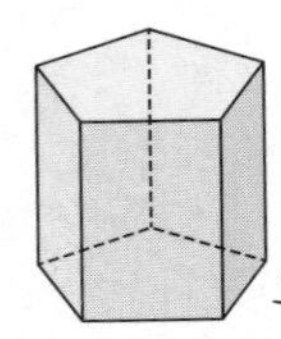
오각기둥

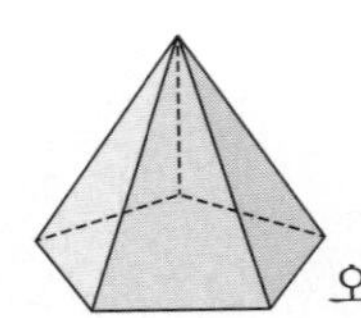
오각뿔

도형	오각기둥	오각뿔
밑면의 모양		
옆면의 모양		

같은 점

다른 점

유형 02 구성 요소의 수로 각기둥 알아보기

① 구성 요소의 수를 이용하여 한 밑면의 변의 수를 구합니다.

② ①을 이용하여 밑면의 모양을 알아봅니다.

③ ②를 이용하여 각기둥의 이름을 알아봅니다.

	꼭짓점의 수(개)	면의 수(개)	모서리의 수(개)
■각기둥	■×2	■+2	■×□

03 꼭짓점이 10개인 각기둥이 있습니다. 이 각기둥의 이름을 쓰시오.

(　　　　　　　　)

04 면이 6개인 각기둥이 있습니다. 이 각기둥의 이름을 쓰시오.

(　　　　　　　　)

05 모서리가 24개인 각기둥이 있습니다. 이 각기둥의 이름을 쓰고 이 각기둥의 면은 몇 개인지 구하시오.

이름 (　　　　　　　　)

면 (　　　　　　　　)

유형 03 구성 요소의 수로 각뿔 알아보기

① 구성 요소의 수를 이용하여 밑면의 변의 수를 구합니다.

② ①을 이용하여 밑면의 모양을 알아봅니다.

③ ②를 이용하여 각뿔의 이름을 알아봅니다.

	꼭짓점의 수(개)	면의 수(개)	모서리의 수(개)
▲각뿔	▲+1	▲+1	▲×□

06 면이 5개인 각뿔이 있습니다. 이 각뿔의 이름을 쓰시오.

( )

07 모서리가 12개인 각뿔이 있습니다. 이 각뿔의 이름을 쓰시오.

( )

08 꼭짓점이 8개인 각뿔이 있습니다. 이 각뿔의 이름을 쓰고 이 각뿔의 모서리는 몇 개인지 구하시오.

이름 ( )

모서리 ( )

유형 04 새 교과서에 나온 활동 유형

09 밑면의 모양이 페가수스 사각형과 같은 각기둥과 각뿔이 있습니다. 이 각기둥과 각뿔의 모서리의 수의 합은 몇 개입니까?

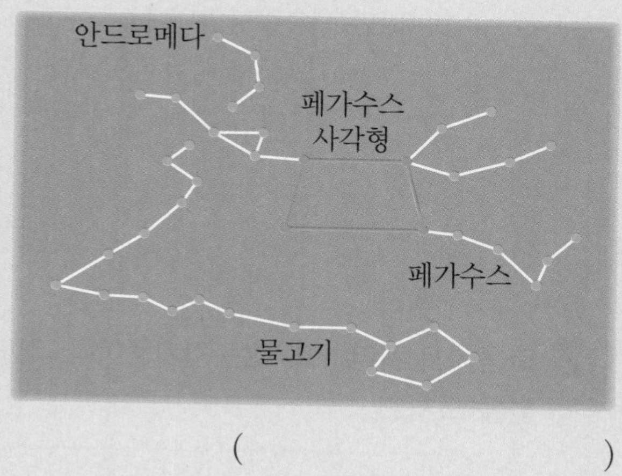

( )

10 밑면의 변의 수가 10개인 각뿔이 있습니다. 이 각뿔에서 꼭짓점, 면, 모서리의 수를 이용해 □ 안에 알맞은 수를 구하시오.

(꼭짓점의 수)+(면의 수)−(모서리의 수)=□

( )

유형 01 설명하는 입체도형의 이름

01 다음에서 설명하고 있는 각기둥이나 각뿔의 이름을 쓰시오.

> • 밑면은 육각형입니다.
> • 옆면은 모두 직사각형입니다.

(   )

02 다음에서 설명하고 있는 각기둥이나 각뿔의 이름을 쓰시오.

> • 밑면은 칠각형입니다.
> • 옆면은 모두 삼각형입니다.

(   )

서술형

03 밑면과 옆면의 모양이 다음과 같은 입체도형의 이름은 무엇인지 풀이 과정을 쓰고 답을 구하시오.

밑면

옆면

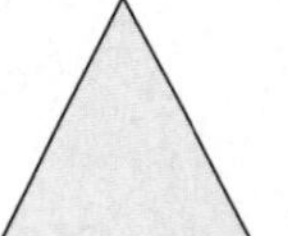

[풀이]

[답]

유형 02 각기둥의 전개도에서 길이 구하기

04 다음 전개도에서 선분 ㄱㅎ의 길이는 몇 cm입니까?

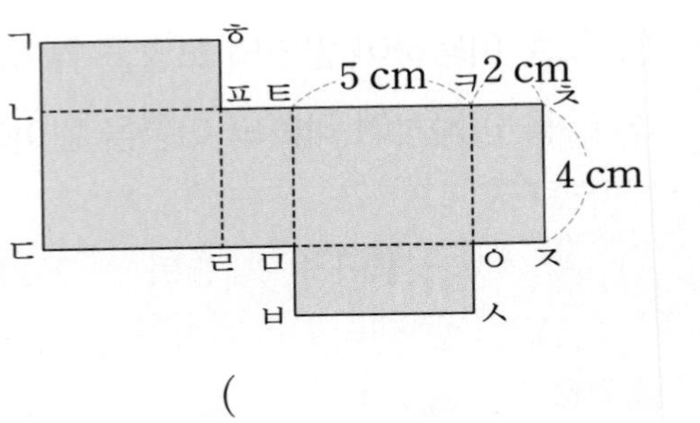

(   )

05 다음 전개도에서 선분 ㄴㅇ의 길이는 몇 cm입니까?

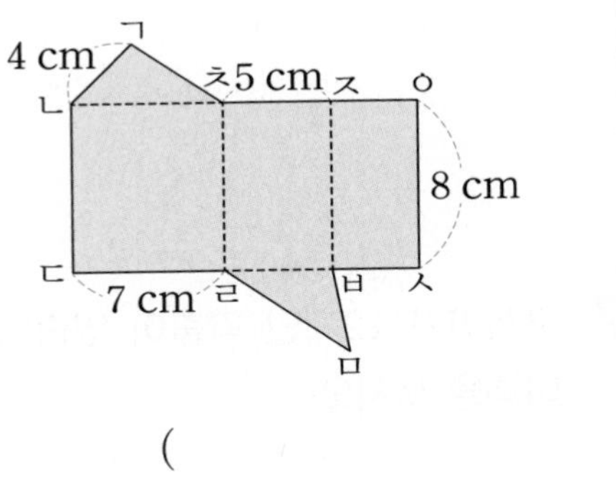

(   )

06 다음 전개도에서 직사각형 ㄱㄴㅇㅈ의 네 변의 길이의 합은 몇 cm입니까?

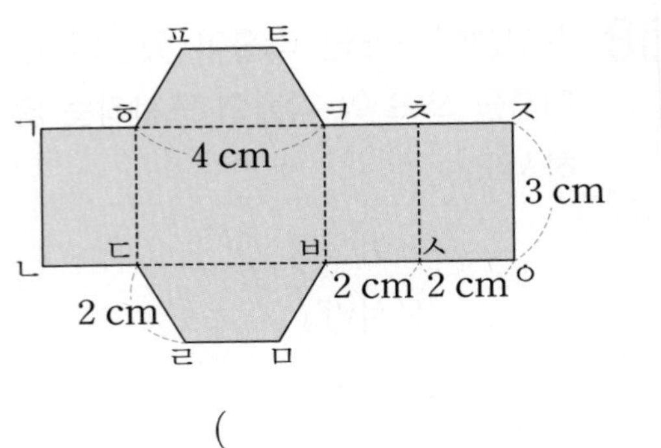

(   )

유형 03 각기둥의 전개도를 보고 구성 요소의 수 구하기

07 다음 전개도를 접어서 만든 각기둥의 꼭짓점의 수는 몇 개입니까?

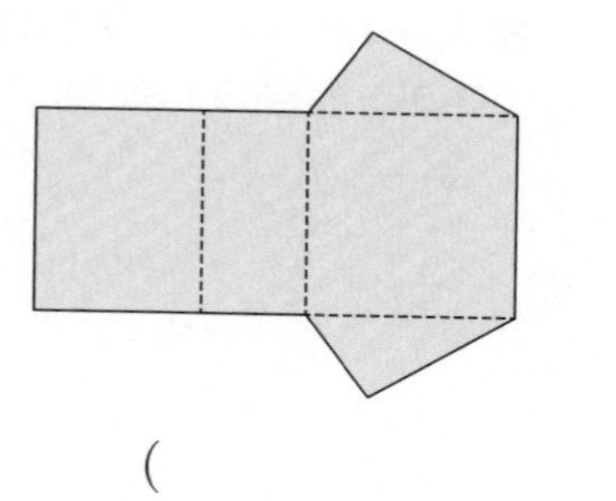

( )

08 다음 전개도를 접어서 만든 각기둥의 모서리의 수는 몇 개입니까?

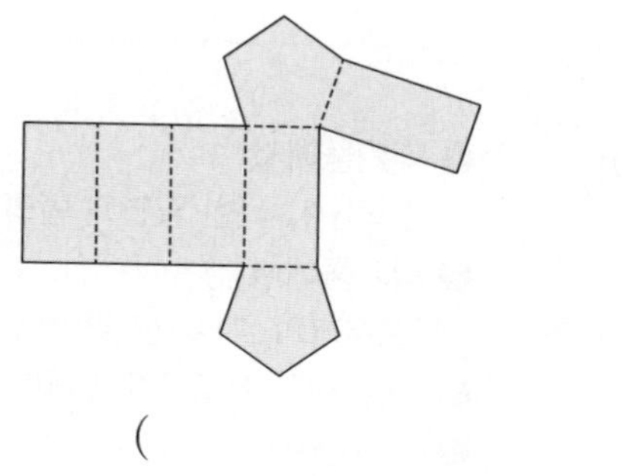

( )

09 다음 전개도를 접어서 만든 각기둥의 꼭짓점과 모서리의 수는 각각 몇 개입니까?

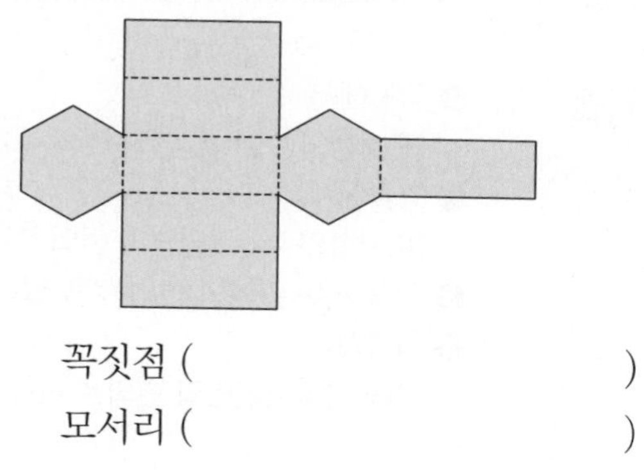

꼭짓점 ( )

모서리 ( )

유형 04 모든 모서리의 길이의 합

10 다음 각기둥의 밑면은 정삼각형입니다. 이 각기둥의 모든 모서리의 길이의 합은 몇 cm입니까?

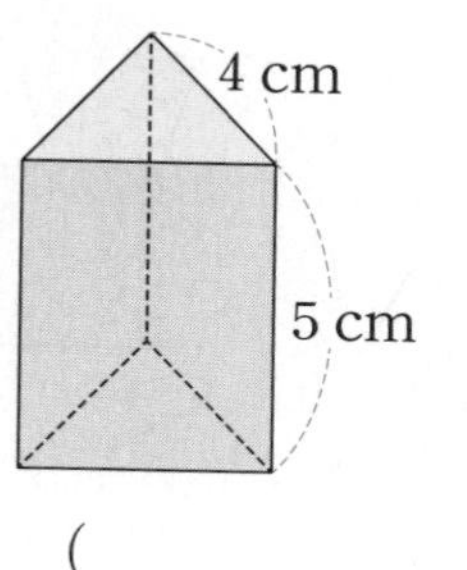

( )

11 다음 각기둥의 밑면은 정육각형입니다. 이 각기둥의 모든 모서리의 길이의 합은 몇 cm입니까?

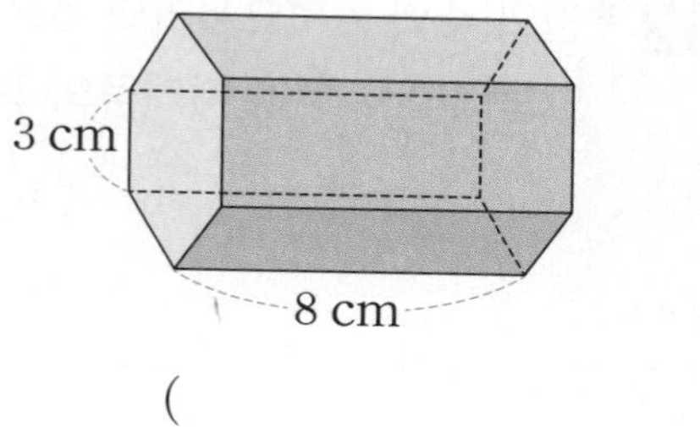

( )

12 다음 각뿔의 밑면은 정사각형이고 옆면은 모두 서로 합동입니다. 이 각뿔의 모든 모서리의 길이의 합은 몇 cm입니까?

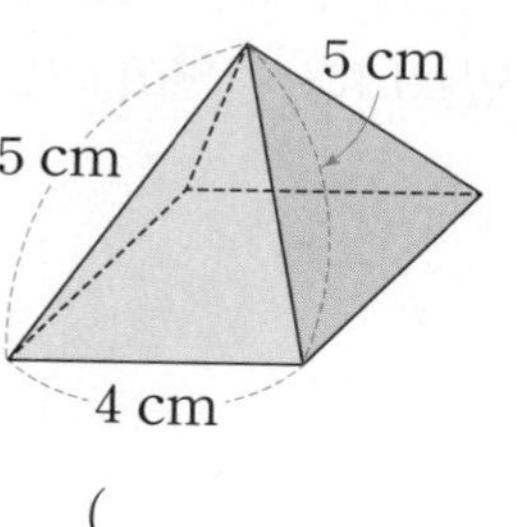

( )

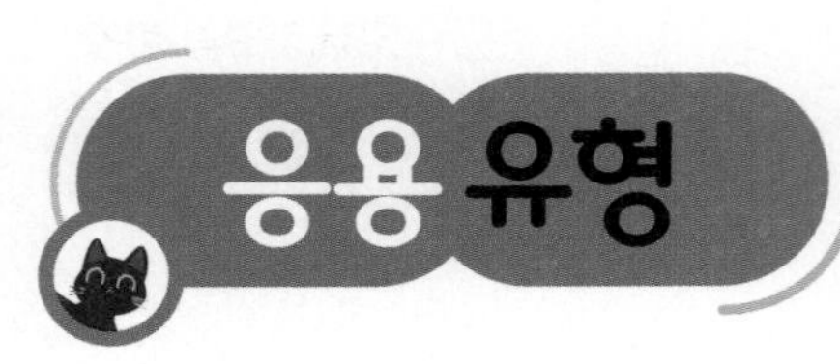

각기둥의 전개도에서 길이 구하기

01 ❶다음 전개도를 접어서 만든 각기둥의 높이는 15 cm입니다. 밑면의 모양이 정오각형일 때 / ❷직사각형 ㄱㄴㄷㄹ의 네 변의 길이의 합은 몇 cm입니까?

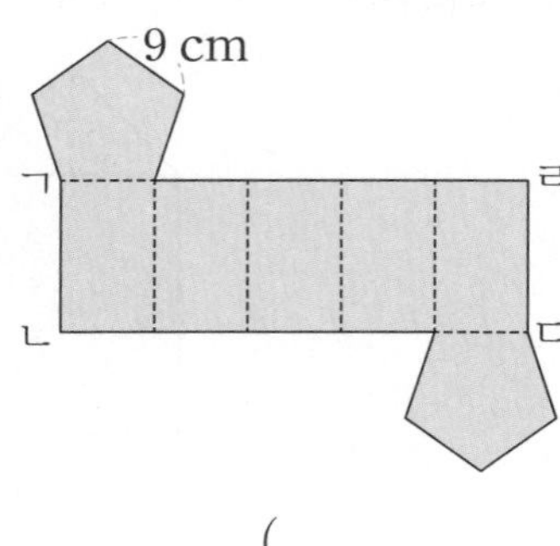

(　　　　　　　　　　)

❶ 선분 ㄱㄹ의 길이는 한 밑면의 둘레와 같고, 선분 ㄱㄴ의 길이는 각기둥의 높이와 같습니다.
❷ 직사각형 ㄱㄴㄷㄹ의 둘레는 선분 ㄱㄹ의 길이와 선분 ㄱㄴ의 길이의 합의 2배와 같습니다.

각기둥의 구성 요소의 수

02 ❶면의 수와 / ❷모서리의 수의 / ❸합이 14개인 각기둥이 있습니다. / ❹이 각기둥의 꼭짓점은 몇 개입니까?

(　　　　　　　　　　)

❶ 각기둥에서
(면의 수)=(한 밑면의 변의 수)+2
❷ 각기둥에서
(모서리의 수)=(한 밑면의 변의 수)×3
❸ 식을 세워 한 밑면의 변의 수를 알아봅니다.
❹ 각기둥에서
(꼭짓점의 수)=(한 밑면의 변의 수)×2

각뿔의 구성 요소의 수

03 ❶꼭짓점의 수와 / ❷모서리의 수의 / ❸합이 16개인 각뿔이 있습니다. / ❹이 각뿔의 면은 몇 개입니까?

(　　　　　　　　　　)

❶ 각뿔에서
(꼭짓점의 수)=(밑면의 변의 수)+1
❷ 각뿔에서
(모서리의 수)=(밑면의 변의 수)×2
❸ 식을 세워 밑면의 변의 수를 알아봅니다.
❹ 각뿔에서
(면의 수)=(밑면의 변의 수)+1

각기둥의 모든 모서리의 길이의 합

04 ❶높이가 9 cm이고, 옆면이 다음과 같은 직사각형 3개로 이루어진 각기둥이 있습니다. / ❷이 각기둥의 모든 모서리의 길이의 합은 몇 cm입니까?

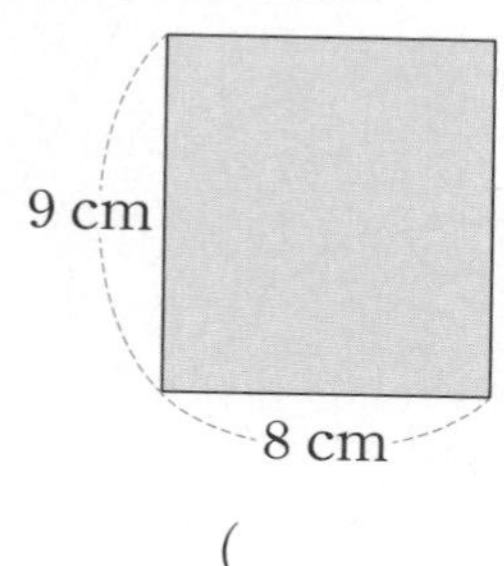

( )

❶ 어떤 각기둥인지 알아봅니다.
❷ 길이가 8 cm인 모서리와 9 cm인 모서리의 수를 알아봅니다.

각뿔의 모든 모서리의 길이의 합

05 ❶옆면이 다음과 같은 삼각형 4개로 이루어진 각뿔이 있습니다. / ❷이 각뿔의 모든 모서리의 길이의 합은 몇 cm입니까?

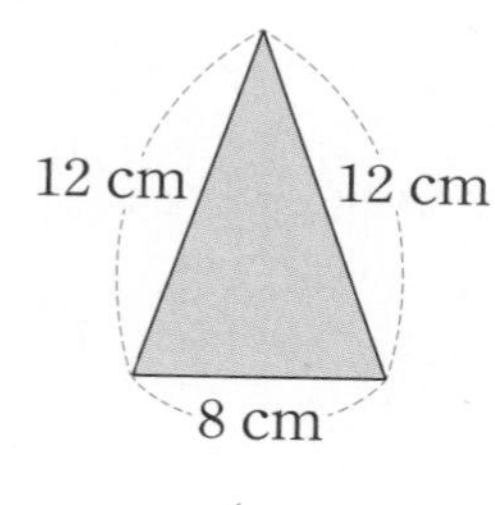

( )

❶ 어떤 각뿔인지 알아봅니다.
❷ 길이가 8 cm인 모서리와 12 cm인 모서리의 수를 알아봅니다.

각기둥의 전개도의 넓이

06 ❶밑면이 가로 4 cm, 세로 2 cm인 직사각형으로 이루어진 사각기둥이 있습니다. 이 사각기둥의 전개도를 그린 후 / ❷전개도의 넓이를 구했더니 88 cm^2였습니다. 이 사각기둥의 높이는 몇 cm입니까?

( )

❶ 사각기둥의 높이를 □cm라 하고 사각기둥의 전개도를 그린 후 길이를 표시해 봅니다.
❷ (사각기둥의 전개도의 넓이)
=(사각기둥의 여섯 면의 넓이의 합)을 구하는 식을 세워 □를 구합니다.

07 동영상

모든 면이 정삼각형인 삼각뿔입니다. 이 삼각뿔의 모든 모서리의 길이의 합은 몇 cm입니까?

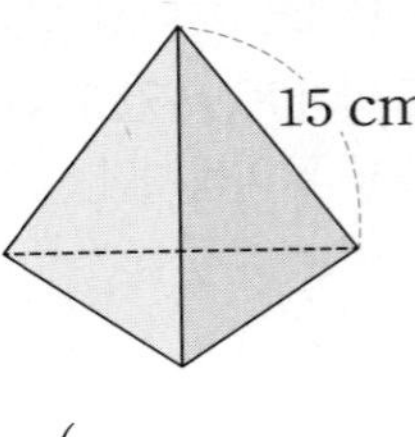

(   )

08 동영상

밑면의 모양이 정삼각형인 각기둥의 전개도입니다. 모든 옆면의 넓이의 합은 몇 cm^2입니까?

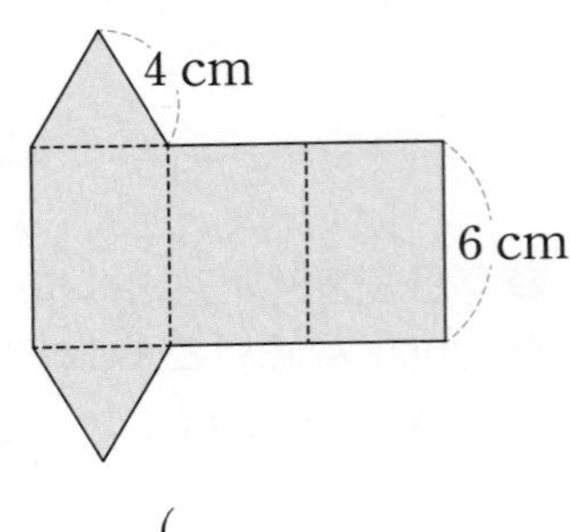

(   )

각기둥의 전개도에서 길이 구하기

09  동영상

다음 전개도를 접어서 만든 각기둥의 높이는 12 cm입니다. 밑면의 모양이 정육각형일 때 직사각형 ㄱㄴㄷㄹ의 네 변의 길이의 합은 몇 cm입니까?

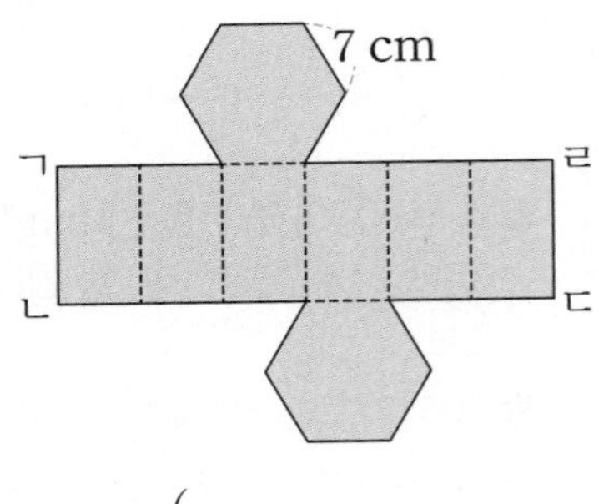

(   )

10 동영상

밑면의 모양이 다음과 같은 각뿔이 있습니다. 이 각뿔의 꼭짓점의 수, 면의 수, 모서리의 수의 합은 몇 개입니까?

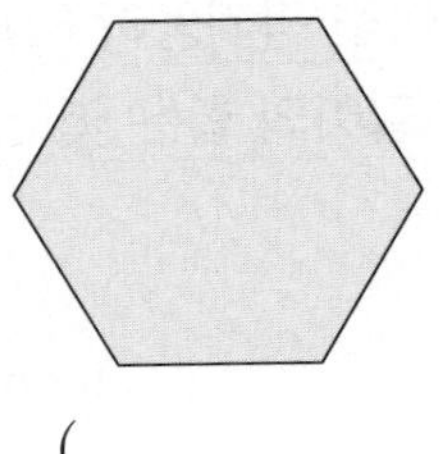

(   )

11 동영상

다음에서 설명하고 있는 각기둥이나 각뿔의 이름을 쓰시오.

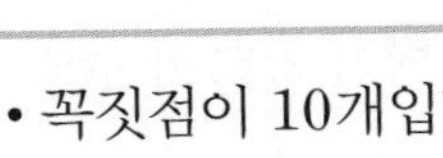

- 꼭짓점이 10개입니다.
- 면이 10개입니다.

(   )

각기둥의 구성 요소의 수

12  동영상

면의 수와 모서리의 수의 합이 38개인 각기둥이 있습니다. 이 각기둥의 꼭짓점은 몇 개입니까?

(   )

QR 코드를 찍어 **유사 문제**를 보세요.

공부한 날 월 일

각뿔의 구성 요소의 수

13 꼭짓점의 수와 모서리의 수의 합이 31개인 각뿔이 있습니다. 이 각뿔의 면은 몇 개입니까?

동영상

( )

각기둥의 모든 모서리의 길이의 합

14 높이가 6 cm이고, 옆면이 다음과 같은 직사각형 5개로 이루어진 각기둥이 있습니다. 이 각기둥의 모든 모서리의 길이의 합은 몇 cm입니까?

동영상

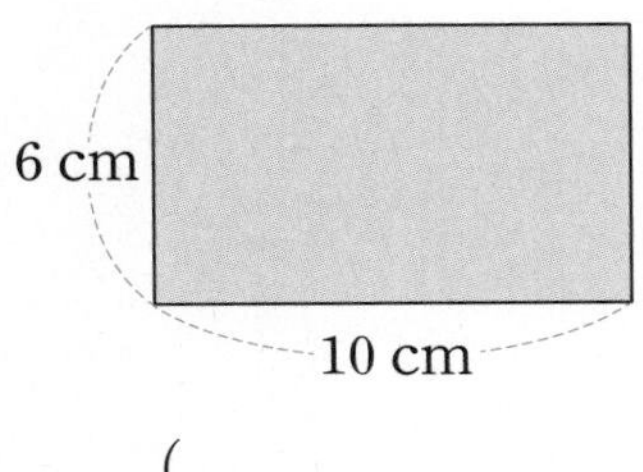

( )

각뿔의 모든 모서리의 길이의 합

15 옆면이 다음과 같은 삼각형 6개로 이루어진 각뿔이 있습니다. 이 각뿔의 모든 모서리의 길이의 합은 몇 cm입니까?

동영상

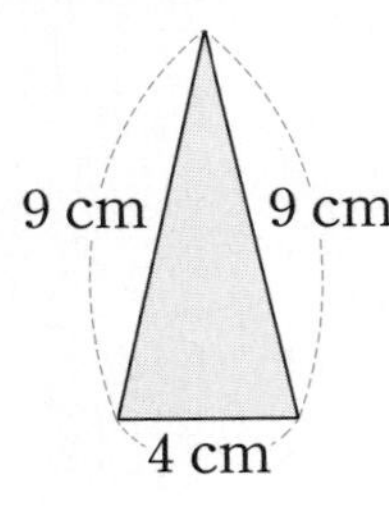

( )

16 면의 수가 가장 적은 각기둥의 꼭짓점의 수와 모서리의 수의 합은 몇 개입니까?

동영상

( )

17 어떤 오각기둥에 대한 조건을 보고 이 오각기둥의 밑면의 한 변의 길이는 몇 cm인지 구하시오.

동영상

조건

- 각기둥의 옆면은 모두 합동입니다.
- 각기둥의 높이는 7 cm입니다.
- 각기둥의 모든 모서리의 길이의 합은 75 cm입니다.

( )

각기둥의 전개도의 넓이

18 밑면이 가로 2 cm, 세로 3 cm인 직사각형으로 이루어진 사각기둥이 있습니다. 이 사각기둥의 전개도를 그린 후 전개도의 넓이를 구했더니 62 cm^2였습니다. 이 사각기둥의 높이는 몇 cm입니까?

동영상

( )

2 각기둥과 각뿔

창의·융합

1

동영상

왼쪽과 같이 오각기둥을 평면으로 잘랐습니다. 이때 생기는 두 입체도형의 이름을 쓰고 겨냥도를 그리시오.

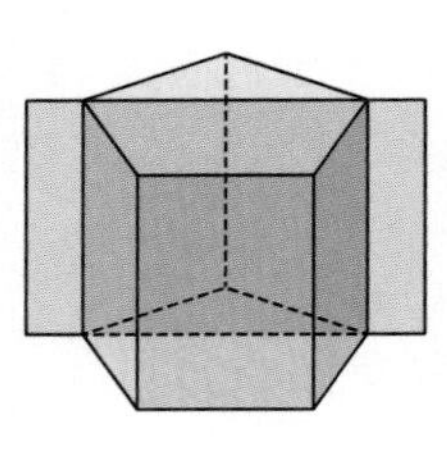

→

이름		
겨냥도		

오각기둥을 평면으로 잘랐을 때 밑면이 어떤 도형 2개로 나누어지는지 알아봅니다.

추론

2

왼쪽과 같이 육각기둥의 꼭짓점 ㄱ에서 출발하여 꼭짓점 ㄴ을 지나 다시 꼭짓점 ㄱ으로 돌아오는 가장 짧은 선을 그었습니다. 전개도의 옆면에 꼭짓점 ㄱ, ㄴ과 선을 모두 표시하시오.

동영상

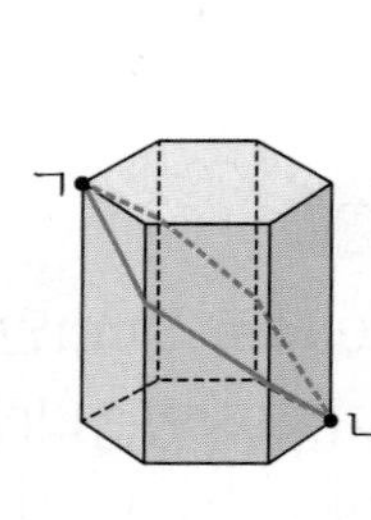

→

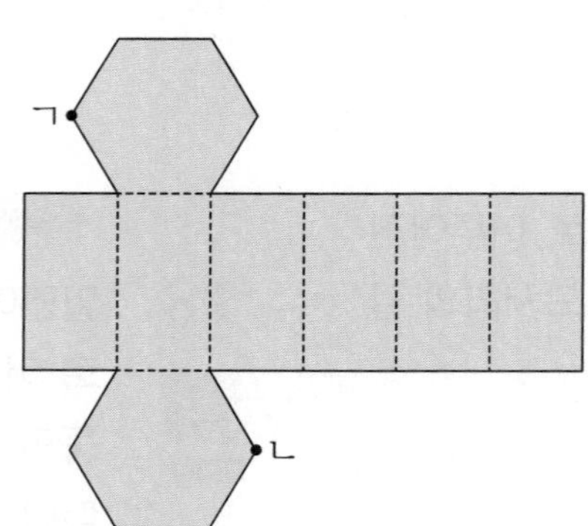

● 정답 및 풀이 52쪽

공부한 날 　월 　일

3 색칠한 면이 한 밑면인 사각기둥의 전개도입니다. 이 전개도를 접어서 만든 사각기둥의 높이를 나타내는 선분을 모두 찾아 ○표 하시오.

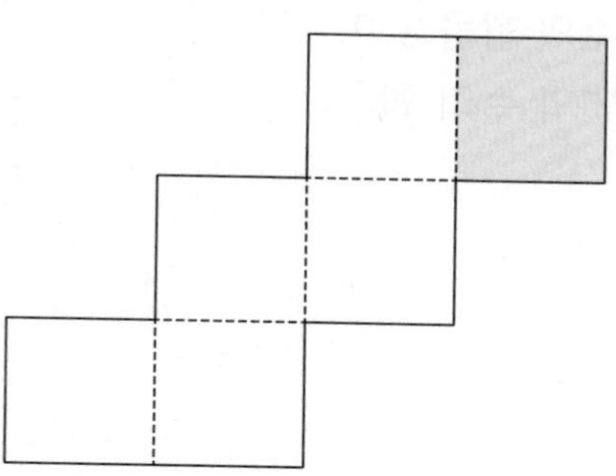

먼저 사각기둥의 다른 한 밑면을 찾아봅니다.

4 다음과 같은 규칙으로 각기둥과 각뿔을 번갈아 가며 놓으려고 합니다. 10번째 입체도형의 면의 수를 구하시오.

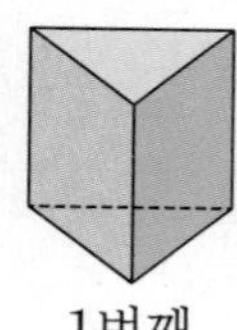

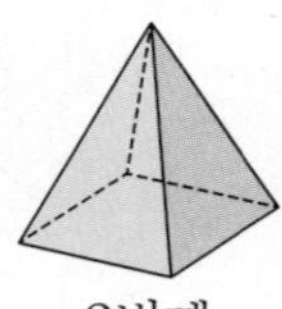

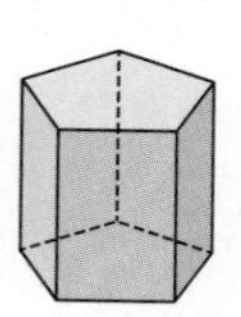

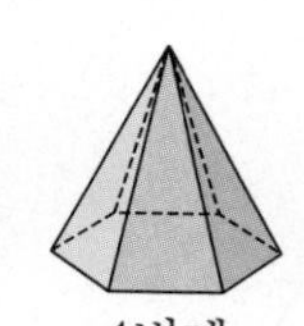

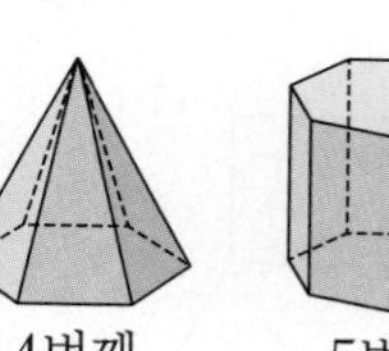

1번째　2번째　3번째　4번째　5번째 …

(　　　　　　　　)

2 각기둥과 각뿔

1 동영상

| HME 20번 문제 수준 |

밑면의 모양이 같은 각기둥과 각뿔이 있습니다. 각기둥의 꼭짓점, 면, 모서리의 수의 합을 ㉠, 각뿔의 꼭짓점, 면, 모서리의 수의 합을 ㉡이라 할 때 ㉠+㉡=104입니다. 이 각기둥과 각뿔의 면의 수의 합은 몇 개입니까?

(   )

2 동영상

| HME 21번 문제 수준 |

밑면과 옆면이 모두 정다각형인 육각기둥의 전개도입니다. ㉠의 크기는 몇 도입니까?

㉠

(   )

정다각형은 각의 크기가 모두 같습니다.

● 정답 및 풀이 53쪽

3  동영상

| HME 22번 문제 수준 |

모든 면이 정삼각형이고 모든 모서리의 길이의 합이 60 cm인 삼각뿔이 있습니다. 각 꼭짓점부터 시작하여 모든 모서리에 2 cm 간격으로 점을 찍으려고 합니다. 점을 모두 몇 개 찍어야 합니까? (단, 점의 크기는 생각하지 않습니다.)

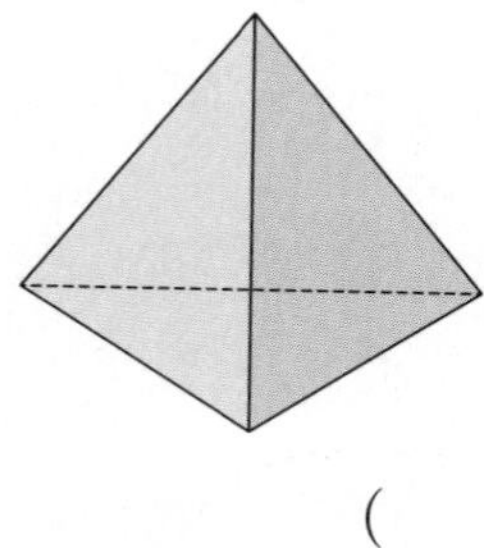

( )

4 동영상

| HME 23번 문제 수준 |

밑면이 정다각형인 각기둥입니다. 이 각기둥의 여러 가지 전개도 중 둘레가 가장 긴 것과 가장 짧은 것의 둘레의 차는 몇 cm입니까?

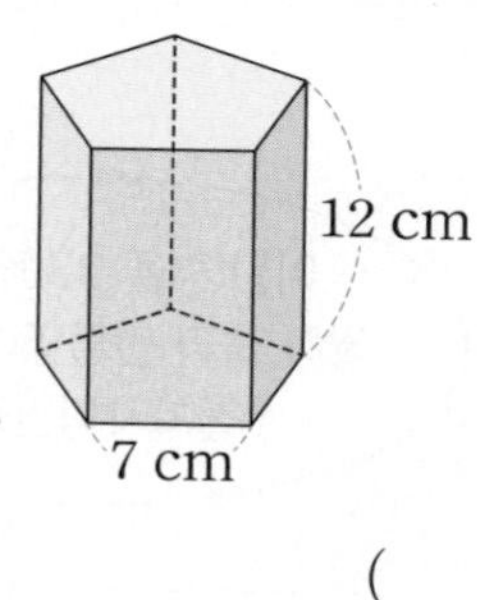

( )

오각기둥의 전개도에는 밑면인 오각형이 2개, 옆면인 직사각형이 5개 있어야 합니다.

세상에서 가장 유명한 사각뿔, 피라미드!

이집트에 있는 피라미드는 거대한 규모, 몇천 년 동안 무너지지 않은 까닭 등으로 아직도 세상 사람들의 입에서 화제가 되고 있답니다.
세상에서 가장 유명한 사각뿔인 피라미드에 대해 이것저것 알아볼까요?

계단형 피라미드에서 사각뿔 모양으로!

피라미드는 기원전 2800년 경부터 건설되기 시작했는데 처음부터 사각뿔 모양은 아니었대요. 초기에는 진흙으로 만든 직사각형 의자 모양이었다가 그 뒤 계단형 피라미드 모양을 거쳐 기원전 2650년 경 사각뿔 모양의 피라미드 모양이 갖춰졌어요.
나일강 곳곳에 흩어져 있는 피라미드 중 가장 유명한 피라미드가 쿠푸왕의 피라미드(기원전 2580년 경)예요. 쿠푸왕의 피라미드는 높이가 약 147 m(현재의 높이: 137 m)로 엄청난 규모 때문에 대피라미드라고도 불린답니다.

대피라미드는 어떻게 만들었을까요?

쿠푸왕의 대피라미드는 230만 개의 직육면체 모양의 벽돌을 정교하게 쌓아 올려 사각뿔 모양으로 만들었어요.
벽돌 1개만 해도 높이가 1 m, 평균 무게가 2.5 t이었대요. 이런 벽돌 230만 개를 어떻게 마련하고 운반했는지 기록이 남아 있지 않아 아직도 의견이 분분하답니다.
그저 지레나 굴림대를 이용했을 것이라는 짐작만 있을 뿐이지요.

소수의 나눗셈

학습 계획표

계획표대로 공부했으면 ○표, 못했으면 △표 하세요.

내용	쪽수	날짜	확인
잘 틀리는 실력 유형	34~35쪽	월 일	
다르지만 같은 유형	36~37쪽	월 일	
응용 유형	38~41쪽	월 일	
사고력 유형	42~43쪽	월 일	
최상위 유형	44~45쪽	월 일	

유형 01 단위량 구하기

벽 ■ m^2를 칠하는 데 페인트 ▲ L가 필요합니다.

(페인트 1 L로 칠할 수 있는 벽의 넓이)
=□÷▲
(벽 1 m^2를 칠하는 데 필요한 페인트의 양)
=□÷■

01 벽 50 m^2를 칠하는 데 페인트 20 L가 필요합니다. 물음에 답하시오.

(1) 페인트 1 L로 칠할 수 있는 벽의 넓이는 몇 m^2인지 소수로 나타내시오.

( )

(2) 벽 1 m^2를 칠하는 데 필요한 페인트의 양은 몇 L인지 소수로 나타내시오.

( )

02 자전거를 타고 일정한 빠르기로 둘레가 18 km인 공원을 한 바퀴 도는 데 45분이 걸렸습니다. 물음에 답하시오.

(1) 자전거를 타고 같은 빠르기로 1분 동안 갈 수 있는 거리는 몇 km인지 소수로 나타내시오.

( )

(2) 자전거를 타고 같은 빠르기로 1 km를 가는 데 걸리는 시간은 몇 분인지 소수로 나타내시오.

( )

유형 02 간격 구하기

길에 일정한 간격으로 나무 5그루를 심을 때 나무 사이의 간격 구하기

• 길의 처음과 끝이 만날 때

(나무 사이의 간격)
=(전체 길이)÷□
(간격의 수)
=(나무의 수)

• 길의 처음과 끝이 만나지 않을 때

(나무 사이의 간격)=(전체 길이)÷□
(간격의 수)
=(나무의 수)−1

03 길이가 40.2 m인 호수의 둘레에 같은 간격으로 의자 6개를 설치하려고 합니다. 의자 사이의 간격을 몇 m로 해야 합니까? (단, 의자의 길이는 생각하지 않습니다.)

( )

04 길이가 59.22 m인 직선 도로의 한쪽에 처음부터 끝까지 같은 간격으로 가로등 8개를 세우려고 합니다. 가로등 사이의 간격을 몇 m로 해야 합니까? (단, 가로등의 두께는 생각하지 않습니다.)

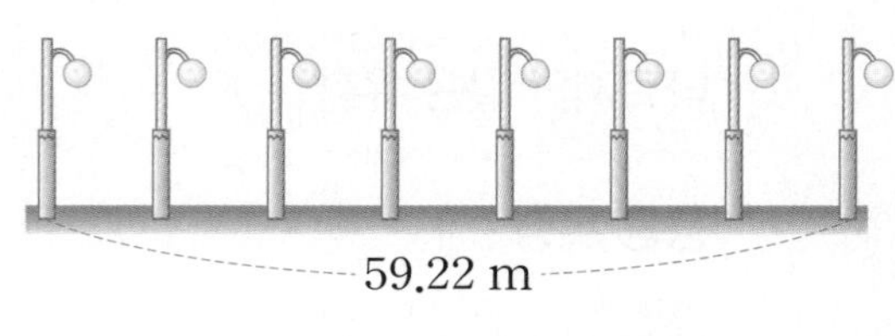

( )

QR 코드를 찍어 **동영상 특강**을 보세요.

공부한 날 ( )월 ( )일

유형 03 수 카드로 나눗셈 만들기

• 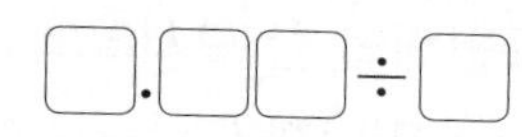 로 나눗셈 만들기

□.□□÷□

몫이 가장 작으려면	몫이 가장 크려면
• 나누어지는 수는 가장 작은 수: 2.34 • 나누는 수는 가장 큰 수: □ → 2.34÷□	• 나누어지는 수는 가장 큰 수: 5.43 • 나누는 수는 가장 작은 수: □ → 5.43÷□

05 2, 3, 4, 6 4장의 수 카드를 한 번씩 모두 사용하여 다음 나눗셈의 몫이 가장 작게 되도록 만들었습니다. 이때의 몫을 구하시오.

□.□□÷□

(   )

06 2, 4, 5, 8 4장의 수 카드 중 3장을 뽑아 한 번씩만 사용하여 다음 나눗셈의 몫이 가장 크게 되도록 만들었습니다. 이때의 몫을 구하시오.

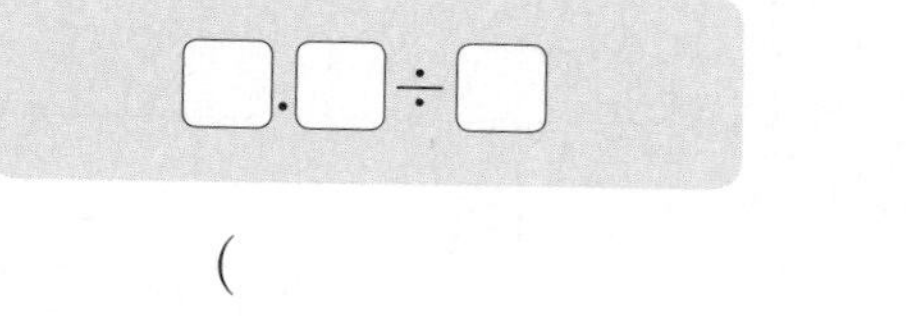

(   )

유형 04 새 교과서에 나온 활동 유형

[07~08] 다음은 민경이가 영국과 프랑스의 여행 경비를 알아본 것입니다. 물음에 답하시오.

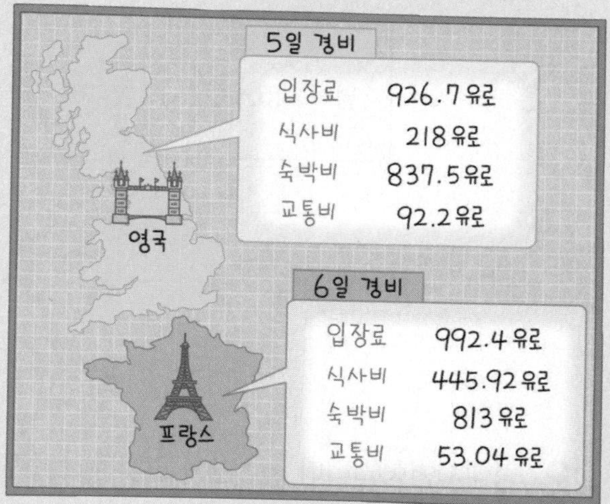

07 영국의 1일 여행 경비의 평균을 구하려고 합니다. □ 안에 알맞은 수를 써넣으시오.

입장료	926.7÷5=185.34(유로)
식사비	218÷5=43.6(유로)
숙박비	837.5÷5=□(유로)
교통비	92.2÷5=□(유로)
1일 여행 경비	□유로

08 프랑스의 1일 여행 경비의 평균을 구하려고 합니다. □ 안에 알맞은 수를 써넣으시오.

입장료	992.4÷6=165.4(유로)
식사비	445.92÷6=74.32(유로)
숙박비	813÷6=□(유로)
교통비	53.04÷6=□(유로)
1일 여행 경비	□유로

유형 01 도형의 넓이의 활용

01 직사각형입니다. □ 안에 알맞은 수를 써넣으시오.

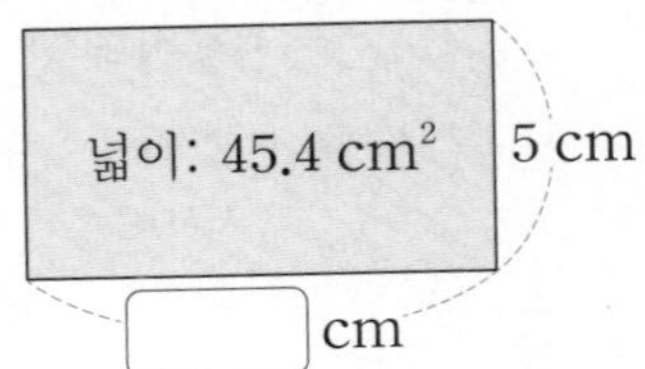

02 평행사변형입니다. □ 안에 알맞은 소수를 써넣으시오.

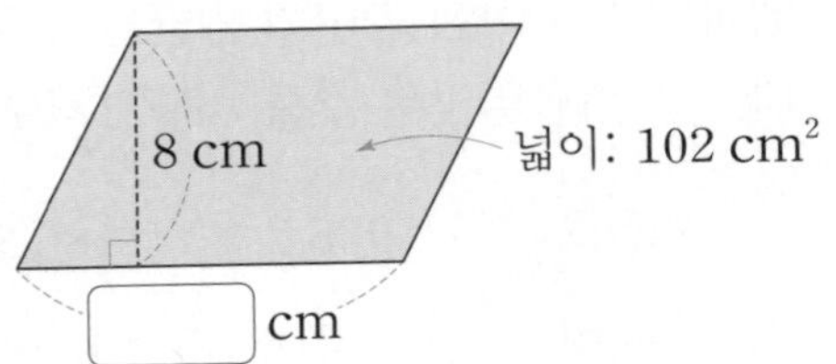

서술형

03 둘레가 15.2 cm인 정사각형의 넓이는 몇 cm^2인지 풀이 과정을 쓰고 답을 구하시오.

[풀이]

[답]

유형 02 입체도형에서 한 모서리의 길이 구하기

04 모든 모서리의 길이의 합이 64.2 cm인 정육면체가 있습니다. 이 정육면체의 한 모서리의 길이는 몇 cm입니까?

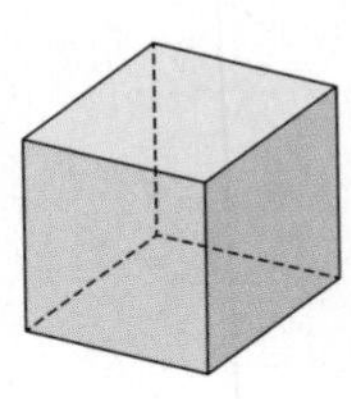

(　　　　)

05 모든 모서리의 길이가 같은 삼각기둥이 있습니다. 모든 모서리의 길이의 합이 66.6 cm일 때 한 모서리의 길이는 몇 cm입니까?

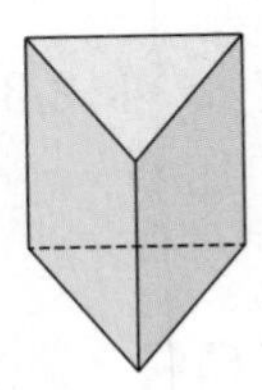

(　　　　)

서술형

06 모든 모서리의 길이가 같은 사각뿔이 있습니다. 모든 모서리의 길이의 합이 36.4 cm일 때 한 모서리의 길이는 몇 cm인지 풀이 과정을 쓰고 답을 구하시오.

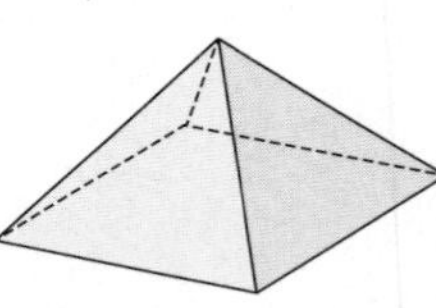

[풀이]

[답]

유형 03 바르게 계산한 값 구하기

07 어떤 수를 4로 나누어야 할 것을 잘못하여 어떤 수에 4를 더하였더니 33.28이 되었습니다. 바르게 계산한 값을 구하시오.

( )

08 어떤 수를 6으로 나누어야 할 것을 잘못하여 2로 나누었더니 25.35가 되었습니다. 바르게 계산한 값을 구하시오.

( )

서술형

09 어떤 수를 16으로 나누어야 할 것을 잘못하여 어떤 수에 16을 곱하였더니 184.32가 되었습니다. 바르게 계산한 값은 얼마인지 풀이 과정을 쓰고 답을 구하시오.

[풀이]

[답]

유형 04 계산 결과 비교하기

10 오렌지 6개의 무게는 1.08 kg이고 배 5개의 무게는 1.2 kg입니다. 오렌지 한 개와 배 한 개 중 어느 것이 더 무겁습니까? (단, 오렌지와 배의 무게는 각각 같습니다.)

( )

11 다음 세 자동차 중 연료 1 L로 가장 멀리 갈 수 있는 자동차는 어느 것입니까?

자동차	사용한 연료의 양	간 거리
A	4 L	64.8 km
B	3 L	45.3 km
C	5 L	73.5 km

( )

12 6분 동안 7.44 km를 가는 자동차와 9분 동안 12.15 km를 가는 기차가 있습니다. 자동차와 기차가 같은 곳에서 같은 방향으로 동시에 출발한다면 1분 후에는 어느 것이 몇 km 더 앞서 있는지 차례로 쓰시오. (단, 자동차와 기차는 각각 일정한 빠르기로 갑니다.)

( ), ( )

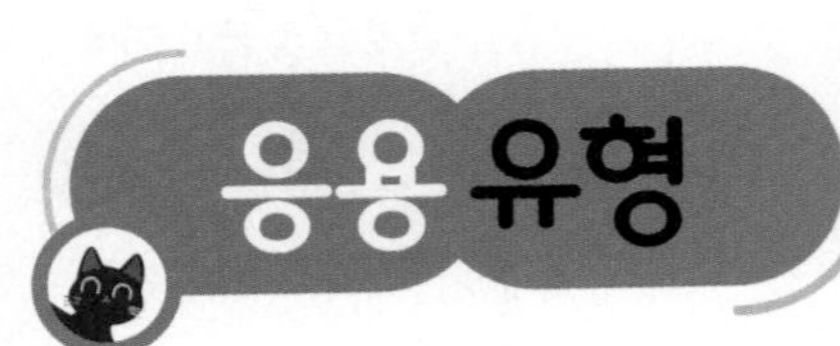

약속에 따라 계산하기

01 ❶기호 ★에 대하여 '가★나=(가+나)÷나'라고 약속할 때 / ❷다음을 계산하시오.

❶ 54.27★9

(　　　　　　　　　　)

❶ 약속에 따라 식을 씁니다.
❷ ❶에서 쓴 식을 계산합니다.

상자에 들어 있는 물건 한 개의 무게 구하기

02 ❶운동화 8켤레를 담은 상자의 무게가 12.4 kg이었습니다. / ❷빈 상자의 무게가 0.8 kg이면 / ❸운동화 한 켤레의 평균 무게는 몇 kg입니까?

(　　　　　　　　　　)

❶ 운동화 8켤레의 무게와 빈 상자의 무게의 합은 12.4 kg입니다.
❷ (운동화 8켤레의 무게)+0.8 kg=12.4 kg
❸ (운동화 한 켤레의 평균 무게)
=(운동화 8켤레의 무게)÷8

수직선에서 나타내는 수 구하기

03 ❶수직선의 2.5와 7.25 사이를 5등분 하였습니다. / ❷㉠이 나타내는 수를 구하시오.

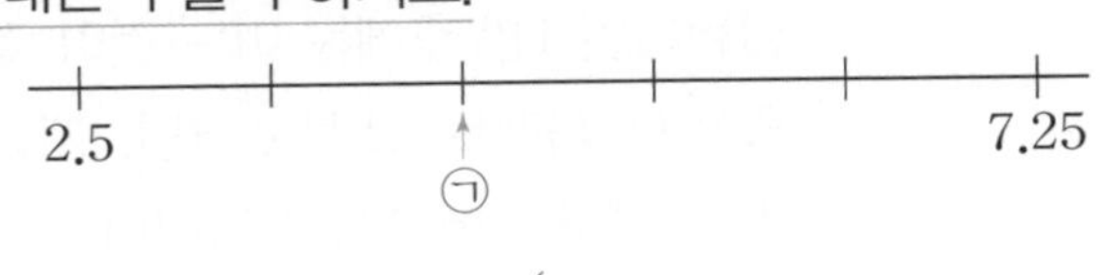

(　　　　　　　　　　)

❶ (눈금 한 칸의 크기)
=(나눈 수직선의 길이)÷(나눈 칸 수)
❷ ㉠은 2.5에서 오른쪽으로 2칸 간 곳입니다.

● 정답 및 풀이 56쪽

삼각형의 밑변의 길이 구하기

04 ❶넓이가 $8.75\ \text{cm}^2$인 삼각형입니다. / ❷변 ㄴㄷ의 길이는 몇 cm입니까?

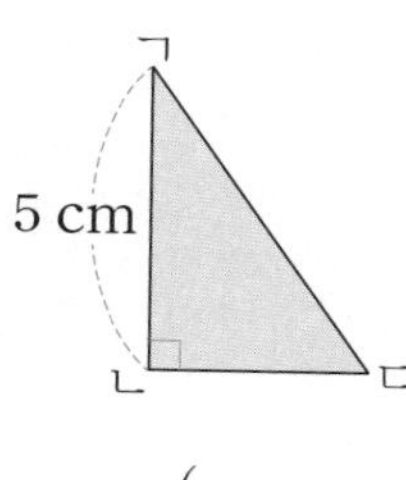

( )

❶ (삼각형의 넓이)
=(밑변의 길이)×(높이)÷2

❷ (밑변의 길이)
=(삼각형의 넓이)×2÷(높이)

넓이가 같은 도형 만들기

05 ❶가로가 8.4 cm, 세로가 6 cm인 직사각형이 있습니다. ❷이 직사각형의 세로를 2 cm 줄이면 / ❸가로를 몇 cm 늘려야 처음과 넓이가 같아집니까?

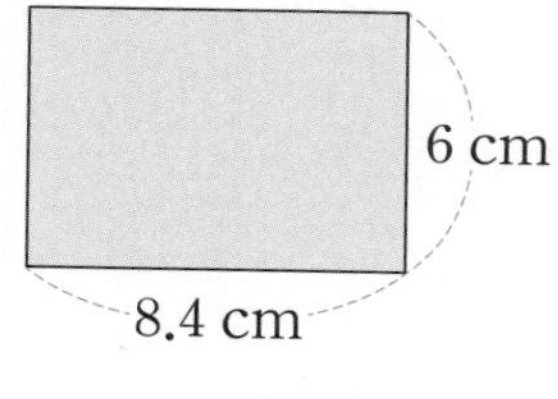

( )

❶ (직사각형의 넓이)=(가로)×(세로)

❷ (줄인 직사각형의 세로)
=(처음 직사각형의 세로)−2 cm

❸ 새로 만든 직사각형의 넓이는 처음 직사각형의 넓이와 같습니다.

자동차와 오토바이 사이의 거리 구하기

06 ❶5분 동안 5.3 km를 가는 자동차와 8분 동안 7.6 km를 가는 오토바이가 있습니다. / ❷자동차와 오토바이가 같은 곳에서 서로 반대 방향으로 동시에 출발한다면 / ❸1시간 30분 후에 자동차와 오토바이 사이의 거리는 몇 km입니까? (단, 자동차와 오토바이는 각각 일정한 빠르기로 갑니다.)

( )

❶ (1분 동안 가는 거리)
=(간 거리)÷(걸린 시간)

❷ 1분 후 자동차와 오토바이 사이의 거리를 구합니다.

❸ 1시간 30분 후 자동차와 오토바이 사이의 거리를 구합니다.

07 같은 기호는 같은 수를 나타냅니다. ㉡이 나타내는 수를 구하시오.

㉠$\times 3 = 48.6$
㉠$\div 4 =$㉡

( )

약속에 따라 계산하기

08 기호 ❤에 대하여 '가❤나=(가－나)÷나'라고 약속할 때 다음을 계산하시오.

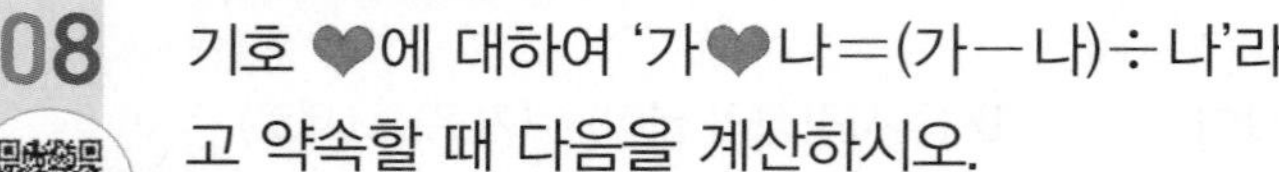

14.8❤4

( )

09 물 13.5 L를 5개의 물통에 똑같이 나누어 담은 후, 그중의 한 통을 6명이 똑같이 나누어 마셨습니다. 한 사람이 마신 물은 몇 L입니까?

( )

10 한 변의 길이가 11 cm인 정삼각형이 있습니다. 이 정삼각형과 둘레가 같은 정사각형의 한 변의 길이는 몇 cm인지 소수로 나타내시오.

( )

11 가로 4 m, 세로 2 m인 직사각형 모양의 벽을 페인트 19.2 L를 사용하여 칠했습니다. 1 m^2의 벽을 칠하는 데 사용한 페인트는 몇 L입니까?

( )

상자에 들어 있는 물건 한 개의 무게 구하기

12 장난감 5개를 담은 상자의 무게가 4.15 kg이었습니다. 빈 상자의 무게가 0.35 kg이면 장난감 한 개의 평균 무게는 몇 kg입니까?

( )

13 가로가 5.45 m, 세로가 4 m인 직사각형을 5등분 하였습니다. 색칠한 부분의 넓이는 몇 m^2입니까?

동영상

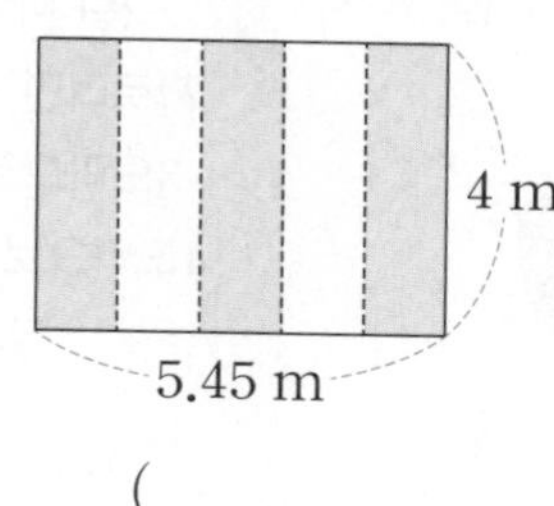

( )

수직선에서 나타내는 수 구하기

14 수직선의 1.32와 7.8 사이를 6등분 하였습니다. ㉠이 나타내는 수를 구하시오.

동영상

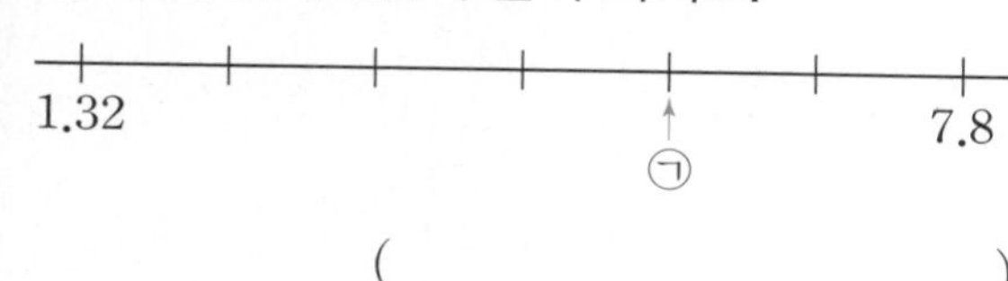

( )

삼각형의 밑변의 길이 구하기

15 넓이가 10.12 cm^2인 삼각형입니다. 변 ㄴㄷ의 길이는 몇 cm입니까?

동영상

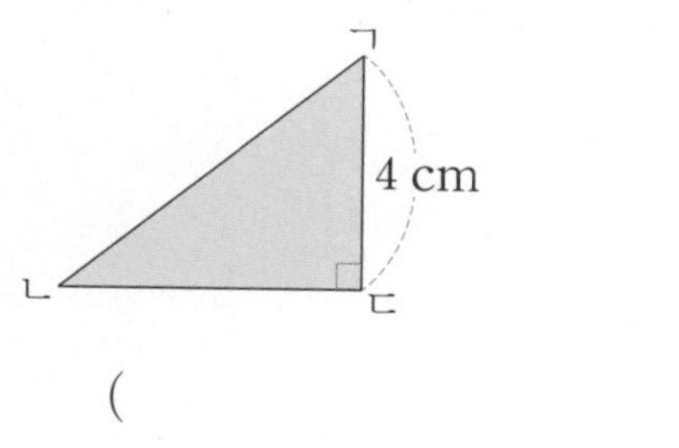

( )

16 □ 안에 들어갈 수 있는 가장 작은 자연수를 구하시오.

동영상

$18.6 \div \square < 4$

( )

넓이가 같은 도형 만들기

17 가로가 12 cm, 세로가 5.34 cm인 직사각형이 있습니다. 이 직사각형의 가로를 3 cm 줄이면 세로를 몇 cm 늘려야 처음과 넓이가 같아집니까?

동영상

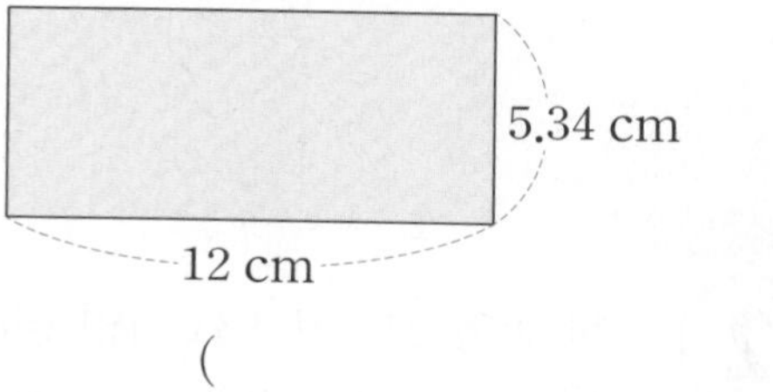

( )

자동차와 오토바이 사이의 거리 구하기

18 6분 동안 6.24 km를 가는 자동차와 5분 동안 5.7 km를 가는 오토바이가 있습니다. 자동차와 오토바이가 같은 곳에서 서로 반대 방향으로 동시에 출발한다면 1시간 15분 후에 자동차와 오토바이 사이의 거리는 몇 km입니까? (단, 자동차와 오토바이는 각각 일정한 빠르기로 갑니다.)

동영상

( )

문제 해결

1

통나무 한 개를 6도막으로 쉬지 않고 자르는 데 6.3분이 걸렸습니다. 통나무를 한 번 자르는 데 걸리는 시간은 몇 분인지 구하시오. (단, 통나무를 한 번 자르는 데 걸리는 시간은 일정합니다.)

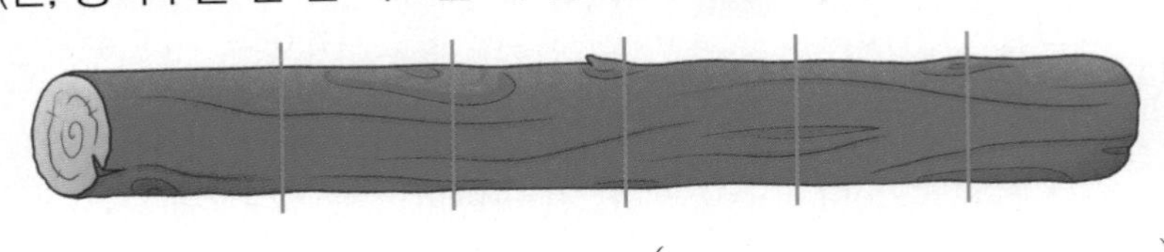

(   )

통나무를 2도막으로 자르려면 1번 잘라야 하고, 3도막으로 자르려면 2번, 4도막으로 자르려면 3번, ... 잘라야 해요.

창의・융합

2

한 변의 길이가 13 cm인 정사각형 모양의 색종이가 있습니다. 이 색종이를 다음과 같이 두 번 접었을 때 생기는 작은 정사각형의 넓이는 몇 cm^2인지 소수로 나타내시오.

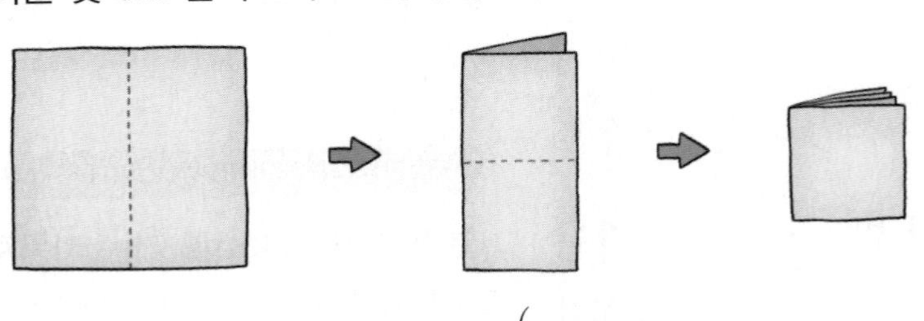

(   )

코딩

3 순서도는 어떤 문제를 해결하기 위한 과정을 알기 쉽게 기호와 그림으로 나타낸 것입니다. 순서도의 기호를 보고 오른쪽 순서도의 ▭에 계산 결과를 써넣으시오.

동영상

기호	설명
(둥근 사각형)	시작
(사각형)	계산 처리
(마름모)	어느 것을 택할 것인지를 판단
(물결 사각형)	계산한 값을 인쇄

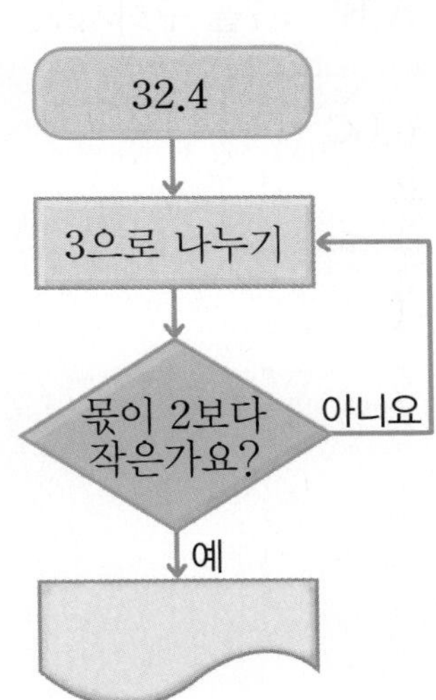

문제 해결

4 오토바이 A, B가 같은 곳에서 같은 방향으로 동시에 출발했다면 10분 후 두 오토바이 사이의 거리는 몇 km인지 구하시오.

(단, 오토바이 A와 B는 각각 일정한 빠르기로 갑니다.)

동영상

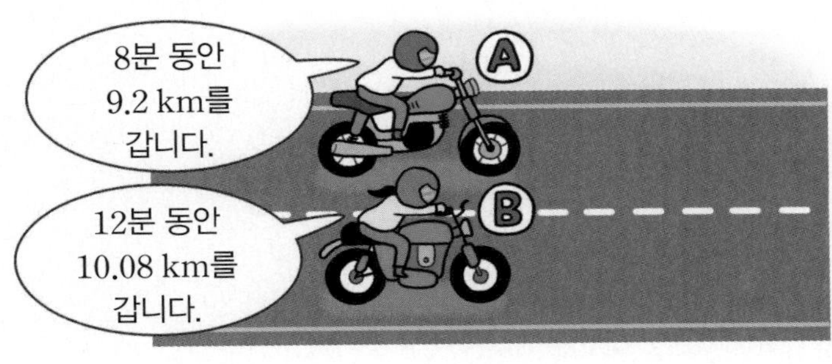

( )

(1분 동안 가는 거리)
=(간 거리)÷(걸린 시간)

3 소수의 나눗셈

1  동영상

| HME 20번 문제 수준 |

다음 식을 만족하는 A, B, C는 0이 아닌 서로 다른 한 자리 수이고 같은 알파벳은 같은 수를 나타냅니다. A.BC÷7을 구하시오.

$$0.A \times 0.A = 0.BC$$
$$BC \div A = 7$$

(　　　　　　　　　　)

2  동영상

| HME 21번 문제 수준 |

직각삼각형 ㄱㄴㄷ의 밑변 ㄴㄷ을 4등분 한 점에서 각각 수직인 선분을 그은 것입니다. 색칠한 부분의 넓이가 37.5 cm^2일 때 삼각형 ㄱㄴㄷ의 넓이는 몇 cm^2입니까?

색칠한 부분의 넓이가 가장 작은 삼각형의 넓이의 몇 배인지 알아봅니다.

ㄱ
ㄴ
ㄷ

(　　　　　　　　　　)

정답 및 풀이 58쪽

공부한 날 월 일

3

| HME 22번 문제 수준 |

은우네 반 학생 수는 25명이고 수학 평균 점수는 77.9점입니다. 여학생의 수학 평균 점수가 남학생의 수학 평균 점수보다 5점 더 높고, 여학생 수가 12명일 때 남학생의 수학 평균 점수를 구하시오.

( )

4

| HME 23번 문제 수준 |

다음 조건을 만족하는 모든 수의 평균을 구하시오.

조건

① 각 자리 숫자 모양은 다음과 같습니다.

0 1 2 3 4 5 6 7 8 9

② 20보다 크고 30보다 작은 소수 두 자리 수입니다.

③ 수의 왼쪽에서 전체 수를 거울에 비추었을 때 거울에 비친 수는 소수 두 자리 수입니다.

④ 처음 만든 수에서 십의 자리 숫자와 소수 둘째 자리 숫자를 바꾸고 일의 자리 숫자와 소수 첫째 자리 숫자를 바꾸어도 처음 수와 같습니다.

( )

③의 조건을 만족하려면 숫자를 왼쪽으로 뒤집어도 숫자가 되어야 하므로 3, 4, 6, 7, 9는 사용할 수 없습니다.

3 소수의 나눗셈

나노 기술 이야기

여러분은 혹시 나노 기술(Nano Technology)이라는 말을 들어본 적 있나요? 여기서 '**나노**'라는 말은 난쟁이를 뜻하는 고대 그리스어 나노스(nanos)에서 유래한 말로 아주 작은 크기를 나타내요. 정확하게는 0.000000001, 즉 $\frac{1}{10\text{억}}$을 말해요.

얼마나 작은지 잘 모르겠죠? 그럼 다른 단위에 대해 알아보고 비교해 볼까요?

0.1 데시(deci)
0.01 센티(centi)
0.001 밀리(milli)
0.000001 마이크로(micro)
0.000000001 나노(nano)
0.000000000001 피코(pico)
0.000000000000001 펨토(femto)
0.000000000000000001 아토(atto)
0.000000000000000000001 젭토(zepto)
0.000000000000000000000001 욕토(yocto)

숫자 0이 너무 많아 어지럽죠?
하지만 차근차근 자세히 살펴보면 우리에게 익숙한 단위도 있어요.
'**센티**'와 '**밀리**'는 우리가 평소에도 사용하는 단위들이에요. '**센티미터**'나 '**밀리미터**'처럼 말이에요.
하지만 '**마이크로**'부터는 우리의 눈으로는 볼 수가 없는 세계예요. 대신 현미경을 이용하면 볼 수 있죠.
나노는 이러한 **마이크로**의 세계보다 훨씬 작은 세계로 **1나노미터**라고 하면 $\frac{1}{10\text{억}}$ m의 길이로 초미세의 세계가 된답니다.

4 비와 비율

학습 계획표

계획표대로 공부했으면 ○표, 못했으면 △표 하세요.

내용	쪽수	날짜	확인
잘 틀리는 실력 유형	48~49쪽	월 일	
다르지만 같은 유형	50~51쪽	월 일	
응용 유형	52~55쪽	월 일	
사고력 유형	56~57쪽	월 일	
최상위 유형	58~59쪽	월 일	

유형 01 비(백분율)만큼 색칠하기

전체에 대한 색칠한 부분의 비가 5 : 8이 되도록 색칠하기

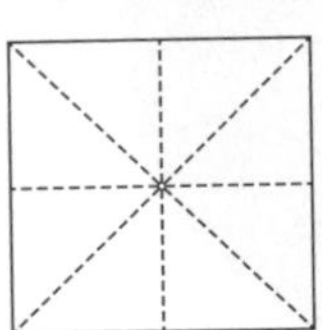

(색칠한 칸 수) : (전체 칸 수)=5 : 8

➔ 전체 8칸 중 □칸에 색칠합니다.

01 전체에 대한 색칠한 부분의 비가 15 : 20이 되도록 색칠하시오.

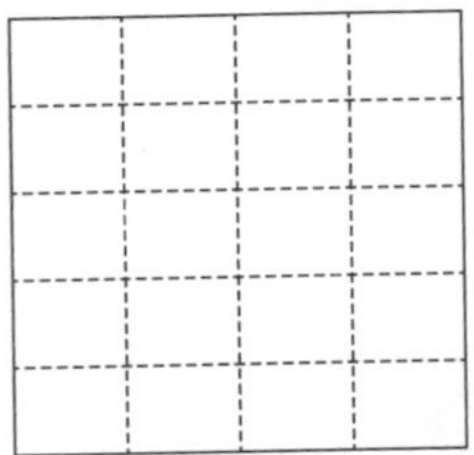

02 백분율만큼 색칠하시오.

(1) 44 %

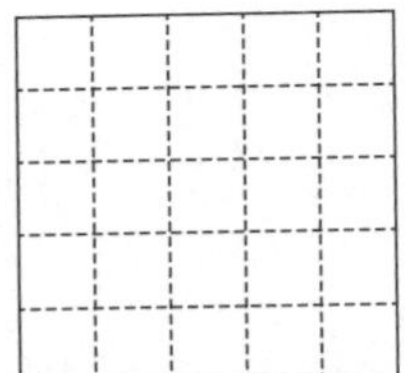

(2) 75 %

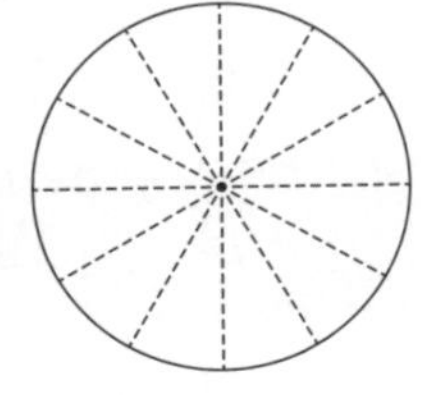

유형 02 기준량과 비교하는 양의 크기 비교

$$(\text{비율})=\frac{(\text{비교하는 양})}{(\text{기준량})}$$

- 기준량이 비교하는 양보다 크면 비율은 1(100 %)보다 (큽니다 , 작습니다).
- 기준량이 비교하는 양보다 작으면 비율은 1(100 %)보다 (큽니다 , 작습니다).
- 기준량과 비교하는 양이 같으면 비율은 1(100 %)입니다.

03 다음 비율 중 기준량이 비교하는 양보다 큰 것을 모두 찾아 기호를 쓰시오.

㉠ $\frac{5}{6}$	㉡ $\frac{6}{5}$
㉢ 1.05	㉣ 72 %

( )

04 다음 비율 중 기준량이 비교하는 양보다 작은 것을 모두 찾아 기호를 쓰시오.

㉠ 1.3	㉡ 100 %
㉢ 150 %	㉣ $\frac{8}{9}$

( )

유형 03 여러 가지 비율 비교하기

- 빠르기(속도): 걸린 시간에 대한 간 거리의 비율이 클수록 (빠릅니다 , 느립니다).
- 인구가 밀집한 곳(인구밀도): 넓이에 대한 인구수의 비율이 클수록 인구가 밀집합니다.
- 주스의 진하기(농도): 주스 양에 대한 원액 양의 비율이 클수록 주스가 (진합니다 , 연합니다).

05 유빈이는 100 m를 달리는 데 25초가 걸렸고, 동휘는 50 m를 달리는 데 10초가 걸렸습니다. 유빈이와 동휘 중 누가 더 빨리 달렸습니까?

( )

06 가 마을과 나 마을 중 인구가 더 밀집한 마을은 어느 마을입니까?

마을	넓이(km^2)	인구수(명)
가	15	12300
나	20	16000

( )

07 가와 나 비커 중 더 진한 레몬주스는 어느 것입니까?

비커	레몬주스 양	레몬 원액 양
가	200 mL	10 mL
나	300 mL	45 mL

( )

유형 04 새 교과서에 나온 활동 유형

08 어느 과일 가게에서 어제는 오렌지 5개를 6000원에 판매하였고, 오늘은 오렌지 8개를 12000원에 판매하고 있습니다. 오늘 오렌지 한 개의 가격은 어제 오렌지 한 개의 가격보다 몇 % 올랐습니까?

( )

서술형

09 현우와 수빈이가 산 음료수 1개의 원래 가격은 800원입니다. 두 친구가 산 음료수의 할인율을 비교하려고 합니다. 풀이 과정을 쓰고 답을 구하시오.

[풀이]

[답]

유형 01 비율과 기준량으로 비교하는 양 구하기

01 전체 풍선 200개 중 노란색 풍선의 비율이 $\frac{3}{5}$입니다. 노란색 풍선은 몇 개인지 □ 안에 알맞은 수를 써넣으시오.

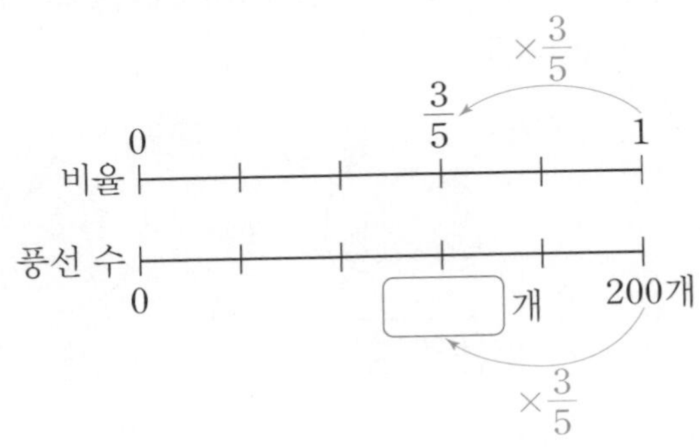

(노란색 풍선 수)$=200\times\frac{□}{□}=$□(개)

02 상희는 전체 쪽수가 150쪽인 책의 $\frac{11}{30}$만큼을 읽었습니다. 상희가 읽은 책의 쪽수는 몇 쪽입니까?

(　　　　　　　　)

03 소영이네 학교 전교생 600명 중 여학생의 비율은 $\frac{11}{20}$입니다. 소영이네 학교 남학생은 몇 명입니까?

(　　　　　　　　)

유형 02 비율과 비교하는 양으로 기준량 구하기

04 전체 화분 수에 대한 꽃이 핀 화분 수의 비율은 $\frac{3}{10}$입니다. 꽃이 핀 화분이 45개라면 전체 화분은 몇 개인지 □ 안에 알맞은 수를 써넣으시오.

0　$\frac{1}{10}$　$\frac{3}{10}$　1
비율
꽃이 핀 화분 수　45개
전체 화분 수의 $\frac{1}{10}$: □개
전체 화분 수: □개

(전체 화분 수)$=45\div3\times10=$□(개)

05 학급 회장 선거에서 전체 학생 중 은우에게 투표한 학생 수의 비율은 $\frac{5}{8}$입니다. 은우에게 투표한 학생이 15명이라면 전체 학생은 몇 명입니까?

(　　　　　　　　)

06 소금물의 양에 대한 소금의 양의 비율이 $\frac{3}{40}$인 소금물에 소금이 15 g 녹아 있습니다. 소금물의 양은 몇 g입니까?

(　　　　　　　　)

유형 03 백분율 활용하기

07 인성이네 축구부의 승률은 40 %입니다. 축구 경기를 10번 했을 때 몇 번 이긴 셈입니까?
(단, 비긴 경우는 없습니다.)

( )

서술형

08 어느 농구 선수가 공을 던져 공이 골대에 들어갈 성공률은 75 %입니다. 이 농구 선수가 공을 128번 던진다면 공이 골대에 몇 번 들어가는지 풀이 과정을 쓰고 답을 구하시오.

[풀이]

[답]

09 같은 종류의 체육복을 시장과 백화점에서 살 때의 원래 가격과 할인율이 다음과 같습니다. 시장과 백화점 중 어디서 사는 것이 얼마나 더 저렴하게 살 수 있는지 차례로 쓰시오.

	원래 가격	할인율
시장	50000원	10 %
백화점	70000원	20 %

( ), ( )

유형 04 용액의 진하기 문제

10 가 비커에는 진하기(소금물 양에 대한 소금 양의 비율)가 10 %인 소금물 300 g이 들어 있고, 나 비커에는 진하기가 12 %인 소금물 200 g이 들어 있습니다. 가 비커와 나 비커 중 소금의 양이 더 많은 비커는 어느 것입니까?

( )

11 가 비커에는 진하기가 10 %인 소금물 300 g이 들어 있고, 나 비커에는 진하기가 15 %인 소금물 200 g이 들어 있습니다. 두 비커의 소금물을 섞었을 때 섞은 소금물의 진하기는 몇 %입니까?

( )

서술형

12 진하기가 13 %인 소금물 3000 g을 만들려면 물이 몇 g 필요한지 풀이 과정을 쓰고 답을 구하시오.

[풀이]

[답]

도형의 넓이의 비율 구하기

01 ❶정사각형의 넓이에 대한 직사각형의 넓이의 / ❷비율을 분수로 나타내시오.

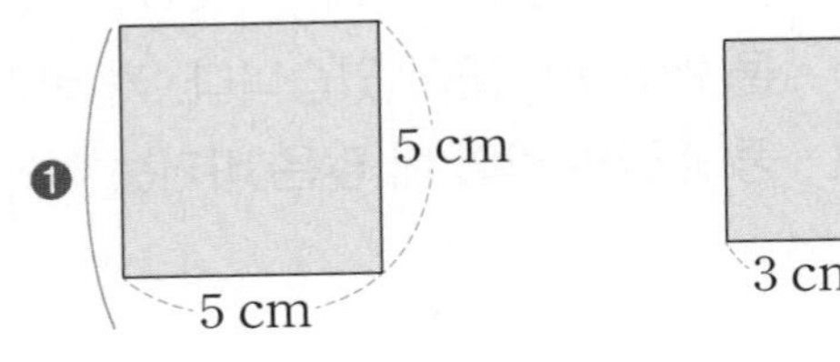

(　　　　　　　　　　)

❶ 정사각형과 직사각형의 넓이를 각각 구합니다.
❷ 기준량과 비교하는 양을 구분하여 비율을 분수로 구합니다.

넓이의 비율만큼 색칠하기

02 ❶넓이가 300 m^2인 학교 강당에 넓이가 36 m^2인 무대를 만들려고 합니다. / ❷강당이 다음과 같을 때 / ❸무대의 넓이만큼 색칠하시오.

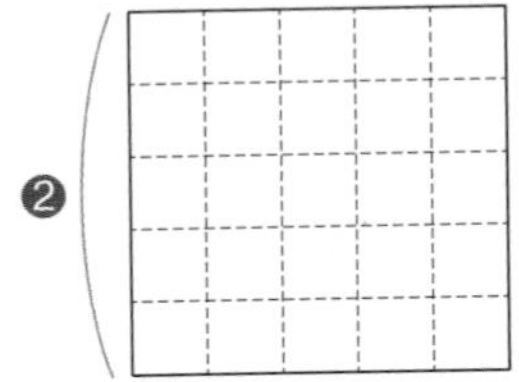

❶ 강당 넓이에 대한 무대 넓이의 비율을 구합니다.
❷ ❶의 비율을 분모(기준량)가 도형의 전체 칸 수인 분수로 나타냅니다.
❸ 그림에 ❷의 분자(비교하는 양)만큼 색칠합니다.

필요한 물의 양 구하기

03 ❶설탕 70 g으로 진하기가 14 %인 설탕물을 만들려면 / ❷필요한 물의 양은 몇 g입니까?
(진하기: 설탕물 양에 대한 설탕 양의 비율)

(　　　　　　　　　　)

❶ 설탕물의 $\frac{1}{100}$이 $(70 \div 14)$ g임을 이용하여 설탕물의 양을 구합니다.
❷ (물의 양)
=(설탕물의 양)−(설탕의 양)

이자 구하기

04 ❶세 은행의 1년간의 정기 예금 이자율을 나타낸 표입니다. / ❷12만 원을 1년간 정기 예금하려고 할 때 이자가 가장 많은 은행과 가장 적은 은행의 / ❸이자의 차를 구하시오.

❶

은행	K	S	W
연 이자율	4.5 %	5.1 %	4.8 %

( )

❶ 이자율이 가장 높은 은행과 가장 낮은 은행을 알아봅니다.
❷ ❶에서 알아본 은행의 이자를 각각 구합니다.
❸ ❷에서 구한 이자의 차를 구합니다.

먹은 양 구하기

05 ❶희주 어머니께서는 지난달에 쌀 40 kg을 샀습니다. / ❷그중 전체의 0.45를 지난달에 먹었고, / ❸이달에는 지난달에 먹고 남은 쌀의 65 %를 먹었습니다. 이달에 먹은 쌀은 몇 kg입니까?

( )

❶ (지난달에 산 쌀의 양)=40 kg
❷ (지난달에 먹은 쌀의 양)
=(지난달에 산 쌀의 양)
×(지난달에 먹은 쌀의 비율)
❸ (이달에 먹은 쌀의 양)
=(지난달에 먹고 남은 쌀의 양)
×(이달에 먹은 쌀의 비율)

더 저렴하게 살 수 있는 방법

06 ❶❷마트에서 100000원 이상을 사면 전체 구매액의 3 %를 할인해 줍니다. 마트에서 96780원어치의 물건을 장바구니에 담고, 샴푸 1개를 더 사려고 합니다. / ❸A 샴푸와 B 샴푸 중 어느 것을 골라야 전체 구매액이 더 저렴합니까?

❶❷

물건	A 샴푸	B 샴푸
가격	3130원	5820원

( )

❶ A 샴푸를 샀을 때 전체 구매액을 구합니다.
❷ B 샴푸를 샀을 때 전체 구매액을 구합니다.
❸ ❶, ❷ 중 더 저렴한 것을 찾습니다.

07 넓이가 432 cm^2인 직사각형의 세로가 24 cm일 때, 이 직사각형의 세로에 대한 가로의 비율을 기약분수로 나타내시오.

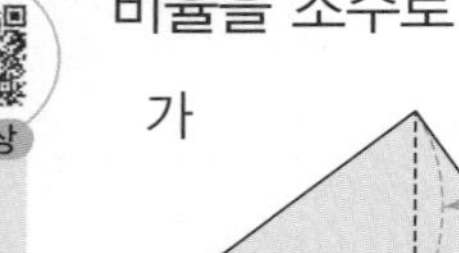

( )

도형의 넓이의 비율 구하기

08 가 삼각형의 넓이에 대한 나 삼각형의 넓이의 비율을 소수로 나타내시오.

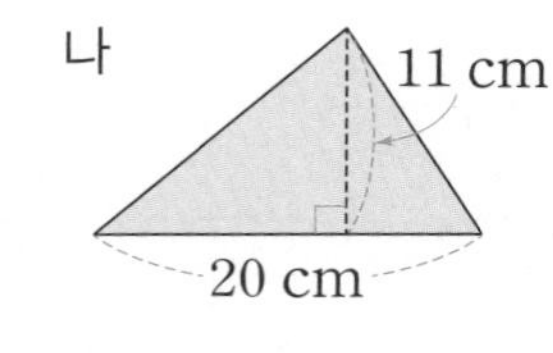

( )

09 어느 방송사에서 주최하는 춤 경연 대회에서 득표율이 40 % 이상이면 본선에 진출할 수 있다고 합니다. 진주와 진호 중 본선에 진출할 수 있는 학생의 이름을 쓰시오.

( )

10 가 자동차는 45 km를 가는 데 휘발유 3 L를 사용하고, 나 자동차는 56 km를 가는 데 휘발유 4 L를 사용합니다. 두 자동차가 같은 거리를 갈 때 어느 자동차를 타면 휘발유를 더 절약할 수 있습니까?

( )

11 민석이는 햄버거 가게에서 20 % 할인 쿠폰을 사용하여 치킨버거 세트를 6800원에 주문했습니다. 치킨버거 세트의 원래 가격은 얼마입니까?

( )

넓이의 비율만큼 색칠하기

12 넓이가 250 m^2인 공연장에 넓이가 90 m^2인 관람석을 만들려고 합니다. 공연장이 다음과 같을 때 관람석의 넓이만큼 색칠하시오.

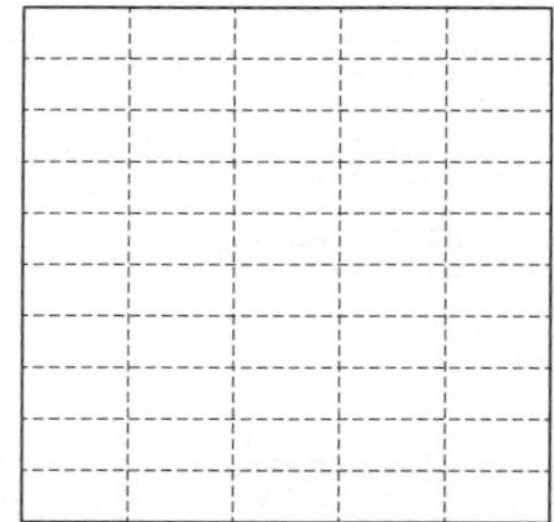

필요한 물의 양 구하기

13 소금 120 g으로 진하기(소금물 양에 대한 소금 양의 비율)가 20 %인 소금물을 만들려면 필요한 물의 양은 몇 g입니까?

동영상

( )

14 어떤 헬스장의 회원은 640명입니다. 남자 회원이 전체의 0.625이고 그중 23 %가 20대입니다. 이 헬스장의 20대 남자 회원은 몇 명입니까?

동영상

( )

이자 구하기

15 세 은행의 1년간의 정기 예금 이자율을 나타낸 것입니다. 50만 원을 1년간 정기 예금하려고 할 때 이자가 가장 많은 은행과 가장 적은 은행의 이자의 차를 구하시오.

동영상

은행	H	C	K
연 이자율	2.3 %	2.9 %	2.8 %

( )

16 정훈이네 학교에서 수학여행을 갔습니다. 정훈이네 모둠 7명은 10인실을 사용했고 현수네 모둠 5명은 8인실을 사용했습니다. 어느 모둠이 방을 더 넓다고 느꼈을지 쓰시오.

동영상

( )

먹은 양 구하기

17 정후는 어제 1.5 L짜리 주스 한 병을 샀습니다. 그중 전체의 0.3을 어제 마셨고, 오늘은 어제 마시고 남은 주스의 40 %를 마셨습니다. 정후가 오늘 마신 주스의 양은 몇 mL입니까?

동영상

( )

더 저렴하게 살 수 있는 방법

18 새학기를 맞아 문구점에서 학용품을 10000원 이상 사는 학생들에게 전체 가격의 15 %를 할인해 주는 행사를 합니다. 종현이는 9200원어치의 학용품을 골랐습니다. 여기에 1400원짜리 볼펜을 함께 사지 않는 경우와 함께 사는 경우 중 어느 경우가 더 저렴합니까?

동영상

( )

창의・융합

동영상

재혁이네 자동차는 휘발유 15 L로 213 km를 달립니다. 다음을 보고 재혁이네 자동차의 에너지 소비효율 등급은 몇 등급인지 구하시오.

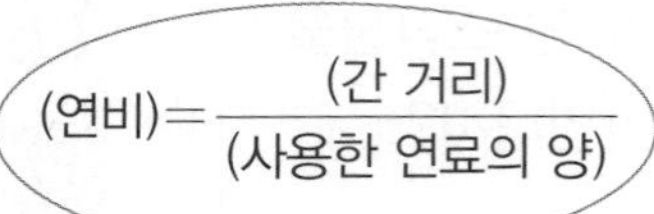

에너지 소비효율 등급	1	2	3	4	5
연비	16.0 이상	13.8 이상 16.0 미만	11.6 이상 13.8 미만	9.4 이상 11.6 미만	9.4 미만

(   )

문제 해결

동영상

다음을 보고 정가가 3만 원인 옷을 A 쇼핑몰과 B 쇼핑몰 중 어느 쇼핑몰에서 사는 것이 얼마나 더 저렴하게 살 수 있는지 차례로 쓰시오.

(할인 금액)
=(정가)×(할인율)
(판매 가격)
=(정가)−(할인 금액)

(   ), (   )

3 다음을 보고 키 153 cm, 몸무게 56 kg인 민현이가 비만인지, 비만이 아닌지 판단해 보시오.

• 표준 몸무게(kg):
(키(cm)−100)×0.9
• 비만 몸무게(kg):
표준 몸무게의 120 % 이상

(   )

코딩

4 다음은 세율 적용 방법을 나타낸 것입니다. 소득이 4500만 원이라면 내야 할 세금은 얼마인지 구하시오.

세율 적용 방법: (소득)×(세율)−(누진공제액)

예 소득이 6000만 원일 때 내야 할 세금
소득이 4600만 원 초과 8800만 원 이하에 해당하므로 세율은 24 %이고 누진공제액은 522만 원입니다.
➔ (내야 할 세금)=6000만×0.24−522만=918만 (원)

소득	세율	누진공제액
1200만 원 이하	6 %	없음
1200만 원 초과 4600만 원 이하	15 %	108만 원
4600만 원 초과 8800만 원 이하	24 %	522만 원
8800만 원 초과	35 %	1490만 원

(   )

소득 4500만 원이 들어가는 소득 범위에 따라 세율과 누진공제액이 정해져요.

동영상

| HME 18번 문제 수준 |

떨어진 높이의 $\frac{2}{5}$만큼 다시 튀어 오르는 공이 있습니다. 이 공을 75 m 높이에서 떨어뜨렸을 때 세 번째 튀어 오르는 공의 높이를 분수로 나타내면 몇 m입니까?

( )

(튀어 오르는 공의 높이)
=(공이 떨어진 높이)×(튀어 오르는 비율)

동영상

| HME 19번 문제 수준 |

지후가 내년 우리나라 예산을 조사하여 메모한 것입니다. 내년 우리나라 1년 예산은 얼마입니까?

내년 우리나라 예산 계획 조사

김지후

올해 전체 예산: 560조 원
- 환경부: 올해 환경부 예산 10조에서 내년 15 % 증가
- 교육부: 올해 교육부 예산 70조에서 내년 20 % 증가
- 국방부, 기획재정부 등 나머지 부서는 예산 변동 없음.

( )

3

| HME 21번 문제 수준 |

재석이는 용돈의 $\frac{3}{5}$으로 학용품을 사고, 나머지의 $\frac{3}{4}$으로 간식을 사고 나니 800원이 남았습니다. 재석이가 처음에 가지고 있던 용돈은 얼마입니까?

(　　　　　　　　　　)

간식을 사기 전에 가지고 있던 돈은 학용품을 사고 남은 돈입니다.
따라서 800원은 학용품을 사고 남은 돈의 $\left(1-\frac{3}{4}\right)$입니다.

4

| HME 22번 문제 수준 |

정가가 3000원인 머리핀을 A 쇼핑몰에서는 20 % 할인하여 판매하고, B 쇼핑몰에서는 25 % 할인하여 판매하고 있습니다. A 쇼핑몰이 B 쇼핑몰보다 머리핀을 10개 더 팔았더니 판매 금액이 36000원 더 많았습니다. B 쇼핑몰에서 판 머리핀은 몇 개입니까?

(　　　　　　　　　　)

황금비의 유래

황금비는 그리스의 수학자인 피타고라스가 처음으로 생각해낸 비입니다.
피타고라스는 만물의 근원을 수로 생각하는 것을 좋아했는데 인간이 가장 아름답다고 생각하는 비, 즉 가장 조화가 잡힌 비를 **황금비**라고 이름했어요.

정오각형에서 한 변의 길이와 대각선의 길이의 비는 황금비가 됩니다.
정오각형의 한 변의 길이를 1로 나타내면 한 변의 길이와 대각선의 길이의 비는 1 : 1.618이 되는데 이것이 바로 피타고라스가 생각한 황금비랍니다.

고대 그리스 사람들은 아름다움의 본질을 비례와 질서, 그리고 균형이라고 생각했어요.
그래서 1 : 1.618의 황금비를 가장 균형잡힌 비로 여겼답니다.
고대 그리스 시대의 많은 건축물들은 황금비를 이용했으며 조형예술의 분야에서 다양한 황금비를 찾아볼 수 있지요.

황금비는 일상 생활 속에서도 쉽게 찾을 수 있어요.
가장 쉽게 찾아볼 수 있는 것은 가로와 세로의 비가 1 : 1.618로 이루어진 직사각형이고 이것을 황금사각형이라고 부릅니다.
그래서 신용 카드, 명함, 엽서 등의 비율을 황금비에 가깝게 만들고 있지요. 특히 우리가 오랜 시간 동안 바라보아야 하는 책, A4용지, 모니터, 영화관의 스크린 등을 만들 때도 황금비를 이용하여 편안하고 쉽게 감상할 수 있도록 했답니다.

여러 가지 그래프

학습 계획표

계획표대로 공부했으면 ○표, 못했으면 △표 하세요.

내용	쪽수	날짜	확인
잘 틀리는 실력 유형	62~63쪽	월 일	
다르지만 같은 유형	64~65쪽	월 일	
응용 유형	66~69쪽	월 일	
사고력 유형	70~71쪽	월 일	
최상위 유형	72~73쪽	월 일	

유형 01 띠그래프에서 항목의 수량 구하기

(항목의 수량)=(전체 수량)×(비율)

생활비의 쓰임새별 금액

0 10 20 30 40 50 60 70 80 90 100(%)

교육비 (30 %)	식품비 (25 %)	주거비 (20 %)	의복비 (15 %)	기타 (10 %)

〈한 달 생활비 200만 원〉

교육비: $\underset{\text{전체 수량}}{200\text{만}} \times \underset{\text{비율}}{\frac{\square}{100}} = \square$만 (원)

01 수지네 반 학생 20명의 취미 생활을 조사하여 나타낸 띠그래프입니다. 운동이 취미인 학생은 몇 명입니까?

취미 생활별 학생 수

0 10 20 30 40 50 60 70 80 90 100(%)

운동 (30 %)	독서 (20 %)	게임 (20 %)	댄스(10 %)	기타 (20 %)

(　　　　　　　　)

02 넓이가 300 m^2인 주말 농장의 각 채소별 심은 넓이를 조사하여 나타낸 띠그래프입니다. 토마토를 심은 넓이와 상추를 심은 넓이는 모두 몇 m^2입니까?

채소별 심은 넓이

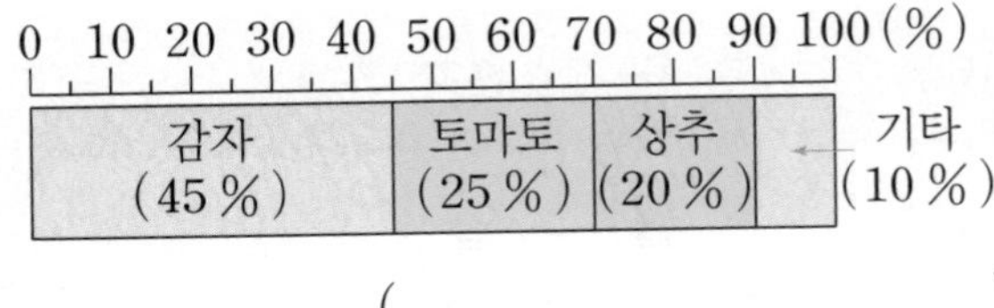

(　　　　　　　　)

유형 02 원그래프에서 항목의 수량 구하기

(항목의 수량)=(전체 수량)×(비율)

구독하는 신문별 가구 수

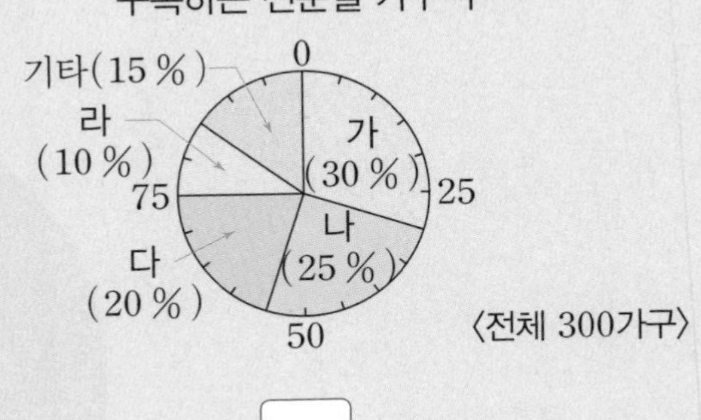

〈전체 300가구〉

가 신문: $\underset{\text{전체 수량}}{300} \times \underset{\text{비율}}{\frac{\square}{100}} = \square$(가구)

[03~04] 현석이네 학교 학생 280명이 체험 학습을 가고 싶어 하는 곳을 조사하여 나타낸 원그래프입니다. 물음에 답하시오.

체험 학습 장소별 학생 수

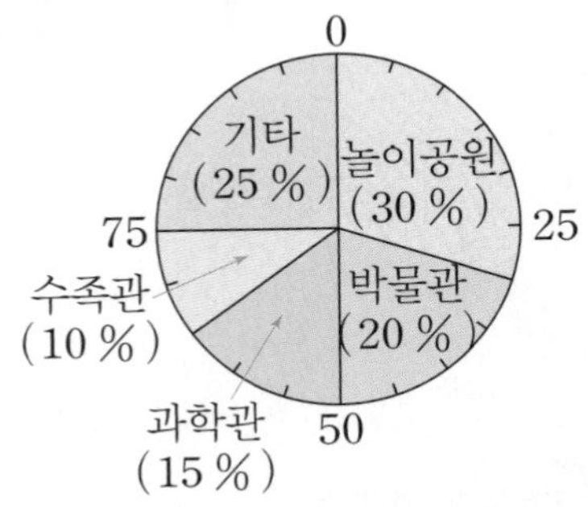

03 박물관에 가고 싶어 하는 학생은 몇 명입니까?

(　　　　　　　　)

04 놀이 공원을 가고 싶어 하는 학생은 과학관을 가고 싶어 하는 학생보다 몇 명 더 많습니까?

(　　　　　　　　)

유형 03 한 항목의 수로 다른 항목의 수 구하기

• 학교 생활 만족도가 약간 불만족인 학생이 40명 일 때 약간 만족인 학생 수 구하기

학교 생활 만족도

매우 만족 (25 %)	약간 만족 (30 %)	보통 (30 %)	약간 불만족(10 %)	매우 불만족(5 %)

약간 만족(30 %)은 약간 불만족(10 %)의 30÷10=3(배)입니다.

➔ (약간 만족인 학생 수)

=40×□=□(명)

[05~06] 재환이네 학교 학생들의 먹거리 위생 문제에 대한 인식도를 조사하여 나타낸 띠그래프입니다. 물음에 답하시오.

먹거리 위생 문제에 대한 인식도

매우 안전 (5 %)	비교적 안전 (30 %)	보통 (45 %)	비교적 안전하지 않음 (15 %)	매우 안전하지 않음(5 %)

05 먹거리 위생이 비교적 안전하지 않다고 생각하는 학생 수가 45명이라면 비교적 안전하다고 생각하는 학생 수는 몇 명입니까?

( )

06 먹거리 위생이 매우 안전하다고 생각하는 학생 수가 15명이라면 비교적 안전하지 않거나 또는 매우 안전하지 않다고 생각하는 학생 수는 몇 명입니까?

( )

유형 04 새 교과서에 나온 활동 유형

07 우리나라의 65세 이상 고령인구를 나타낸 그래프를 보고 알 수 있는 내용을 완성하시오.

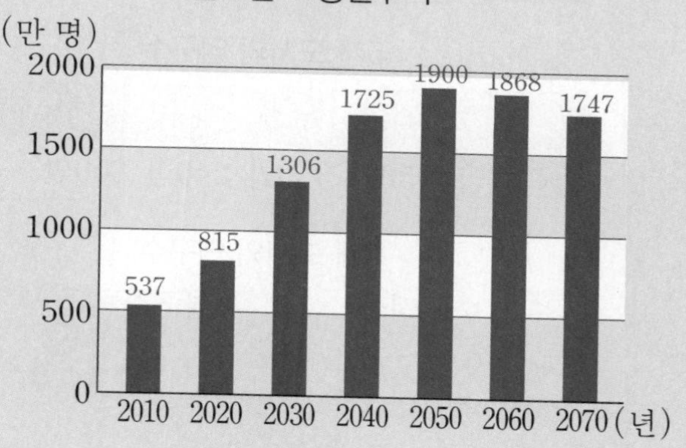

65세 이상 고령인구는 2050년까지는 계속 (증가 , 감소)할 것입니다.

08 우리나라의 연령계층별 인구구성비를 나타낸 그래프를 보고 알 수 있는 내용을 완성하시오.

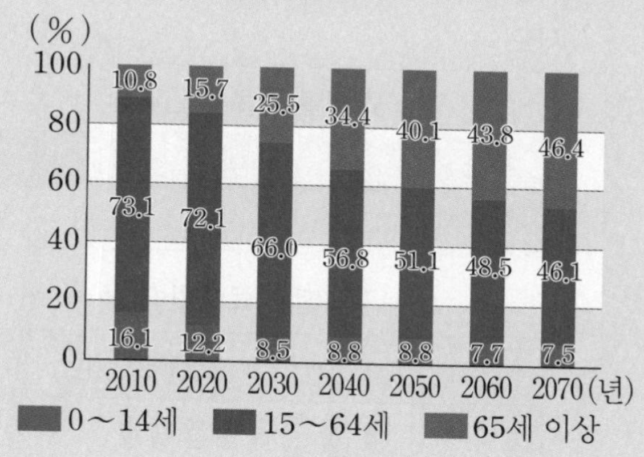

해가 갈수록 15~64세의 인구 비율은 계속 (증가 , 감소)하고, 65세 이상의 인구 비율은 계속 (증가 , 감소)할 것입니다.

유형 01 표와 그래프의 빈 곳 채우기

01 우리나라의 5개 도시의 인구수를 조사하여 어림하여 나타낸 표와 그림그래프입니다. 표와 그림그래프를 완성하시오.

5개 도시의 인구수

시	서울	부산	대구	인천	광주
인구수(명)	950만	330만	240만	300만	

5개 도시의 인구수

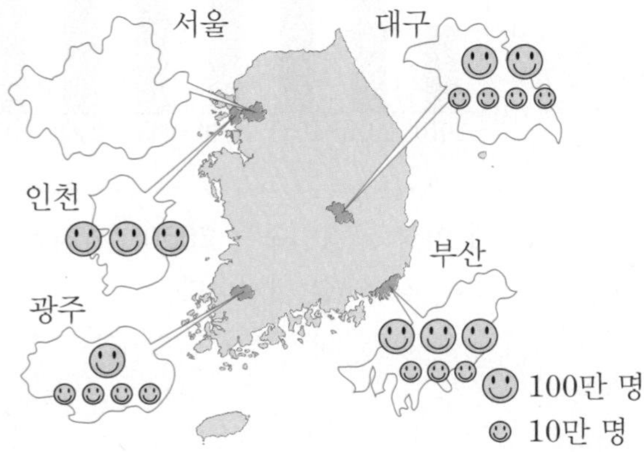

02 가게별 음료수 판매량을 조사하여 나타낸 표와 그림그래프입니다. 표와 그림그래프를 완성하시오.

가게별 음료수 판매량

가게	가	나	다	라
판매량(개)	3500		4200	3400

가게별 음료수 판매량

가게	판매량
가	
나	
다	
라	

1000개 100개

유형 02 모르는 항목의 비율 구하여 해석하기

03 규원이네 학교 학생들의 하루 평균 인터넷 이용 시간을 조사하여 나타낸 띠그래프입니다. 학생 수가 가장 적은 이용 시간을 쓰시오.

하루 평균 인터넷 이용 시간

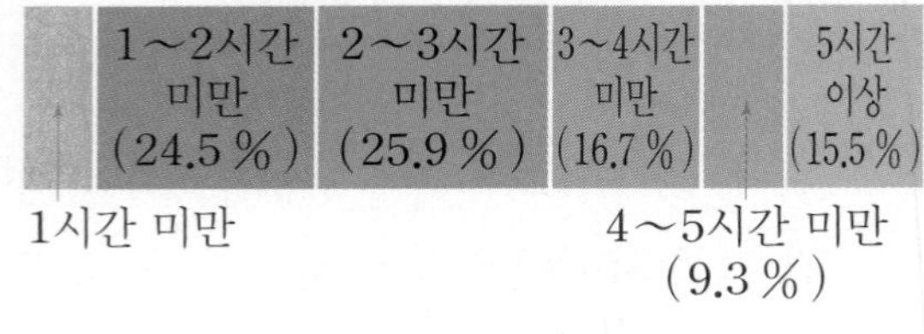

( )

04 민영이네 학교 학생들의 인터넷 이용 목적을 조사하여 나타낸 원그래프입니다. 인터넷 이용 목적 중 게임보다 더 많은 비율을 차지하는 것을 모두 쓰시오.

인터넷 이용 목적

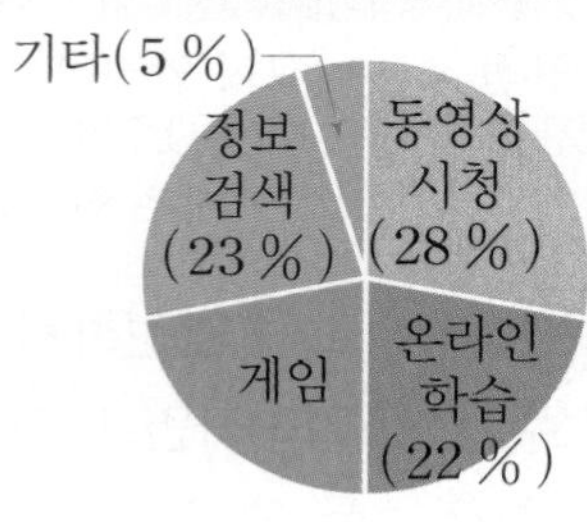

( )

05 위 **04**의 인터넷 이용 목적 중 게임과 같은 비율을 차지하는 것은 무엇입니까?

( )

유형 03 그래프 바꿔서 나타내기

06 띠그래프를 보고 원그래프로 나타내시오.

좋아하는 음식별 학생 수

0 10 20 30 40 50 60 70 80 90 100(%)

피자 (40 %)	자장면 (25 %)	김밥 (20 %)	햄버거(10 %)	기타 (5 %)

좋아하는 음식별 학생 수

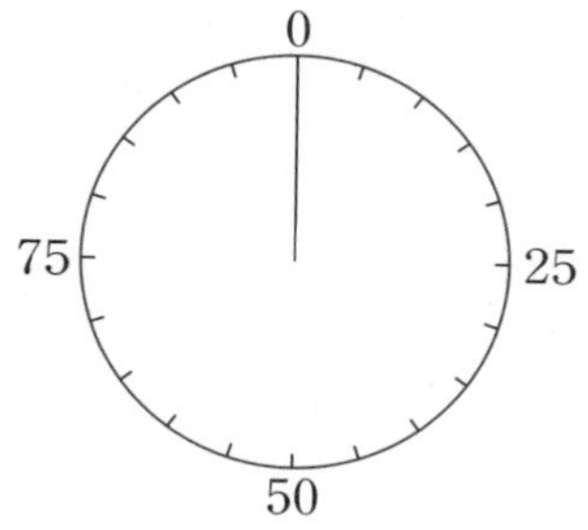

07 지방이 수분의 3배일 때 원그래프를 보고 띠그래프로 나타내시오.

콩의 영양소

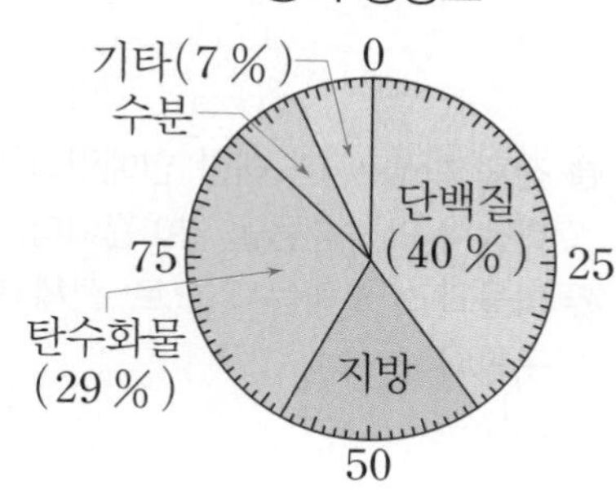

콩의 영양소

0 10 20 30 40 50 60 70 80 90 100(%)

유형 04 여러 개의 그래프에서 몇 배인지 구하기

08 2008년도에 잡힌 두족류의 비율은 1971~1980년도에 잡힌 두족류의 비율의 약 몇 배인지 반올림하여 일의 자리까지 나타내시오.

동해안의 수산 자원 어획량

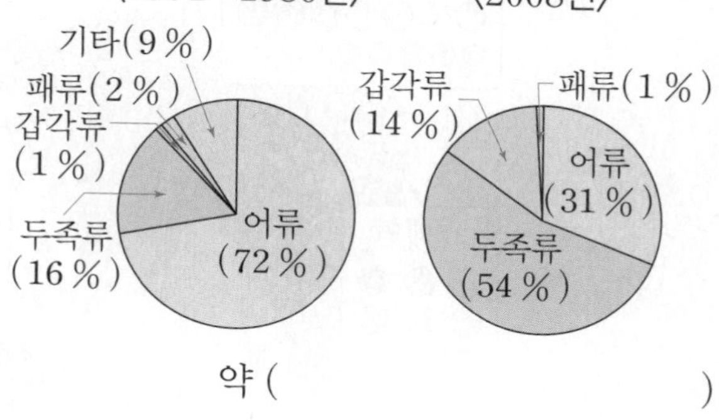

약 (　　　　　)

[09~10] 2018년부터 2022년까지 2년 간격으로 어느 회사의 제품별 판매량을 나타낸 띠그래프입니다. 물음에 답하시오.

제품별 판매량

	A 제품	B 제품	C 제품
2018년	14 %	64 %	22 %
2020년	19 %	65 %	16 %
2022년	28 %	60 %	12 %

09 2022년의 A 제품 판매 비율은 2018년의 A 제품 판매 비율의 몇 배입니까?

(　　　　　)

10 2022년에 B 제품의 판매 비율은 C 제품의 판매 비율의 몇 배입니까?

(　　　　　)

그림그래프 해석하기

01 어느 해 5개 국가의 1인당 전력 소비량을 나타낸 그림그래프입니다. ❶1인당 전력 소비량이 가장 많은 나라는 / ❷가장 적은 나라보다 / ❸몇 kWh 더 많은지 구하시오.

1인당 전력 소비량

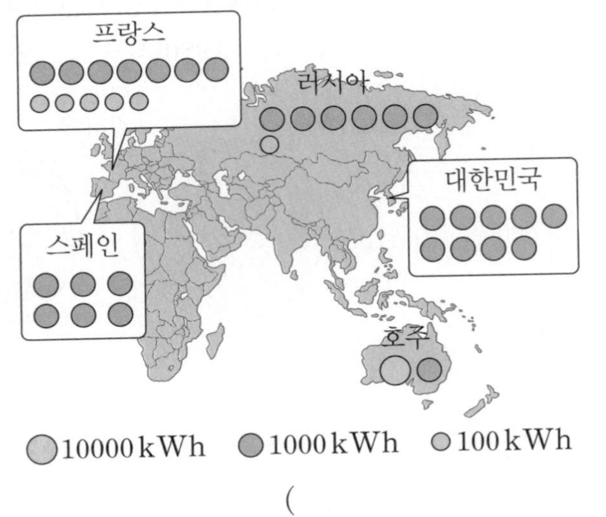

(　　　　　　　　　　)

❶ 전력 소비량이 가장 많은 나라를 구합니다.
❷ 전력 소비량이 가장 적은 나라를 구합니다.
❸ ❶, ❷에서 구한 두 나라의 전력 소비량의 차를 구합니다.

전체 수량 구하기

02 ❶장래 희망으로 연예인이 되고 싶은 학생이 7명일 때 / ❷조사한 전체 학생 수는 몇 명입니까?

장래 희망별 학생 수

❶
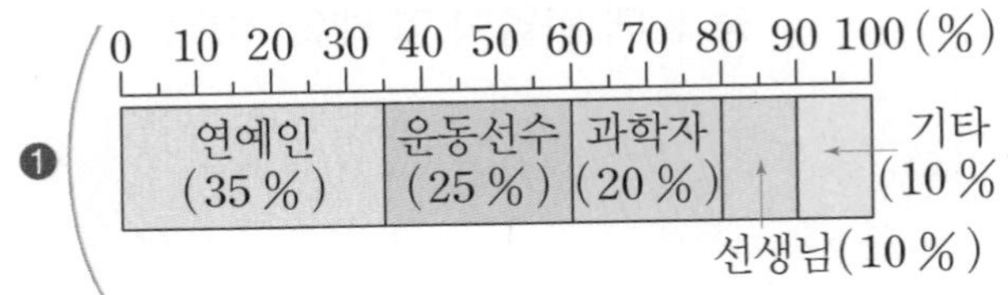

(　　　　　　　　　　)

❶ 전체 학생 수에 대한 연예인이 되고 싶은 학생 수의 백분율을 알아봅니다.
❷ 비율과 비교하는 양으로 전체 학생 수를 구합니다.

● 정답 및 풀이 67쪽

그래프의 일부분을 다른 그래프로 나타내기

03 어느 해 우리나라의 무역액과 주요 국가별 수출액을 조사하여 원그래프로 나타내었습니다. ❶이 해 우리나라의 총무역액이 약 7000억 달러일 때 / ❷미국으로의 수출액은 약 얼마입니까?

우리나라의 무역액

국가별 수출액

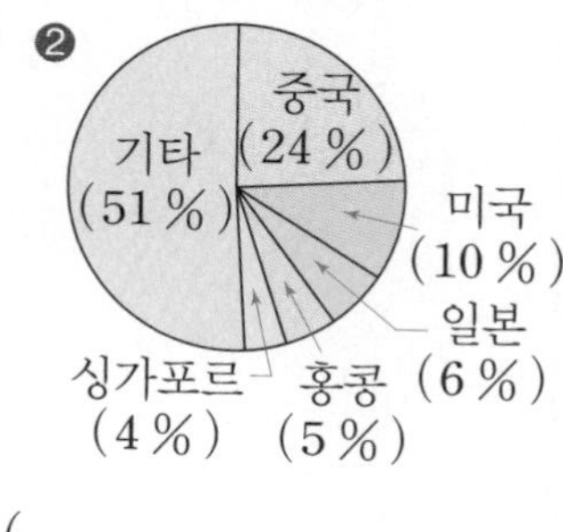

약 (   )

❶ 이 해 우리나라의 수출액을 구합니다.
❷ 미국으로의 수출액을 구합니다.

2개의 그래프를 하나의 그래프에 나타내기

04 ❶❷지우의 두 달 동안 용돈의 쓰임새별 금액을 나타낸 띠그래프입니다. / 두 띠그래프를 하나의 띠그래프에 나타내려고 합니다. ❸두 달 동안의 저금액은 전체 용돈 지출액의 몇 %입니까?

용돈 쓰임새별 금액(9월)

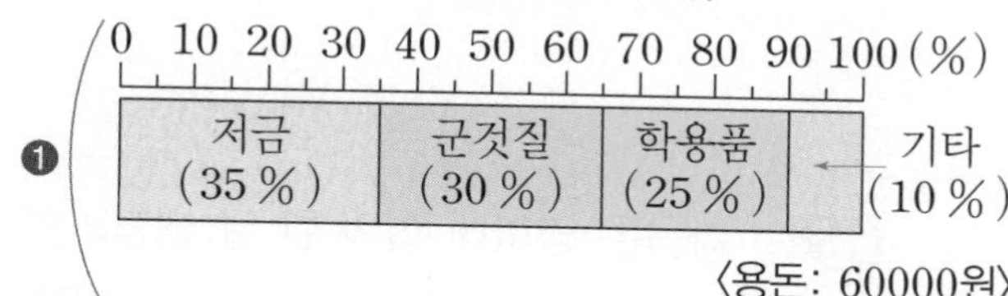

〈용돈: 60000원〉

용돈 쓰임새별 금액(10월)

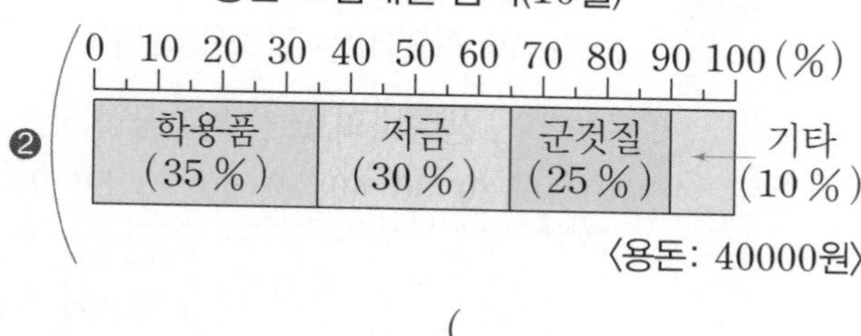

〈용돈: 40000원〉

(   )

❶ 9월의 저금액을 구합니다.
❷ 10월의 저금액을 구합니다.
❸ ❶, ❷에서 구한 금액의 합은 두 달 동안 전체 용돈 지출액의 몇 %인지 구합니다.

05 동영상

하루 동안 가족간 대화하는 시간을 조사하여 나타낸 그래프입니다. 2020년에는 2000년에 비해 가족간 대화하는 시간이 1시간 미만인 가족의 비율이 약 몇 배가 되었는지 반올림하여 일의 자리까지 나타내시오.

하루 동안 가족간 대화하는 시간

	1시간 미만	1시간 이상 2시간 미만	2시간 이상
2000년	26 %	41 %	33 %
2010년	36 %	35 %	29 %
2020년	48 %	29 %	23 %

약 (   )

그림그래프 해석하기

06 동영상

5개 도시의 연평균 강수량을 나타낸 그림그래프입니다. 연평균 강수량이 가장 많은 도시는 가장 적은 도시보다 몇 mm 더 많은지 구하시오.

5개 도시의 연평균 강수량

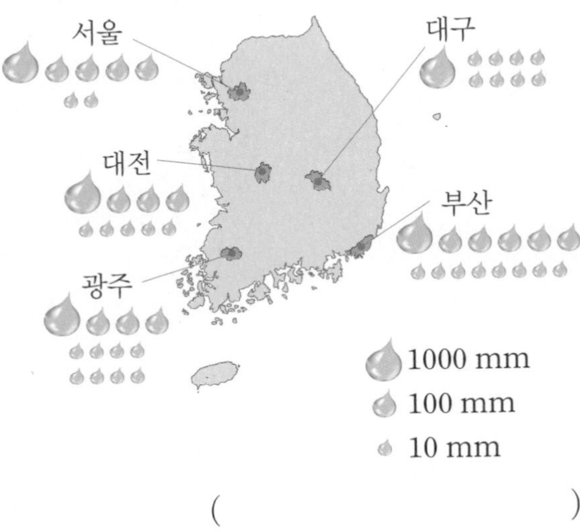

(   )

전체 수량 구하기

07 동영상

우리나라의 용도별 국토 넓이를 조사하여 나타낸 원그래프입니다. 도시 지역이 차지하는 넓이가 17000 km^2라면 우리나라의 전체 국토 넓이는 몇 km^2입니까?

용도별 국토 넓이

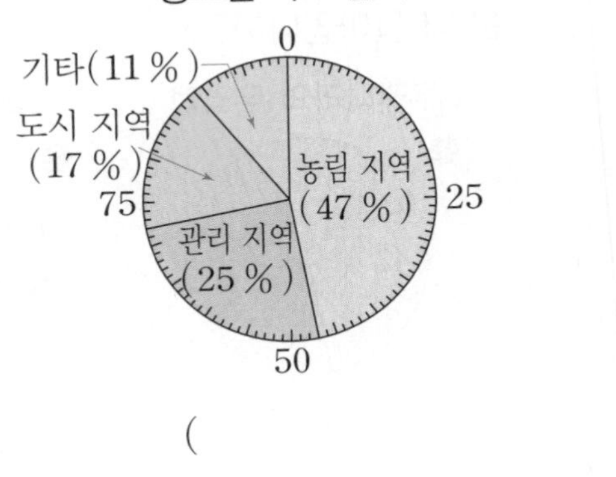

(   )

08 동영상

다음 띠그래프를 보고 원을 몇 등분 한 원그래프로 나타내었더니 과학책은 4칸에 그려졌습니다. 원을 몇 등분 했습니까?

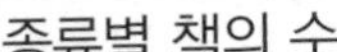
종류별 책의 수

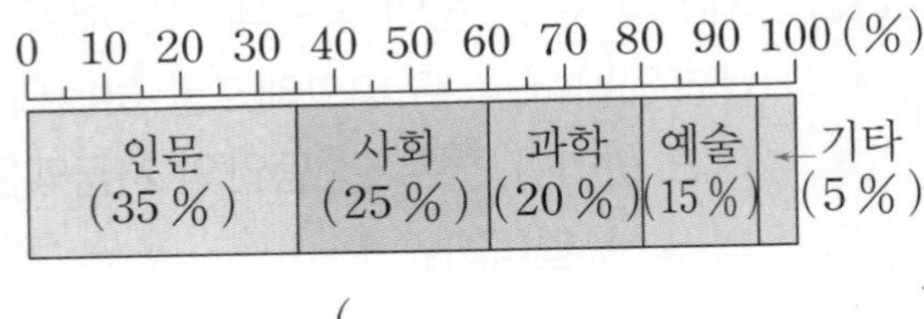

(   )

09 동영상

다음은 영미네 집의 한 달 생활비의 쓰임새별 금액을 조사하여 나타낸 띠그래프입니다. 한 달 생활비가 200만 원이고 주거비가 광열비의 3배라면 광열비는 얼마입니까?

생활비의 쓰임새별 금액

0 10 20 30 40 50 60 70 80 90 100 (%)

식품비 (34 %)	주거비	교육비 (20 %)	광열비	기타 (6 %)

(   )

QR 코드를 찍어 **유사 문제**를 보세요.

그래프의 일부분을 다른 그래프로 나타내기

10 동영상

다음은 어느 지역의 토지 이용도를 조사하여 나타낸 그래프입니다. 토지 전체의 넓이가 20 km^2일 때 고구마를 심은 밭의 넓이는 몇 km^2인지 소수로 나타내시오.

토지별 이용도

산림 (35 %)	논 (25 %)	주택 (15 %)	밭	기타 (5 %)

밭의 이용도

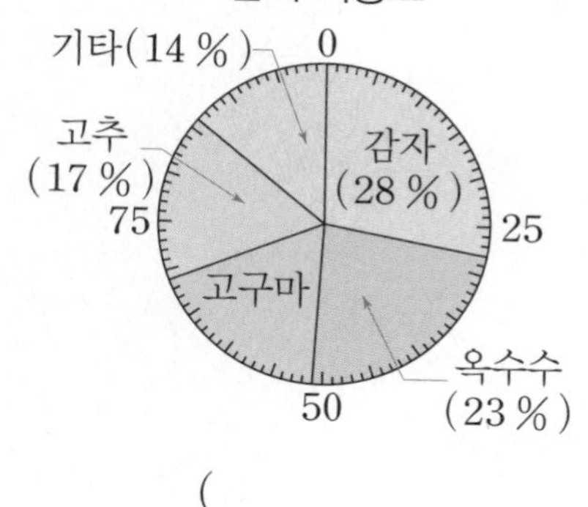

( )

11 동영상

강희네 학교 회장 선거에서 후보자별 득표율을 나타낸 원그래프입니다. 지영이가 받은 표가 280표라면 강희가 받은 표는 몇 표입니까?

후보자별 득표율

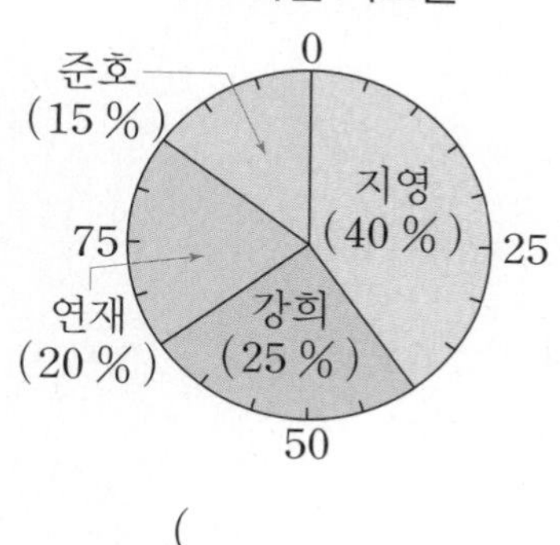

( )

12 동영상

규원이네 학교 6학년 학생들의 현장 학습 참가에 대한 의견을 조사하여 나타낸 띠그래프입니다. 아파서 불참하는 학생이 27명이라면 규원이네 학교 6학년 학생은 모두 몇 명입니까?

참가 여부별 학생 수

참가 (85 %)	불참 (15 %)

불참 이유별 학생 수

아파서 (30 %)	비싸서 (30 %)	다른 계획이 있어서 (20 %)	기타 (20 %)

( )

2개의 그래프를 하나의 그래프에 나타내기

13

동영상

다음은 성주네 학교와 대호네 학교 학생들이 좋아하는 계절을 조사하여 나타낸 원그래프입니다. 두 원그래프를 하나의 원그래프에 나타내려고 합니다. 두 학교에서 봄을 좋아하는 학생은 전체의 몇 %인지 소수로 나타내시오.

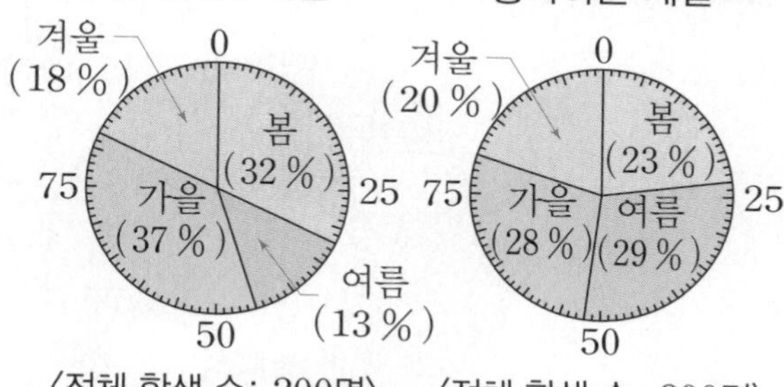

〈전체 학생 수: 200명〉 〈전체 학생 수: 300명〉

( )

5 여러 가지 그래프

창의·융합

1 고령 인구 비율은 전체 인구에서 만 65세 이상 인구가 차지하는 비율입니다. 다음 시도별 고령 인구 비율을 나타낸 그래프를 보고 고령 인구 비율이 20 % 이상인 시도는 모두 몇 개인지 구하시오.

2021년 시도별 고령 인구 비율(단위: %)

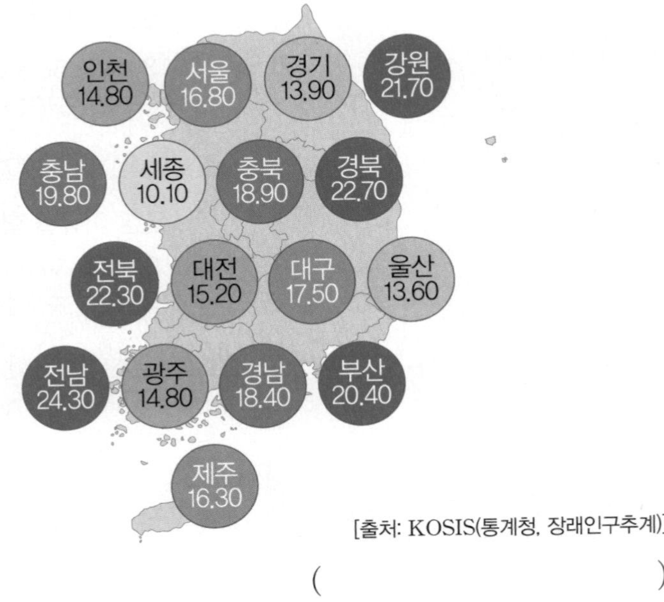

[출처: KOSIS(통계청, 장래인구추계)]

(　　　　　　　　)

문제 해결

2 다음은 어느 지역의 초등학생을 대상으로 부모님으로부터 가장 많이 듣는 말을 조사하여 나타낸 그래프입니다. □ 안에 알맞은 수를 써넣으시오.

부모님으로부터 가장 많이 듣는 말

312명 (7.8 %)
496명 (12.4 %)
1160명 (□ %)
992명 (24.8 %)
1040명 (□ %)

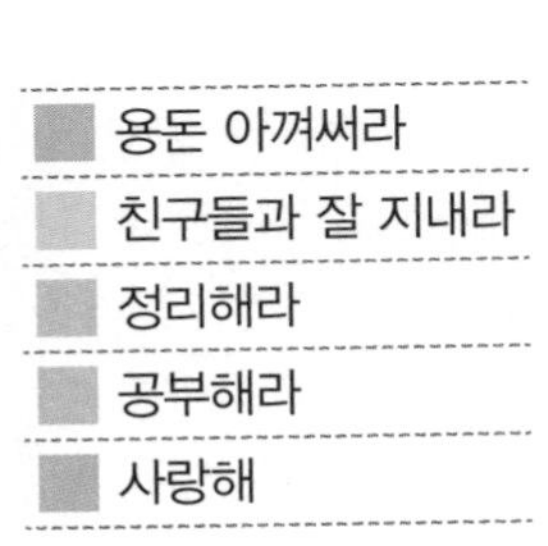

응답한 전체 학생 수를 먼저 구해야 해요.

코로나19 발생 기간 동안 재택근무자 1000명을 대상으로 재택근무의 효율성과 재택근무가 비효율적인 이유를 조사한 결과입니다. 재택근무가 소통 및 감독 부족으로 비효율적이다고 응답한 사람은 몇 명입니까?

재택근무의 효율성

재택근무가 비효율적인 이유

업무적인 이유 (40%)
소통 및 감독 부족 (20%)
개인적인 이유 (20%)
기타 (20%)

( )

재택근무가 비효율적이다고 응답한 사람 수를 알아야 소통 및 감독 부족으로 비효율적이다고 응답한 사람 수를 구할 수 있어요.

기대수명은 0세 출생아가 향후 생존할 것으로 기대되는 평균 연수를 나타냅니다. 기대수명을 나타낸 그래프를 보고 알 수 있는 점을 쓰시오.

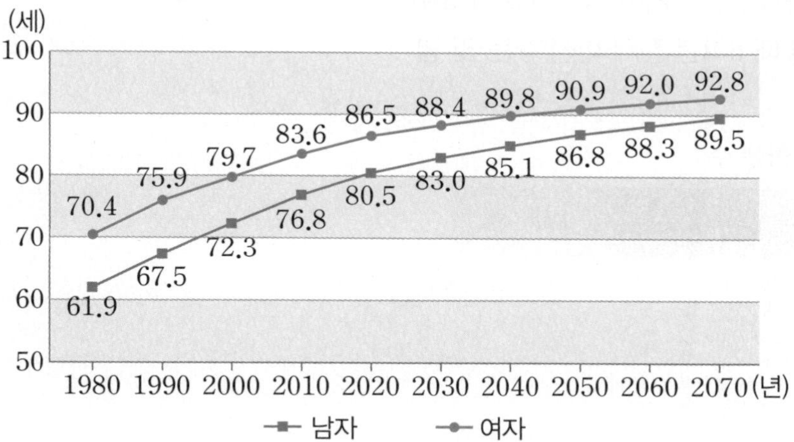

[출처: KOSIS(통계청, 장래인구추계)]

알 수 있는 점

5 여러 가지 그래프

1 동영상

| HME 17번 문제 수준 |

어느 도시의 토지 이용률을 조사하여 나타낸 원그래프입니다. 전체 길이가 10 cm인 띠그래프로 나타냈을 때 공업용지가 차지하는 부분의 길이는 몇 cm인지 소수로 나타내시오.

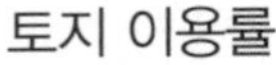
토지 이용률

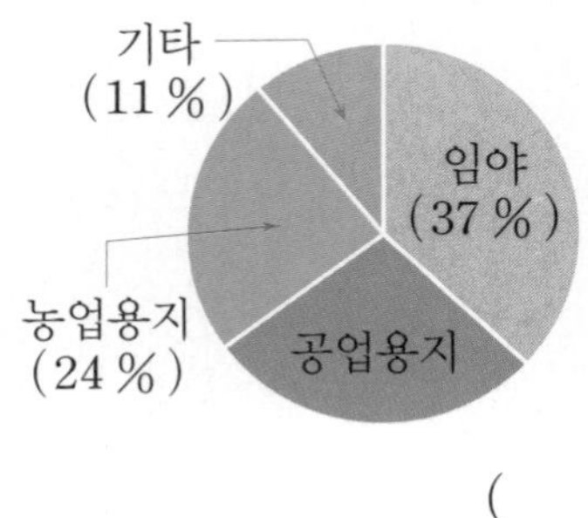

( )

띠그래프에서 어떤 항목이 차지하는 부분의 길이는 전체 길이 중 그 항목의 비율만큼입니다.

2 동영상

| HME 19번 문제 수준 |

수현이네 학교 6학년 학생들이 사는 마을을 조사하여 나타낸 띠그래프입니다. 나 마을 30명, 라 마을 24명일 때 6학년 전체 학생 수는 몇 명입니까?

마을별 6학년 학생 수

가 마을 (40 %)	나 마을	다 마을 (15 %)	라 마을

( )

3

| HME 21번 문제 수준 |

은별이네 학교 학생 600명이 좋아하는 과목을 조사하여 나타낸 원 그래프입니다. 음악을 좋아하는 학생이 체육을 좋아하는 학생보다 10명 더 많을 때, 체육을 좋아하는 학생은 몇 명인지 구하시오.

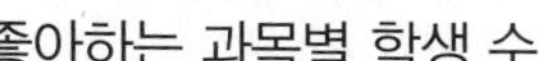

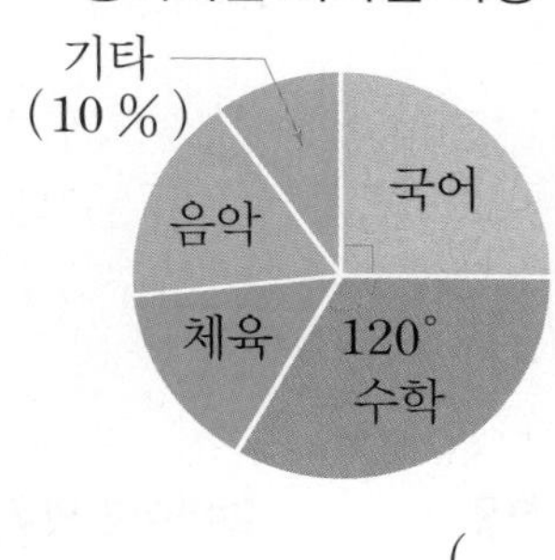

( )

(각 항목의 학생 수)

$=(\text{전체 학생 수})\times\frac{(\text{각 항목의 각도})}{360}$

4

| HME 22번 문제 수준 |

영훈이는 학생들이 가고 싶어 하는 체험 학습 장소를 조사하여 학교 신문의 기사를 썼습니다. 기사를 읽고 제주를 가고 싶어 하는 여학생이 110명일 때 여수를 가고 싶어 하는 남학생 수를 구하시오.

체험 학습 장소를 정하기 위하여 전교생을 대상으로 설문을 실시하였다. 여수를 가고 싶어 하는 여학생 수는 부산을 가고 싶어 하는 여학생 수의 2배였다.

장소별 여학생 수

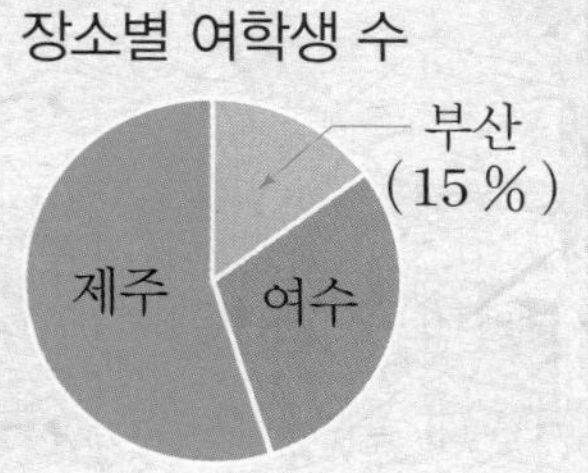

여수를 가고 싶어 하는 학생 수

남학생 (70 %)	여학생 (30 %)

( )

만약 한국이 100명이 사는 마을이라면?

백분율은 전체 수량을 100을 기준으로 하였을 때 그것에 대해 가지는 비율을 말해요. 그렇다면 한국을 100명이 사는 마을로 만든다면 각 항목의 수는 어떻게 나타낼 수 있는지 알아볼까요?

노인 인구가 11명에서 38명으로!

2010년 인구 비율을 나타낸 원그래프를 보면 일을 할 수 있는 15～64세까지의 인구는 약 73명이에요. 마을을 꾸려 나가는 데 큰 문제가 없지요. 그런데 2050년 인구 비율을 나타낸 원그래프를 보면 15～64세까지의 인구가 53명으로 줄어들게 돼요. 0～14세까지의 인구도 줄어들고요. 대신 65세 이상의 인구가 약 11명에서 약 38명으로 늘어나게 되죠. 정부에서는 늘어나는 노인들을 위한 대책 마련을 해야겠죠?

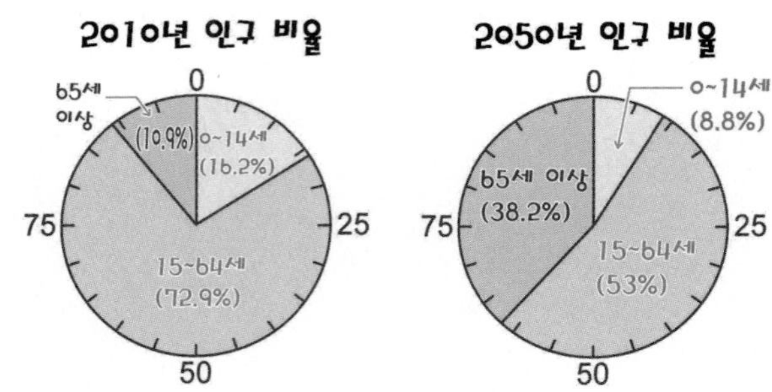

78명이 인터넷 이용!

인터넷 이용률은 어떻게 될까요?
정보 통신 강국답게 한국 마을 주민 100명 중 78명이 인터넷을 이용하고 있어요. 2000년대 들어 초고속 인터넷망이 보급되면서 인터넷 이용률은 빠르게 늘어났지요. 세계에서 인터넷 사용자가 가장 많은 노르웨이 마을의 인터넷 이용자는 92명이래요.

└ 노르웨이를 100명이 사는 마을이라고 했을 경우

생일 선물로 스마트폰을 받으면 화장실에서도 게임을 할 수 있을텐데……. 끄응~

휴대 전화 이용률은 더 놀라워요. 2009년을 기준으로 할 때 마을 주민 100명 중에 무려 96명이 휴대 전화를 가지고 있으며 그 이용률도 폭발적으로 증가하고 있는 추세랍니다.

직육면체의 부피와 겉넓이

학습 계획표

계획표대로 공부했으면 ○표, 못했으면 △표 하세요.

내용	쪽수	날짜	확인
잘 틀리는 실력 유형	76~77쪽	월 일	
다르지만 같은 유형	78~79쪽	월 일	
응용 유형	80~83쪽	월 일	
사고력 유형	84~85쪽	월 일	
최상위 유형	86~87쪽	월 일	

유형 01 가장 큰 정육면체 만들기

직육면체를 잘라서 가장 큰 정육면체 만들기
→ (만든 정육면체의 한 모서리의 길이)
=(직육면체의 가장 짧은 모서리의 길이)

① 직육면체의 세 모서리의 길이 비교
→ ●<▲<■

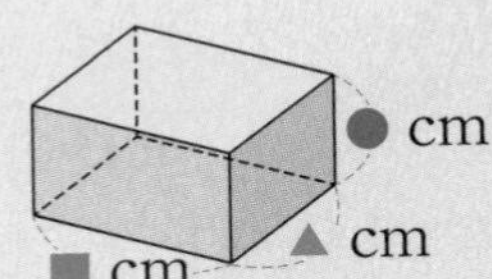

② ①에서 가장 짧은 모서리를 정육면체의 한 모서리의 길이가 되게 자르기
→ 정육면체의 한 모서리의 길이: ☐ cm

01 직육면체를 잘라서 가장 큰 정육면체를 1개 만들었습니다. 만든 정육면체의 부피는 몇 cm^3입니까?

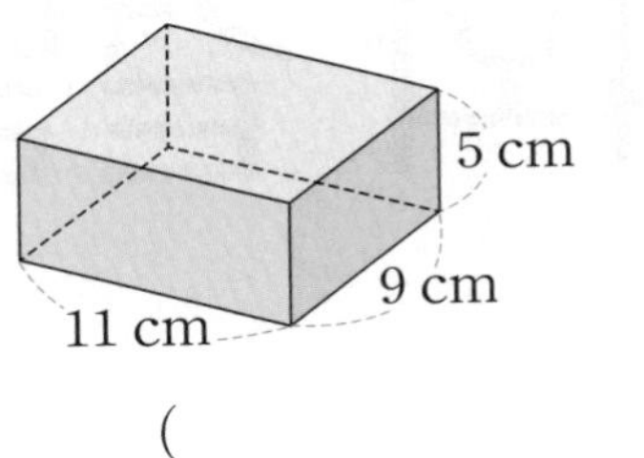

(　　　　　　　　)

02 직육면체를 잘라서 가장 큰 정육면체를 1개 만들었습니다. 만든 정육면체의 겉넓이는 몇 cm^2입니까?

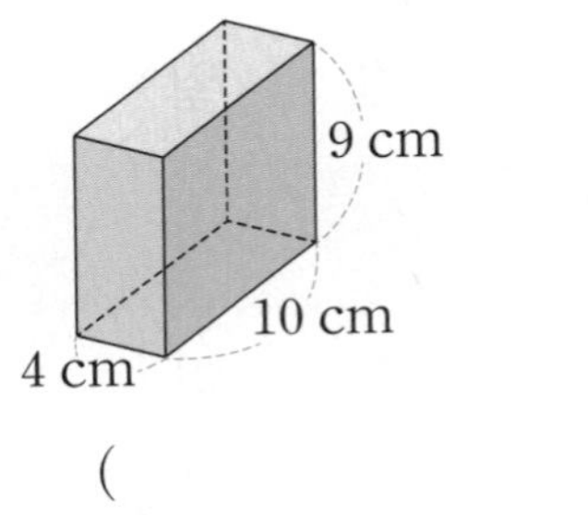

(　　　　　　　　)

유형 02 돌의 부피

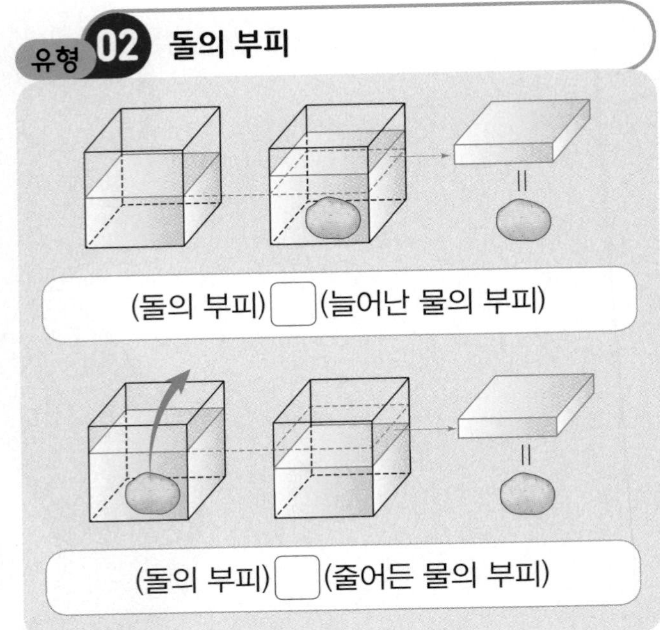

(돌의 부피) ☐ (늘어난 물의 부피)

(돌의 부피) ☐ (줄어든 물의 부피)

03 직육면체 모양의 수조에 돌을 완전히 잠기도록 넣었더니 물의 높이가 9 cm가 되었습니다. 돌의 부피는 몇 cm^3입니까? (단, 수조의 두께는 생각하지 않습니다.)

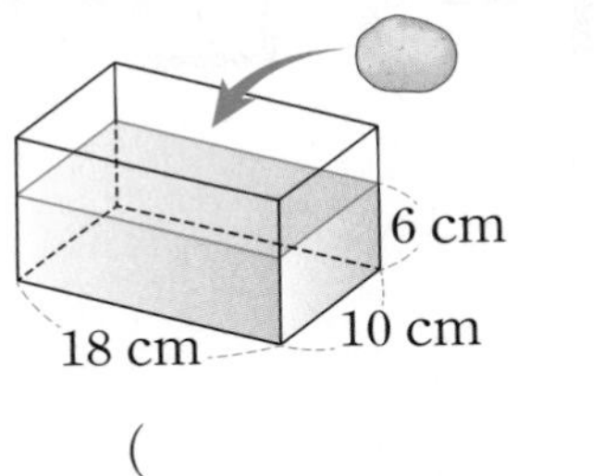

(　　　　　　　　)

04 돌이 완전히 잠겨 있는 직육면체 모양의 수조에서 돌을 꺼냈더니 물의 높이가 11 cm가 되었습니다. 돌의 부피는 몇 cm^3입니까? (단, 수조의 두께는 생각하지 않습니다.)

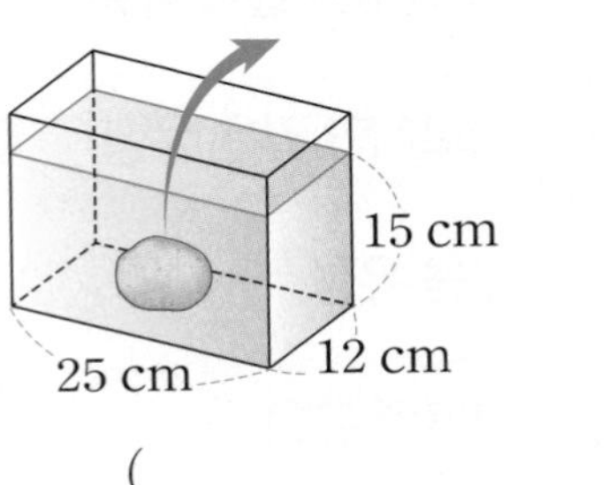

(　　　　　　　　)

QR 코드를 찍어 **동영상 특강**을 보세요.

공부한 날 월 일

유형 03 길이 변화에 따른 부피의 변화

- 가로, 세로, 높이 중 한 부분이 ■배가 되면 부피는 ■배가 됩니다.
- 가로, 세로, 높이 중 두 부분이 각각 ■배, ▲배가 되면 부피는 (■×▲)배가 됩니다.
- 가로, 세로, 높이가 각각 ■배, ▲배, ●배가 되면 부피는 (■×▲×●)배가 됩니다.

직육면체 가와 나에서 나의 가로만 가의 2배일 때
(직육면체 나의 부피)
=(직육면체 가의 부피)×□입니다.

05 가로와 세로가 각각 다음 직육면체의 가로와 세로의 4배인 직육면체의 부피는 몇 cm^3입니까?

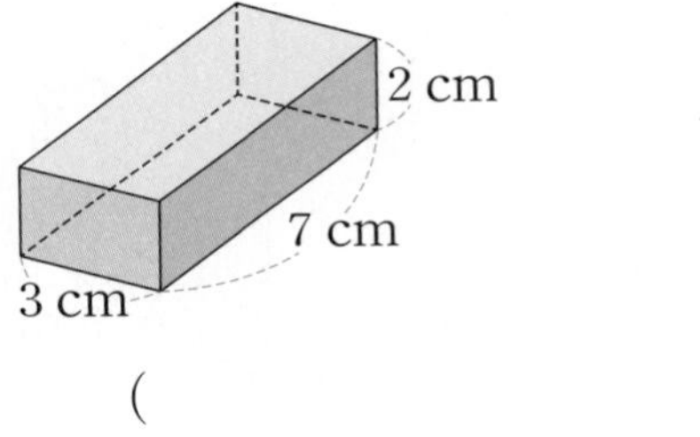

( )

06 가로, 세로, 높이가 각각 다음 직육면체의 가로, 세로, 높이의 3배인 직육면체의 부피는 몇 cm^3 입니까?

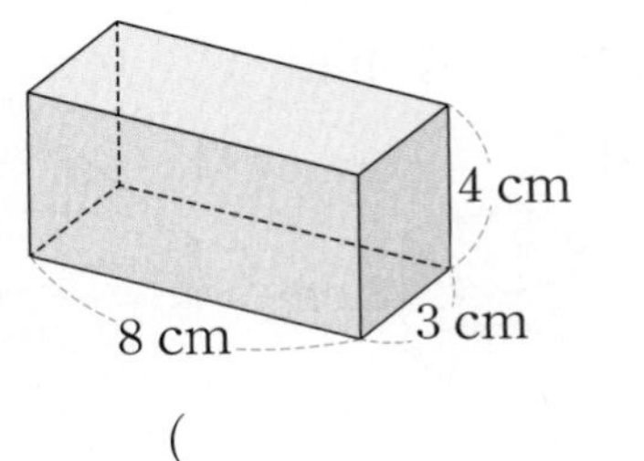

( )

유형 04 새 교과서에 나온 활동 유형

07 직육면체 모양의 나무를 3조각으로 똑같이 잘랐습니다. 자른 나무 3조각의 겉넓이의 합은 처음 나무의 겉넓이보다 몇 cm^2 늘어났습니까?

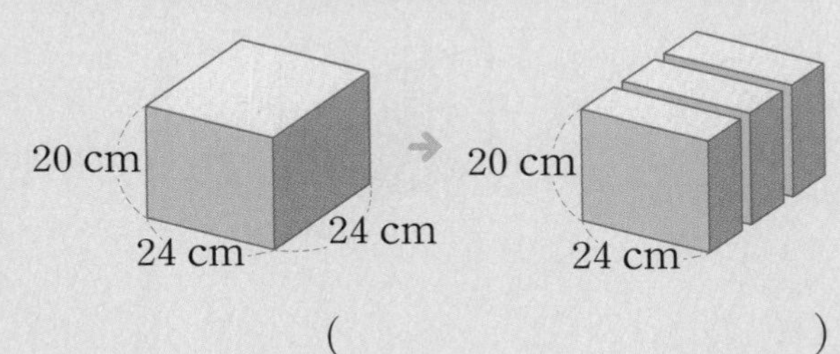

( )

08 다음과 같이 직사각형 모양의 종이의 네 귀퉁이에서 한 변이 8 cm인 정사각형을 각각 오려 내고 점선을 따라 접어서 뚜껑이 없는 상자를 만들었습니다. 상자의 부피는 몇 cm^3입니까?
(단, 종이의 두께는 생각하지 않습니다.)

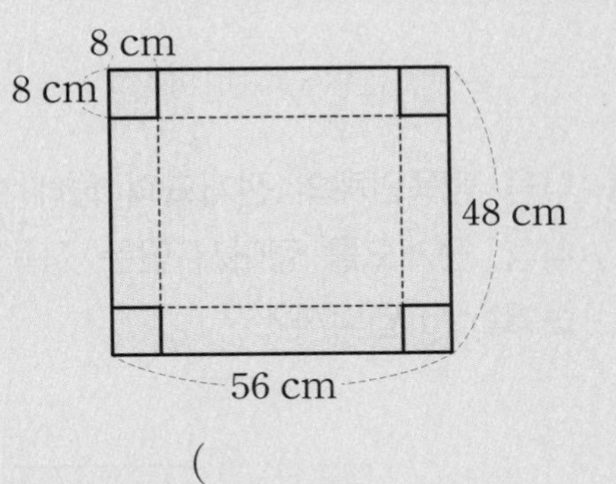

( )

유형 01 정육면체의 부피와 겉넓이

01 정육면체에 한 면의 넓이를 나타낸 것입니다. 이 정육면체의 부피는 몇 cm^3입니까?

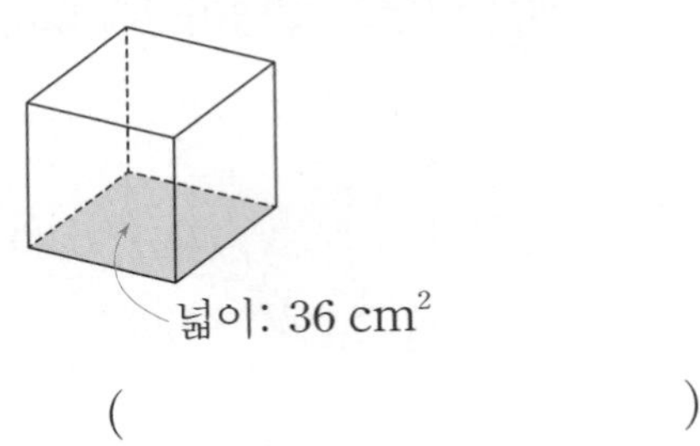

( )

02 다음 정육면체에서 색칠한 면의 둘레는 20 cm입니다. 이 정육면체의 겉넓이는 몇 cm^2입니까?

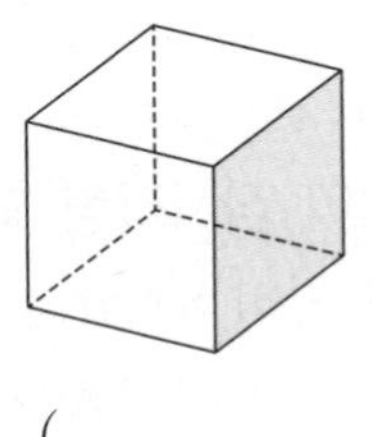

( )

03 다음 정육면체의 전개도의 둘레는 126 cm입니다. 전개도를 접어서 만든 정육면체의 부피는 몇 cm^3입니까?

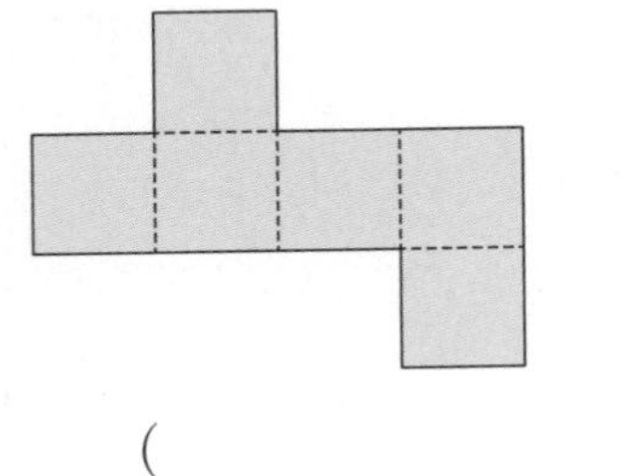

( )

유형 02 붓는 횟수 구하기

04 가로가 5 m, 세로가 6 m인 직사각형 모양의 땅을 각 면이 수직이 되게 8 m 깊이로 파서 흙을 모았습니다. 이 흙을 10 m^3의 흙을 담을 수 있는 트럭으로 실어 나르려고 합니다. 적어도 몇 번 날라야 합니까?

( )

05 다음과 같은 크기의 직육면체 모양의 통에 가득 담은 흙을 다시 부피가 1 m^3인 상자에 모두 담으려고 합니다. 상자는 적어도 몇 개 필요합니까? (단, 통과 상자의 두께는 생각하지 않습니다.)

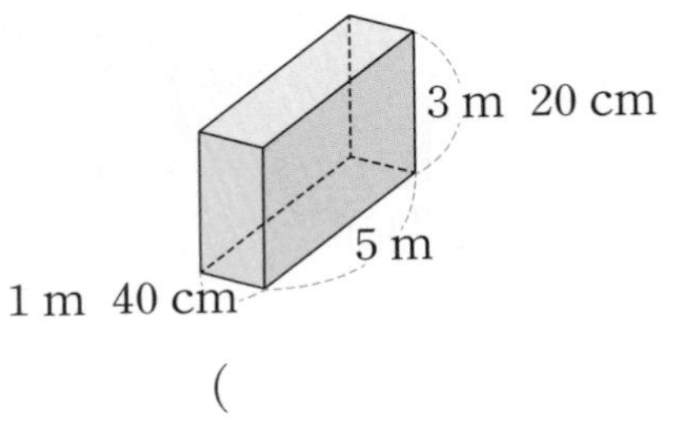

( )

06 다음과 같은 크기의 정육면체 모양의 통 가와 직육면체 모양의 통 나가 있습니다. 가에 흙을 담아 나에 부어서 가득 채우려고 합니다. 적어도 몇 번 부어야 합니까? (단, 통의 두께는 생각하지 않습니다.)

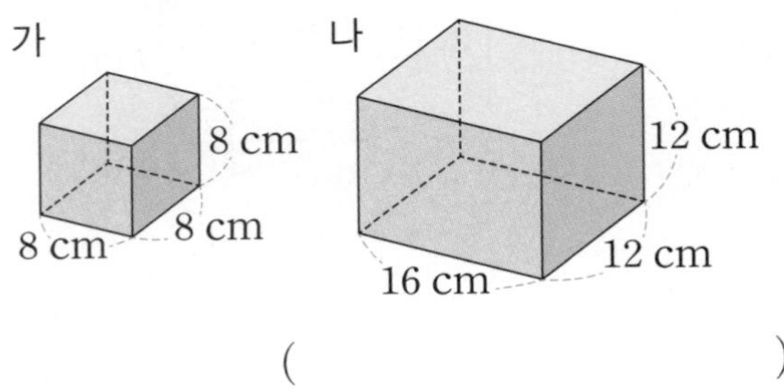

( )

유형 03 부피로 겉넓이 구하기

07 부피가 240 cm^3인 직육면체입니다. 이 직육면체의 겉넓이는 몇 cm^2입니까?

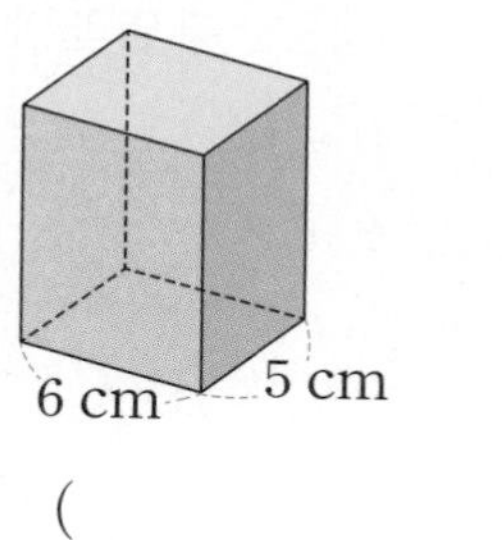

( )

08 부피가 192 cm^3인 직육면체가 있습니다. 이 직육면체의 세로가 6 cm, 높이가 4 cm일 때 겉넓이는 몇 cm^2입니까?

( )

09 부피가 1000 cm^3인 정육면체가 있습니다. 이 정육면체의 겉넓이는 몇 cm^2인지 풀이 과정을 쓰고 답을 구하시오.

[풀이]

[답]

유형 04 겉넓이로 부피 구하기

10 겉넓이가 62 cm^2인 직육면체입니다. 이 직육면체의 부피는 몇 cm^3입니까?

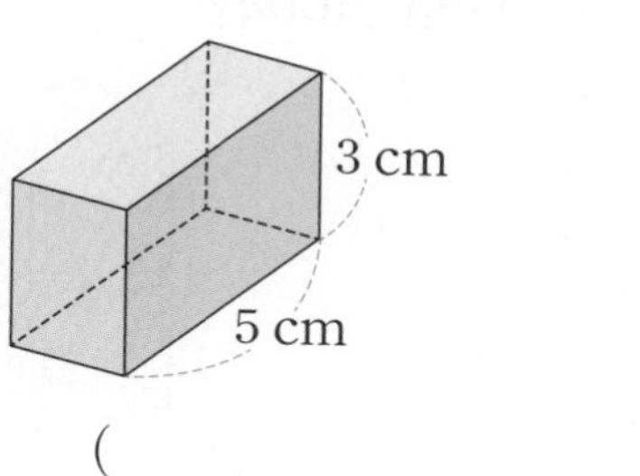

( )

11 겉넓이가 52 cm^2인 직육면체가 있습니다. 이 직육면체의 가로가 3 cm, 세로가 2 cm일 때 부피는 몇 cm^3입니까?

( )

서술형

12 겉넓이가 150 cm^2인 정육면체가 있습니다. 이 정육면체의 부피는 몇 cm^3인지 풀이 과정을 쓰고 답을 구하시오.

[풀이]

[답]

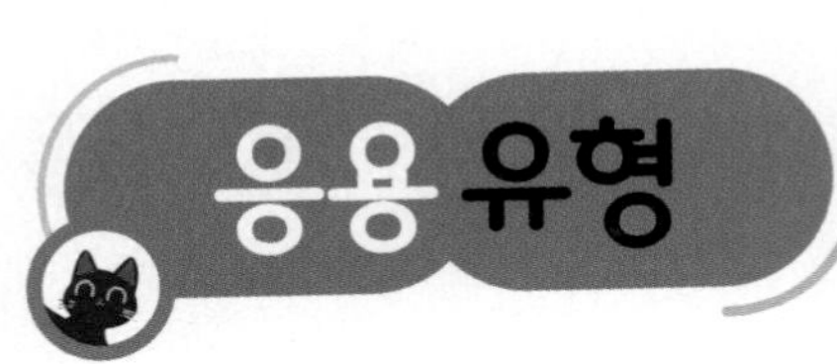

자르기 전 직육면체의 겉넓이

01 ❶다음과 같이 직육면체를 잘랐더니 크기가 같은 정육면체가 4개 나왔습니다. / ❷자르기 전 직육면체의 겉넓이는 몇 cm^2입니까?

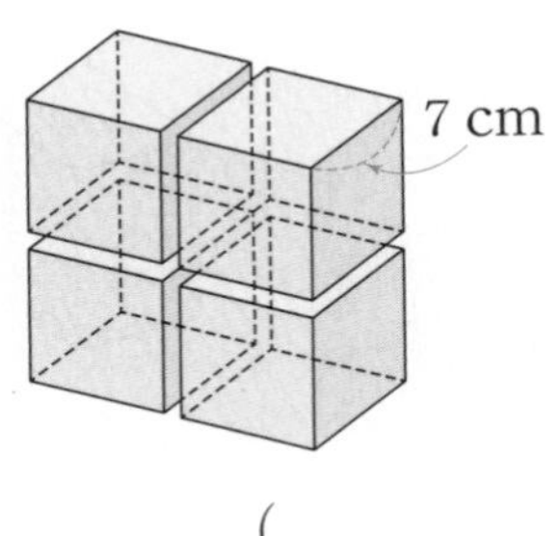

( )

❶ 정육면체의 한 모서리의 길이를 이용하여 직육면체의 가로, 세로, 높이를 구합니다.
❷ (직육면체의 겉넓이)
=(합동인 세 면의 넓이의 합)×2

가운데가 뚫려 있는 입체도형의 부피

02 ❶다음과 같이 큰 정육면체의 / ❷가운데가 직육면체 모양으로 뚫려 있는 / ❸입체도형의 부피는 몇 cm^3입니까? (단, 바닥에 닿은 면도 뚫려 있다고 생각합니다.)

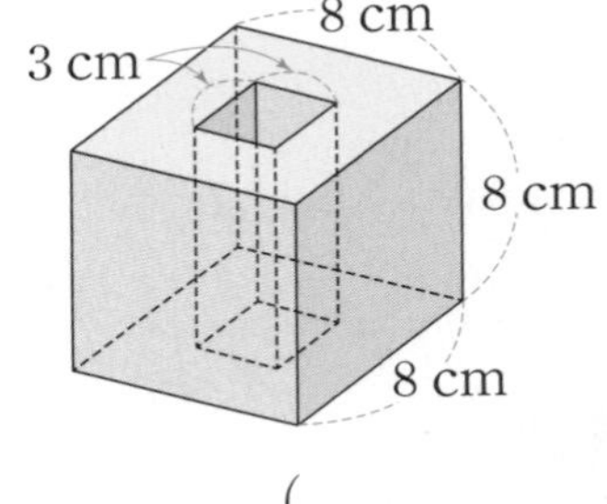

( )

❶ 뚫려 있지 않았을 때의 정육면체의 부피를 구합니다.
❷ 뚫린 부분의 부피를 구합니다.
❸ ❶에서 ❷를 뺀 부피를 구합니다.

여러 가지 입체도형의 부피

03 ❷입체도형의 부피는 몇 cm^3입니까?

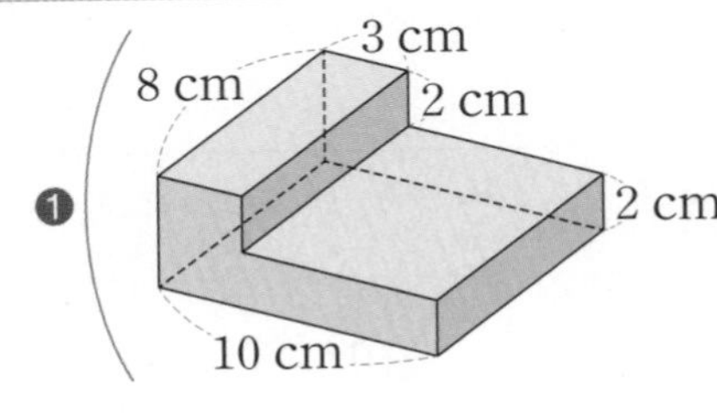

( )

❶ 입체도형을 직육면체로 나눕니다.
❷ ❶에서 나눈 직육면체의 부피를 각각 구한 후 더합니다.

공부한 날 월 일

여러 가지 입체도형의 겉넓이

04 ❷입체도형의 겉넓이는 몇 cm^2입니까?

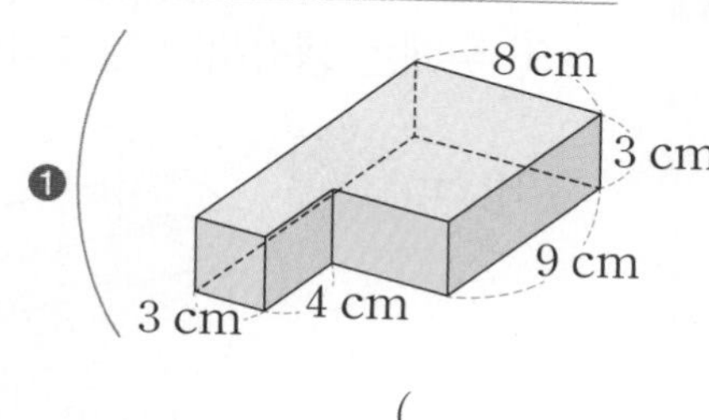

( )

❶ 입체도형을 직육면체로 나눕니다.
❷ ❶에서 나눈 직육면체의 겉넓이의 합을 구한 후 겹치는 부분의 넓이를 뺍니다.

부피가 가장 큰 직육면체의 부피

05 ❶다음은 면 ㅁㅂㅅㅇ의 둘레가 12 cm인 직육면체 중 / ❷부피가 가장 큰 직육면체입니다. 이 직육면체의 부피는 몇 cm^3입니까? (단, 모서리의 길이는 자연수입니다.)

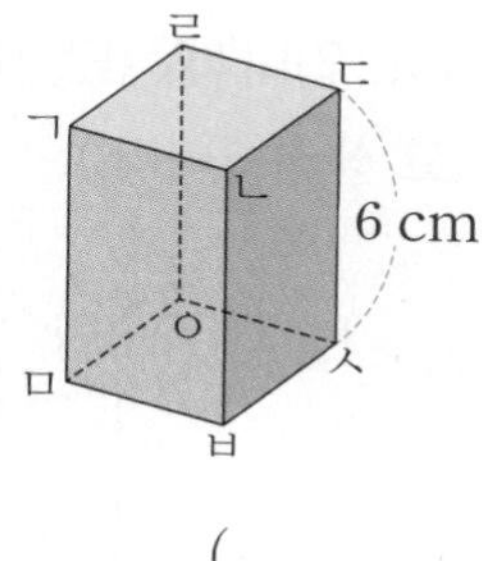

( )

❶ 직육면체의 가로와 세로가 될 수 있는 길이를 알아본 후 각각의 경우에서 부피를 구합니다.
❷ ❶에서 구한 부피 중 가장 큰 부피를 구합니다.

물의 높이

06 ❸그릇 가, 나, 다에 각각 13 cm의 높이로 물이 들어 있습니다. / ❶가의 물을 다에 모두 붓고 / ❷나의 물을 다에 넘치지 않을 때까지 가득 부었습니다. / ❸나에 남아 있는 물의 높이는 몇 cm입니까? (단, 그릇의 두께는 생각하지 않습니다.)

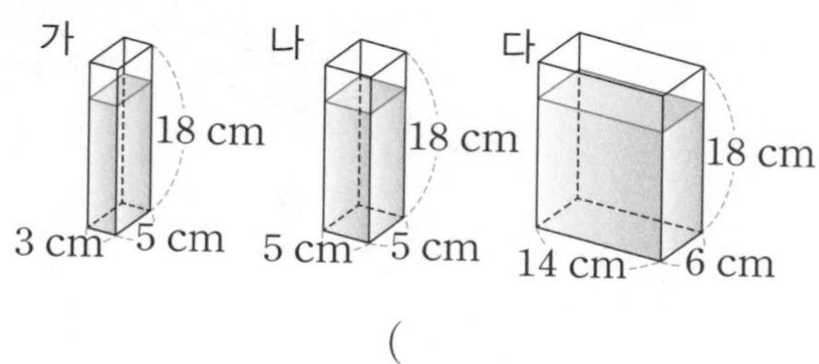

( )

❶ 가의 물을 다에 모두 부었을 때 다에 남은 공간의 부피를 구합니다.
❷ (다에 부을 수 있는 나의 물의 부피)
=(나의 가로)×(나의 세로)
×(다에 부은 나의 물의 높이)
❸ 13−(다에 부은 나의 물의 높이)를 계산합니다.

07 모든 모서리의 길이의 합이 60 cm인 정육면체의 겉넓이는 몇 cm^2입니까?

동영상

(　　　　　　　　　　)

08 직육면체 가와 정육면체 나의 부피의 차는 몇 m^3입니까?

동영상

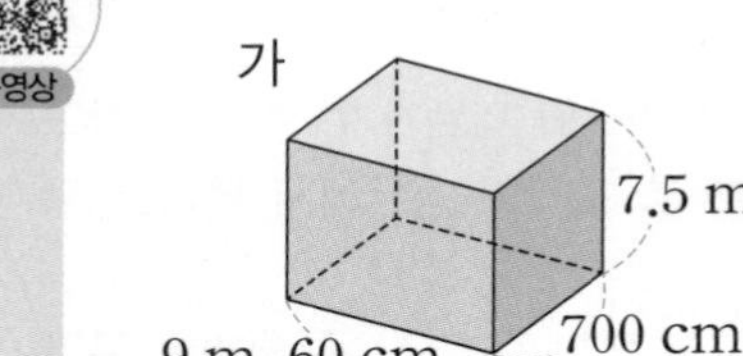

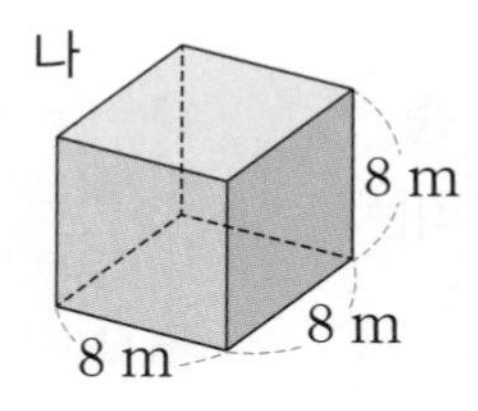

(　　　　　　　　　　)

자르기 전 직육면체의 겉넓이

09 다음과 같이 직육면체를 잘랐더니 크기가 같은 정육면체가 6개 나왔습니다. 자르기 전 직육면체의 겉넓이는 몇 cm^2입니까?

동영상

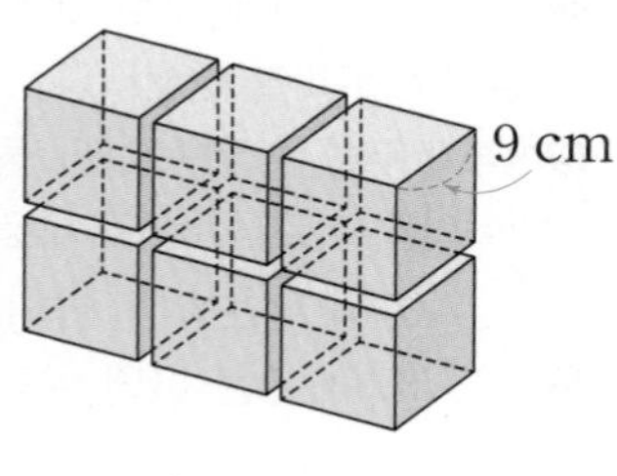

(　　　　　　　　　　)

10 직육면체 모양의 수조에 정육면체 모양의 벽돌을 넣으려고 합니다. 벽돌이 완전히 잠겼을 때 수조의 물의 높이는 몇 cm입니까? (단, 수조의 두께는 생각하지 않습니다.)

동영상

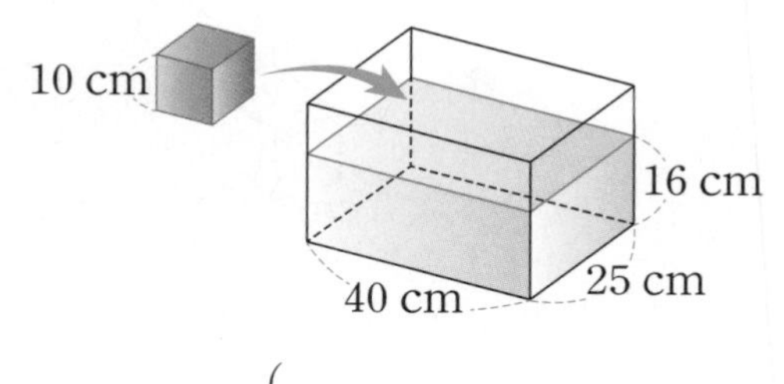

(　　　　　　　　　　)

가운데가 뚫려 있는 입체도형의 부피

11 다음과 같이 큰 정육면체의 가운데가 직육면체 모양으로 뚫려 있는 입체도형의 부피는 몇 cm^3입니까? (단, 바닥에 닿은 면도 뚫려 있다고 생각합니다.)

동영상

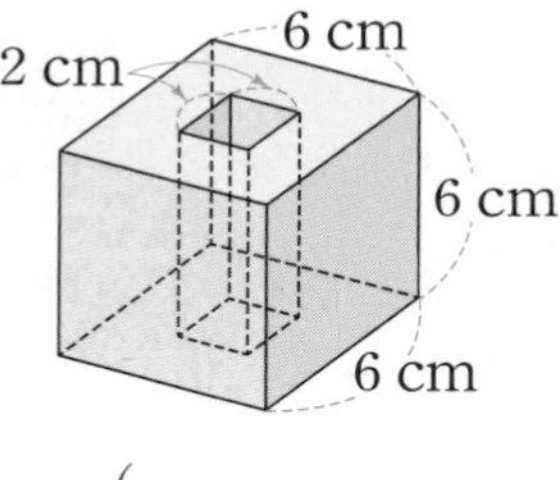

(　　　　　　　　　　)

여러 가지 입체도형의 부피

12 입체도형의 부피는 몇 cm^3입니까?

동영상

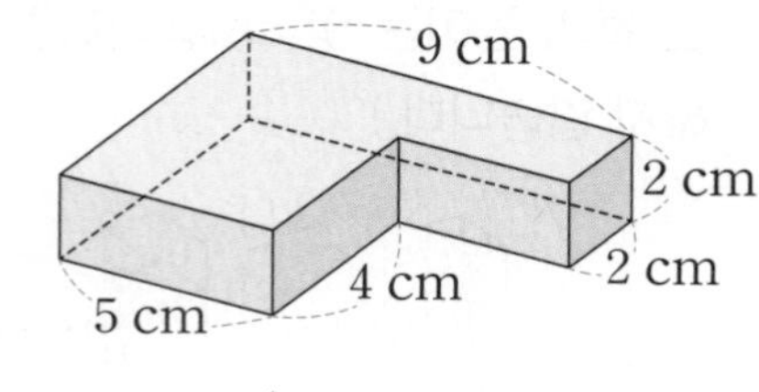

(　　　　　　　　　　)

13 동영상

다음과 같이 직육면체 모양의 상자에 길이가 150 cm인 색 테이프를 둘러 붙였더니 40 cm가 남았습니다. 이 상자의 겉넓이는 몇 cm^2입니까? (단, 색 테이프가 안 붙여진 면은 없습니다.)

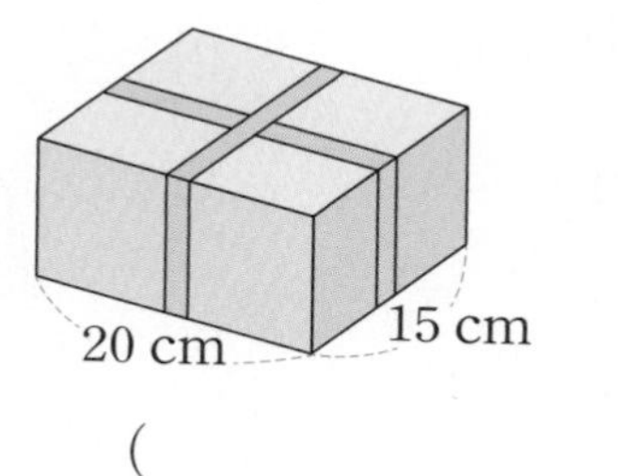

( )

14 동영상

다음 직육면체와 겉넓이가 같은 정육면체의 부피는 몇 cm^3입니까?

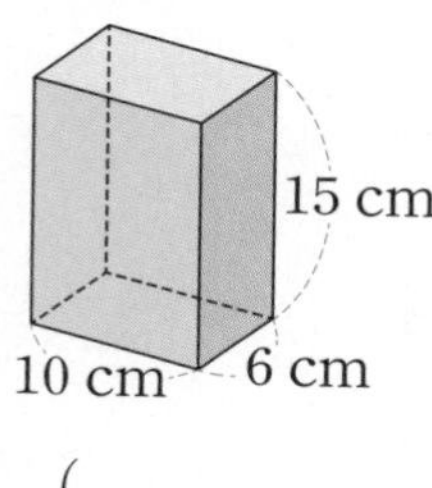

( )

여러 가지 입체도형의 겉넓이

15 동영상

입체도형의 겉넓이는 몇 cm^2입니까?

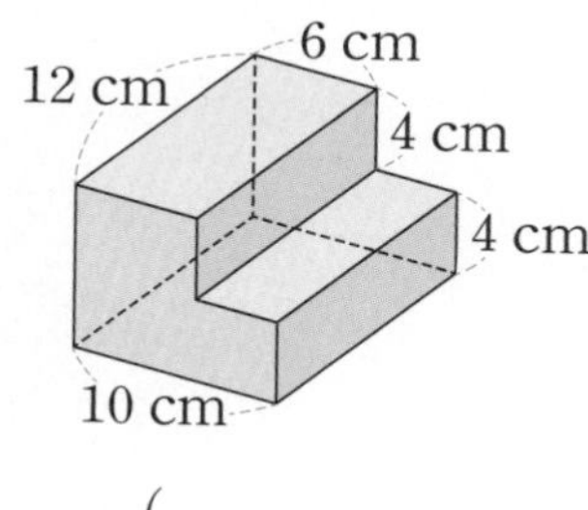

( )

부피가 가장 큰 직육면체의 부피

16 동영상

다음은 면 ㅁㅂㅅㅇ의 둘레가 16 cm인 직육면체 중 부피가 가장 큰 직육면체입니다. 이 직육면체의 부피는 몇 cm^3입니까? (단, 모서리의 길이는 자연수입니다.)

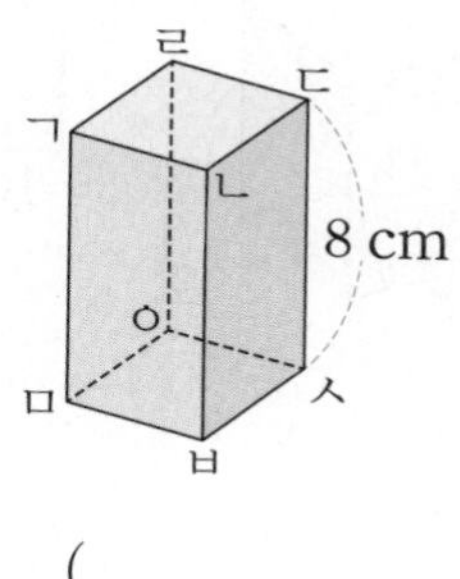

( )

물의 높이

17 동영상

그릇 가, 나, 다에 각각 12 cm의 높이로 물이 들어 있습니다. 가의 물을 다에 모두 붓고 나의 물을 다에 넘치지 않을 때까지 가득 부었습니다. 나에 남아 있는 물의 높이는 몇 cm입니까?

(단, 그릇의 두께는 생각하지 않습니다.)

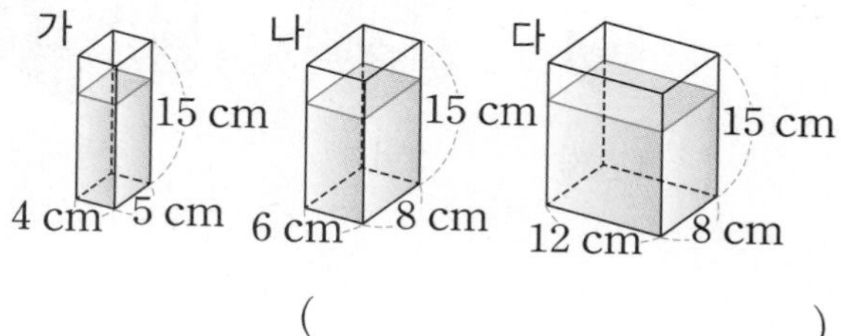

( )

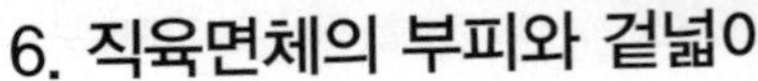

1 어떤 직육면체를 위, 앞, 옆에서 본 모양을 나타낸 것입니다. 이 직육면체의 부피는 몇 cm^3입니까?

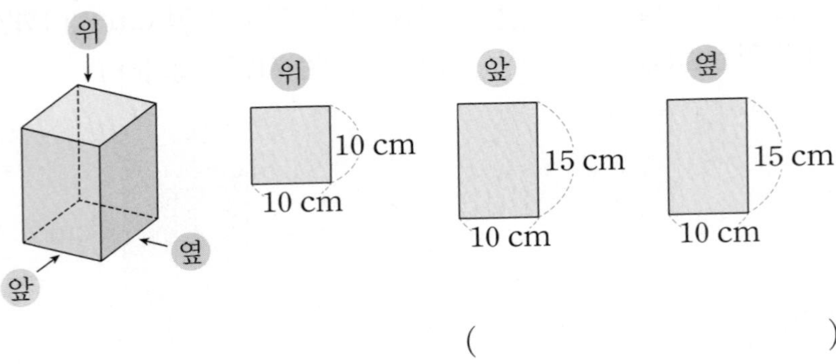

(　　　　　　　　　　)

위, 앞, 옆에서 본 모양을 보고 직육면체의 가로, 세로, 높이를 알아봅니다.

2 부피가 1 cm^3인 쌓기나무로 규칙에 따라 정육면체를 쌓고 있습니다. 10번째 모양의 겉넓이는 몇 cm^2입니까?

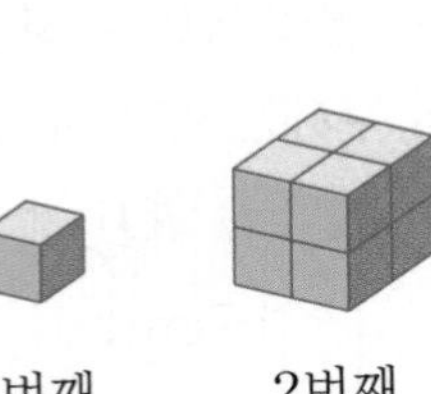

1번째　2번째　3번째　4번째　…

(　　　　　　　　　　)

코딩

3 시작에 한 모서리의 길이가 1 cm인 정육면체를 넣어 실행했을 때 끝에 나오는 정육면체의 부피는 몇 cm^3입니까?

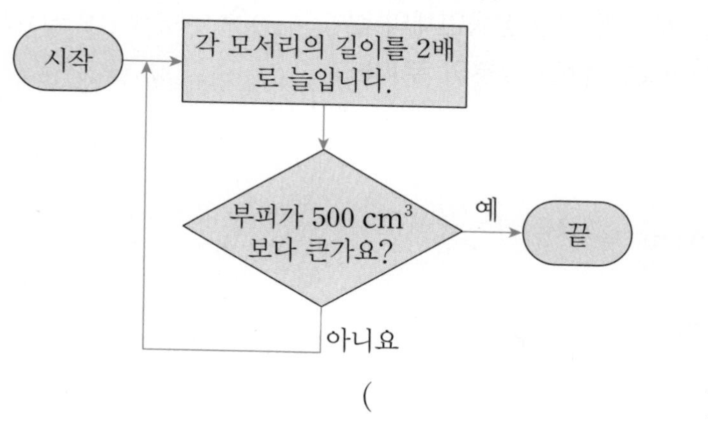

( )

문제 해결

4 다음 원 안에 들어갈 수 있는 가장 큰 정사각형을 한 면으로 하는 정육면체를 만들었습니다. 이 정육면체의 겉넓이는 몇 cm^2입니까?

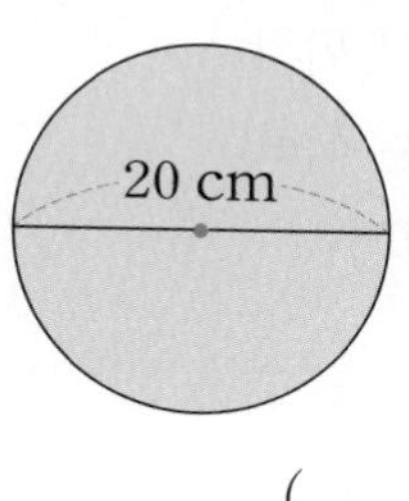

( )

원 안에 들어갈 수 있는 가장 큰 정사각형은 대각선의 길이가 원의 지름과 같습니다.

1 동영상 | HME 20번 문제 수준 |

다음과 같은 직육면체를 잘라서 만들 수 있는 가장 큰 정육면체의 겉넓이는 864 cm^2입니다. 정육면체를 잘라내고 남은 부분의 부피는 몇 cm^3입니까?

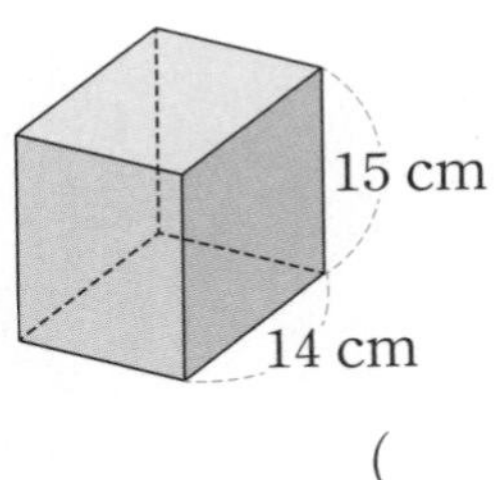

(　　　　　　　　　　)

직육면체를 잘라서 만들 수 있는 가장 큰 정육면체의 한 모서리의 길이는 직육면체의 가장 짧은 모서리의 길이와 같습니다.

2 동영상 | HME 21번 문제 수준 |

한 모서리의 길이가 1 cm인 정육면체 모양의 쌓기나무 6개를 면끼리 맞닿도록 이어 붙여 직육면체를 만들려고 합니다. 만들 수 있는 직육면체 중 겉넓이가 가장 넓은 직육면체의 겉넓이는 몇 cm^2입니까?

(　　　　　　　　　　)

3

| HME 22번 문제 수준 |

다음과 같이 큰 직육면체의 가운데가 직육면체 모양으로 뚫려 있는 입체도형의 겉넓이는 몇 cm^2입니까? (단, 바닥에 닿은 면도 뚫려 있다고 생각합니다.)

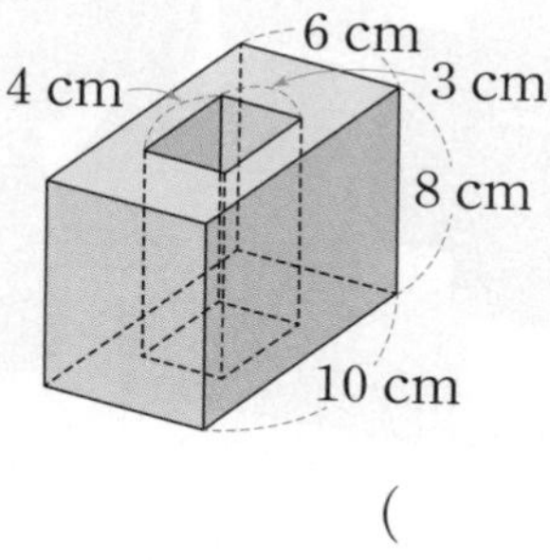

(   )

(입체도형의 겉넓이)
= (한 밑면의 넓이) × 2
+ (바깥쪽 옆면의 넓이)
+ (안쪽 옆면의 넓이)

4

동영상

| HME 23번 문제 수준 |

직사각형 모양의 색종이 가, 나, 다, 라가 각각 여러 장씩 있습니다. 이 중에서 6장을 사용하여 겹치지 않게 이어 붙여 직육면체를 만들려고 합니다. 만들 수 있는 직육면체 중 부피가 세 번째로 큰 직육면체의 부피는 몇 cm^3입니까?

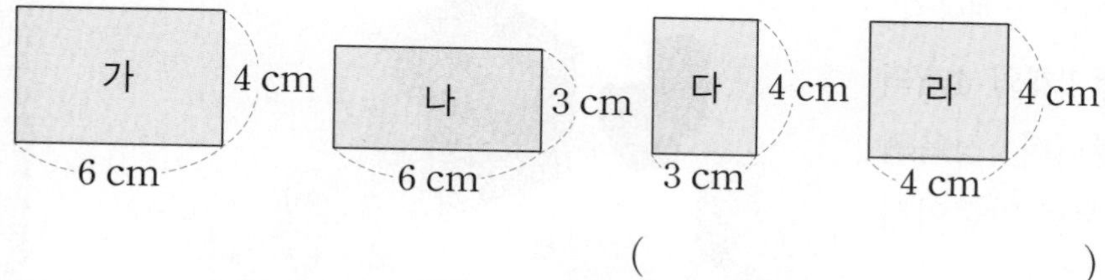

(   )

6 직육면체의 부피와 겉넓이

재미있는 입체도형, 소마큐브!

'소마큐브'라고 들어봤나요? 소마큐브는 각각 3개 또는 4개의 정육면체들로 구성된 7개의 조각으로 여러 가지 입체도형을 만드는 퍼즐이에요. 놀이도 하고 입체도형도 배울 수 있지요. 지금부터 소마큐브에 대해 더 자세히 알아볼까요?

소마큐브의 역사

소마큐브는 덴마크의 시인이자 수학자였던 피에트 하인이 만들었어요. 1936년 어느날, 피에트 하인은 물리학 강의를 듣다 이 퍼즐을 만들게 됐어요. '소마'는 '용감한 신세계'라는 소설에 나오는 마약 이름이래요. 소마큐브가 마약처럼 중독성이 있다는 뜻에서 지어진 이름이죠.

1970년 파커 브러스라는 회사를 통해 소마큐브가 대량으로 판매됐는데, 정말 소마큐브에 마약처럼 푹 빠진 사람들이 한두 명이 아니었다네요.

소마큐브의 7개 조각

소마큐브 퍼즐을 할 수 있는 조각은 7개예요. 3개의 정육면체로 만들어진 조각 1개와 4개의 정육면체로 만들어진 조각 6개랍니다. 정육면체의 한 면 또는 두세 개의 면을 서로 맞붙여서 불규칙한 모양을 만들어내고 있지요.

여기서 잠깐! 소마큐브를 만들기 위해 필요한 정육면체의 개수는 모두 몇 개일까요? 소마큐브 7개 조각을 만들려면 총 27개의 정육면체가 필요하답니다.

정답 및 풀이
6-1

Book 1

Book 2

Book 1 정답 및 풀이

1 분수의 나눗셈

1단계 기초 문제 7쪽

1-1 (1) $\frac{1}{5}$ (2) $\frac{2}{9}$ (3) $\frac{3}{10}$ (4) $\frac{2}{11}$ (5) $\frac{4}{13}$

1-2 (1) $\frac{3}{8}$ (2) $\frac{5}{18}$ (3) $\frac{5}{28}$ (4) $\frac{8}{27}$ (5) $\frac{7}{50}$

2-1 (1) $\frac{2}{9}$ (2) $\frac{3}{20}$ (3) $\frac{3}{28}$ (4) $\frac{5}{48}$ (5) $\frac{7}{72}$

2-2 (1) $\frac{7}{12}$ (2) $\frac{9}{20}$ (3) $\frac{13}{30}$ (4) $\frac{17}{42}$ (5) $\frac{19}{35}$

1단계 기본 문제 8~9쪽

01 $\frac{1}{2}$

02 $\frac{1}{6}$

03 $\frac{3}{5}$

04 $\frac{6}{7}$

05 $\frac{7}{10}$

06 $\frac{9}{4}$

07 $\frac{8}{3}$

08 $\frac{13}{7}$

09 $\frac{1}{9}$, 4, $\frac{4}{9}$

10 $\frac{1}{8}$, 3, $\frac{3}{8}$

11 $\frac{1}{3}$, 7, 7, 2, 1

12 $\frac{1}{7}$, 9, 9, 1, 2

13 6, 3

14 8, 2

15 9, 3

16 10, 2

17 20, 20, 5

18 15, 15, 3

19 4, $\frac{7}{36}$

20 5, $\frac{8}{55}$

21 2, $\frac{17}{18}$

22 7, $\frac{10}{49}$

23 9, 9, 8, $\frac{9}{40}$

24 8, 8, 7, $\frac{8}{21}$

9쪽

13~16 분자가 자연수의 배수이므로 분자를 자연수로 나눕니다.

17~18 대분수를 가분수로 바꾼 후 분자를 자연수로 나눕니다.

19~22 분수의 곱셈으로 나타내어 계산합니다.

23~24 대분수를 가분수로 바꾼 후 분수의 곱셈으로 나타내어 계산합니다.

2단계 기본 유형 10~15쪽

01 예 ; $\frac{3}{4}$

02 2, 2, 2, 2

03 (1) $\frac{1}{2}$ (2) $\frac{1}{9}$

04 ㉡

05 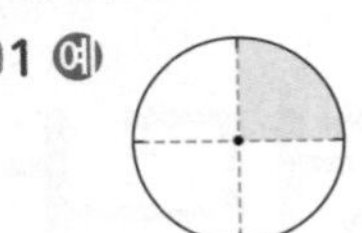

06 $\frac{7}{4}\left(=1\frac{3}{4}\right)$, $\frac{9}{4}\left(=2\frac{1}{4}\right)$, $\frac{15}{4}\left(=3\frac{3}{4}\right)$

07 ④

08 13

09 ⑤

10 $\frac{7}{10}$ L

11 $\frac{4}{9}$

12 예 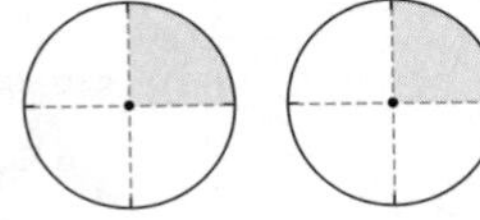 ; $\frac{3}{20}$

13 (1) 예 $\frac{1}{2}\div5=\frac{5}{10}\div5=\frac{5\div5}{10}=\frac{1}{10}$

(2) 예 $\frac{2}{9}\div3=\frac{6}{27}\div3=\frac{6\div3}{27}=\frac{2}{27}$

14 (1) $\frac{1}{7}$ (2) $\frac{2}{13}$

15 $\frac{3}{22}$

16 >

17 $\frac{7}{32}$ L

18 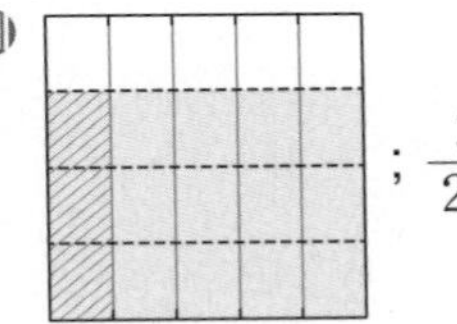

19 7, 21

20 (1) $\frac{3}{8}\div4=\frac{3}{8}\times\frac{1}{4}=\frac{3}{32}$

(2) $\frac{11}{3}\div8=\frac{11}{3}\times\frac{1}{8}=\frac{11}{24}$

21 $\frac{5}{54}$

22 $\frac{7}{8}$, $\frac{13}{44}$

23 <

24 예 $\frac{4}{7}\div5=\frac{4}{7}\times\frac{1}{5}=\frac{4}{35}$

25 (선 잇기)

26 ⑤

27 $\frac{17}{18}$ cm

28 (1) $\frac{5}{6}$ (2) $\frac{25}{63}$

29 예 $1\frac{7}{8}\div5=\frac{15}{8}\div5=\frac{15\div5}{8}=\frac{3}{8}$

예 $1\frac{7}{8}\div5=\frac{15}{8}\div5=\frac{15}{8}\times\frac{1}{5}=\frac{15}{40}\left(=\frac{3}{8}\right)$

30 $\frac{19}{28}$

31 예 $1\frac{4}{7}\div2=\frac{11}{7}\div2=\frac{11}{7}\times\frac{1}{2}=\frac{11}{14}$

32 ( )(○)

33 $\frac{15}{8}$ cm$\left(=1\frac{7}{8}\text{ cm}\right)$

34 7 ; $\frac{1}{7}$

35 3 ; $\frac{1}{3}$

36 $\frac{1}{2}\div5$ 또는 $\frac{1}{5}\div2$; $\frac{1}{10}$

37 1, 2

38 1, 2, 3, 4

39 1, 2, 3, 4, 5

10쪽

01 $3\div4$는 $\frac{1}{4}$이 3개이므로 $\frac{3}{4}$입니다.

02 $5\div3$은 몫이 1이고 나머지가 2입니다.
나머지 2를 3으로 나누면 $\frac{2}{3}$이므로 $5\div3=1\frac{2}{3}$입니다.

03 (1) $1\div2=\frac{1}{2}$ (2) $1\div9=\frac{1}{9}$

04 $5\div16=\frac{5}{16}$이므로 ㉡과 같습니다.
㉢은 $16\div5=\frac{16}{5}$입니다.

05 $8\div9=\frac{8}{9}$, $7\div8=\frac{7}{8}$, $7\div9=\frac{7}{9}$

06 $7\div4=\frac{7}{4}\left(=1\frac{3}{4}\right)$, $9\div4=\frac{9}{4}\left(=2\frac{1}{4}\right)$,
$15\div4=\frac{15}{4}\left(=3\frac{3}{4}\right)$

11쪽

07 ④ $8\div15=\frac{8}{15}$

08 $10\div\square=\frac{10}{13}$이므로 $\square=13$입니다.

09 ① $\frac{3}{8}<1$ ② $\frac{9}{16}<1$ ③ $\frac{13}{15}<1$
④ $\frac{8}{17}<1$ ⑤ $\frac{6}{5}=1\frac{1}{5}>1$

10 (하루에 마신 주스의 양)
=(전체 주스의 양)÷(날수)
$=7\div10=\frac{7}{10}$ (L)

11 $\frac{8}{9}$을 똑같이 2로 나눈 것 중의 하나는 $\frac{4}{9}$입니다.

12 $\frac{3}{4}$을 5로 나누려면 $\frac{3}{4}$을 $\frac{15}{20}$로 바꿉니다.
➡ $\frac{3}{4}\div5=\frac{15}{20}\div5=\frac{15\div5}{20}=\frac{3}{20}$

13 크기가 같은 분수 중 분자가 자연수의 배수인 분수로 바꿉니다.
(1) $\frac{1}{2}=\frac{1\times5}{2\times5}=\frac{5}{10}$ (2) $\frac{2}{9}=\frac{2\times3}{9\times3}=\frac{6}{27}$

12쪽

14 (1) $\frac{2}{7}\div2=\frac{2\div2}{7}=\frac{1}{7}$
(2) $\frac{8}{13}\div4=\frac{8\div4}{13}=\frac{2}{13}$

15 $\frac{3}{11}\div2=\frac{6}{22}\div2=\frac{6\div2}{22}=\frac{3}{22}$

16 $\frac{5}{7}\div3=\frac{15}{21}\div3=\frac{15\div3}{21}=\frac{5}{21}$
$\frac{16}{21}\div4=\frac{16\div4}{21}=\frac{4}{21}$
➡ $\frac{5}{21}>\frac{4}{21}$

17 (한 컵에 담겨 있는 우유의 양)
$=$(전체 우유의 양)$\div$(컵 수)
$=\frac{7}{8}\div 4=\frac{28}{32}\div 4=\frac{28\div 4}{32}=\frac{7}{32}$ (L)

18 (분수)$\div$(자연수)$=$(분수)$\times\frac{1}{(자연수)}$

19 $\frac{10}{3}\div 7=\frac{10}{3}\times\frac{1}{7}=\frac{10}{21}$ ➡ ㉠$=7$, ㉡$=21$

20 (1) $\div 4$를 $\times\frac{1}{4}$로 바꾸어 계산합니다.
(2) $\div 8$을 $\times\frac{1}{8}$로 바꾸어 계산합니다.

13쪽

21 $\frac{5}{9}\div 6=\frac{5}{9}\times\frac{1}{6}=\frac{5}{54}$

22 $\frac{7}{2}\div 4=\frac{7}{2}\times\frac{1}{4}=\frac{7}{8}$,
$\frac{13}{11}\div 4=\frac{13}{11}\times\frac{1}{4}=\frac{13}{44}$

23 $\frac{7}{8}\div 3=\frac{7}{8}\times\frac{1}{3}=\frac{7}{24}$
$\frac{11}{4}\div 6=\frac{11}{4}\times\frac{1}{6}=\frac{11}{24}$ ➡ $\frac{7}{24}<\frac{11}{24}$

24 $\div 5$를 $\times\frac{1}{5}$로 바꾸어 계산해야 하는 데 $\div$를 $\times$로만 바꾸어 계산했습니다.

25 $\frac{9}{2}\div 5=\frac{9}{2}\times\frac{1}{5}=\frac{9}{10}$, $\frac{7}{5}\div 10=\frac{7}{5}\times\frac{1}{10}=\frac{7}{50}$,
$\frac{5}{3}\div 6=\frac{5}{3}\times\frac{1}{6}=\frac{5}{18}$

26 ① $\frac{11}{8}\div 7=\frac{11}{8}\times\frac{1}{7}=\frac{11}{56}<1$
② $\frac{5}{2}\div 6=\frac{5}{2}\times\frac{1}{6}=\frac{5}{12}<1$
③ $\frac{8}{7}\div 4=\frac{8\div 4}{7}=\frac{2}{7}<1$
④ $\frac{9}{8}\div 5=\frac{9}{8}\times\frac{1}{5}=\frac{9}{40}<1$
⑤ $\frac{15}{4}\div 3=\frac{15\div 3}{4}=\frac{5}{4}=1\frac{1}{4}>1$

27 (높이)$=$(평행사변형의 넓이)$\div$(밑변의 길이)
$=1\frac{8}{9}\div 2=\frac{17}{9}\div 2=\frac{17}{9}\times\frac{1}{2}=\frac{17}{18}$ (cm)

14쪽

28 (1) $2\frac{1}{2}\div 3=\frac{5}{2}\div 3=\frac{5}{2}\times\frac{1}{3}=\frac{5}{6}$
(2) $3\frac{4}{7}\div 9=\frac{25}{7}\div 9=\frac{25}{7}\times\frac{1}{9}=\frac{25}{63}$

29 대분수를 가분수로 바꾼 후 분자를 자연수로 나누거나 또는 대분수를 가분수로 바꾼 후 분수의 곱셈으로 나타내어 계산합니다.

30 $2\frac{5}{7}\div 4=\frac{19}{7}\div 4=\frac{19}{7}\times\frac{1}{4}=\frac{19}{28}$

31 대분수를 가분수로 바꾸지 않고 계산했습니다.

32 $4\frac{2}{5}\div 11=\frac{22}{5}\div 11=\frac{22\div 11}{5}=\frac{2}{5}$
$2\frac{2}{5}\div 3=\frac{12}{5}\div 3=\frac{12\div 3}{5}=\frac{4}{5}$ ➡ $\frac{2}{5}<\frac{4}{5}$

33 (세로)$=$(직사각형의 넓이)$\div$(가로)
$=7\frac{1}{2}\div 4=\frac{15}{2}\div 4=\frac{15}{2}\times\frac{1}{4}=\frac{15}{8}$
$=1\frac{7}{8}$ (cm)

15쪽

34 $1\div\square=\frac{1}{\square}$이므로 □ 안에 들어갈 수가 클수록 몫이 작아집니다.
따라서 $\square=7$이고 $1\div 7=\frac{1}{7}$입니다.

35 $1\div\square=\frac{1}{\square}$이므로 □ 안에 들어갈 수가 작을수록 몫이 커집니다.
따라서 $\square=3$이고 $1\div 3=\frac{1}{3}$입니다.

36 $\frac{1}{■}\div▲=\frac{1}{■}\times\frac{1}{▲}=\frac{1}{■\times▲}$이므로 ■와 ▲에 들어갈 수가 작을수록 몫이 커집니다.
따라서 $■=2$, $▲=5$ 또는 $■=5$, $▲=2$이므로
$\frac{1}{2}\div 5=\frac{1}{2}\times\frac{1}{5}=\frac{1}{10}$ 또는 $\frac{1}{5}\div 2=\frac{1}{5}\times\frac{1}{2}=\frac{1}{10}$ 입니다.

왜 틀렸을까? $\frac{1}{■}\div▲=\frac{1}{■}\times\frac{1}{▲}=\frac{1}{■\times▲}$임을 이용하지 못하여 ■와 ▲에 들어갈 수가 작을수록 몫이 커진다는 것을 몰랐습니다.

37 $\frac{6}{7}\div2=\frac{6\div2}{7}=\frac{3}{7}$이므로 $\frac{3}{7}>\frac{\square}{7}$입니다.

따라서 □ 안에 들어갈 수 있는 자연수는 1, 2입니다.

38 $1\frac{2}{3}\div3=\frac{5}{3}\div3=\frac{5}{3}\times\frac{1}{3}=\frac{5}{9}$이므로 $\frac{5}{9}>\frac{\square}{9}$입니다.

따라서 □ 안에 들어갈 수 있는 자연수는 1, 2, 3, 4 입니다.

39 $2\frac{2}{5}\div4=\frac{12}{5}\div4=\frac{12\div4}{5}=\frac{3}{5}$이고, $\frac{3}{5}=\frac{6}{10}$이므로 $\frac{6}{10}>\frac{\square}{10}$입니다.

따라서 □ 안에 들어갈 수 있는 자연수는 1, 2, 3, 4, 5입니다.

왜 틀렸을까? $2\frac{2}{5}\div4$의 계산 결과와 $\frac{\square}{10}$의 크기를 비교할 때 먼저 두 분수를 통분한 후 비교해야 합니다.

2단계 서술형 유형 16~17쪽

1-1 5, 5, $\frac{1}{5}$, $\frac{9}{10}$; $\frac{9}{10}$

1-2 예 어떤 분수를 □라 하면 $\square\times7=\frac{8}{3}$입니다.

➡ $\square=\frac{8}{3}\div7=\frac{8}{3}\times\frac{1}{7}=\frac{8}{21}$; $\frac{8}{21}$

2-1 4, $\frac{27}{8}$, 4, $\frac{27}{8}$, $\frac{1}{4}$, $\frac{27}{32}$; $\frac{27}{32}$

2-2 예 (가로)=(직사각형의 넓이)÷(세로)입니다.

➡ $4\frac{1}{9}\div5=\frac{37}{9}\div5=\frac{37}{9}\times\frac{1}{5}=\frac{37}{45}$ (cm)

; $\frac{37}{45}$ cm

3-1 7, $\frac{7}{3}$, $\frac{1}{3}$, $\frac{7}{9}$; $\frac{7}{9}$

3-2 예 정사각형은 네 변의 길이가 모두 같습니다.

따라서 한 변의 길이는

$3\frac{2}{5}\div4=\frac{17}{5}\div4=\frac{17}{5}\times\frac{1}{4}=\frac{17}{20}$ (cm)입니다.

; $\frac{17}{20}$ cm

4-1 $\frac{10}{7}$, $\frac{10}{7}$, 10, 7, $\frac{2}{7}$; $\frac{2}{7}$

4-2 예 대분수는 $3\frac{1}{9}$, 자연수는 7입니다.

➡ $3\frac{1}{9}\div7=\frac{28}{9}\div7=\frac{28\div7}{9}=\frac{4}{9}$; $\frac{4}{9}$

16쪽

1-2 서술형 가이드 어떤 분수의 7배가 $\frac{8}{3}$임을 곱셈식으로 나타낸 후 곱셈과 나눗셈의 관계를 이용하여 어떤 분수를 구하는 풀이 과정이 들어 있어야 합니다.

채점 기준

상	곱셈식을 세운 후 곱셈과 나눗셈의 관계를 이용하여 어떤 분수를 바르게 구함.
중	곱셈식은 세웠지만 곱셈과 나눗셈의 관계를 이용하는 과정에서 실수하여 답이 틀림.
하	곱셈식을 세우지 못하고 답도 구하지 못함.

2-2 서술형 가이드 직사각형의 넓이를 세로로 나누어 가로를 구하는 풀이 과정이 들어 있어야 합니다.

채점 기준

상	직사각형의 넓이를 세로로 나누어 가로를 바르게 구함.
중	직사각형의 넓이를 세로로 나누는 과정에서 실수하여 답이 틀림.
하	직사각형의 넓이를 세로로 나누어야 한다는 것을 모름.

17쪽

3-1 (정삼각형의 한 변의 길이)

=(정삼각형의 세 변의 길이의 합)÷3

3-2 (정사각형의 한 변의 길이)

=(정사각형의 네 변의 길이의 합)÷4

서술형 가이드 정사각형의 네 변의 길이의 합을 4로 나누어 한 변의 길이를 구하는 풀이 과정이 들어 있어야 합니다.

채점 기준

상	정사각형의 네 변의 길이의 합을 4로 나누어 한 변의 길이를 바르게 구함.
중	정사각형의 네 변의 길이의 합을 4로 나누는 과정에서 실수하여 답이 틀림.
하	정사각형의 네 변의 길이의 합을 4로 나누어야 한다는 것을 모름.

4-1 $\frac{5}{7}$ ➡ 진분수, $4\frac{2}{7}$ ➡ 대분수

4-2 $\frac{7}{9}$ ➡ 진분수, $\frac{14}{9}$ ➡ 가분수

서술형 가이드 대분수와 자연수를 찾은 후 대분수를 자연수로 나누어 몫을 구하는 풀이 과정이 들어 있어야 합니다.

채점 기준

상	대분수와 자연수를 찾은 후 대분수를 자연수로 나누어 몫을 바르게 구함.
중	대분수와 자연수는 찾았지만 대분수를 자연수로 나누는 과정에서 실수하여 답이 틀림.
하	대분수와 자연수를 찾지 못하여 답을 구하지 못함.

3단계 유형 평가

18~20쪽

01 (1) $\frac{1}{8}$ (2) $\frac{1}{10}$

02 ㉡

03 19

04 $\frac{5}{14}$ L

05 (1) 예 $\frac{3}{8}\div5=\frac{15}{40}\div5=\frac{15\div5}{40}=\frac{3}{40}$

(2) 예 $\frac{7}{9}\div8=\frac{56}{72}\div8=\frac{56\div8}{72}=\frac{7}{72}$

06 $\frac{7}{45}$

07 <

08 (1) $\frac{5}{6}\div4=\frac{5}{6}\times\frac{1}{4}=\frac{5}{24}$

(2) $\frac{12}{5}\div7=\frac{12}{5}\times\frac{1}{7}=\frac{12}{35}$

09 $\frac{7}{45}$

10 ③

11 $\frac{19}{21}$ cm

12 예 $2\frac{1}{7}\div3=\frac{15}{7}\div3=\frac{15\div3}{7}=\frac{5}{7}$

예 $2\frac{1}{7}\div3=\frac{15}{7}\div3=\frac{15}{7}\times\frac{1}{3}=\frac{15}{21}\left(=\frac{5}{7}\right)$

13 $\frac{33}{40}$

14 (○)( )

15 2 ; $\frac{1}{2}$

16 1, 2, 3, 4, 5, 6

17 $\frac{1}{3}\div5$ 또는 $\frac{1}{5}\div3$; $\frac{1}{15}$

18 1, 2, 3

19 예 (세로)=(직사각형의 넓이)÷(가로)입니다.

➡ $7\frac{2}{3}\div8=\frac{23}{3}\div8=\frac{23}{3}\times\frac{1}{8}=\frac{23}{24}$ (cm)

; $\frac{23}{24}$ cm

20 예 대분수는 $4\frac{2}{7}$, 자연수는 6입니다.

➡ $4\frac{2}{7}\div6=\frac{30}{7}\div6=\frac{30\div6}{7}=\frac{5}{7}$

; $\frac{5}{7}$

18쪽

01 (1) $1\div8=\frac{1}{8}$ (2) $1\div10=\frac{1}{10}$

02 $7\div12=\frac{7}{12}$이므로 ㉡과 같습니다.

㉢은 $12\div7=\frac{12}{7}$입니다.

03 $13\div\square=\frac{13}{19}$이므로 $\square=19$입니다.

04 (하루에 마신 주스의 양)

=(전체 주스의 양)÷(날수)

$=5\div14=\frac{5}{14}$ (L)

05 크기가 같은 분수 중 분자가 자연수의 배수인 분수로 바꿉니다.

(1) $\frac{3}{8}=\frac{3\times5}{8\times5}=\frac{15}{40}$ (2) $\frac{7}{9}=\frac{7\times8}{9\times8}=\frac{56}{72}$

06 $\frac{7}{15}\div3=\frac{21}{45}\div3=\frac{21\div3}{45}=\frac{7}{45}$

07 $\frac{4}{5}\div5=\frac{20}{25}\div5=\frac{20\div5}{25}=\frac{4}{25}$,

$\frac{21}{25}\div3=\frac{21\div3}{25}=\frac{7}{25}$

➡ $\frac{4}{25}<\frac{7}{25}$

19쪽

08 (1) $\div4$를 $\times\frac{1}{4}$로 바꾸어 계산합니다.

(2) $\div7$을 $\times\frac{1}{7}$로 바꾸어 계산합니다.

09 $\frac{7}{9}\div5=\frac{7}{9}\times\frac{1}{5}=\frac{7}{45}$

10 ① $\frac{17}{6}\div5=\frac{17}{6}\times\frac{1}{5}=\frac{17}{30}<1$

② $\frac{11}{3}\div6=\frac{11}{3}\times\frac{1}{6}=\frac{11}{18}<1$

③ $\frac{18}{5}\div3=\frac{18\div3}{5}=\frac{6}{5}=1\frac{1}{5}>1$

④ $\frac{15}{4}\div4=\frac{15}{4}\times\frac{1}{4}=\frac{15}{16}<1$

⑤ $\frac{10}{7}\div2=\frac{10\div2}{7}=\frac{5}{7}<1$

11 (높이)=(평행사변형의 넓이)÷(밑변의 길이)

$=2\frac{5}{7}\div3=\frac{19}{7}\div3=\frac{19}{7}\times\frac{1}{3}=\frac{19}{21}$ (cm)

12 대분수를 가분수로 바꾼 후 분자를 자연수로 나누거나 또는 대분수를 가분수로 바꾼 후 분수의 곱셈으로 나타내어 계산합니다.

13 $4\frac{1}{8}\div5=\frac{33}{8}\div5=\frac{33}{8}\times\frac{1}{5}=\frac{33}{40}$

14 $4\frac{4}{9}\div8=\frac{40}{9}\div8=\frac{40\div8}{9}=\frac{5}{9}$,
$2\frac{2}{9}\div5=\frac{20}{9}\div5=\frac{20\div5}{9}=\frac{4}{9}$
➡ $\frac{5}{9}>\frac{4}{9}$

20쪽

15 $1\div\square=\frac{1}{\square}$이므로 □ 안에 들어갈 수가 작을수록 몫이 커집니다.
따라서 □=2이고 $1\div2=\frac{1}{2}$입니다.

16 $1\frac{1}{6}\div2=\frac{7}{6}\div2=\frac{7}{6}\times\frac{1}{2}=\frac{7}{12}$이므로 $\frac{7}{12}>\frac{\square}{12}$입니다.
따라서 □ 안에 들어갈 수 있는 자연수는 1, 2, 3, 4, 5, 6입니다.

17 $\frac{1}{■}\div▲=\frac{1}{■}\times\frac{1}{▲}=\frac{1}{■\times▲}$이므로 ■와 ▲에 들어갈 수가 작을수록 몫이 커집니다.
따라서 ■=3, ▲=5 또는 ■=5, ▲=3이므로
$\frac{1}{3}\div5=\frac{1}{3}\times\frac{1}{5}=\frac{1}{15}$ 또는 $\frac{1}{5}\div3=\frac{1}{5}\times\frac{1}{3}=\frac{1}{15}$ 입니다.

왜 틀렸을까? $\frac{1}{■}\div▲=\frac{1}{■}\times\frac{1}{▲}=\frac{1}{■\times▲}$임을 이용하지 못하여 ■와 ▲에 들어갈 수가 작을수록 몫이 커진다는 것을 몰랐습니다.

18 $1\frac{3}{7}\div5=\frac{10}{7}\div5=\frac{10\div5}{7}=\frac{2}{7}$이고, $\frac{2}{7}=\frac{4}{14}$이므로 $\frac{4}{14}>\frac{\square}{14}$입니다.
따라서 □ 안에 들어갈 수 있는 자연수는 1, 2, 3입니다.

왜 틀렸을까? $1\frac{3}{7}\div5$의 계산 결과와 $\frac{\square}{14}$의 크기를 비교할 때 먼저 두 분수를 통분한 후 비교해야 합니다.

19 **서술형 가이드** 직사각형의 넓이를 가로로 나누어 세로를 구하는 풀이 과정이 들어 있어야 합니다.

채점 기준

상	직사각형의 넓이를 가로로 나누어 세로를 바르게 구함.
중	직사각형의 넓이를 가로로 나누는 과정에서 실수하여 답이 틀림.
하	직사각형의 넓이를 가로로 나누어야 한다는 것을 모름.

20 $\frac{6}{7}$ ➡ 진분수, $\frac{24}{7}$ ➡ 가분수

서술형 가이드 대분수와 자연수를 찾은 후 대분수를 자연수로 나누어 몫을 구하는 풀이 과정이 들어 있어야 합니다.

채점 기준

상	대분수와 자연수를 찾은 후 대분수를 자연수로 나누어 몫을 바르게 구함.
중	대분수와 자연수는 찾았지만 대분수를 자연수로 나누는 과정에서 실수하여 답이 틀림.
하	대분수와 자연수를 찾지 못하여 답을 구하지 못함.

3단계 단원 평가 기본

21~22쪽

01 $\frac{1}{3}$, $\frac{1}{9}$
02 ③
03 $\frac{2}{5}$
04 $\frac{7}{10}$
05 $\frac{5}{18}$
06 $\frac{13}{24}$
07 9
08 ㉡, ㉢
09 $\frac{7}{40}$
10 예 $\frac{12}{16}\div4=\frac{12\div4}{16}=\frac{3}{16}$
11 예 $4\frac{1}{6}\div5=\frac{25}{6}\div5=\frac{25\div5}{6}=\frac{5}{6}$
예 $4\frac{1}{6}\div5=\frac{25}{6}\div5=\frac{25}{6}\times\frac{1}{5}=\frac{25}{30}\left(=\frac{5}{6}\right)$
12 $\frac{5}{60}\left(=\frac{1}{12}\right)$
13 $\frac{17}{20}$
14 <
15 $\frac{3}{8}$, $\frac{3}{40}$
16 $\frac{5}{16}$
17 $\frac{5}{27}$ L
18 $\frac{17}{18}$ cm
19 $\frac{8}{3}$ cm²$\left(=2\frac{2}{3}\text{ cm}^2\right)$
20 $\frac{7}{10}$ kg

21쪽

01 $\frac{1}{3}\div3$은 $\frac{1}{3}$을 3등분 한 것 중의 하나입니다.

이것은 $\frac{1}{3}$의 $\frac{1}{3}$이므로 $\frac{1}{3}\times\frac{1}{3}$입니다.

02 ① $7\div8=\frac{7}{8}$ ② $2\div5=\frac{2}{5}$

④ $\frac{3}{5}\div4=\frac{3}{5}\times\frac{1}{4}$ ⑤ $\frac{2}{5}\div8=\frac{2}{5}\times\frac{1}{8}$

03 $2\div5=\frac{2}{5}$

04 $7\div10=\frac{7}{10}$

05 $\frac{5}{9}\div2=\frac{5}{9}\times\frac{1}{2}=\frac{5}{18}$

06 $3\frac{1}{4}\div6=\frac{13}{4}\div6=\frac{13}{4}\times\frac{1}{6}=\frac{13}{24}$

07 $4\div\square=\frac{4}{9}$이므로 $\square=9$입니다.

08 ㉠ $\frac{4}{7}<1$ ㉡ $\frac{5}{3}=1\frac{2}{3}>1$

㉢ $\frac{7}{5}=1\frac{2}{5}>1$ ㉣ $\frac{11}{12}<1$

09 $1\frac{2}{5}\div8=\frac{7}{5}\div8=\frac{7}{5}\times\frac{1}{8}=\frac{7}{40}$

10 분자가 나누는 수인 자연수의 배수이면 분자만 자연수로 나누어 계산합니다.

11 대분수를 가분수로 바꾼 후 분자를 자연수로 나누거나 또는 대분수를 가분수로 바꾼 후 분수의 곱셈으로 나타내어 계산합니다.

22쪽

12 $■\div▲=\frac{5}{12}\div5=\frac{5}{12}\times\frac{1}{5}=\frac{5}{60}=\frac{1}{12}$

13 $3\frac{2}{5}\div4=\frac{17}{5}\div4=\frac{17}{5}\times\frac{1}{4}=\frac{17}{20}$

14 $1\frac{5}{9}\div7=\frac{14}{9}\div7=\frac{14\div7}{9}=\frac{2}{9}$

$1\frac{7}{9}\div4=\frac{16}{9}\div4=\frac{16\div4}{9}=\frac{4}{9}$ ➡ $\frac{2}{9}<\frac{4}{9}$

15 $\frac{3}{4}\div2=\frac{3}{4}\times\frac{1}{2}=\frac{3}{8}$, $\frac{3}{8}\div5=\frac{3}{8}\times\frac{1}{5}=\frac{3}{40}$

16 $\frac{5}{4}\left(=1\frac{1}{4}\right)<2<2\frac{1}{5}<4$이므로 가장 작은 수는 $\frac{5}{4}$이고 가장 큰 수는 4입니다.

➡ $\frac{5}{4}\div4=\frac{5}{4}\times\frac{1}{4}=\frac{5}{16}$

17 (한 컵에 담겨 있는 생수의 양)

=(전체 생수의 양)÷(컵 수)

$=\frac{5}{9}\div3=\frac{5}{9}\times\frac{1}{3}=\frac{5}{27}$ (L)

18 정삼각형은 세 변의 길이가 모두 같습니다.

따라서 한 변의 길이는

$\frac{17}{6}\div3=\frac{17}{6}\times\frac{1}{3}=\frac{17}{18}$ (cm)입니다.

19 (직사각형의 넓이)$=8\times2=16$ (cm^2)

(색칠한 부분의 넓이)

$=16\div6=\frac{16}{6}=\frac{8}{3}=2\frac{2}{3}$ (cm^2)

20 (하루에 먹은 쌀의 양)

=(전체 쌀의 양)÷(날수)

$=10\frac{1}{2}\div15=\frac{21}{2}\div15=\frac{\cancel{21}^{7}}{2}\times\frac{1}{\cancel{15}_{5}}=\frac{7}{10}$ (kg)

2 각기둥과 각뿔

1단계 기초 문제 25쪽

1-1 ( )(○)
(○)( )
( )(○)

1-2 (1) 모서리
(2) 꼭짓점

2-1 (○)( )
( )(○)
(○)( )

2-2 (1) 꼭짓점
(2) 높이

1-1 두 밑면이 다각형이고 옆면이 직사각형인 입체도형을 찾습니다.

1-2 (1) 면과 면이 만나는 선분을 모서리라고 합니다.
(2) 모서리와 모서리가 만나는 점을 꼭짓점이라고 합니다.

2-1 밑면이 다각형이고 옆면이 삼각형인 입체도형을 찾습니다.

2-2 (1) 꼭짓점 중에서도 옆면이 모두 만나는 점을 각뿔의 꼭짓점이라고 합니다.
(2) 각뿔의 꼭짓점에서 밑면에 수직으로 내린 선분의 길이를 높이라고 합니다.

1단계 기본 문제 26~27쪽

01 사각기둥	02 삼각기둥
03 육각기둥	04 오각기둥
05 7개	06 9개
07 10개	08 11개
09 삼각뿔	10 오각뿔
11 사각뿔	12 육각뿔
13 6개	14 8개
15 9개	16 10개

26쪽

01 밑면의 모양이 사각형이므로 사각기둥입니다.

02 밑면의 모양이 삼각형이므로 삼각기둥입니다.

03 밑면의 모양이 육각형이므로 육각기둥입니다.

04 밑면의 모양이 오각형이므로 오각기둥입니다.

05 주어진 각기둥은 오각기둥입니다.
따라서 면의 수는 $5+2=7$(개)입니다.

06 주어진 각기둥은 칠각기둥입니다.
따라서 면의 수는 $7+2=9$(개)입니다.

07 주어진 각기둥은 팔각기둥입니다.
따라서 면의 수는 $8+2=10$(개)입니다.

08 주어진 각기둥은 구각기둥입니다.
따라서 면의 수는 $9+2=11$(개)입니다.

27쪽

09 밑면의 모양이 삼각형이므로 삼각뿔입니다.

10 밑면의 모양이 오각형이므로 오각뿔입니다.

11 밑면의 모양이 사각형이므로 사각뿔입니다.

12 밑면의 모양이 육각형이므로 육각뿔입니다.

13 주어진 각뿔은 오각뿔입니다.
따라서 면의 수는 $5+1=6$(개)입니다.

14 주어진 각뿔은 칠각뿔입니다.
따라서 면의 수는 $7+1=8$(개)입니다.

15 주어진 각뿔은 팔각뿔입니다.
따라서 면의 수는 $8+1=9$(개)입니다.

16 주어진 각뿔은 구각뿔입니다.
따라서 면의 수는 $9+1=10$(개)입니다.

2단계 기본 유형 28~33쪽

01 2개

02

03 면 ㄱㄴㄷ, 면 ㄹㅁㅂ ;
면 ㄱㄹㅁㄴ, 면 ㄴㅁㅂㄷ, 면 ㄱㄹㅂㄷ

04

05 (1) 수직
(2) 직사각형

06 정희
07 6개
08 팔각기둥
09 (위부터) 4, 8, 6, 12 ; 5, 10, 7, 15 ; 6, 12, 8, 18
10 2, 2, 3
11
12 ㉠, ㉢
13 14개, 9개, 21개
14 (　)(○)
15 나, 라
16

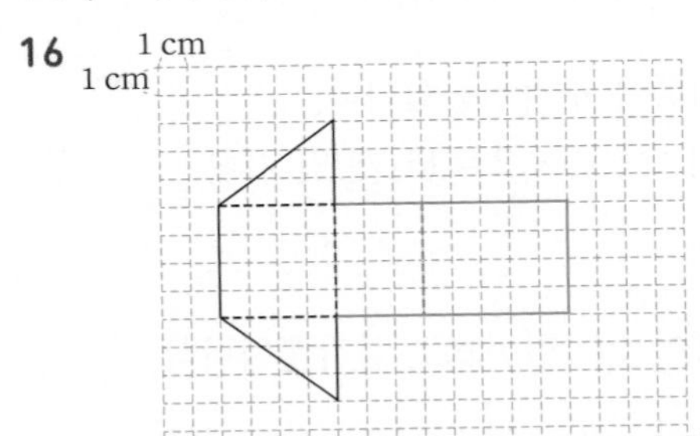

17

18 예

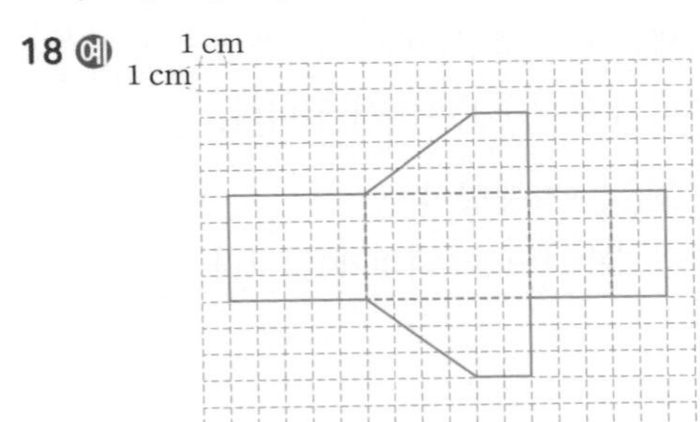

19 2개
20
21 면 ㄴㄷㄹㅁ ;
면 ㄱㄴㄷ, 면 ㄱㄷㄹ, 면 ㄱㅁㄹ, 면 ㄱㄴㅁ
22
23 윤호
24 5개
25 삼각뿔, 칠각뿔
26 (위부터) 4, 5, 5, 8 ; 5, 6, 6, 10 ; 6, 7, 7, 12
27 1, 1, 2
28 ㉡
29
30 9개, 9개, 16개
31 8 cm
32 6 cm
33 3 cm
34 삼각기둥
35 육각기둥
36 오각기둥

28쪽

01 각기둥은 나, 바로 모두 2개입니다.

02 • 각기둥에서 서로 평행하고 합동이면서 다른 면들과 모두 수직으로 만나는 두 면을 밑면이라고 합니다.
• 각기둥에서 두 밑면과 수직으로 만나는 면을 옆면이라고 합니다.

03 • 주어진 각기둥에서 밑면은 면 ㄱㄴㄷ, 면 ㄹㅁㅂ입니다.
• 주어진 각기둥에서 옆면은 면 ㄱㄹㅁㄴ, 면 ㄴㅁㅂㄷ, 면 ㄱㄹㅂㄷ입니다.

참고
면을 기호로 쓸 때에는 시계 반대 방향이나 시계 방향으로 차례대로 씁니다.

04 각기둥의 겨냥도를 그릴 때에는 보이는 모서리는 실선으로, 보이지 않는 모서리는 점선으로 나타냅니다.

05 (1) 각기둥에서 두 밑면은 나머지 면들과 모두 수직으로 만납니다.
(2) 각기둥의 옆면의 모양은 직사각형입니다.

06 안나: 각기둥의 밑면은 2개입니다.
근우: 각기둥의 밑면과 옆면은 수직으로 만납니다.

07 밑면: 2개, 옆면: 8개
➡ $8-2=6$(개)

29쪽

08 밑면의 모양이 팔각형이므로 팔각기둥입니다.

09 사각기둥, 오각기둥, 육각기둥의 한 밑면의 변의 수, 꼭짓점의 수, 면의 수, 모서리의 수를 각각 알아봅니다.

10 각기둥에서 꼭짓점, 면, 모서리의 수는 한 밑면의 변의 수와 어떤 관계가 있는지 규칙을 찾아봅니다.

참고
■각기둥에서 (꼭짓점의 수)=■×2, (면의 수)=■+2, (모서리의 수)=■×3입니다.

11 면과 면이 만나는 선분은 빨간색으로, 모서리와 모서리가 만나는 점은 파란색으로 표시합니다.

12 각기둥의 높이는 합동인 두 밑면의 대응하는 꼭짓점을 이은 모서리의 길이와 같습니다. 주어진 각기둥에서 높이를 잴 수 있는 모서리는 모서리 ㄱㅁ, 모서리 ㄴㅂ, 모서리 ㄷㅅ, 모서리 ㄹㅇ입니다.

13 주어진 각기둥은 칠각기둥입니다.
(칠각기둥의 꼭짓점의 수)$=7\times2=14$(개),
(칠각기둥의 면의 수)$=7+2=9$(개),
(칠각기둥의 모서리의 수)$=7\times3=21$(개)

30쪽

14 옆면이 4개여야 하는데 왼쪽 전개도는 옆면이 3개이므로 사각기둥이 될 수 없습니다.

15 가: 접었을 때 밑면이 서로 겹칩니다.
다: 옆면이 5개여야 하는데 6개입니다.

16 전개도를 접었을 때 맞닿는 부분의 길이가 같도록 그립니다.

17 육각기둥의 전개도를 그리려면 육각형 모양의 밑면 2개와 직사각형 모양의 옆면 6개가 필요합니다.

18 사다리꼴 모양의 밑면 2개와 직사각형 모양의 옆면 4개를 이용하여 그립니다.

31쪽

19 각뿔은 가, 마로 모두 2개입니다.

20 • 각뿔에서 밑에 놓인 면을 밑면이라고 합니다.
• 각뿔에서 밑면과 만나는 면을 옆면이라고 합니다.

21 • 주어진 각뿔에서 밑면은 면 ㄴㄷㄹㅁ입니다.
• 주어진 각뿔에서 옆면은 면 ㄱㄴㄷ, 면 ㄱㄷㄹ, 면 ㄱㅁㄹ, 면 ㄱㄴㅁ입니다.

참고
면을 기호로 쓸 때에는 시계 반대 방향이나 시계 방향으로 차례대로 씁니다.

22 각뿔의 옆면의 모양은 삼각형입니다.

23 미라: 각뿔의 밑면은 다각형입니다.
선주: 각뿔의 옆면은 삼각형입니다.

24 밑면: 1개, 옆면: 6개
➡ $6-1=5$(개)

32쪽

25 밑면이 삼각형인 각뿔은 삼각뿔, 밑면이 칠각형인 각뿔은 칠각뿔입니다.

26 사각뿔, 오각뿔, 육각뿔의 밑면의 변의 수, 꼭짓점의 수, 면의 수, 모서리의 수를 각각 알아봅니다.

27 각뿔에서 꼭짓점, 면, 모서리의 수는 밑면의 변의 수와 어떤 관계가 있는지 규칙을 찾아봅니다.

참고
▲각뿔에서 (꼭짓점의 수)$=$▲$+1$, (면의 수)$=$▲$+1$, (모서리의 수)$=$▲$\times2$입니다.

28 ㉠과 ㉢은 모서리의 길이를 재는 것입니다.

29 면과 면이 만나는 선분은 빨간색으로, 모서리와 모서리가 만나는 점은 파란색으로 표시합니다.

30 주어진 각뿔은 팔각뿔입니다.
(팔각뿔의 꼭짓점의 수)$=8+1=9$(개),
(팔각뿔의 면의 수)$=8+1=9$(개),
(팔각뿔의 모서리의 수)$=8\times2=16$(개)

33쪽

31 각뿔의 꼭짓점에서 밑면에 수직으로 내린 선분의 길이가 8 cm이므로 각뿔의 높이는 8 cm입니다.

32 합동인 두 밑면의 대응하는 꼭짓점을 이은 모서리의 길이가 6 cm이므로 각기둥의 높이는 6 cm입니다.

33 주어진 각기둥의 두 밑면은 오른쪽과 같습니다.
합동인 두 밑면의 대응하는 꼭짓점을 이은 모서리의 길이가 3 cm이므로 각기둥의 높이는 3 cm입니다.

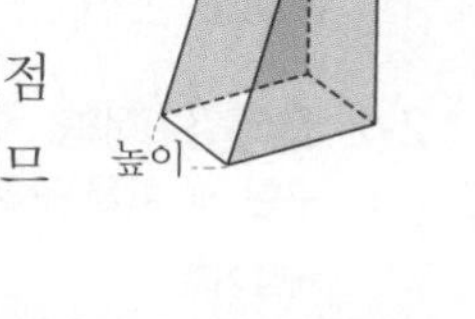

왜 틀렸을까? 위와 아래에 있는 면이 두 밑면이라고 생각하고 각기둥의 높이를 6 cm라고 답했습니다.

34 직사각형인 면을 제외한 나머지 2개의 면이 삼각형이므로 삼각기둥이 됩니다.

35 직사각형을 제외한 나머지 2개의 면이 육각형이므로 육각기둥이 됩니다.

36 옆면이 직사각형 5개이므로 밑면의 모양은 변이 5개인 오각형입니다.
따라서 밑면의 모양이 오각형이므로 오각기둥입니다.

왜 틀렸을까? 옆면의 수가 한 밑면의 변의 수와 같다는 것을 몰랐습니다.

2단계 서술형 유형

34~35쪽

1-1 삼각기둥, 3, 5, 3, 9, 9, 5, 4 ; 4

1-2 예 주어진 각기둥은 오각기둥입니다.

➡ (면의 수)$=5+2=7$(개),

(모서리의 수)$=5\times3=15$(개)

따라서 차는 $15-7=8$(개)입니다. ; 8개

2-1 사각뿔, 4, 5, 4, 8, 8, 5, 3 ; 3

2-2 예 주어진 각뿔은 육각뿔입니다.

➡ (꼭짓점의 수)$=6+1=7$(개),

(모서리의 수)$=6\times2=12$(개)

따라서 차는 $12-7=5$(개)입니다. ; 5개

3-1 육각형, 육각기둥, 6, 12 ; 12

3-2 밑면의 모양이 칠각형이므로 칠각기둥입니다.

따라서 꼭짓점의 수는 $7\times2=14$(개)입니다. ; 14개

4-1 오각형, 오각뿔, 5, 6 ; 6

4-2 예 밑면의 모양이 팔각형이므로 팔각뿔입니다.

따라서 면의 수는 $8+1=9$(개)입니다. ; 9개

34쪽

1-2 서술형 가이드 주어진 각기둥의 면의 수와 모서리의 수를 구한 후 차를 구하는 풀이 과정이 들어 있어야 합니다.

채점 기준

상	각기둥의 면의 수와 모서리의 수를 구한 후 차를 바르게 구함.
중	각기둥의 면의 수와 모서리의 수는 구했지만 차를 구하는 과정에서 실수하여 답이 틀림.
하	각기둥의 면의 수와 모서리의 수를 구하지 못하여 답을 구하지 못함.

2-2 서술형 가이드 주어진 각뿔의 꼭짓점의 수와 모서리의 수를 구한 후 차를 구하는 풀이 과정이 들어 있어야 합니다.

채점 기준

상	각뿔의 꼭짓점의 수와 모서리의 수를 구한 후 차를 바르게 구함.
중	각뿔의 꼭짓점의 수와 모서리의 수는 구했지만 차를 구하는 과정에서 실수하여 답이 틀림.
하	각뿔의 꼭짓점의 수와 모서리의 수를 구하지 못하여 답을 구하지 못함.

35쪽

3-2 서술형 가이드 밑면의 모양을 이용하여 어떤 각기둥인지 알아본 후 꼭짓점의 수를 구하는 풀이 과정이 들어 있어야 합니다.

채점 기준

상	어떤 각기둥인지 알아본 후 꼭짓점의 수를 바르게 구함.
중	어떤 각기둥인지 알았지만 꼭짓점의 수를 구하는 과정에서 실수하여 답이 틀림.
하	어떤 각기둥인지 모름.

4-2 서술형 가이드 밑면의 모양을 이용하여 어떤 각뿔인지 알아본 후 면의 수를 구하는 풀이 과정이 들어 있어야 합니다.

채점 기준

상	어떤 각뿔인지 알아본 후 면의 수를 바르게 구함.
중	어떤 각뿔인지 알았지만 면의 수를 구하는 과정에서 실수하여 답이 틀림.
하	어떤 각뿔인지 모름.

3단계 유형 평가

36~38쪽

01 2개

02

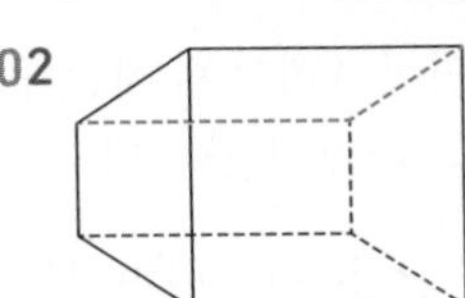

03 5개

04 삼각기둥

05 ㉡, ㉣

06 16개, 10개, 24개

07

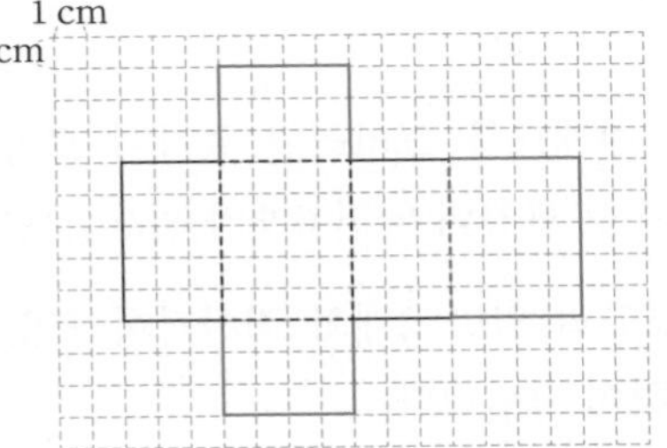

08

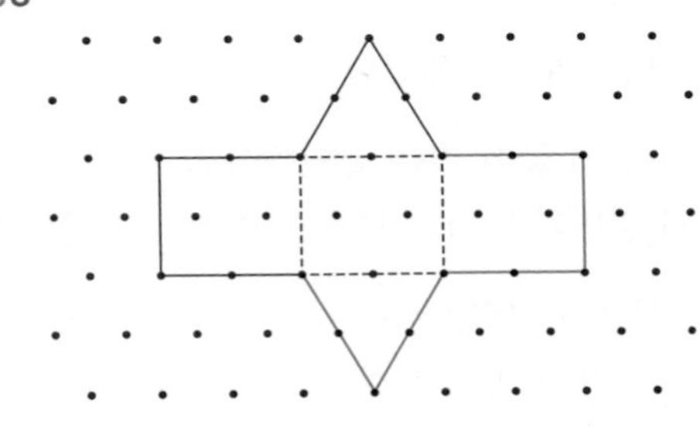

09 2개

10

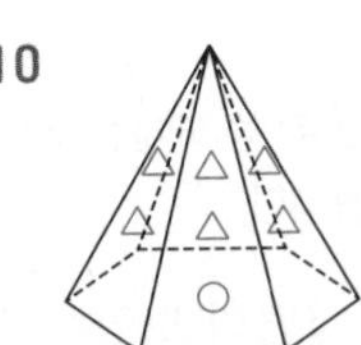

11 4개

12 사각뿔, 구각뿔

13

14 8개, 8개, 14개

15 5 cm 16 오각기둥

17 4 cm 18 사각기둥

19 예 주어진 각기둥은 육각기둥입니다.
➡ (면의 수)$=6+2=8$(개),
(모서리의 수)$=6\times3=18$(개)
따라서 차는 $18-8=10$(개)입니다. ; 10개

20 예 주어진 각뿔은 오각뿔입니다.
➡ (꼭짓점의 수)$=5+1=6$(개),
(모서리의 수)$=5\times2=10$(개)
따라서 차는 $10-6=4$(개)입니다. ; 4개

36쪽

01 각기둥은 가, 바로 모두 2개입니다.

02 각기둥의 겨냥도를 그릴 때에는 보이는 모서리는 실선으로, 보이지 않는 모서리는 점선으로 나타냅니다.

03 밑면: 2개, 옆면: 7개
➡ $7-2=5$(개)

04 밑면의 모양이 삼각형이므로 삼각기둥입니다.

05 각기둥의 높이는 합동인 두 밑면의 대응하는 꼭짓점을 이은 모서리의 길이와 같습니다. 주어진 각기둥에서 높이를 잴 수 있는 모서리는 모서리 ㄱㄹ, 모서리 ㄴㅁ, 모서리 ㄷㅂ입니다.

06 주어진 각기둥은 팔각기둥입니다.
(팔각기둥의 꼭짓점의 수)$=8\times2=16$(개),
(팔각기둥의 면의 수)$=8+2=10$(개),
(팔각기둥의 모서리의 수)$=8\times3=24$(개)

07 전개도를 접었을 때 맞닿는 부분의 길이가 같도록 그립니다.

37쪽

08 삼각기둥의 전개도를 그리려면 삼각형 모양의 밑면 2개와 직사각형 모양의 옆면 3개가 필요합니다.

09 각뿔은 나, 라로 모두 2개입니다.

10 • 각뿔에서 밑에 놓인 면을 밑면이라고 합니다.
• 각뿔에서 밑면과 만나는 면을 옆면이라고 합니다.

11 밑면: 1개, 옆면: 5개
➡ $5-1=4$(개)

12 밑면이 사각형이면 사각뿔, 밑면이 구각형이면 구각뿔입니다.

13 면과 면이 만나는 선분은 빨간색으로, 모서리와 모서리가 만나는 점은 파란색으로 표시합니다.

14 주어진 각뿔은 칠각뿔입니다.
(칠각뿔의 꼭짓점의 수)$=7+1=8$(개),
(칠각뿔의 면의 수)$=7+1=8$(개),
(칠각뿔의 모서리의 수)$=7\times2=14$(개)

38쪽

15 합동인 두 밑면의 대응하는 꼭짓점을 이은 모서리의 길이가 5 cm이므로 각기둥의 높이는 5 cm입니다.

16 직사각형인 면을 제외한 나머지 2개의 면이 오각형이므로 오각기둥이 됩니다.

17 주어진 각기둥의 두 밑면은 오른쪽과 같습니다.
합동인 두 밑면의 대응하는 꼭짓점을 이은 모서리의 길이가 4 cm이므로 각기둥의 높이는 4 cm입니다.

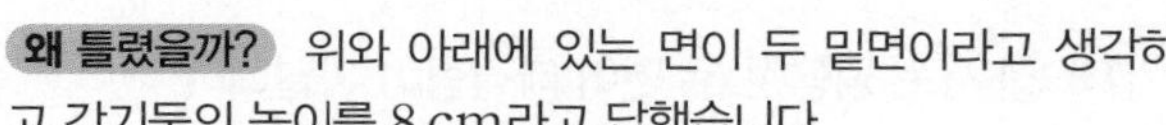

왜 틀렸을까? 위와 아래에 있는 면이 두 밑면이라고 생각하고 각기둥의 높이를 8 cm라고 답했습니다.

18 옆면이 직사각형 4개이므로 밑면의 모양은 변이 4개인 사각형입니다.
따라서 밑면의 모양이 사각형이므로 사각기둥입니다.

왜 틀렸을까? 옆면의 수가 한 밑면의 변의 수와 같다는 것을 몰랐습니다.

19 서술형 가이드 주어진 각기둥의 면의 수와 모서리의 수를 구한 후 차를 구하는 풀이 과정이 들어 있어야 합니다.

채점 기준

상	각기둥의 면의 수와 모서리의 수를 구한 후 차를 바르게 구함.
중	각기둥의 면의 수와 모서리의 수는 구했지만 차를 구하는 과정에서 실수하여 답이 틀림.
하	각기둥의 면의 수와 모서리의 수를 구하지 못하여 답을 구하지 못함.

20 서술형 가이드 주어진 각뿔의 꼭짓점의 수와 모서리의 수를 구한 후 차를 구하는 풀이 과정이 들어 있어야 합니다.

채점 기준

상	각뿔의 꼭짓점의 수와 모서리의 수를 구한 후 차를 바르게 구함.
중	각뿔의 꼭짓점의 수와 모서리의 수는 구했지만 차를 구하는 과정에서 실수하여 답이 틀림.
하	각뿔의 꼭짓점의 수와 모서리의 수를 구하지 못하여 답을 구하지 못함.

3단계 단원 평가 기본 39~40쪽

01 가, 나, 다, 마, 바
02 가, 바
03 나, 마
04 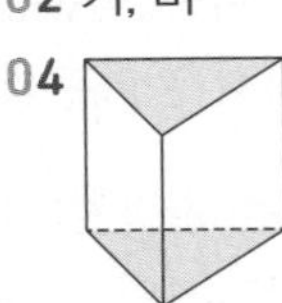
05 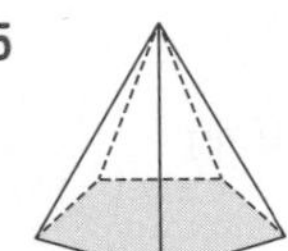
06 오각기둥
07 육각뿔
08 2, 직사각형
09 1, 삼각형
10 면 ㄱㄴㅁㄹ, 면 ㄴㄷㅂㅁ, 면 ㄱㄷㅂㄹ
11 모서리 ㄱㄹ, 모서리 ㄴㅁ, 모서리 ㄷㅂ
12 18개, 11개, 27개
13 11개, 11개, 20개
14 선분 ㅋㅌ
15 4개
16 밑면 예  옆면 예
17 밑면 예  옆면 예 
18 예 서로 평행한 두 면이 다각형이 아닙니다.
19 6개
20 예 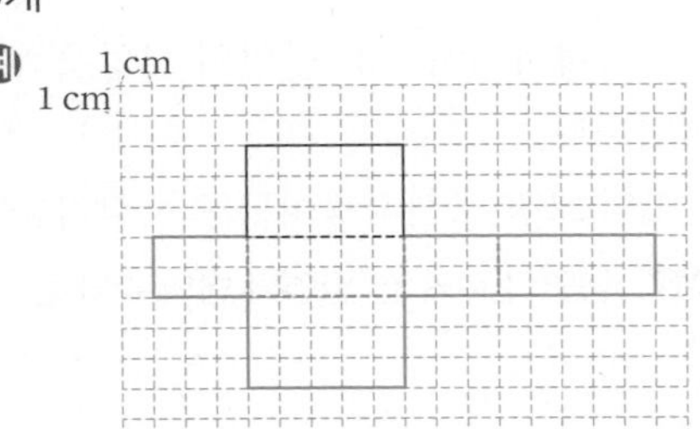

39쪽

01 라는 평면도형입니다.

02 각기둥은 밑면이 2개이고, 옆면이 직사각형으로 이루어진 입체도형입니다.

03 각뿔은 밑면이 1개이고, 옆면이 삼각형으로 이루어진 입체도형입니다.

04 각기둥은 밑면이 2개입니다.

05 각뿔은 밑면이 1개입니다.

06 밑면의 모양이 오각형이므로 오각기둥입니다.

07 밑면의 모양이 육각형이므로 육각뿔입니다.

10 밑면인 면 ㄱㄴㄷ, 면 ㄹㅁㅂ과 만나는 면을 모두 찾습니다.

11 합동인 두 밑면의 대응하는 꼭짓점을 이은 모서리를 모두 찾습니다.

12 (구각기둥의 꼭짓점의 수)$=9\times2=18$(개),
(구각기둥의 면의 수)$=9+2=11$(개),
(구각기둥의 모서리의 수)$=9\times3=27$(개)

13 (십각뿔의 꼭짓점의 수)$=10+1=11$(개),
(십각뿔의 면의 수)$=10+1=11$(개),
(십각뿔의 모서리의 수)$=10\times2=20$(개)

40쪽

14 점 ㄱ은 점 ㅋ과 만나고, 점 ㅎ은 점 ㅌ과 만나므로 선분 ㄱㅎ과 맞닿는 선분은 선분 ㅋㅌ입니다.

15 전개도를 접으면 사각기둥이 만들어집니다.
면 ㅁㅂㅅㅇ은 밑면이고, 밑면과 만나는 면은 옆면입니다. 사각기둥의 옆면은 4개입니다.

16 칠각기둥의 밑면은 칠각형, 옆면은 직사각형입니다.

참고
■각기둥의 밑면은 ■각형이고 옆면은 직사각형입니다.

17 사각뿔의 밑면은 사각형, 옆면은 삼각형입니다.

참고
▲각뿔의 밑면은 ▲각형이고 옆면은 삼각형입니다.

18 예 옆면이 직사각형이 아닙니다.
각기둥은 서로 평행한 두 면이 합동인 다각형이고, 옆면이 직사각형입니다.

서술형 가이드 '서로 평행한 두 면이 다각형이 아닙니다.' 또는 '옆면이 직사각형이 아닙니다.'라는 내용이 들어 있어야 합니다.

채점 기준

상	각기둥이 아닌 이유를 바르게 씀.
중	각기둥이 아닌 이유를 썼지만 문장이 어색함.
하	각기둥이 아닌 이유를 쓰지 못함.

19 밑면이 육각형, 옆면이 직사각형이므로 육각기둥입니다.
(육각기둥의 꼭짓점의 수)$=6\times2=12$(개),
(육각기둥의 모서리의 수)$=6\times3=18$(개)
➡ $18-12=6$(개)

20 전개도를 접었을 때 맞닿는 부분의 길이가 같도록 그립니다.

3 소수의 나눗셈

1단계 기초 문제 43쪽

1-1 (1) 3.1 (2) 3.7 (3) 3.48 (4) 0.85
1-2 (1) 3.2 (2) 4.12 (3) 5.2 (4) 3.97 (5) 0.73 (6) 0.28
2-1 (1) 3.35 (2) 6.15 (3) 5.6 (4) 7.25
2-2 (1) 7.86 (2) 2.65 (3) 3.75 (4) 8.5 (5) 4.5 (6) 3.24

1-1 자연수의 나눗셈과 같은 방법으로 세로로 계산하고, 나누어지는 수의 소수점 위치에 맞추어 몫의 소수점을 올려 찍습니다.

1단계 기본 문제 44~45쪽

01 486, 486, 243, 2.43
02 669, 669, 223, 22.3
03 92, 92, 23, 2.3
04 1248, 1248, 416, 4.16
05 258, 258, 43, 0.43
06 (위에서부터) 3, 2, 6
07 (위에서부터) 2, 2, 4, 8, 8
08 (위에서부터) 6, 1, 6, 2, 1, 2
09 (위에서부터) 5, 7, 2, 1, 9, 4, 9
10 (위에서부터) 5, 8, 5, 6
11 (위에서부터) 0, 8, 7, 3, 6, 3
12 1060, 1060, 265, 2.65
13 2920, 2920, 365, 3.65
14 612, 612, 204, 2.04
15 2, 16, 1.6
16 125, 3250, 3.25
17 (위에서부터) 2, 8, 1, 0, 4, 0
18 (위에서부터) 8, 5, 1, 6, 1, 0, 1, 0
19 (위에서부터) 4, 2, 8
20 (위에서부터) 0, 5, 0, 0
21 (위에서부터) 5, 0, 7, 0
22 (위에서부터) 7, 5, 0, 0, 2, 0

44쪽

01~05 소수의 나눗셈을 분수의 나눗셈으로 바꾸어 계산합니다.

06~09 나누어지는 수의 소수점 위치에 맞추어 몫의 소수점을 올려 찍습니다.

10~11 나누어지는 수가 나누는 수보다 작으면 몫의 자연수 부분에 0을 씁니다.

45쪽

12 $10.6\div4=\frac{106}{10}\div4$에서 $106\div4$가 자연수로 나누어떨어지지 않으므로 소수 10.6을 분모가 100인 분수로 나타내어 계산합니다.

13 $29.2\div8=\frac{292}{10}\div8$에서 $292\div8$이 자연수로 나누어떨어지지않으므로 소수 29.2를 분모가 100인 분수로 나타내어 계산합니다.

15~16 분수로 나타낸 몫의 분모를 10, 100, 1000, ...으로 나타내면 소수로 바꿀 수 있습니다.

17~18 소수점 아래에서 나누어떨어지지 않으면 나누어지는 수의 오른쪽 끝자리에 0이 계속 있는 것으로 생각하고 0을 내려 계산합니다.

2단계 기본 유형 46~51쪽

01 4
02 (1) 12, 4 ; 3 (2) 15, 3 ; 5
03 예 35, 7 ; 5
04 $\frac{1}{100}$, 2.12
05 243, 24.3, 2.43
06 12.1, 1.21
07 ㉡
08 (1) 예 $21.2\div4=\frac{212}{10}\div4=\frac{212\div4}{10}=\frac{53}{10}=5.3$
(2) 예 $7.32\div6=\frac{732}{100}\div6=\frac{732\div6}{100}=\frac{122}{100}=1.22$
09 (선 잇기)
10 (1) 2.5 (2) 9.92

11
$$\begin{array}{r} 6.47 \\ 8\overline{)51.76} \\ 48 \\ \hline 37 \\ 32 \\ \hline 56 \\ 56 \\ \hline 0 \end{array}$$

12 >

13 24, 24, 6, 0.6

14 ㉡ ; 예 $3.64\div7=\frac{364}{100}\div7=\frac{364\div7}{100}=\frac{52}{100}=0.52$

15 0.37

16 0.64

17 (1) 0.34 (2) 0.83

18 ④

19 >

20 1820, 1820, 455, 4.55

21 예 $16.5\div6=\frac{165}{10}\div6=\frac{1650}{100}\div6=\frac{1650\div6}{100}=\frac{275}{100}=2.75$

22 예 $18.6\div5=\frac{186}{10}\div5=\frac{1860}{100}\div5=\frac{1860\div5}{100}=\frac{372}{100}=3.72$

23 (1)
$$\begin{array}{r} 4.15 \\ 4\overline{)16.6} \\ 16 \\ \hline 6 \\ 4 \\ \hline 20 \\ 20 \\ \hline 0 \end{array}$$
(2)
$$\begin{array}{r} 3.65 \\ 12\overline{)43.8} \\ 36 \\ \hline 78 \\ 72 \\ \hline 60 \\ 60 \\ \hline 0 \end{array}$$

24 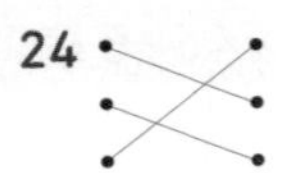

25 ㉡

26 예 $30.45\div5=\frac{3045}{100}\div5=\frac{3045\div5}{100}=\frac{609}{100}=6.09$

27 (1) 4.05 (2) 9.05

28 (왼쪽에서부터) 2.05, 4.08

29 5, 25, 2.5

30 예 $30\div20=\frac{30}{20}=\frac{15}{10}=1.5$

31 (1) 5.4 (2) 1.25

32 9

33 ①

34 ㉡, 1.25

35 5.4÷3, 3.87÷3, 5.35÷5, 8.65÷5에 ○표

36 3.26

37 2.05

38 5.85

46쪽

01 16.2를 자연수 부분만 생각하여 16÷4로 계산하면 몫을 약 4로 어림할 수 있습니다.

02 (1) 11.64를 반올림하여 일의 자리까지 나타내면 12입니다. ➡ 12÷4=3
(2) 15.3을 반올림하여 일의 자리까지 나타내면 15입니다. ➡ 15÷3=5

03 소수 34.65를 반올림하여 일의 자리까지 나타내면 35입니다. ➡ 35÷7=5

04 636÷3=212, $\frac{1}{100}$배 → 6.36÷3=2.12, $\frac{1}{100}$배

05 나누어지는 수가 $\frac{1}{10}$배, $\frac{1}{100}$배가 되면 몫도 $\frac{1}{10}$배, $\frac{1}{100}$배가 되므로 몫의 소수점이 왼쪽으로 한 자리, 두 자리 이동합니다.

06 48.4는 484의 $\frac{1}{10}$배이므로 48.4÷4의 몫은 121의 $\frac{1}{10}$배인 12.1입니다. 또, 4.84는 484의 $\frac{1}{100}$배이므로 4.84÷4의 몫은 121의 $\frac{1}{100}$배인 1.21입니다.

47쪽

07 ㉠ 30.4는 소수 한 자리 수이므로 $\frac{304}{10}$로 나타내야 합니다.
$30.4\div16=\frac{304}{10}\div16=\frac{304\div16}{10}=\frac{19}{10}=1.9$

08 (1) 21.2는 소수 한 자리 수이므로 분모가 10인 분수로 나타내어 계산합니다.
(2) 7.32는 소수 두 자리 수이므로 분모가 100인 분수로 나타내어 계산합니다.

09 $10.2\div3=\frac{102}{10}\div3=\frac{102\div3}{10}=\frac{34}{10}=3.4$
$17.75\div5=\frac{1775}{100}\div5=\frac{1775\div5}{100}=\frac{355}{100}=3.55$

10 (1)

```
    2.5
7)17.5
  14
   35
   35
    0
```

(2)

```
    9.92
4)39.68
  36
   36
   36
     8
     8
     0
```

11 몫의 소수점은 나누어지는 수의 소수점 위치에 맞추어 올려 찍어야 합니다.

12 $67.8 \div 6 = 11.3$, $38.4 \div 4 = 9.6$
➡ $11.3 > 9.6$

48쪽

13 2.4를 분수 $\frac{24}{10}$로 나타내어 계산합니다.

14 3.64를 분수 $\frac{364}{100}$로 나타내어 계산합니다.

15 $6.66 < 7 < 8.88 < 18$이므로 가장 작은 수는 6.66이고 가장 큰 수는 18입니다.

➡ $6.66 \div 18 = \frac{666}{100} \div 18 = \frac{666 \div 18}{100}$

$= \frac{37}{100} = 0.37$

16 $192 \div 3 = 64$ ➡ $1.92 \div 3 = 0.64$ (192 → 1.92: $\frac{1}{100}$배, 64 → 0.64: $\frac{1}{100}$배)

17 (1)

```
    0.34
7)2.38
  21
   28
   28
    0
```

(2)

```
    0.83
6)4.98
  48
   18
   18
    0
```

18 나누어지는 수가 $\frac{1}{10}$배, $\frac{1}{100}$배가 되면 몫도 $\frac{1}{10}$배, $\frac{1}{100}$배가 됩니다.

④ $108 \div 4 = 27$ ➡ $1.08 \div 4 = 0.27$

19 $2.12 \div 4 = 0.53$, $4.68 \div 9 = 0.52$
➡ $0.53 > 0.52$

49쪽

20 $18.2 \div 4 = \frac{182}{10} \div 4$에서 $182 \div 4$가 자연수로 나누어떨어지지 않으므로 소수 18.2를 분모가 100인 분수로 나타내어 계산합니다.

21 $16.5 \div 6 = \frac{165}{10} \div 6$에서 $165 \div 6$이 자연수로 나누어떨어지지 않으므로 소수 16.5를 분모가 100인 분수로 나타내어 계산합니다.

22 $18.6 \div 5 = \frac{186}{10} \div 5$에서 $186 \div 5$가 자연수로 나누어떨어지지 않으므로 소수 18.6을 분모가 100인 분수로 나타내어 계산합니다.

23 소수점 아래에서 나누어떨어지지 않으므로 0을 내려 계산합니다.

(1)

```
    4.15
4)16.60
  16
    6
    4
    20
    20
     0
```

(2)

```
     3.65
12)43.80
   36
    78
    72
     60
     60
      0
```

24 $24.9 \div 6 = 4.15$, $14.6 \div 4 = 3.65$, $11.63 \div 5 = 2.326$

25 ㉠ $18.71 \div 5 = 3.742$ ㉡ $23.1 \div 6 = 3.85$
➡ $3.742 < 3.85$

50쪽

26 30.45를 $\frac{3045}{100}$로 나타내어 분수의 나눗셈으로 바꾸어 계산합니다.

27 (1)

```
    4.05
7)28.35
  28
    35
    35
     0
```

(2)

```
    9.05
8)72.40
  72
    40
    40
     0
```

28 $18.45 \div 9 = 2.05$, $61.2 \div 15 = 4.08$

29 $5 \div 2 = \frac{5}{2} = \frac{5 \times 5}{2 \times 5} = \frac{25}{10} = 2.5$

31 (1)

$$\begin{array}{r} 5.4 \\ 5\overline{)27.0} \\ 25 \\ \hline 20 \\ 20 \\ \hline 0 \end{array}$$

(2)

$$\begin{array}{r} 1.25 \\ 8\overline{)10.00} \\ 8 \\ \hline 20 \\ 16 \\ \hline 40 \\ 40 \\ \hline 0 \end{array}$$

32 57÷6=9.5이므로 □ 안에 들어갈 수 있는 자연수는 1부터 9까지입니다.
따라서 이 중에서 가장 큰 수는 9입니다.

51쪽

33 나누어지는 수가 나누는 수보다 작으면 몫이 1보다 작습니다.
① 3.05<5, ② 6.2>5, ③ 6.43>5, ④ 7.5>5, ⑤ 8.25>5이므로 나누어지는 수가 나누는 수보다 작은 나눗셈은 ①입니다.

다른 풀이
① 3.05÷5=0.61 ② 6.2÷5=1.24
③ 6.43÷5=1.286 ④ 7.5÷5=1.5
⑤ 8.25÷5=1.65
➡ 몫이 1보다 작은 나눗셈은 ①입니다.

34 나누어지는 수가 나누는 수보다 크면 몫이 1보다 큽니다.
㉠ 3.4<4, ㉡ 7.5>6이므로 나누어지는 수가 나누는 수보다 큰 나눗셈은 ㉡입니다. ➡ ㉡ 7.5÷6=1.25

다른 풀이
㉠ 3.4÷4=0.85 ㉡ 7.5÷6=1.25
➡ 몫이 1보다 큰 나눗셈은 ㉡이고, 그 몫은 1.25입니다.

35 나누어지는 수가 나누는 수보다 크면 몫이 1보다 큽니다.
5.4>3, 4.2<5, 3.87>3, 5.35>5, 1.14<3, 8.65>5이므로 나누어지는 수가 나누는 수보다 큰 나눗셈은 5.4÷3, 3.87÷3, 5.35÷5, 8.65÷5입니다.
왜 틀렸을까? 3.87÷3, 5.35÷5와 같이 나누어지는 수의 자연수 부분이 나누는 수와 같은 경우에도 몫이 1보다 큽니다.

36 2×●=6.52 ➡ ●=6.52÷2=3.26

37 □×7=14.35 ➡ □=14.35÷7=2.05

38 어떤 수를 □라 하면 □×8=46.8입니다.
➡ □=46.8÷8=5.85
왜 틀렸을까? 주어진 조건을 식으로 나타낸 후 곱셈과 나눗셈의 관계를 이용하여 어떤 수를 구합니다.

2단계 서술형 유형 52~53쪽

1-1 $\frac{1}{10}$, $\frac{1}{10}$, 12.8 ; 12.8

1-2 예 21.25는 2125의 $\frac{1}{100}$배이므로 21.25÷5의 몫은 2125÷5의 몫의 $\frac{1}{100}$배입니다.
2125÷5=425이므로 21.25÷5의 몫은 425의 $\frac{1}{100}$배인 4.25입니다. ; 4.25

2-1 같습니다에 ○표, 3, 12.44 ; 12.44

2-2 예 정오각형은 다섯 변의 길이가 모두 같습니다.
➡ (정오각형의 한 변의 길이)
=30.4÷5=6.08 (cm)
; 6.08 cm

3-1 125, 125, 3.4 ; 3.4

3-2 예 2분 55초=175초이므로 미진이가 1초 동안 달린 거리는 630÷175=3.6 (m)입니다.
; 3.6 m

4-1 5.6, 44.8, 44.8, 8.96 ; 8.96

4-2 예 주어진 직사각형의 넓이는 7.8×4=31.2 (cm^2)이므로 작은 직사각형 한 개의 넓이는 31.2÷8=3.9 (cm^2)입니다.
; 3.9 cm^2

52쪽

1-1 나누어지는 수가 $\frac{1}{10}$배가 되면 몫도 $\frac{1}{10}$배가 됩니다.

1-2 서술형 가이드 나누어지는 수가 $\frac{1}{100}$배가 되면 몫도 $\frac{1}{100}$배가 됨을 알고 몫의 소수점을 왼쪽으로 두 자리 이동했는지 확인합니다.

채점 기준

상	몫이 425의 $\frac{1}{100}$배임을 알고 바르게 구함.
중	몫이 425의 $\frac{1}{100}$배임을 알고 있으나 답이 틀림.
하	나눗셈의 몫을 구하는 방법을 모름.

2-2 서술형 가이드 정오각형은 다섯 변의 길이가 모두 같음을 알고 있는지 확인합니다.

채점 기준

상	정오각형은 다섯 변의 길이가 모두 같음을 이용하여 한 변의 길이를 바르게 구함.
중	정오각형은 다섯 변의 길이가 모두 같음을 알고 있으나 계산 과정에서 실수가 있어서 답이 틀림.
하	정오각형의 한 변의 길이를 구하는 방법을 모름.

53쪽

3-2 서술형 가이드 달린 거리를 걸린 시간으로 나누었는지 확인합니다.

채점 기준

상	달린 거리를 걸린 시간으로 나누어 1초 동안 달린 거리를 바르게 구함.
중	달린 거리를 걸린 시간으로 나누었으나 계산 과정에서 실수가 있어서 답이 틀림.
하	1초 동안 달린 거리를 구하는 방법을 모름.

4-2 서술형 가이드 주어진 직사각형의 넓이를 구한 후 작은 직사각형 한 개의 넓이를 구했는지 확인합니다.

채점 기준

상	주어진 직사각형의 넓이를 구한 후 작은 직사각형 한 개의 넓이를 바르게 구함.
중	주어진 직사각형의 넓이를 구했으나 작은 직사각형 한 개의 넓이를 구하는 과정에서 실수가 있어서 답이 틀림.
하	작은 직사각형 한 개의 넓이를 구하는 방법을 모름.

3단계 유형 평가 54~56쪽

01 18

02 (1) 30, 2 ; 15 (2) 76, 4 ; 19

03 402, 40.2, 4.02 **04** 13.2, 1.32

05 (1) 예 $7.8\div3=\frac{78}{10}\div3=\frac{78\div3}{10}=\frac{26}{10}=2.6$

(2) 예 $11.44\div8=\frac{1144}{100}\div8=\frac{1144\div8}{100}=\frac{143}{100}=1.43$

06 (1) 4.6 (2) 5.28

07

```
   1.5 3
5)7.6 5
  5
  2 6
  2 5
    1 5
    1 5
      0
```

08 0.82

09 <

10 예 $31.6\div8=\frac{316}{10}\div8=\frac{3160}{100}\div8=\frac{3160\div8}{100}=\frac{395}{100}=3.95$

11 (선 잇기)

12 (위에서부터) 3.06, 2.05

13 예 $16\div25=\frac{16}{25}=\frac{64}{100}=0.64$

14 6 **15** ㉠, 0.52

16 8.35

17 $6.3\div6$, $7.2\div2$, $2.1\div2$에 ○표

18 7.04

19 예 정사각형은 네 변의 길이가 모두 같습니다.
➡ (정사각형의 한 변의 길이)$=71.2\div4=17.8$ (cm)
; 17.8 cm

20 예 1분 24초=84초이므로 재인이가 1초 동안 달린 거리는 $294\div84=3.5$ (m)입니다.
; 3.5 m

54쪽

01 54.6을 자연수 부분만 생각하여 $54\div3$으로 계산하면 몫을 약 18로 어림할 수 있습니다.

02 (1) 30.4를 반올림하여 일의 자리까지 나타내면 30입니다. ➡ $30\div2=15$

(2) 75.83을 반올림하여 일의 자리까지 나타내면 76입니다 ➡ $76\div4=19$

03 나누어지는 수가 $\frac{1}{10}$배, $\frac{1}{100}$배가 되면 몫도 $\frac{1}{10}$배, $\frac{1}{100}$배가 되므로 몫의 소수점이 왼쪽으로 한 자리, 두 자리 이동합니다.

04 39.6은 396의 $\frac{1}{10}$배이므로 $39.6\div3$의 몫은 132의 $\frac{1}{10}$배인 13.2입니다. 또, 3.96은 396의 $\frac{1}{100}$배이므로 $3.96\div3$의 몫은 132의 $\frac{1}{100}$배인 1.32입니다.

05 (1) 7.8은 소수 한 자리 수이므로 분모가 10인 분수로 나타내어 계산합니다.

(2) 11.44는 소수 두 자리 수이므로 분모가 100인 분수로 나타내어 계산합니다.

06 (1)

```
   4.6
2)9.2
  8
  1 2
  1 2
    0
```

(2)

```
     5.2 8
9)4 7.5 2
  4 5
    2 5
    1 8
      7 2
      7 2
        0
```

55쪽

07 몫의 소수점은 나누어지는 수의 소수점 위치에 맞추어 올려 찍어야 합니다.

08 가장 작은 수는 5.74이고 가장 큰 수는 7입니다.
➡ $5.74 \div 7 = \frac{574}{100} \div 7 = \frac{574 \div 7}{100} = \frac{82}{100} = 0.82$

09 $1.85 \div 5 = 0.37$, $1.56 \div 4 = 0.39$ ➡ $0.37 < 0.39$

10 $31.6 \div 8 = \frac{316}{10} \div 8$에서 $316 \div 8$이 자연수로 나누어떨어지지 않으므로 소수 31.6을 분모가 100인 분수로 나타내어 계산합니다.

11 $22.5 \div 6 = 3.75$, $41.4 \div 12 = 3.45$

12 $21.42 \div 7 = 3.06$, $28.7 \div 14 = 2.05$

13 (자연수)÷(자연수)의 몫을 분수로 나타낸 후 소수로 바꿉니다.

14 $34 \div 5 = 6.8$이므로 □ 안에 들어갈 수 있는 자연수는 1부터 6까지입니다.
따라서 이 중에서 가장 큰 수는 6입니다.

56쪽

15 나누어지는 수가 나누는 수보다 작으면 몫이 1보다 작습니다.
㉠ $3.64 < 7$, ㉡ $8.4 > 6$이므로 나누어지는 수가 나누는 수보다 작은 나눗셈은 ㉠입니다.
➡ ㉠ $3.64 \div 7 = 0.52$

16 $\square \times 4 = 33.4$ ➡ $\square = 33.4 \div 4 = 8.35$

17 나누어지는 수가 나누는 수보다 크면 몫이 1보다 큽니다.
$1.7 < 2$, $6.3 > 6$, $7.2 > 2$, $5.4 < 6$, $2.1 > 2$, $3.36 < 6$이므로 나누어지는 수가 나누는 수보다 큰 나눗셈을 찾으면 $6.3 \div 6$, $7.2 \div 2$, $2.1 \div 2$입니다.

왜 틀렸을까? $6.3 \div 6$, $2.1 \div 2$와 같이 나누어지는 수의 자연수 부분이 나누는 수와 같은 경우에도 몫이 1보다 큽니다.

18 어떤 수를 □라 하면 $\square \times 9 = 63.36$입니다.
➡ $\square = 63.36 \div 9 = 7.04$

왜 틀렸을까? 주어진 조건을 식으로 나타낸 후 곱셈과 나눗셈의 관계를 이용하여 어떤 수를 구합니다.

19 서술형 가이드 정사각형은 네 변의 길이가 모두 같음을 알고 있는지 확인합니다.

채점 기준

상	정사각형은 네 변의 길이가 모두 같음을 이용하여 한 변의 길이를 바르게 구함.
중	정사각형은 네 변의 길이가 모두 같음을 알고 있으나 계산 과정에서 실수가 있어서 답이 틀림.
하	정사각형의 한 변의 길이를 구하는 방법을 모름.

20 서술형 가이드 달린 거리를 걸린 시간으로 나누었는지 확인합니다.

채점 기준

상	달린 거리를 걸린 시간으로 나누어 1초 동안 달린 거리를 바르게 구함.
중	달린 거리를 걸린 시간으로 나누었으나 계산 과정에서 실수가 있어서 답이 틀림.
하	1초 동안 달린 거리를 구하는 방법을 모름.

3단계 단원 평가 기본 57~58쪽

01 24, 6
02 636, 212, 212, 2.12
03 (위에서부터) $\frac{1}{10}$, 21.2
04 3⊡2□
05 2⊡4□6□
06 12.6, 1.26
07 예 $4.8 \div 2 = \frac{48}{10} \div 2 = \frac{48 \div 2}{10} = \frac{24}{10} = 2.4$
08 7.15
09 4.05
10 12, 1.2
11 (선 잇기)
12 16.48
13
```
       8.0 6
   12)9 6.7 2
      9 6
      ―――――
        7 2
        7 2
      ―――――
          0
```
14 1.3
15 $15.25 \div 5$에 ○표
16 ④
17 12.43 g
18 8.15 kg
19 1.27
20 0.4

57쪽

01 23.7을 반올림하여 일의 자리까지 나타내면 24입니다.
➡ $24 \div 4 = 6$

02 1 m=100 cm이므로 6.36 m=636 cm입니다.

03 나누어지는 수가 848에서 84.8로 $\frac{1}{10}$배가 되었으므로 몫은 212의 $\frac{1}{10}$배인 21.2입니다.

04~05 몫의 소수점은 나누어지는 수의 소수점 위치에 맞추어 올려 찍습니다.

06 75.6÷6의 몫은 126의 $\frac{1}{10}$배이므로 12.6이고, 7.56÷6의 몫은 126의 $\frac{1}{100}$배이므로 1.26입니다.

07 4.8을 분수 $\frac{48}{10}$로 나타내어 분수의 나눗셈으로 바꾸어 계산합니다.

08
```
      7.1 5
  6)4 2.9 0
    4 2
    ---
        9
        6
    -----
        3 0
        3 0
    -------
          0
```

09
```
        4.0 5
  16)6 4.8 0
     6 4
     ------
         8 0
         8 0
     --------
           0
```

10 $6\div5=\frac{6}{5}=\frac{12}{10}=1.2$

58쪽

11 9.3÷3=3.1, 12.8÷4=3.2

12 49.44÷3=16.48

13 몫의 소수 첫째 자리 계산에서 7은 12보다 작으므로 몫의 소수 첫째 자리에 0을 쓰고 2를 내려 계산해야 합니다.

14 17<22.1이므로 22.1÷17=1.3입니다.

15 15.25÷5=3.05, 31.02÷6=5.17 ➡ 0<1

16 ① 54.30÷6=9.05 ② 32.40÷8=4.05 ③ 35.30÷5=7.06 ⑤ 15.10÷5=3.02

17 24.86÷2=12.43 (g)

18 97.8÷12=8.15 (kg)

19 (눈금 한 칸의 크기)
=(나눈 수직선의 길이)÷(나눈 칸 수)
=6.35÷5=1.27

20 만들 수 있는 가장 작은 소수 한 자리 수는 2.4입니다.
➡ 2.4÷6=0.4

4 비와 비율

1단계 기초 문제 61쪽

1-1 (1) 2 : 7 (2) 3 : 8 (3) 4 : 5

1-2 (1) $\frac{1}{4}$, 0.25 (2) $\frac{3}{5}$, 0.6 (3) $\frac{7}{10}$, 0.7

2-1 (1) 80 % (2) 88 % (3) 42 %

2-2 (1) 28 % (2) 95 % (3) 70 %

1-1
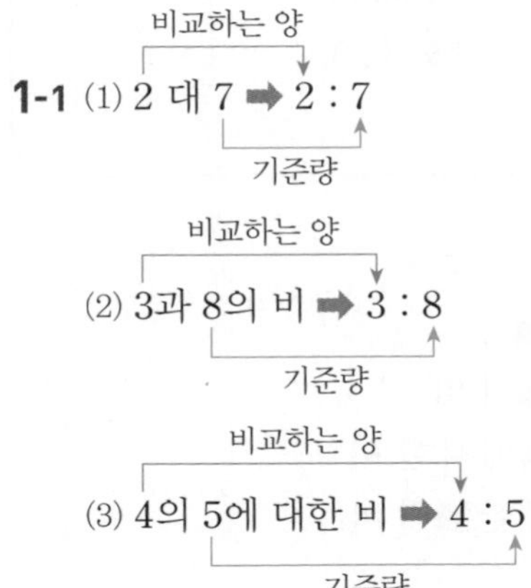

1-2 (1) $(\text{비율})=\frac{(\text{비교하는 양})}{(\text{기준량})}=\frac{1}{4}=\frac{25}{100}=0.25$

(2) $(\text{비율})=\frac{(\text{비교하는 양})}{(\text{기준량})}=\frac{3}{5}=\frac{6}{10}=0.6$

(3) $(\text{비율})=\frac{(\text{비교하는 양})}{(\text{기준량})}=\frac{7}{10}=0.7$

2-1 (1) $\frac{4}{5}=\frac{80}{100}=80$ % 또는 $\frac{4}{5}\times100=80$ (%)

(2) $\frac{22}{25}=\frac{88}{100}=88$ % 또는 $\frac{22}{25}\times100=88$ (%)

(3) $\frac{21}{50}=\frac{42}{100}=42$ % 또는 $\frac{21}{50}\times100=42$ (%)

2-2 (1) $0.28=\frac{28}{100}=28$ % 또는 $0.28\times100=28$ (%)

(2) $0.95=\frac{95}{100}=95$ % 또는 $0.95\times100=95$ (%)

(3) $0.7=\frac{7}{10}=\frac{70}{100}=70$ % 또는 $0.7\times100=70$ (%)

1단계 기본 문제 62~63쪽

01 3, 4, 4, 3
02 8, 7 ; 8, 7 ; 8, 7 ; 7, 8
03 8
04 10
05 12, 19
06 13, 42
07 2
08 15
09 $\frac{11}{23}$
10 $\frac{17}{20}$, 0.85
11 18, 0.375
12 30
13 25, 25
14 32
15 40, 40
16 65, 65
17 100, 40, 40
18 52, 52
19 100, 80, 80
20 57
21 9
22 60, 3
23 84, 21
24 0.32
25 78, 0.78
26 50, 0.5
27 9, 0.09

62쪽

01~02 ■ : ▲
- ■ 대 ▲
- ■와 ▲의 비
- ■의 ▲에 대한 비
- ▲에 대한 ■의 비

03 7 대 8 ➡ 7 : 8

04 10과 25의 비 ➡ 10 : 25

05 12의 19에 대한 비 ➡ 12 : 19

06 42에 대한 13의 비 ➡ 13 : 42

07~11 ■ : ▲ (■: 비교하는 양, ▲: 기준량)

➡ (비율)$=\frac{(\text{비교하는 양})}{(\text{기준량})}=\frac{■}{▲}$

63쪽

12~15 분모가 100인 분수의 분자에 % 기호를 붙입니다.

16~19 비율에 100을 곱한 결과에 % 기호를 붙입니다.

20~27 백분율은 기준량을 100으로 할 때의 비율이므로 ■ %를 분수로 나타내면 $\frac{■}{100}$입니다.

2단계 기본 유형 64~69쪽

01 9, 12
02 4
03 변하고에 ○표, 변하지 않습니다에 ○표
04 진호
05 (1) 3, 7 (2) 7, 3
06 4 : 9
07 (1) 3 (2) 9, 7
08 (1) 비, 기 (2) 기, 비
09 ㉢
10 $\frac{9}{10}$, 0.9
11 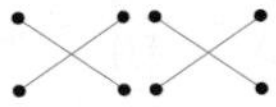
12 7, 8, $\frac{7}{8}$, 0.875
13 5 : 12, $\frac{5}{12}$
14 $\frac{120}{2}$, 60
15 0.4
16 $\frac{570}{6}(=95)$
17 $\frac{28}{42}\left(=\frac{2}{3}\right)$
18 $\frac{9400}{4}(=2350)$, $\frac{10000}{8}(=1250)$
19 $\frac{15}{120}\left(=\frac{1}{8}\right)$
20 (1) 17 % (2) 53 %
21 40 %
22 85 %
23 56 %
24 $\frac{97}{100}$, 0.97
25 (위에서부터) 0.3, 30 % ; $\frac{43}{100}$, 43 % ; $\frac{77}{100}$, 0.77
26 민호
27 100, 52
28 480, 60 ; 312, 39
29 1 %
30 85 %
31 25 %
32 20 %
33 3 %
34 12 : 27
35 10 : 11
36 39 : 61
37 ( )(○)
38 (○)( )
39 ( ) (○)

64쪽

01 $4-1=3$, $8-2=6$, $12-3=9$, $16-4=12$이므로 과자 수는 초콜릿 수보다 3봉지, 6봉지, 9봉지, 12봉지가 더 많습니다.

02 $4\div1=4$, $8\div2=4$, $12\div3=4$, $16\div4=4$이므로 과자 수는 초콜릿 수의 4배입니다.

03 뺄셈으로 비교한 경우에는 묶음 수에 따라 과자 수와 초콜릿 수의 차가 3, 6, 9, 12로 두 수의 관계가 변합니다.
나눗셈으로 비교한 경우에는 과자 수는 초콜릿 수의 4배로 두 수의 관계가 변하지 않습니다.

04 5 : 6 ➡ 6에 대한 5의 비

참고
비에서 기준이 되는 수는 기호 :의 오른쪽에 있는 수이므로 5 : 6에서 기준이 되는 수는 6입니다.

05 (1) 사과 수와 귤 수의 비
➡ (사과 수) : (귤 수)=3 : 7
(2) 사과 수에 대한 귤 수의 비
➡ (귤 수) : (사과 수)=7 : 3

06 전체는 9칸, 색칠한 부분은 4칸입니다.
전체에 대한 색칠한 부분의 비 ➡ 4 : 9

65쪽

07 기호 :의 왼쪽에 있는 수가 비교하는 양이고 오른쪽에 있는 수가 기준량입니다.

08 (1) 딸기 수와 망고 수의 비
➡ (딸기 수) : (망고 수)
비교하는 양 기준량
(2) 딸기 수에 대한 망고 수의 비
➡ (망고 수) : (딸기 수)
비교하는 양 기준량

09 ㉠ 2 : 7 ㉡ 2 : 7 ㉢ 7 : 2 ㉣ 2 : 7
㉠, ㉡, ㉣은 기준량이 7, ㉢은 기준량이 2이므로 기준량이 다른 하나는 ㉢입니다.

10 9 : 10 ➡ (비율)$=\frac{(\text{비교하는 양})}{(\text{기준량})}=\frac{9}{10}=0.9$

11 5에 대한 3의 비 ➡ 3 : 5 ➡ (비율)$=\frac{3}{5}=0.6$
4와 5의 비 ➡ 4 : 5 ➡ (비율)$=\frac{4}{5}=0.8$

12 8에 대한 7의 비 ➡ 7 : 8 ➡ (비율)$=\frac{7}{8}=0.875$

13 가로에 대한 세로의 비 ➡ 5 : 12 ➡ (비율)$=\frac{5}{12}$

66쪽

14 걸린 시간에 대한 간 거리의 비율에서 기준량은 걸린 시간(2시간)이고 비교하는 양은 간 거리(120 km)입니다.

15 (전체 타수에 대한 안타 수의 비율)
$=\frac{(\text{안타 수})}{(\text{전체 타수})}=\frac{36}{90}=0.4$

16 (연료의 양에 대한 주행 거리의 비율)
$=\frac{(\text{주행 거리})}{(\text{연료의 양})}=\frac{570}{6}(=95)$

17 골인에 성공한 비율은 축구공을 찬 횟수에 대한 골인에 성공한 횟수의 비율입니다.
➡ $\frac{(\text{골인에 성공한 횟수})}{(\text{찬 횟수})}=\frac{28}{42}\left(=\frac{2}{3}\right)$

18 별빛 마을: $\frac{(\text{인구수})}{(\text{넓이})}=\frac{9400}{4}(=2350)$
산들 마을: $\frac{(\text{인구수})}{(\text{넓이})}=\frac{10000}{8}(=1250)$

19 (소금물의 양에 대한 소금의 양의 비율)
$=\frac{(\text{소금의 양})}{(\text{소금물의 양})}=\frac{15}{120}\left(=\frac{1}{8}\right)$

67쪽

20 (1) $\frac{17}{100}=17\ \%$ 또는 $\frac{17}{100}\times100=17\ (\%)$
(2) $0.53=\frac{53}{100}=53\ \%$ 또는 $0.53\times100=53\ (\%)$

21 전체에 대한 색칠한 부분의 비율이 $\frac{2}{5}$이므로
$\frac{2}{5}=\frac{40}{100}=40\ \%$ 또는 $\frac{2}{5}\times100=40\ (\%)$입니다.

22 20에 대한 17의 비는 17 : 20이므로 비율은 $\frac{17}{20}$입니다.

➡ $\frac{17}{20}=\frac{85}{100}=85\ \%$ 또는 $\frac{17}{20}\times 100=85\ (\%)$

23 (준수네 반 학생 수)$=14+11=25$(명)

➡ (여학생의 비율)$=\frac{14}{25}\times 100=56\ (\%)$

24 $97\ \%=\frac{97}{100}=0.97$

25 $\frac{3}{10}=0.3=\frac{30}{100}=30\ \%$

$0.43=\frac{43}{100}=43\ \%$

$77\ \%=\frac{77}{100}=0.77$

26 $45\ \%=\frac{45}{100}=\frac{9}{20}$

$12\ \%=\frac{12}{100}=0.12$

➡ 백분율을 비율로 잘못 나타낸 사람은 민호입니다.

68쪽

27 $\frac{13}{25}\times 100=52\ (\%)$

28 (가 후보의 득표율)$=\frac{480}{800}\times 100=60\ (\%)$

(나 후보의 득표율)$=\frac{312}{800}\times 100=39\ (\%)$

29 $\frac{8}{800}\times 100=1\ (\%)$

30 이긴 경기 수: $20-3=17$(번)

➡ $\frac{17}{20}\times 100=85\ (\%)$

31 (할인 금액)$=24000-18000=6000$(원)

➡ (바지의 할인율)$=\frac{6000}{24000}\times 100=25\ (\%)$

32 (소금물의 진하기)$=\frac{80}{400}\times 100=20\ (\%)$

33 (이자)$=206000-200000=6000$(원)

➡ (이자율)$=\frac{6000}{200000}\times 100=3\ (\%)$

69쪽

34 (남학생 수)$=27-15=12$(명)

남학생 수의 전체 학생 수에 대한 비는

(남학생 수) : (전체 학생 수)이므로 12 : 27입니다.

참고

남학생 수의 전체 학생 수에 대한 비는 전체 학생 수를 기준으로 하여 비교한 비입니다.

35 (노란 장미 수)$=21-11=10$(송이)

노란 장미 수와 빨간 장미 수의 비는

(노란 장미 수) : (빨간 장미 수)이므로 10 : 11입니다.

참고

노란 장미 수와 빨간 장미 수의 비는 빨간 장미 수를 기준으로 하여 비교한 비입니다.

36 (남은 거리)$=100-39=61$ (m)

도착점까지 남은 거리에 대한 출발점에서부터 달린 거리의 비는

(출발점에서부터 달린 거리) : (도착점까지 남은 거리)이므로 39 : 61입니다.

왜 틀렸을까? 기준은 도착점까지 남은 거리이므로 비에서 기호 :의 오른쪽에 도착점까지 남은 거리를 써야 합니다.

37 1 : 4 ➡ (비율)$=\frac{1}{4}$, 3 : 20 ➡ (비율)$=\frac{3}{20}$

$\frac{1}{4}=\frac{5}{20}$이고 $\frac{5}{20}>\frac{3}{20}$이므로 비율이 더 작은 것은 3 : 20입니다.

38 2 : 3 ➡ (비율)$=\frac{2}{3}$, 3 : 5 ➡ (비율)$=\frac{3}{5}$

$\frac{2}{3}=\frac{10}{15}$, $\frac{3}{5}=\frac{9}{15}$이고 $\frac{10}{15}>\frac{9}{15}$이므로 비율이 더 큰 것은 2 : 3입니다.

39 5와 8의 비 ➡ 5 : 8 ➡ (비율)$=\frac{5}{8}$

10에 대한 7의 비 ➡ 7 : 10 ➡ (비율)$=\frac{7}{10}$

$\frac{5}{8}=\frac{25}{40}$, $\frac{7}{10}=\frac{28}{40}$이고 $\frac{25}{40}<\frac{28}{40}$이므로 비율이 더 큰 것은 10에 대한 7의 비입니다.

왜 틀렸을까? 비를 읽은 것을 보고 비로 바르게 나타내어야 비교하는 양과 기준량을 파악하여 비율을 바르게 구할 수 있습니다.

2단계 서술형 유형

70~71쪽

1-1 다릅니다에 ○표 ; 8, 5

1-2 예 9 : 5는 기준이 5이고, 5 : 9는 기준이 9이기 때문입니다.

2-1 20, 12, $\frac{12}{20}$, 0.6 ; 0.6

2-2 예 기준량은 전체 학생 수인 910명이고 비교하는 양은 남학생 수인 390명이므로 전체 학생 수에 대한 남학생 수의 비율은 $\frac{390}{910}=\frac{3}{7}$입니다.
; $\frac{3}{7}$

3-1 0.4, 0.52, ㉢ ; ㉢

3-2 예 비율을 소수로 바꾸어 크기를 비교합니다.
㉡ $\frac{5}{8}=0.625$ ㉢ 67 % $=0.67$
$0.7>0.67>0.625$이므로 비율이 가장 작은 것은 ㉡입니다.
; ㉡

4-1 9, 9, 45 ; 45

4-2 예 전체 32칸 중 20칸에 색칠되어 있습니다.
따라서 전체에 대한 색칠한 부분의 비율을 백분율로 나타내면 $\frac{20}{32}\times 100=62.5$ (%)입니다.
; 62.5 %

70쪽

1-1 비에서 기준이 되는 수는 기호 : 의 오른쪽에 있는 수입니다.

1-2 서술형 가이드 두 비의 기준이 되는 수가 다르다는 내용이 들어 있어야 합니다.

채점 기준

상	두 비를 비교하여 다른 점을 바르게 설명함.
중	두 비를 비교하여 다른 점을 설명하였으나 미흡함.
하	두 비의 다른 점을 설명하지 못함.

2-1 $(\text{비율})=\frac{(\text{여학생 수})}{(\text{전체 학생 수})}=\frac{12}{20}=\frac{6}{10}=0.6$

2-2 서술형 가이드 기준량을 전체 학생 수, 비교하는 양을 남학생 수로 하여 비율을 바르게 구했는지 확인합니다.

채점 기준

상	기준량과 비교하는 양을 알고 비율을 바르게 구함.
중	기준량과 비교하는 양은 알고 있으나 비율로 나타내는 방법을 모름.
하	기준량과 비교하는 양을 몰라서 비율을 구하지 못함.

71쪽

3-2 서술형 가이드 비율을 소수, 분수, 백분율로 통일하여 크기를 비교하는 과정이 들어 있는지 확인합니다.

채점 기준

상	비율을 통일하여 크기를 바르게 비교함.
중	비율을 통일하는 과정에서 실수가 있어서 답이 틀림.
하	비율을 통일하지 못해서 크기 비교를 못함.

4-2 서술형 가이드 전체에 대한 색칠한 부분의 비율을 백분율로 나타내는 과정이 들어 있는지 확인합니다.

채점 기준

상	전체에 대한 색칠한 부분의 비율을 백분율로 바르게 나타냄.
중	전체에 대한 색칠한 부분의 비율은 구했으나 백분율로 나타내는 과정에서 실수가 있어서 답이 틀림.
하	전체에 대한 색칠한 부분의 비율을 몰라서 백분율로 나타내지 못함.

3단계 유형 평가

72~74쪽

01 (1) 8, 5 (2) 5, 8

02 5 : 9

03 (1) 비, 기 (2) 기, 비

04 $\frac{1}{4}$, 0.25

05 6, 15, $\frac{6}{15}\left(=\frac{2}{5}\right)$, 0.4

06 0.35

07 $\frac{15}{27}\left(=\frac{5}{9}\right)$

08 $\frac{21600}{12}(=1800)$, $\frac{11000}{5}(=2200)$

09 48 %

10 55 %

11 $\frac{73}{100}$, 0.73

12 (위에서부터)
0.75, 75 % ; $\frac{87}{100}$, 87 % ; $\frac{49}{100}$, 0.49

13 100, 64

14 20 %

15 13 : 14

16 ( )(○)

17 27 : 23

18 (○)
( )

19 예 기준량은 전체 학생 수인 750명이고 비교하는 양은 여학생 수인 420명이므로 전체 학생 수에 대한 여학생 수의 비율은 $\frac{420}{750}=0.56$입니다. ; 0.56

20 예 전체 25칸 중 9칸에 색칠되어 있습니다.
따라서 전체에 대한 색칠한 부분의 비율을 백분율로 나타내면 $\frac{9}{25}\times 100=36$ (%)입니다. ; 36 %

72쪽

01 (1) 야구공 수의 축구공 수에 대한 비

➡ (야구공 수) : (축구공 수)=8 : 5

(2) 야구공 수에 대한 축구공 수의 비

➡ (축구공 수) : (야구공 수)=5 : 8

02 전체는 9칸, 색칠한 부분은 5칸입니다.
전체에 대한 색칠한 부분의 비 ➡ 5 : 9

03 (1) 연필 수와 볼펜 수의 비

➡ (연필 수) : (볼펜 수)
비교하는 양 기준량

(2) 연필 수에 대한 볼펜 수의 비

➡ (볼펜 수) : (연필 수)
비교하는 양 기준량

04 1 : 4 ➡ (비율)$=\frac{(\text{비교하는 양})}{(\text{기준량})}$

$=\frac{1}{4}=0.25$

05 15에 대한 6의 비 ➡ 6 : 15

➡ (비율)$=\frac{6}{15}=0.4$

06 (전체 타수에 대한 안타 수의 비율)

$=\frac{(\text{안타 수})}{(\text{전체 타수})}=\frac{70}{200}=0.35$

07 골인에 성공한 비율은 축구공을 찬 횟수에 대한 골인에 성공한 횟수의 비율입니다.

➡ $\frac{(\text{골인에 성공한 횟수})}{(\text{찬 횟수})}=\frac{15}{27}\left(=\frac{5}{9}\right)$

73쪽

08 초록 마을: $\frac{(\text{인구수})}{(\text{넓이})}=\frac{21600}{12}(=1800)$

숲속 마을: $\frac{(\text{인구수})}{(\text{넓이})}=\frac{11000}{5}(=2200)$

09 12와 25의 비는 12 : 25이므로 비율은 $\frac{12}{25}$입니다.

➡ $\frac{12}{25}=\frac{48}{100}=48\ \%$ 또는 $\frac{12}{25}\times100=48\ (\%)$

10 (채령이네 반 학생 수)$=9+11=20$(명)

➡ (남학생의 비율)$=\frac{11}{20}\times100=55\ (\%)$

11 $73\ \%=\frac{73}{100}=0.73$

12 $\frac{3}{4}=\frac{75}{100}=0.75=75\ \%$

$0.87=\frac{87}{100}=87\ \%$

$49\ \%=\frac{49}{100}=0.49$

13 $\frac{80}{125}\times100=64\ (\%)$

14 (할인 금액)$=35000-28000=7000$(원)

➡ (장갑의 할인율)$=\frac{7000}{35000}\times100=20\ (\%)$

74쪽

15 (초콜릿 수)$=27-14=13$(개)

➡ 초콜릿 수와 사탕 수의 비는 (초콜릿 수) : (사탕 수)이므로 13 : 14입니다.

16 4 : 12 ➡ (비율)$=\frac{4}{12}=\frac{1}{3}$

4 : 8 ➡ (비율)$=\frac{4}{8}=\frac{1}{2}$

$\frac{1}{3}<\frac{1}{2}$이므로 비율이 더 큰 것은 4 : 8입니다.

17 (남은 거리)$=50-23=27$ (m)

출발점에서부터 달린 거리에 대한 도착점까지 남은 거리의 비는
(도착점까지 남은 거리) : (출발점에서부터 달린 거리)
이므로 27 : 23입니다.

왜 틀렸을까? 기준은 출발점에서부터 달린 거리이므로 비에서 기호 :의 오른쪽에 출발점에서부터 달린 거리를 써야 합니다.

18 13과 20의 비 ➡ 13 : 20 ➡ (비율)$=\frac{13}{20}$

5에 대한 3의 비 ➡ 3 : 5 ➡ (비율)$=\frac{3}{5}$

$\frac{3}{5}=\frac{12}{20}$이고 $\frac{13}{20}>\frac{12}{20}$이므로 비율이 더 큰 것은 13과 20의 비입니다.

왜 틀렸을까? 비를 읽은 것을 보고 비로 바르게 나타내어야 비교하는 양과 기준량을 파악하여 비율을 바르게 구할 수 있습니다.

19 서술형 가이드 기준량을 전체 학생 수, 비교하는 양을 여학생 수로 하여 비율을 바르게 구했는지 확인합니다.

채점 기준

상	기준량과 비교하는 양을 알고 비율을 바르게 구함.
중	기준량과 비교하는 양은 알고 있으나 비율로 나타내는 방법을 모름.
하	기준량과 비교하는 양을 몰라서 비율을 구하지 못함.

20 서술형 가이드 전체에 대한 색칠한 부분의 비율을 백분율로 나타내는 과정이 들어 있는지 확인합니다.

채점 기준

상	전체에 대한 색칠한 부분의 비율을 백분율로 바르게 나타냄.
중	전체에 대한 색칠한 부분의 비율은 구했으나 백분율로 나타내는 과정에서 실수가 있어서 답이 틀림.
하	전체에 대한 색칠한 부분의 비율을 몰라서 백분율로 나타내지 못함.

3단계 단원 평가 기본

75~76쪽

01 3, 7
02 10 : 13
03 7 : 9
04 14
05 9
06 $\frac{9}{14}$
07 ①
08 76 %
09 ④
10 예 12 대 19, 12와 19의 비
11 $\frac{56}{100}\left(=\frac{14}{25}\right)$, 0.56
12 (선 잇기)
13 (○)( )
14 ( )(○)
15 17 : 28
16 $\frac{9}{450}\left(=\frac{1}{50}\right)$
17 0.375
18 20 %
19 15 %
20 정훈

75쪽

01 기준이 (나)이므로 (가) : (나)=3 : 7입니다.

02 10의 13에 대한 비 ➡ 10 : 13

03 9에 대한 7의 비 ➡ 7 : 9

04 기호 :의 오른쪽에 있는 수이므로 14입니다.

05 기호 :의 왼쪽에 있는 수이므로 9입니다.

06 (비율)$=\frac{(\text{비교하는 양})}{(\text{기준량})}=\frac{9}{14}$

07 ① 11 : 10
②, ③, ④, ⑤ 10 : 11
➡ 비가 다른 것은 ①입니다.

08 $\frac{19}{25}\times100=76$ (%)

09 ① 3 : 7 ② 8 : 7 ③ 24 : 7 ④ 7 : 9 ⑤ 13 : 7
①, ②, ③, ⑤는 기준량이 7, ④는 기준량이 9이므로 기준량을 나타내는 수가 다른 것은 ④입니다.

10 12의 19에 대한 비, 19에 대한 12의 비라고 읽을 수도 있습니다.

76쪽

11 $56\ \% = \frac{56}{100}\left(=\frac{14}{25}\right)=0.56$

12 5에 대한 2의 비 ➡ 2 : 5 ➡ $\frac{2}{5}=0.4$
12 : 25 ➡ $\frac{12}{25}$

13 $36\ \% = \frac{36}{100}=0.36$
0.36 > 0.326이므로 36 %가 더 큽니다.

14 $4\ \% = \frac{4}{100}=\frac{1}{25}$
$\frac{1}{50}<\frac{1}{25}$이므로 4 %가 더 큽니다.

15 전체 학생 수: 17+11=28(명)
➡ (남학생 수) : (전체 학생 수)=17 : 28

16 (전체 인형 수에 대한 불량품 수의 비율)
$=\frac{(\text{불량품 수})}{(\text{전체 인형 수})}=\frac{9}{450}\left(=\frac{1}{50}\right)$

17 (색칠한 부분의 칸 수) : (전체 칸 수)=3 : 8
➡ (비율)$=\frac{3}{8}=\frac{375}{1000}=0.375$

18 설탕의 양: 60 g, 설탕물의 양: 300 g
➡ $\frac{60}{300}\times100=20$ (%)

19 설탕의 양: 75 g, 설탕물의 양: 500 g
➡ $\frac{75}{500}\times100=15$ (%)

20 설탕물의 진하기를 비교해 보면 20 > 15이므로 정훈이가 만든 설탕물이 더 진합니다.

5 여러 가지 그래프

1단계 기초 문제 79쪽

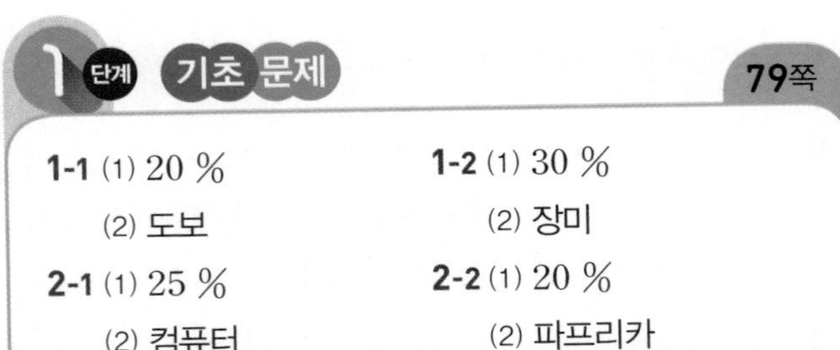

1-1 (1) 20 %
(2) 도보

1-2 (1) 30 %
(2) 장미

2-1 (1) 25 %
(2) 컴퓨터

2-2 (1) 20 %
(2) 파프리카

1-1 (2) 띠의 길이가 가장 긴 교통 수단을 찾아보면 도보입니다.

다른 풀이
백분율의 크기를 비교하면 45>25>20>10이므로 가장 많은 학생들의 교통 수단은 도보입니다.

1-2 (2) 띠의 길이가 가장 긴 꽃을 찾아보면 장미입니다.

2-1 (2) 차지하는 부분이 가장 넓은 취미 생활을 찾아보면 컴퓨터입니다.

다른 풀이
백분율의 크기를 비교하면 40>25>20>10>5이므로 가장 많은 학생들의 취미 생활은 컴퓨터입니다.

2-2 (2) 차지하는 부분이 가장 넓은 채소를 찾아보면 파프리카입니다.

1단계 기본 문제 80~81쪽

01 1, 5 ; 1, 6 ; 1, 8 ; 3, 3

지역별 인구수

지역	인구수
강원	◉ ○○○○○
충북	◉ ○○○○○○
전남	◉ ○○○○○○○○
경남	◉◉◉ ○○○

02 마을별 연간 플라스틱 사용량

마을	사용량
가	■■ ▪▪▪▪
나	■ ▪▪▪▪▪▪▪
다	■■■ ▪▪▪
라	■■

03 20, 15

04

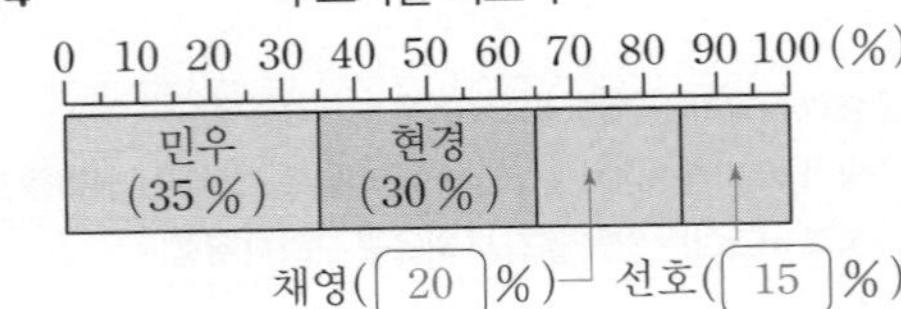

05

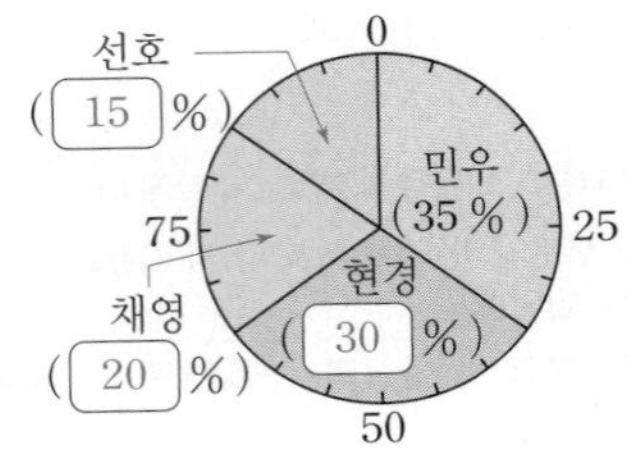

06 30, 20, 15 ;

예) 도서관에 있는 종류별 책 수

0 10 20 30 40 50 60 70 80 90 100 (%)

소설책 (35 %) | 위인전 (30 %) | 학습만화 (20 %) | 기타 (15 %)

07 30, 25, 15 ;

예) 좋아하는 운동별 학생 수

0 10 20 30 40 50 60 70 80 90 100 (%)

축구 (30 %) | 농구 (30 %) | 수영 (25 %) | 야구 (15 %)

08 40, 30, 20, 10 ;

예) 의료 시설 종류별 시설 수

0 10 20 30 40 50 60 70 80 90 100 (%)

병원 (40 %) | 약국 (30 %) | 한의원 (20 %) | 기타 (10 %)

09 35, 20, 5 ;

예) 좋아하는 음식별 학생 수

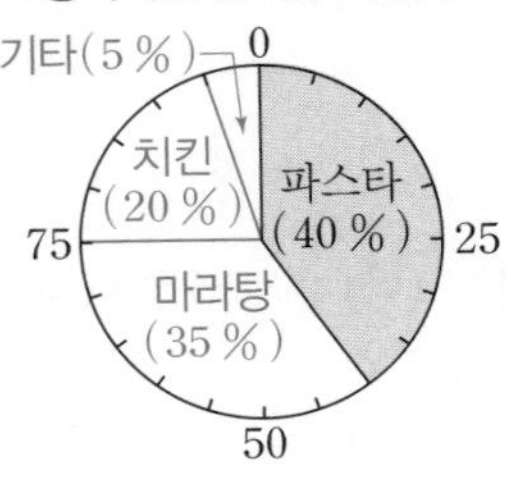

10 35, 30, 25, 10 ;

예) 용돈 쓰임새별 금액

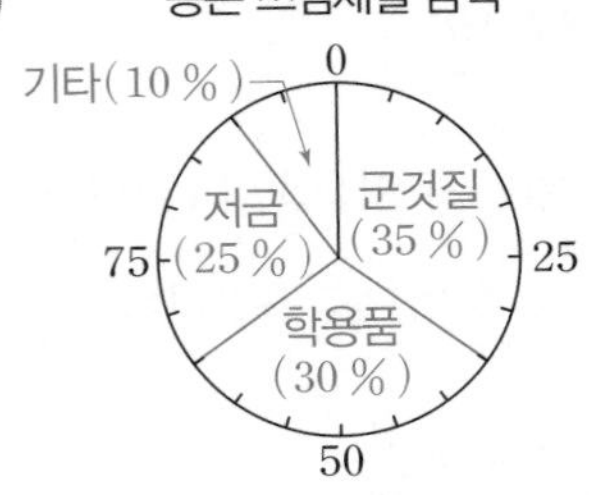

80쪽

01 100만 명을 나타내는 그림의 수와 10만 명을 나타내는 그림의 수를 각각 알아봅니다.

02 가 마을: 큰 그림 2개, 작은 그림 4개
나 마을: 큰 그림 1개, 작은 그림 7개
다 마을: 큰 그림 3개, 작은 그림 3개
라 마을: 큰 그림 2개

03 $\frac{(\text{비교하는 양})}{(\text{기준량})} \times 100$을 계산한 다음, 기호 %를 붙입니다.

04 전체에 대한 각 부분의 비율을 띠 모양에 나타냅니다.

05 전체에 대한 각 부분의 비율을 원 모양에 나타냅니다.

81쪽

06 • 위인전: $\frac{300}{1000} \times 100 = 30\ (\%)$

• 학습만화: $\frac{200}{1000} \times 100 = 20\ (\%)$

• 기타: $\frac{150}{1000} \times 100 = 15\ (\%)$

참고
[띠그래프로 나타내는 방법]
① 자료를 보고 각 항목의 백분율을 구합니다.
② 각 항목의 백분율의 합계가 100 %가 되는지 확인합니다.
③ 각 항목들이 차지하는 백분율의 크기만큼 선을 그어 띠를 나눕니다.
④ 나눈 부분에 각 항목의 내용과 백분율을 씁니다.
⑤ 띠그래프의 제목을 씁니다.

07 • 농구: $\frac{120}{400} \times 100 = 30\ (\%)$

• 수영: $\frac{100}{400} \times 100 = 25\ (\%)$

• 야구: $\frac{60}{400} \times 100 = 15\ (\%)$

08 • 병원: $\frac{128}{320} \times 100 = 40\ (\%)$

• 약국: $\frac{96}{320} \times 100 = 30\ (\%)$

• 한의원: $\frac{64}{320} \times 100 = 20\ (\%)$

• 기타: $\frac{32}{320} \times 100 = 10\ (\%)$

09 • 마라탕: $\frac{175}{500} \times 100 = 35\ (\%)$

• 치킨: $\frac{100}{500} \times 100 = 20\ (\%)$

• 기타: $\frac{25}{500} \times 100 = 5\ (\%)$

10 • 군것질: $\frac{7000}{20000} \times 100 = 35\ (\%)$

• 학용품: $\frac{6000}{20000} \times 100 = 30\ (\%)$

• 저금: $\frac{5000}{20000} \times 100 = 25\ (\%)$

• 기타: $\frac{2000}{20000} \times 100 = 10\ (\%)$

2단계 기본 유형 82~87쪽

01 100억, 10억, 1억　**02** 호주
03 프랑스
04 (위에서부터) 2200000, 5700000, 4400000, 3100000, 1600000, 1100000
05 권역별 고구마 생산량

06 35 ; 30 ; 50, 25 ; 20, 10
07 좋아하는 운동별 학생 수

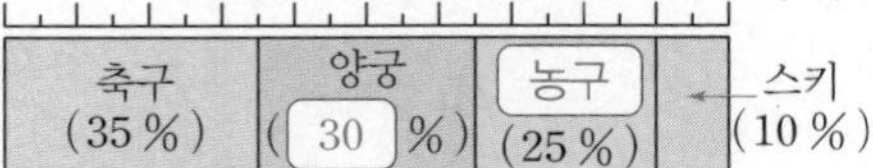

08 축구　**09** 9 %
10 수분　**11** 탄수화물
12 100 %　**13** 비율

14 40 ; 25 ; 8, 20 ; 6, 15

15
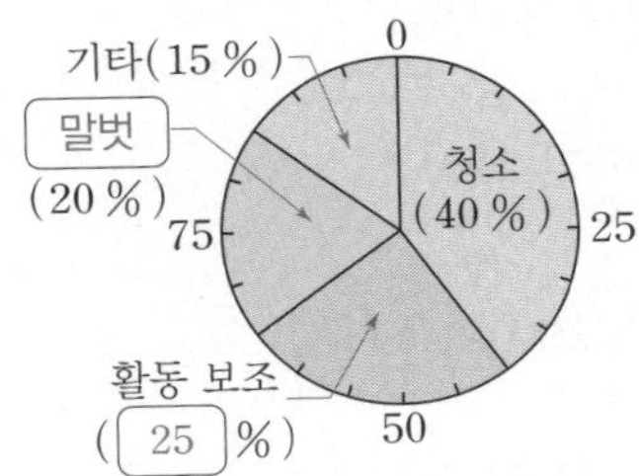

16 청소 **17** 24 %

18 돈가스 **19** 비빔밥

20 100 %

21 (위에서부터) 24, 20, 80 ; 30, 25, 10, 100

22 노란색, 보라색, 검은색 **23** 100 %

24 예

색깔별 색종이 수

0 10 20 30 40 50 60 70 80 90 100(%)

빨간색 (35 %)	파란색 (30 %)	초록색 (25 %)	기타 (10 %)

25 15, 40, 45

26 예
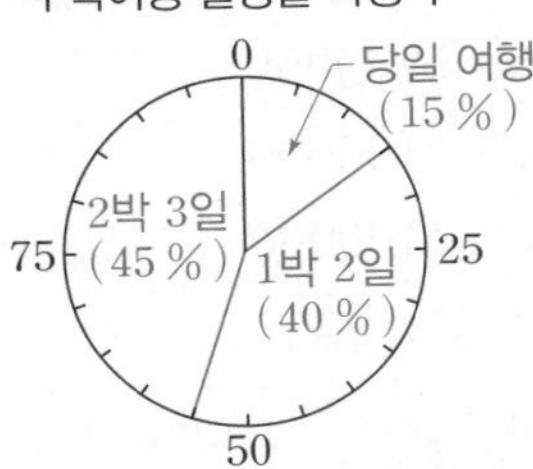

27 30, 20, 15

예
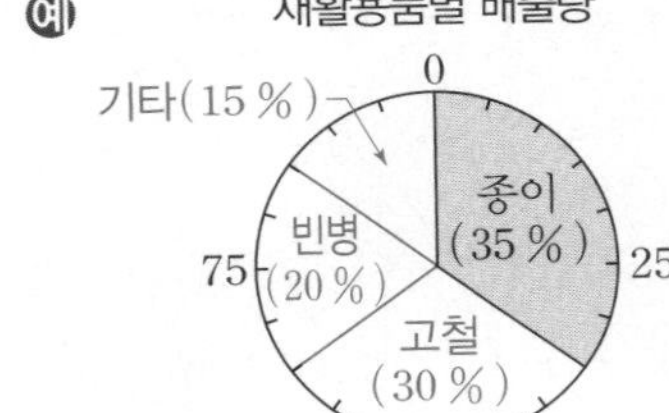

28 1000명 **29** 탕수육

30 쌀 **31** 쌀, 보리

32 막대그래프, 띠그래프 **33** (선 잇기)

34 ③, ④ **35** 23 %

36 22 % **37** 종이류, 플라스틱류

38 3배 **39** 2배

40 2배

82쪽

01 프랑스로 수출한 무역액 30억을 (작은 그림) 3개로 나타내었으므로 (작은 그림)은 10억을 나타냅니다.
또, 필리핀으로 수출한 무역액 105억을 (큰 그림) 1개, (아주 작은 그림) 5개로 나타내었으므로 (큰 그림)은 100억, (아주 작은 그림)은 1억을 나타냅니다.

02 100억 달러를 나타내는 그림이 가장 많은 나라를 찾아보면 호주입니다.

03 100억 달러를 나타내는 그림은 없고 10억 달러를 나타내는 그림만 있는 러시아와 프랑스 중 그림의 개수가 더 적은 나라는 프랑스입니다.
따라서 프랑스로 수출한 무역액이 가장 적습니다.

04 만의 자리 숫자가 0, 1, 2, 3, 4이면 버리고, 5, 6, 7, 8, 9이면 올려서 나타냅니다.

서울 · 인천 · 경기: 2204530 ➡ 2200000 (버립니다.)

강원: 4382160 ➡ 4400000 (올립니다.)

대전 · 세종 · 충청: 1557380 ➡ 1600000 (올립니다.)

대구 · 부산 · 울산 · 경상: 5739410 ➡ 5700000 (버립니다.)

광주 · 전라: 3148520 ➡ 3100000 (버립니다.)

제주: 1063740 ➡ 1100000 (올립니다.)

05 서울 · 인천 · 경기: (큰 그림) 2개, (작은 그림) 2개
강원: (큰 그림) 4개, (작은 그림) 4개
대전 · 세종 · 충청: (큰 그림) 1개, (작은 그림) 6개
대구 · 부산 · 울산 · 경상: (큰 그림) 5개, (작은 그림) 7개
광주 · 전라: (큰 그림) 3개, (작은 그림) 1개
제주: (큰 그림) 1개, (작은 그림) 1개

83쪽

06 $\frac{(\text{비교하는 양})}{(\text{기준량})}\times 100$을 계산한 다음, 기호 %를 붙입니다.

• 농구: $\frac{50}{200}\times 100=25\,(\%)$

• 스키: $\frac{20}{200}\times 100=10\,(\%)$

07 양궁을 좋아하는 학생의 비율은 30 %이고, 농구를 좋아하는 학생의 비율은 25 %입니다.

08 띠그래프에서 띠의 길이가 가장 긴 운동을 찾아보면 축구입니다.

다른 풀이
학생 수를 비교하면 70>60>50>20이므로 가장 많은 학생들이 좋아하는 운동은 축구입니다.

다른 풀이
백분율의 크기를 비교하면 35>30>25>10이므로 가장 많은 학생들이 좋아하는 운동은 축구입니다.

09 밀가루에 들어 있는 단백질은 전체의 9 %입니다.

10 차지하는 비율이 전체의 12 %인 영양소는 수분입니다.

11 띠그래프에서 띠의 길이가 가장 긴 영양소를 찾아보면 탄수화물입니다.

다른 풀이
백분율의 크기를 비교하면 74>12>9>5이므로 밀가루에 가장 많이 들어 있는 영양소는 탄수화물입니다.

12 탄수화물 74 %, 수분 12 %, 단백질 9 %, 기타 5 %이므로 모두 더하면 74+12+9+5=100 (%)입니다.

13 띠그래프는 전체에 대한 각 부분의 비율을 띠 모양에 나타낸 그래프이므로 각 항목이 차지하는 비율을 쉽게 알 수 있습니다.

84쪽

14 $\frac{(\text{비교하는 양})}{(\text{기준량})}\times 100$을 계산한 다음, 기호 %를 붙입니다.

15 활동 보조는 25 %, 말벗은 20 %입니다.

16 원그래프에서 차지하는 부분이 가장 넓은 분야를 찾아보면 청소입니다.

다른 풀이
학생 수를 비교하면 16>10>8>6이므로 가장 많은 학생들이 자원봉사한 분야는 청소입니다.

다른 풀이
백분율의 크기를 비교하면 40>25>20>15이므로 가장 많은 학생들이 자원봉사한 분야는 청소입니다.

17 카레를 좋아하는 학생의 비율은 전체의 24 %입니다.

18 차지하는 비율이 전체의 17 %인 메뉴는 돈가스입니다.

19 원그래프에서 차지하는 부분이 가장 넓은 급식 메뉴를 찾아보면 비빔밥입니다.

다른 풀이
백분율의 크기를 비교하면 35>24>17>16>8이므로 가장 많은 학생들이 좋아하는 급식 메뉴는 비빔밥입니다.

20 비빔밥 35 %, 카레 24 %, 스파게티 16 %, 돈가스 17 %, 기타 8 %이므로 모두 더하면 35+24+16+17+8=100 (%)입니다.

85쪽

21 전체 색종이 수: 28+24+20+8=80(장)

• 파란색: $\frac{24}{80}\times 100=30$ (%)

• 초록색: $\frac{20}{80}\times 100=25$ (%)

• 기타: $\frac{8}{80}\times 100=10$ (%)

22 노란색 3장, 보라색 3장, 검은색 2장이 포함되어 기타는 3+3+2=8(장)이 되었습니다.

23 35+30+25+10=100 (%)

24 작은 눈금 한 칸의 크기는 5 %입니다.
빨간색: 35÷5=7(칸), 파란색: 30÷5=6(칸),
초록색: 25÷5=5(칸), 기타: 10÷5=2(칸)

주의
띠그래프로 나타낼 때 한 항목의 백분율의 크기만큼 선을 그은 다음, 이 선에 이어서 다음 항목의 백분율만큼 선을 그어야 합니다.

25 백분율의 합계는 100 %이어야 합니다.
15+40+45=100 (%)

26 눈금 한 칸의 크기는 5 %입니다.
당일 여행: 15÷5=3(칸), 1박 2일: 40÷5=8(칸),
2박 3일: 45÷5=9(칸)

주의
원그래프로 나타낼 때 한 항목의 백분율의 크기만큼 선을 그은 다음, 이 선에 이어서 다음 항목의 백분율만큼 선을 그어야 합니다.

27 • 고철: $\frac{600}{2000}\times 100=30$ (%)

• 빈병: $\frac{400}{2000}\times 100=20$ (%)

• 기타: $\frac{300}{2000}\times 100=15$ (%)

86쪽

28 총 응답자 수가 조사한 학생 수이므로 1000명입니다.

29 짬뽕을 좋아하는 학생 수와 탕수육을 좋아하는 학생 수의 비율이 16 %로 같습니다.

30 쌀의 비율이 43 %로 가장 많습니다.

다른 풀이
원그래프에서 차지하는 부분이 가장 넓은 곡물을 찾아보면 쌀입니다.

31 생산한 곡물의 비율이 20 %와 같거나 큰 곡물은 쌀(43 %)과 보리(26.7 %)입니다.

참고
20 이상인 수는 20과 같거나 큰 수입니다.

32 ㈎: 조사한 수를 막대 모양으로 나타낸 막대그래프입니다.
㈏: 전체에 대한 각 부분의 비율을 띠 모양에 나타낸 띠그래프입니다.

참고
• 막대그래프: 각 항목의 수량의 많고 적음을 한눈에 비교하기 쉽습니다.
• 띠그래프: 각 항목끼리의 비율을 쉽게 비교할 수 있습니다.

33 연속적으로 변하는 양을 나타내는 그래프는 꺾은선그래프이고, 전체에 대한 각 부분의 비율을 나타내는 그래프는 원그래프, 띠그래프입니다.

참고
• 원그래프: 작은 비율까지도 비교적 쉽게 나타낼 수 있습니다.
• 꺾은선그래프: 시간에 따른 변화하는 모습을 쉽게 알 수 있습니다.

34 연령별 인구 구성 비율을 나타낼 때에는 전체에 대한 각 부분의 비율을 나타낸 띠그래프와 원그래프가 좋습니다.

87쪽

35 전체 100 %에서 A형, B형, AB형의 백분율을 빼면 O형의 백분율이 됩니다.
➡ $100-37-30-10=23\,(\%)$

36 전체 100 %에서 스마트폰, 상품권, 책, 기타의 백분율을 빼면 신발의 백분율이 됩니다.
➡ $100-33-20-15-10=22\,(\%)$

37 (플라스틱류의 백분율)
$=100-35-24-13=28\,(\%)$
➡ 25 % 이상의 비율을 차지한 것은 종이류(35 %)와 플라스틱류(28 %)입니다.

왜 틀렸을까? 플라스틱류가 차지하는 비율은 알아보지 않고 비율이 주어진 종이류, 병류, 기타 중에서만 찾으면 안 됩니다.

38 군것질: 30 %, 저금: 10 %
➡ $30\div10=3$(배)

39 봄: 40 %, 가을: 20 %
➡ $40\div20=2$(배)

40 과학관: $100-40-30-5-10=15\,(\%)$
➡ 미술관에 가고 싶은 학생 수(30 %)는 과학관에 가고 싶은 학생 수(15 %)의 $30\div15=2$(배)입니다.

왜 틀렸을까? 미술관이 차지하는 비율은 주어져 있지만 과학관이 차지하는 비율은 주어져 있지 않습니다.
따라서 과학관에 가고 싶은 학생 수의 비율을 먼저 구해야 합니다.

2단계 서술형 유형 88~89쪽

1-1 400, 1000, 1000, 400, 600 ; 600

1-2 예 대전 · 세종 · 충청 권역의 초등학교 수는 900개이고, 대구 · 부산 · 울산 · 경상 권역의 초등학교 수는 1600개입니다.
➡ 두 권역의 초등학교 수의 차는 $1600-900=700$(개)입니다. ; 700개

2-1 30, 35, 사과 ; 사과

2-2 예 귤의 재배 넓이는 전체의 30 %입니다.
따라서 재배 넓이가 귤보다 더 좁은 과일은 비율이 15 %인 배와 20 %인 복숭아입니다. ; 배, 복숭아

3-1 32, 26, 32, 26, 58 ; 58

3-2 예 사랑해를 선택한 학생 수의 비율 20 %와 잘했어를 선택한 학생 수의 비율 14 %를 더합니다.
➡ $20+14=34\,(\%)$; 34 %

4-1 5, 15 ; 15

4-2 예 학습 시간이 1시간 이상 2시간 미만인 비율과 1시간 미만인 비율을 더합니다.
➡ $35+22=57\,(\%)$; 57 %

88쪽

1-1 강원 권역: 4개이므로 400개입니다.

광주 · 전라 권역: 1개이므로 1000개입니다.

1-2 서술형 가이드 대전 · 세종 · 충청 권역과 대구 · 부산 · 울산 · 경상 권역의 초등학교 수를 알아본 후 두 수의 차를 구하는 과정이 들어 있어야 합니다.

채점 기준

상	두 권역의 초등학교 수를 알아본 후 두 수의 차를 바르게 구함.
중	두 권역의 초등학교 수는 알고 있으나 계산 실수가 있어서 답이 틀림.
하	두 권역의 초등학교 수를 몰라서 답을 구하지 못함.

2-1 35(사과) > 30(귤) > 20(복숭아) > 15(배)

2-2 서술형 가이드 귤의 재배 넓이의 비율을 알아본 후 재배 넓이가 귤보다 더 좁은 과일을 구하는 과정이 들어 있어야 합니다.

채점 기준

상	귤의 재배 넓이의 비율을 알아본 후 재배 넓이가 귤보다 더 좁은 과일을 바르게 구함.
중	귤의 재배 넓이의 비율은 알고 있으나 재배 넓이가 귤보다 더 좁은 과일을 일부만 구함.
하	귤의 재배 넓이의 비율을 몰라서 답을 구하지 못함.

89쪽

3-1 (너를 믿어 또는 넌 최고야의 비율)

=(너를 믿어의 비율)+(넌 최고야의 비율)

3-2 서술형 가이드 사랑해와 잘했어를 선택한 학생 수의 비율을 알아본 후 두 비율의 합을 구하는 과정이 들어 있어야 합니다.

채점 기준

상	사랑해와 잘했어를 선택한 학생 수의 비율을 알아본 후 두 비율의 합을 바르게 구함.
중	사랑해와 잘했어를 선택한 학생 수의 비율은 알고 있으나 계산 실수가 있어서 답이 틀림.
하	사랑해와 잘했어를 선택한 학생 수의 비율을 몰라서 답을 구하지 못함.

4-1 (3시간 이상)

=(3시간 이상 4시간 미만)+(4시간 이상)

4-2 (2시간 미만)

=(1시간 이상 2시간 미만)+(1시간 미만)

서술형 가이드 학습 시간이 2시간 미만인 비율을 모두 찾아 더하는 과정이 들어 있어야 합니다.

채점 기준

상	학습 시간이 2시간 미만인 비율을 모두 찾아 바르게 계산함.
중	학습 시간이 2시간 미만인 비율은 모두 찾았으나 계산 과정에서 실수가 있어서 답이 틀림.
하	학습 시간이 2시간 미만인 비율을 잘못 찾음.

3단계 유형 평가 90~92쪽

01 1000, 100

02 서구

03 대덕구

04 18 %

05 가 마을

06 나 마을

07 100 %

08 35 ; 30 ; 24, 20 ; 18, 15

09 좋아하는 문화재별 학생 수

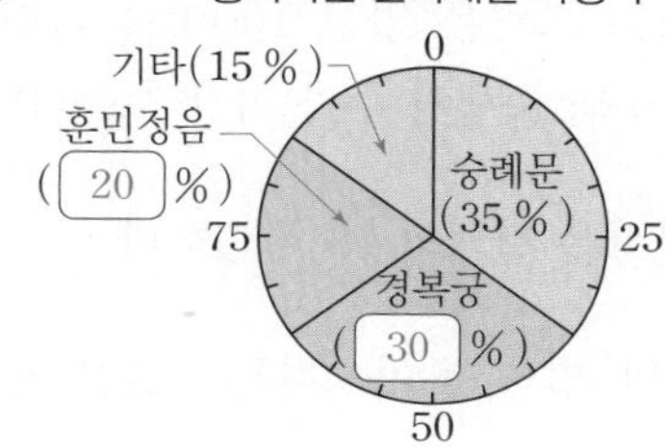

10 숭례문

11 훈민정음

12 (위에서부터) 5000, 4000, 20000

; 25, 20, 25, 100

13 생일 선물비, 기부금

14 100 %

15 예 용돈의 쓰임새별 금액

0 10 20 30 40 50 60 70 80 90 100(%)

학용품 (30 %)	교통비 (25 %)	군것질 (20 %)	기타 (25 %)

16 예 용돈의 쓰임새별 금액

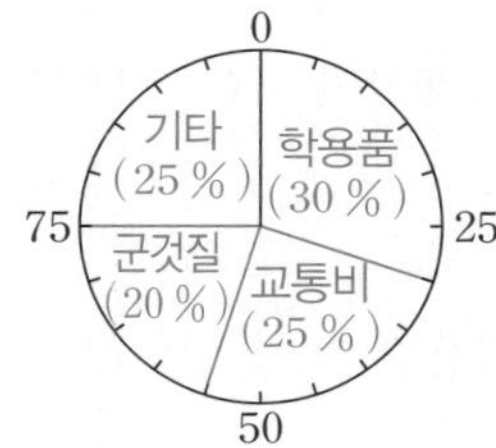

17 탄수화물, 단백질, 지방

18 3배

19 예 영상 시청을 하는 청소년 수의 비율 26 %와 SNS를 하는 청소년 수의 비율 22 %를 더합니다.

➡ 26+22=48(%)

; 48 %

20 예 한 달 용돈이 1만 원 이상 2만 원 미만인 비율, 5천 원 이상 1만 원 미만인 비율, 5천 원 미만인 비율을 모두 더합니다.

➡ 35+23+5=63(%)

; 63 %

90쪽

01 유성구의 출생아 수 2600명을 ☺ 2개, ☺ 6개로 나타내었으므로 ☺은 1000명, ☺은 100명을 나타냅니다.

02 1000명을 나타내는 그림이 가장 많은 구는 유성구와 서구이고, 이 중에서 100명을 나타내는 그림이 더 많은 구는 서구이므로 서구의 출생아 수가 가장 많습니다.

03 1000명을 나타내는 그림은 없고 100명을 나타내는 그림만 있는 대덕구의 출생아 수가 가장 적습니다.

04 다 마을의 배 생산량은 전체의 18 %입니다.

05 배 생산량이 전체의 20 %를 차지하는 마을은 가 마을입니다.

06 백분율의 크기를 비교합니다.
$\underset{\text{나}}{\underline{25}} > \underset{\text{라}}{\underline{24}} > \underset{\text{가}}{\underline{20}} > \underset{\text{다}}{\underline{18}} > \underset{\text{마}}{\underline{13}}$
➡ 나 마을의 배 생산량이 25 %로 가장 많습니다.

07 가 마을 20 %, 나 마을 25 %, 다 마을 18 %, 라 마을 24 %, 마 마을 13 %를 모두 더하면 $20+25+18+24+13=100\ (\%)$입니다.

91쪽

08 $\frac{(\text{비교하는 양})}{(\text{기준량})}\times 100$을 계산한 다음, 기호 %를 붙입니다.

09 경복궁은 30 %, 훈민정음은 20 %입니다.

10 원그래프에서 차지하는 부분이 가장 넓은 문화재를 찾아보면 숭례문입니다.

다른 풀이
학생 수를 비교하면 $42>36>24>18$이므로 숭례문을 좋아하는 학생이 42명으로 가장 많습니다.

11 훈민정음을 좋아하는 학생이 전체의 20 %입니다.

12 • 교통비: $\frac{5000}{20000}\times 100=25\ (\%)$

• 군것질: $\frac{4000}{20000}\times 100=20\ (\%)$

• 기타: $\frac{5000}{20000}\times 100=25\ (\%)$

13 생일 선물비 2500원, 기부금 2500원이 포함되어 기타는 $2500+2500=5000$(원)이 되었습니다.

14 $30+25+20+25=100\ (\%)$

15 작은 눈금 한 칸의 크기는 5 %입니다.
학용품: $30\div 5=6$(칸), 교통비: $25\div 5=5$(칸),
군것질: $20\div 5=4$(칸), 기타: $25\div 5=5$(칸)

16 눈금 한 칸의 크기는 5 %입니다.
학용품: $30\div 5=6$(칸), 교통비: $25\div 5=5$(칸),
군것질: $20\div 5=4$(칸), 기타: $25\div 5=5$(칸)

92쪽

17 (지방의 백분율)$=100-45-27-7-5=16\ (\%)$
➡ 15 % 이상의 비율을 차지한 것은 탄수화물(45 %), 단백질(27 %), 지방(16 %)입니다.

왜 틀렸을까? 지방이 차지하는 비율은 알아보지 않고 비율이 주어진 탄수화물, 단백질, 수분, 기타 중에서만 찾으면 안 됩니다.

18 문화생활비: $100-45-30-10=15\ (\%)$
➡ 저축(45 %)은 문화생활비(15 %)의 $45\div 15=3$(배)입니다.

왜 틀렸을까? 저축이 차지하는 비율은 주어져 있지만 문화생활비가 차지하는 비율은 주어져 있지 않습니다.
따라서 문화생활비가 차지하는 비율을 먼저 구해야 합니다.

19 **서술형 가이드** 영상 시청과 SNS를 하는 학생 수의 비율을 알아본 후 두 비율의 합을 구하는 과정이 들어 있어야 합니다.

채점 기준

상	영상 시청과 SNS를 하는 학생 수의 비율을 알아본 후 두 비율의 합을 바르게 구함.
중	영상 시청과 SNS를 하는 학생 수의 비율은 알고 있으나 계산 과정에서 실수가 있어서 답이 틀림.
하	영상 시청과 SNS를 하는 학생 수의 비율을 몰라서 답을 구하지 못함.

20 (2만 원 미만)
$=$(1만 원 이상 2만 원 미만)$+$(5천 원 이상 1만 원 미만)
$+$(5천 원 미만)

서술형 가이드 한 달 용돈이 2만 원 미만의 비율을 모두 찾아 더하는 과정이 들어 있어야 합니다.

채점 기준

상	한 달 용돈이 2만 원 미만의 비율을 모두 찾아 바르게 계산함.
중	한 달 용돈이 2만 원 미만의 비율은 모두 찾았으나 계산 과정에서 실수가 있어서 답이 틀림.
하	한 달 용돈이 2만 원 미만의 비율을 잘못 찾음.

3단계 단원 평가 기본

93~94쪽

01 10만 명, 1만 명
02 28만 명
03 서울 · 인천 · 경기 권역
04 제주 권역
05 대전 · 세종 · 충청 권역
06 띠그래프
07 30 %
08 나 신문
09 라 신문
10 2배
11 10 %
12 1.6배
13 운전 중 휴대 전화 사용, 신호 위반, 무단 횡단
14 30, 10
15 예

태어난 계절별 학생 수

0 10 20 30 40 50 60 70 80 90 100(%)

봄 (40 %) | 여름 (20 %) | 가을 (30 %) | 겨울 (10 %)

16 예

태어난 계절별 학생 수

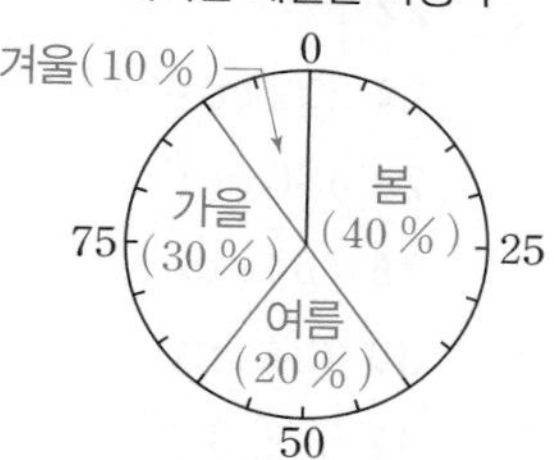

17 16 %
18 1시간 이상 2시간 미만
19 2시간 이상 3시간 미만
20 40 %

93쪽

01 큰 그림은 10만 명을 나타내고, 작은 그림은 1만 명을 나타냅니다.

02 큰 그림이 2개, 작은 그림이 8개이므로 28만 명입니다.

03 큰 그림의 수가 가장 많은 권역을 찾아보면 서울 · 인천 · 경기 권역입니다.

04 큰 그림이 없는 강원 권역과 제주 권역 중 작은 그림의 수가 더 적은 권역은 제주 권역입니다.

05 큰 그림이 3개인 권역을 찾아보면 대전 · 세종 · 충청 권역입니다.

06 전체에 대한 각 부분의 비율을 띠 모양에 나타낸 그래프를 띠그래프라고 합니다.

07 가 신문을 구독하는 가구는 전체의 30 %입니다.

08 띠의 길이가 가장 짧은 것은 나 신문이므로 나 신문을 구독하는 가구가 가장 적습니다.

09 가 신문을 구독하는 가구는 전체의 30 %입니다.
구독 가구 수의 비율이 30 %인 또다른 신문은 라 신문입니다.

10 가: 30 %, 나: 15 %
➡ $30 \div 15 = 2$(배)

94쪽

11 $100-40-25-15-10=10$ (%)

12 운전 중 휴대 전화 사용: 40 %
신호 위반: 25 %
➡ $40 \div 25 = 1.6$(배)

13 원그래프에서 차지하는 부분이 넓은 것부터 차례로 3가지를 씁니다.

14 • 가을: $\frac{6}{20} \times 100 = 30$ (%)

• 겨울: $\frac{2}{20} \times 100 = 10$ (%)

15 작은 눈금 한 칸의 크기는 5 %입니다.
봄: $40 \div 5 = 8$(칸), 여름: $20 \div 5 = 4$(칸),
가을: $30 \div 5 = 6$(칸), 겨울: $10 \div 5 = 2$(칸)

16 각 항목들이 차지하는 백분율만큼 원을 나눕니다.

17 $100-24-36-24=16$ (%)

18 1시간 이상 2시간 미만이 36 %로 가장 많습니다.

19 독서 시간이 1시간 미만인 학생은 24 %입니다.
➡ 독서 시간이 2시간 이상 3시간 미만인 학생이 24 %로 같습니다.

20 독서 시간이 2시간 이상의 비율을 모두 더합니다.
(2시간 이상)=(2시간 이상 3시간 미만)+(3시간 이상)
$=24+16=40$ (%)

6 직육면체의 부피와 겉넓이

1단계 기초 문제 97쪽

1-1 (1) 3, 36
(2) 5, 30

1-2 (1) 4, 64
(2) 7, 343

2-1 4, 4, 20, 36, 101, 202

2-2 (1) 6, 150
(2) 6, 486

1단계 기본 문제 98~99쪽

01 30 cm^3	02 315 cm^3
03 450 cm^3	04 560 cm^3
05 27 cm^3	06 216 cm^3
07 512 cm^3	08 1000 cm^3
09 108 cm^2	10 210 cm^2
11 318 cm^2	12 276 cm^2
13 96 cm^2	14 294 cm^2
15 864 cm^2	16 1350 cm^2

98쪽

01 $5\times2\times3=30\ (cm^3)$

02 $7\times5\times9=315\ (cm^3)$

03 $9\times10\times5=450\ (cm^3)$

04 $8\times7\times10=560\ (cm^3)$

05 $3\times3\times3=27\ (cm^3)$

06 $6\times6\times6=216\ (cm^3)$

07 $8\times8\times8=512\ (cm^3)$

08 $10\times10\times10=1000\ (cm^3)$

99쪽

09 $(6\times3+6\times4+3\times4)\times2=54\times2=108\ (cm^2)$

10 $(5\times5+5\times8+5\times8)\times2=105\times2=210\ (cm^2)$

11 $(9\times6+9\times7+6\times7)\times2=159\times2=318\ (cm^2)$

12 $(4\times7+4\times10+7\times10)\times2=138\times2=276\ (cm^2)$

13 $4\times4\times6=96\ (cm^2)$

14 $7\times7\times6=294\ (cm^2)$

15 $12\times12\times6=864\ (cm^2)$

16 $15\times15\times6=1350\ (cm^2)$

2단계 기본 유형 100~105쪽

01 나	02 가
03 나	04 36 cm^3
05 336 cm^3	06 210 cm^3
07 3	08 25
09 다, 나, 가	10 64 cm^3
11 729 cm^3	12 343 cm^3
13 5	14 296 cm^3
15 3 cm	16 (1) 3000000 (2) 7
17 (1) $<$ (2) $<$	18 ①, ⑤
19 1000000개	20 162 cm^2
21 122 cm^2	22 7
23 2	24 392 cm^2
25 304 cm^2	26 486 cm^2
27 96 cm^2	28 294 cm^2
29 10	30 234 cm^2
31 600 cm^2	32 5, 2, 3, 30
33 64 m^3	34 65 m^3
35 512 cm^3	36 343 cm^3
37 1000 cm^3	

100쪽

01 두 직육면체의 세로와 높이가 각각 같으므로 가로를 비교하면 $6<9$입니다.
➡ 직육면체 나의 부피가 더 큽니다.

02 가: 한 층에 $2\times3=6$(개)씩 4층이므로 쌓기나무는 모두 $6\times4=24$(개)입니다.
나: 한 층에 $3\times3=9$(개)씩 3층이므로 쌓기나무는 모두 $9\times3=27$(개)입니다.
➡ 24개$<$27개이므로 직육면체 가의 부피가 더 작습니다.

03 가: 한 층에 $3\times2=6$(개)씩 2층이므로 쌓기나무는 모두 $6\times2=12$(개)입니다.
나: 한 층에 $2\times4=8$(개)씩 2층이므로 쌓기나무는 모두 $8\times2=16$(개)입니다.
➡ 12개<16개이므로 상자 나의 부피가 더 큽니다.

04 한 층에 $6\times3=18$(개)씩 2층이므로 쌓기나무는 모두 $18\times2=36$(개)입니다.
➡ 부피가 $1\,cm^3$인 쌓기나무가 36개이므로 $36\,cm^3$입니다.

05 $7\times6\times8=336\,(cm^3)$

06 색칠한 한 면의 넓이는 $70\div2=35\,(cm^2)$입니다.
➡ (부피)$=35\times6=210\,(cm^3)$

다른 풀이
색칠한 한 면의 넓이는 $70\div2=35\,(cm^2)$이므로 직육면체의 세로는 $35\div7=5\,(cm)$입니다.
➡ (부피)$=7\times5\times6=210\,(cm^3)$

101쪽

07 $6\times4\times\square=72$, $24\times\square=72$, $\square=3$

08 $20\times10\times\square=5000$, $200\times\square=5000$, $\square=25$

09 가: $2\times6\times2=24\,(cm^3)$, 나: $3\times2\times5=30\,(cm^3)$, 다: $4\times4\times3=48\,(cm^3)$
➡ $48\,cm^3>30\,cm^3>24\,cm^3$이므로 다, 나, 가입니다.

10 한 층에 $4\times4=16$(개)씩 4층이므로 쌓기나무는 모두 $16\times4=64$(개)입니다.
➡ 부피가 $1\,cm^3$인 쌓기나무가 64개이므로 $64\,cm^3$입니다.

11 $9\times9\times9=729\,(cm^3)$

12 한 모서리의 길이가 7 cm인 정육면체입니다.
➡ (부피)$=7\times7\times7=343\,(cm^3)$

102쪽

13 $\square\times\square\times\square=125$, $5\times5\times5=125$이므로 $\square=5$입니다.

14 주민: $8\times8\times8=512\,(cm^3)$
진호: $6\times6=36$이므로 한 모서리의 길이가 6 cm인 정육면체입니다.
➡ $6\times6\times6=216\,(cm^3)$
따라서 부피의 차는 $512-216=296\,(cm^3)$입니다.

15 (쌓기나무 한 개의 부피)$=324\div12=27\,(cm^3)$
쌓기나무 한 개의 모서리의 길이를 □cm라 하면 $\square\times\square\times\square=27$, $3\times3\times3=27$이므로 $\square=3$입니다.

16 (1) $1\,m^3=1000000\,cm^3$ ➡ $3\,m^3=3000000\,cm^3$
(2) $1000000\,cm^3=1\,m^3$ ➡ $7000000\,cm^3=7\,m^3$

17 (1) $5600000\,cm^3=5.6\,m^3$ ➡ $4.2\,m^3<5.6\,m^3$
(2) $810000\,cm^3=0.81\,m^3$ ➡ $0.4\,m^3<0.81\,m^3$

18 ① $5.2\,m^3=5200000\,cm^3$
⑤ $2500000\,cm^3=2.5\,m^3$

19 (쌓기나무 한 개의 부피)$=1\times1\times1=1\,(cm^3)$
(정육면체의 부피)$=1\,m^3=1000000\,cm^3$
➡ (필요한 쌓기나무의 수)$=1000000$개

103쪽

20 $(6\times7+6\times3+7\times3)\times2=81\times2=162\,(cm^2)$

21 $(4\times3+4\times7+3\times7)\times2=61\times2=122\,(cm^2)$

22 $(4\times9+4\times\square+9\times\square)\times2=254$,
$36+13\times\square=127$, $13\times\square=91$, $\square=7$

23 $(3\times\square+3\times7+\square\times7)\times2=82$,
$21+10\times\square=41$, $10\times\square=20$, $\square=2$

24 (겉넓이)$=(12\times5+12\times8+5\times8)\times2$
$=196\times2=392\,(cm^2)$

25 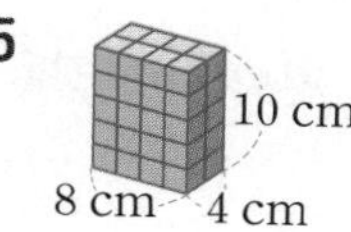

➡ (겉넓이)
$=(8\times4+8\times10+4\times10)\times2$
$=152\times2=304\,(cm^2)$

104쪽

26 $9\times9\times6=486\,(cm^2)$

27 (정육면체의 겉넓이)$=$(한 면의 넓이)$\times6$
➡ $16\times6=96\,(cm^2)$

28 $7\times7\times6=294\,(cm^2)$

29 $\square\times\square\times6=600$, $\square\times\square=100$,
$10\times10=100$이므로 $\square=10$입니다.

30 가: $5\times5\times6=150\,(cm^2)$,
나: $8\times8\times6=384\,(cm^2)$
➡ $384-150=234\,(cm^2)$

31 정육면체는 모든 면의 넓이가 같으므로
(한 면의 넓이)$=400\div4=100$ (cm^2)입니다.
➡ (정육면체의 겉넓이)$=100\times6=600$ (cm^2)

105쪽

32 (가로)$=500$ cm$=5$ m, (세로)$=200$ cm$=2$ m,
(높이)$=300$ cm$=3$ m
➡ (부피)$=5\times2\times3=30$ (m^3)

33 400 cm$=4$ m이므로 $4\times4\times4=64$ (m^3)입니다.
다른 풀이
$400\times400\times400=64000000$ (cm^3)
➡ 64000000 cm^3$=64$ m^3

34 6 m 50 cm$=6.5$ m, 250 cm$=2.5$ m
➡ (부피)$=6.5\times4\times2.5=65$ (m^3)
왜 틀렸을까? 6 m 50 cm$=6.5$ m, 250 cm$=2.5$ m로 정확하게 바꾸지 못했습니다.

35 세 모서리의 길이의 합이 24 cm이므로
한 모서리의 길이는 $24\div3=8$ (cm)입니다.
➡ (부피)$=8\times8\times8=512$ (cm^3)

36 정육면체의 한 모서리의 길이를 □cm라 하면
□×□$=49$, $7\times7=49$이므로 □$=7$입니다.
➡ (부피)$=7\times7\times7=343$ (cm^3)

37 네 모서리의 길이의 합이 40 cm이므로
한 모서리의 길이는 $40\div4=10$ (cm)입니다.
➡ (부피)$=10\times10\times10=1000$ (cm^3)
왜 틀렸을까? 네 모서리의 길이의 합이 40 cm라는 것을 몰랐습니다.

2단계 서술형 유형 106~107쪽

1-1 7.3, 19, 19, 8, 7.3, 2.2, ㄹ ; ㄹ
1-2 예 ㄷ 25000000 cm^3$=25$ m^3
ㄹ 3400000 cm^3$=3.4$ m^3
➡ 25 m^3 > 17 m^3 > 8.6 m^3 > 3.4 m^{3}이므로 부피가 가장 큰 것의 기호는 ㄷ입니다. ; ㄷ
2-1 2, 5, 50, 5, 3, 45, 50, 45, 5 ; 5
2-2 예 (가의 부피)$=5\times6\times4=120$ (m^3),
(나의 부피)$=4\times4\times7=112$ (m^3)
➡ $120-112=8$ (m^3) ; 8 m^3
3-1 8, 4, 64, 64, 64, 4 ; 4
3-2 예 직육면체의 부피가 $9\times6\times4=216$ (cm^3)이므로
정육면체의 한 모서리의 길이를 □cm라 하면
□×□×□$=216$입니다.
➡ $6\times6\times6=216$이므로 □$=6$입니다. ; 6 cm
4-1 2, 10, 21, 3 ; 3
4-2 예 높이를 □cm라 하면
(겉넓이)$=(6\times4+6\times$□$+4\times$□$)\times2$
$=148$ (cm^2) 입니다.
➡ $24+10\times$□$=74$, $10\times$□$=50$, □$=5$; 5 cm

106쪽

1-2 서술형 가이드 cm^3 또는 m^3 단위로 통일하여 부피를 비교한 후 부피가 가장 큰 것의 기호를 찾는 풀이 과정이 들어 있어야 합니다.

채점 기준

상	cm^3 또는 m^3 단위로 통일하여 부피를 비교한 후 부피가 가장 큰 것의 기호를 바르게 찾음.
중	cm^3 또는 m^3 단위로 통일했지만 부피를 비교하는 과정에서 실수하여 답이 틀림.
하	부피를 어떻게 비교해야 하는지 모름.

2-2 서술형 가이드 가의 부피와 나의 부피를 구한 후 차를 구하는 풀이 과정이 들어 있어야 합니다.

채점 기준

상	가의 부피와 나의 부피를 구한 후 차를 바르게 구함.
중	가의 부피와 나의 부피는 구했지만 차를 구하는 과정에서 실수하여 답이 틀림.
하	가의 부피와 나의 부피를 구하지 못하여 답을 구하지 못함.

107쪽

3-2 서술형 가이드 직육면체의 부피를 구한 후 정육면체의 한 모서리의 길이를 구하는 풀이 과정이 들어 있어야 합니다.

채점 기준

상	직육면체의 부피를 구한 후 정육면체의 한 모서리의 길이를 바르게 구함.
중	직육면체의 부피는 구했지만 정육면체의 한 모서리의 길이를 구하는 과정에서 실수하여 답이 틀림.
하	직육면체의 부피를 구하지 못하여 답을 구하지 못함.

4-2 서술형 가이드 높이를 □cm라 하여 겉넓이를 구하는 식을 세운 후 식을 이용하여 □ 안에 알맞은 수를 구하는 풀이 과정이 들어 있어야 합니다.

채점 기준

상	높이를 □cm라 하여 겉넓이를 구하는 식을 세운 후 식을 이용하여 □ 안에 알맞은 수를 바르게 구함.
중	높이를 □cm라 하여 겉넓이를 구하는 식은 세웠지만 식을 이용하는 과정에서 실수하여 답이 틀림.
하	높이를 어떻게 구해야 하는지 모름.

3단계 유형 평가

108~110쪽

01 나	02 $495\ cm^3$
03 $400\ cm^3$	04 20
05 $8000\ cm^3$	06 $729\ cm^3$
07 10	08 (1) > (2) >
09 $332\ cm^2$	10 15
11 $448\ cm^2$	12 $1014\ cm^2$
13 11	14 $198\ cm^2$
15 $125\ m^3$	16 $512\ cm^3$
17 $133\ m^3$	18 $3375\ cm^3$

19 예 (가의 부피)$=5\times5\times8=200\ (m^3)$,
(나의 부피)$=6\times7\times5=210\ (m^3)$
➡ $210-200=10\ (m^3)$; $10\ m^3$

20 예 높이를 □cm라 하면
(겉넓이)$=(3\times8+3\times\square+8\times\square)\times2=114\ (cm^2)$입니다.
➡ $24+11\times\square=57$, $11\times\square=33$, $\square=3$; 3 cm

108쪽

01 가: 한 층에 $3\times2=6$(개)씩 4층이므로 쌓기나무는 모두 $6\times4=24$(개)입니다.
나: 한 층에 $5\times3=15$(개)씩 2층이므로 쌓기나무는 모두 $15\times2=30$(개)입니다.
➡ 24개<30개이므로 상자 나의 부피가 더 큽니다.

02 $11\times9\times5=495\ (cm^3)$

03 색칠한 한 면의 넓이는 $80\div2=40\ (cm^2)$입니다.
➡ (부피)$=40\times10=400\ (cm^3)$

다른 풀이
색칠한 한 면의 넓이는 $80\div2=40\ (cm^2)$이므로 직육면체의 세로는 $40\div5=8$ (cm)입니다.
➡ (부피)$=5\times8\times10=400\ (cm^3)$

04 $18\times15\times\square=5400$, $270\times\square=5400$, $\square=20$

05 $20\times20\times20=8000\ (cm^3)$

06 한 모서리의 길이가 9 cm인 정육면체입니다.
➡ (부피)$=9\times9\times9=729\ (cm^3)$

07 $\square\times\square\times\square=1000$, $10\times10\times10=1000$이므로 $\square=10$입니다.

109쪽

08 (1) $3500000\ cm^3=3.5\ m^3$ ➡ $7.4\ m^3>3.5\ m^3$
(2) $620000\ cm^3=0.62\ m^3$ ➡ $0.9\ m^3>0.62\ m^3$

09 $(10\times9+10\times4+9\times4)\times2=166\times2=332\ (cm^2)$

10 $(10\times6+10\times\square+6\times\square)\times2=600$,
$60+16\times\square=300$, $16\times\square=240$, $\square=15$

11 (겉넓이)$=(8\times8+8\times10+8\times10)\times2$
$=224\times2=448\ (cm^2)$

12 $13\times13\times6=1014\ (cm^2)$

13 $\square\times\square\times6=726$, $\square\times\square=121$,
$11\times11=121$이므로 $\square=11$입니다.

14 가: $4\times4\times6=96\ (cm^2)$,
나: $7\times7\times6=294\ (cm^2)$
➡ $294-96=198\ (cm^2)$

110쪽

15 500 cm=5 m이므로 $5\times5\times5=125\ (m^3)$입니다.

다른 풀이
$500\times500\times500=125000000\ (cm^3)$
➡ $125000000\ cm^3=125\ m^3$

16 정육면체의 한 모서리의 길이를 □cm라 하면
$\square\times\square=64$, $8\times8=64$이므로 $\square=8$입니다.
➡ (부피)$=8\times8\times8=512\ (cm^3)$

17 7 m 60 cm=7.6 m, 350 cm=3.5 m
➡ (부피)$=7.6\times5\times3.5=133\ (m^3)$

왜 틀렸을까? 7 m 60 cm=7.6 m, 350 cm=3.5 m로 정확하게 바꾸지 못했습니다.

18 네 모서리의 길이의 합이 60 cm이므로
한 모서리의 길이는 $60\div4=15$ (cm)입니다.
➡ (부피)$=15\times15\times15=3375\ (cm^3)$

왜 틀렸을까? 네 모서리의 길이의 합이 60 cm라는 것을 몰랐습니다.

19 서술형 가이드 가의 부피와 나의 부피를 구한 후 차를 구하는 풀이 과정이 들어 있어야 합니다.

채점 기준

상	가의 부피와 나의 부피를 구한 후 차를 바르게 구함.
중	가의 부피와 나의 부피는 구했지만 차를 구하는 과정에서 실수하여 답이 틀림.
하	가의 부피와 나의 부피를 구하지 못하여 답을 구하지 못함.

20 서술형 가이드 높이를 □cm라 하여 겉넓이를 구하는 식을 세운 후 식을 이용하여 □ 안에 알맞은 수를 구하는 풀이 과정이 들어 있어야 합니다.

채점 기준

상	높이를 □cm라 하여 겉넓이를 구하는 식을 세운 후 식을 이용하여 □ 안에 알맞은 수를 바르게 구함.
중	높이를 □cm라 하여 겉넓이를 구하는 식은 세웠지만 식을 이용하는 과정에서 실수하여 답이 틀림.
하	높이를 어떻게 구해야 하는지 모름.

3 단계 단원 평가 기본 111~112쪽

01 알 수 없습니다.	02 5000000
03 2.7	04 40개
05 40 cm^3	06 560 cm^3
07 64 m^3	08 150 cm^2
09 $>$	10 $<$
11 168 cm^3	12 188 cm^2
13 1331 cm^3	14 726 cm^2
15 40개	16 24.3 m^3
17 ㉠	18 12 cm
19 10 cm	20 780 cm^2

111쪽

01 직육면체의 가로, 세로, 높이가 각각 다를 때에는 부피를 직접 비교하기 힘듭니다.

02 $1\,m^3=1000000\,cm^3$ ➡ $5\,m^3=5000000\,cm^3$

03 $1000000\,cm^3=1\,m^3$ ➡ $2700000\,cm^3=2.7\,m^3$

04 한 층에 $5\times4=20$(개)씩 2층이므로 쌓기나무는 모두 $20\times2=40$(개)입니다.

05 부피가 $1\,cm^3$인 쌓기나무가 40개이므로 $40\,cm^3$입니다.

06 $10\times8\times7=560\,(cm^3)$

07 $4\times4\times4=64\,(m^3)$

08 (정육면체의 겉넓이)=(한 면의 넓이)×6
➡ $25\times6=150\,(cm^2)$

09 $830000\,cm^3=0.83\,m^3$ ➡ $6.7\,m^3>0.83\,m^3$

10 $22000000\,cm^3=22\,m^3$ ➡ $3.1\,m^3<22\,m^3$

11 $7\times4\times6=168\,(cm^3)$

12 $(7\times4+7\times6+4\times6)\times2=94\times2=188\,(cm^2)$

112쪽

13 $11\times11\times11=1331\,(cm^3)$

14 $11\times11\times6=726\,(cm^2)$

15 가로에 놓을 수 있는 지우개의 수: $8\div2=4$(개),
세로에 놓을 수 있는 지우개의 수: 5개,
높이에 쌓을 수 있는 지우개의 수: 2개
➡ 상자에 들어 있는 지우개는 모두 $4\times5\times2=40$(개)입니다.

16 180 cm=1.8 m, 450 cm=4.5 m, 300 cm=3 m
➡ (부피)$=1.8\times4.5\times3=24.3\,(m^3)$

17 ㉠ 90 cm=0.9 m ➡ $0.8\times5\times0.9=3.6\,(m^3)$
㉡ 150 cm=1.5 m ➡ $1.5\times1.5\times1.5=3.375\,(m^3)$
따라서 $3.6>3.375$이므로 부피가 더 큰 것은 ㉠입니다.

18 정육면체의 한 모서리의 길이를 □cm라 하면
□×□×6=864, □×□=144, 12×12=144이므로
□=12입니다.

19 직육면체의 부피가 $20\times5\times10=1000\,(cm^3)$이므로 정육면체의 한 모서리의 길이를 □cm라 하면
□×□×□=1000입니다.
➡ $10\times10\times10=1000$이므로 □=10입니다.

20 상자의 겉넓이에서 가장 좁은 면의 넓이를 빼면 됩니다.
➡ $(12\times15+12\times10+15\times10)\times2-12\times10$
$=450\times2-120=900-120=780\,(cm^2)$

1 분수의 나눗셈

잘 틀리는 실력 유형 6~7쪽

유형 01 8, 8, 8

01 24일　02 유나, 5일

유형 02 ②, ①

03 $\frac{2}{5}\div7$ 또는 $\frac{2}{7}\div5$; $\frac{2}{35}$

04 $\frac{8}{3}\div7$ 또는 $\frac{8}{7}\div3$; $\frac{8}{21}$

유형 03 1, 1

05 $\frac{1}{8}$시간　06 $\frac{1}{9}$시간

07 $\frac{1}{18}$시간　08 생수

09 $\frac{11}{5}$배$\left(=2\frac{1}{5}\text{배}\right)$

6쪽

01 (민주가 하루에 일하는 양)$=\frac{1}{8}\div3=\frac{1}{8}\times\frac{1}{3}=\frac{1}{24}$

따라서 하루에 전체의 $\frac{1}{24}$을 하므로 24일이 걸립니다.

왜 틀렸을까? 하루에 전체의 $\frac{1}{24}$을 했을 때 전체 일의 양인 1이 되려면 24일이 걸린다는 것을 몰랐습니다.

참고

하루에 전체의 $\frac{1}{\square}$씩 □일 동안 일을 하면 $\frac{1}{\cancel{\square}_1}\times\cancel{\square}^1=1$, 즉 전체 일의 양인 1이 됩니다.

02 (준서가 하루에 일하는 양)$=\frac{1}{2}\div5=\frac{1}{2}\times\frac{1}{5}=\frac{1}{10}$

➡ 하루에 전체의 $\frac{1}{10}$을 하므로 10일이 걸립니다.

(유나가 하루에 일하는 양)$=\frac{1}{5}\div3=\frac{1}{5}\times\frac{1}{3}=\frac{1}{15}$

➡ 하루에 전체의 $\frac{1}{15}$을 하므로 15일이 걸립니다.

따라서 유나가 $15-10=5$(일) 더 걸립니다.

왜 틀렸을까? 각자 하루에 전체의 $\frac{1}{10}$과 $\frac{1}{15}$을 했을 때 전체 일의 양인 1이 되려면 10일과 15일이 걸린다는 것을 몰랐습니다.

03 $\frac{㉠}{㉡}\div㉢=\frac{㉠}{㉡}\times\frac{1}{㉢}=\frac{㉠}{㉡\times㉢}$이므로 ㉡과 ㉢에 들어갈 수가 클수록 몫이 작아집니다.

따라서 ㉠$=2$, ㉡$=5$, ㉢$=7$ 또는 ㉠$=2$, ㉡$=7$, ㉢$=5$이므로 $\frac{2}{5}\div7=\frac{2}{5}\times\frac{1}{7}=\frac{2}{35}$ 또는 $\frac{2}{7}\div5=\frac{2}{7}\times\frac{1}{5}=\frac{2}{35}$입니다.

왜 틀렸을까? $\frac{㉠}{㉡}\div㉢=\frac{㉠}{㉡}\times\frac{1}{㉢}=\frac{㉠}{㉡\times㉢}$임을 이용하지 못하여 ㉡과 ㉢에 들어갈 수가 클수록 몫이 작아진다는 것을 몰랐습니다.

04 $\frac{㉠}{㉡}\div㉢=\frac{㉠}{㉡}\times\frac{1}{㉢}=\frac{㉠}{㉡\times㉢}$이므로 ㉡과 ㉢에 들어갈 수가 작을수록 몫이 커집니다.

따라서 ㉠$=8$, ㉡$=3$, ㉢$=7$ 또는 ㉠$=8$, ㉡$=7$, ㉢$=3$이므로 $\frac{8}{3}\div7=\frac{8}{3}\times\frac{1}{7}=\frac{8}{21}$ 또는 $\frac{8}{7}\div3=\frac{8}{7}\times\frac{1}{3}=\frac{8}{21}$입니다.

왜 틀렸을까? $\frac{㉠}{㉡}\div㉢=\frac{㉠}{㉡}\times\frac{1}{㉢}=\frac{㉠}{㉡\times㉢}$임을 이용하지 못하여 ㉡과 ㉢에 들어갈 수가 작을수록 몫이 커진다는 것을 몰랐습니다.

7쪽

05 1시간 15분$=1\frac{15}{60}$시간$=1\frac{1}{4}$시간

➡ $1\frac{1}{4}\div10=\frac{5}{4}\div10=\frac{\cancel{5}^1}{4}\times\frac{1}{\cancel{10}_2}=\frac{1}{8}$(시간)

왜 틀렸을까? 1분$=\frac{1}{60}$시간임을 이용하지 못하여 1시간 15분을 분수로 나타내지 못했습니다.

06 1시간 40분$=1\frac{40}{60}$시간$=1\frac{2}{3}$시간

➡ $1\frac{2}{3}\div15=\frac{5}{3}\div15=\frac{\cancel{5}^1}{3}\times\frac{1}{\cancel{15}_3}=\frac{1}{9}$(시간)

왜 틀렸을까? 1분$=\frac{1}{60}$시간임을 이용하지 못하여 1시간 40분을 분수로 나타내지 못했습니다.

07 1시간 50분$=1\frac{50}{60}$시간$=1\frac{5}{6}$시간

➡ $1\frac{5}{6} \div 33 = \frac{11}{6} \div 33 = \frac{\cancel{11}^{1}}{6} \times \frac{1}{\cancel{33}_{3}} = \frac{1}{18}$(시간)

왜 틀렸을까? 1분$=\frac{1}{60}$시간임을 이용하지 못하여 1시간 50분을 분수로 나타내지 못했습니다.

08 한 컵에 담은 우유의 양: $1 \div 4 = \frac{1}{4}$ (L)

한 컵에 담은 생수의 양: $2 \div 6 = \frac{2}{6} = \frac{1}{3}$ (L)

➡ $\frac{1}{4} < \frac{1}{3}$이므로 한 컵에 더 많이 담은 것은 생수입니다.

09 가장 낮은 음을 내는 유리병의 물의 높이: $6\frac{3}{5}$ cm

가장 높은 음을 내는 유리병의 물의 높이: 3 cm

➡ $6\frac{3}{5} \div 3 = \frac{33}{5} \div 3 = \frac{33 \div 3}{5} = \frac{11}{5} = 2\frac{1}{5}$(배)

다르지만 같은 유형 8~9쪽

01 $\frac{3}{20}$ m **02** $\frac{7}{30}$ m

03 $\frac{9}{80}$ m **04** $\frac{5}{7}$

05 $\frac{4}{5}$

06 예 어떤 수를 □라 하면 $2\frac{5}{8} \div □ = 3$입니다.

➡ $□ = 2\frac{5}{8} \div 3 = \frac{21}{8} \div 3 = \frac{21 \div 3}{8} = \frac{7}{8}$; $\frac{7}{8}$

07 2, 3, 4, 5, 6 **08** 3

09 예 $17\frac{3}{5} \div 4 = \frac{88}{5} \div 4 = \frac{88 \div 4}{5} = \frac{22}{5} = 4\frac{2}{5}$

따라서 호떡은 4개까지 만들 수 있습니다. ; 4개

10 < **11** ㉡, ㉠, ㉢

12 성수

8쪽

01~03 핵심
(정■각형의 한 변의 길이)
=(모든 변의 길이의 합)÷■임을 이용할 수 있어야 합니다.

01 (정오각형의 한 변의 길이)
=(정오각형의 둘레)÷5
$=\frac{3}{4} \div 5 = \frac{3}{4} \times \frac{1}{5} = \frac{3}{20}$ (m)

02 (정육각형의 한 변의 길이)
=(정육각형의 둘레)÷6
$=1\frac{2}{5} \div 6 = \frac{7}{5} \div 6 = \frac{7}{5} \times \frac{1}{6} = \frac{7}{30}$ (m)

03 (정팔각형의 둘레)=(정삼각형의 둘레)
$=\frac{3}{10} \times 3 = \frac{9}{10}$ (m)

➡ (정팔각형의 한 변의 길이)
=(정팔각형의 둘레)÷8
$=\frac{9}{10} \div 8 = \frac{9}{10} \times \frac{1}{8} = \frac{9}{80}$ (m)

04~06 핵심
- 곱셈식을 나눗셈식으로 나타낼 수 있어야 합니다.
■×▲=● ➡ ■=●÷▲, ■×▲=● ➡ ▲=●÷■
- 나눗셈식을 다시 나눗셈식으로 나타낼 수 있어야 합니다.
■÷▲=● ➡ ▲=■÷●

04 $5 \times □ = 3\frac{4}{7}$

➡ $□ = 3\frac{4}{7} \div 5 = \frac{25}{7} \div 5 = \frac{25 \div 5}{7} = \frac{5}{7}$

05 빈 곳에 알맞은 수를 □라 하면 $□ \times 7 = 5\frac{3}{5}$입니다.

➡ $□ = 5\frac{3}{5} \div 7 = \frac{28}{5} \div 7 = \frac{28 \div 7}{5} = \frac{4}{5}$

06 **서술형 가이드** $2\frac{5}{8}$를 어떤 수로 나누었을 때 3이 되었다는 것을 나눗셈식으로 나타낸 후 이 나눗셈식을 이용하여 어떤 수를 구하는 풀이 과정이 들어 있어야 합니다.

채점 기준

상	나눗셈식을 세운 후 이 나눗셈식을 이용하여 어떤 수를 바르게 구함.
중	나눗셈식은 세웠지만 이 나눗셈식을 이용하는 과정에서 실수하여 답이 틀림.
하	나눗셈식을 세우지 못하고 답도 구하지 못함.

9쪽

07~09 핵심

■$\frac{●}{▲}$<□<◆$\frac{★}{♥}$일 때 □ 안에 들어갈 수 있는 자연수는 (■+1)부터 ◆까지입니다.

07 $8 \div 5 = \frac{8}{5} = 1\frac{3}{5}$, $20 \div 3 = \frac{20}{3} = 6\frac{2}{3}$이므로

$1\frac{3}{5} < □ < 6\frac{2}{3}$입니다.

따라서 □ 안에 들어갈 수 있는 자연수는 2, 3, 4, 5, 6입니다.

08 $7\frac{3}{7} \div 2 = \frac{52}{7} \div 2 = \frac{52 \div 2}{7} = \frac{26}{7} = 3\frac{5}{7}$이므로

$3\frac{5}{7} > □$입니다.

따라서 □ 안에 들어갈 수 있는 자연수는 1, 2, 3이므로 가장 큰 수는 3입니다.

09 서술형 가이드 전체 설탕의 양을 호떡 1개를 만드는 데 필요한 설탕의 양으로 나누는 풀이 과정이 들어 있어야 합니다.

채점 기준

상	전체 설탕의 양을 호떡 1개를 만드는 데 필요한 설탕의 양으로 나눈 몫을 구한 후 답을 바르게 구함.
중	전체 설탕의 양을 호떡 1개를 만드는 데 필요한 설탕의 양으로 나눈 몫을 구하는 과정에서 실수하여 답이 틀림.
하	전체 설탕의 양을 호떡 1개를 만드는 데 필요한 설탕의 양으로 나누어야 한다는 것을 모름.

10~12 핵심

나눗셈을 각각 계산한 후 계산 결과를 비교할 수 있어야 합니다.

10 $\frac{17}{3} \div 8 = \frac{17}{3} \times \frac{1}{8} = \frac{17}{24}$,

$\frac{19}{4} \div 6 = \frac{19}{4} \times \frac{1}{6} = \frac{19}{24}$

➡ $\frac{17}{24} < \frac{19}{24}$

11 ㉠ $\frac{2}{3} \div 5 = \frac{2}{3} \times \frac{1}{5} = \frac{2}{15}$,

㉡ $\frac{10}{11} \div 5 = \frac{10 \div 5}{11} = \frac{2}{11}$,

㉢ $\frac{16}{19} \div 8 = \frac{16 \div 8}{19} = \frac{2}{19}$

따라서 $\frac{2}{11} > \frac{2}{15} > \frac{2}{19}$이므로 ㉡, ㉠, ㉢입니다.

참고

분자가 같은 진분수는 분모가 작은 분수가 더 큽니다.

12 성수: $1\frac{1}{5} \div 2 = \frac{6}{5} \div 2 = \frac{6 \div 2}{5} = \frac{3}{5}$ (L)

재호: $2\frac{1}{7} \div 5 = \frac{15}{7} \div 5 = \frac{15 \div 5}{7} = \frac{3}{7}$ (L)

따라서 $\frac{3}{5} > \frac{3}{7}$이므로 하루 동안 마신 주스의 양이 더 많은 사람은 성수입니다.

응용 유형 10~13쪽

01 $\frac{2}{63}$ km　　02 $\frac{7}{10}$ L

03 $\frac{5}{8}$ kg　　04 $\frac{3}{40}$

05 $\frac{1}{64}$ m^2

06 $\frac{147}{40}\left(=3\frac{27}{40}\right)$, $\frac{161}{40}\left(=4\frac{1}{40}\right)$

07 $\frac{1}{24}$ km　　08 $\frac{3}{13}$ m

09 $\frac{4}{15}$ L

10 $\frac{19}{12}$ km$\left(=1\frac{7}{12}\text{ km}\right)$

11 $\frac{5}{48}$ kg

12 $7\frac{4}{5} \div 2$; $\frac{39}{10}\left(=3\frac{9}{10}\right)$

13 $\frac{1}{135}$　　14 $\frac{8}{5}$ cm$\left(=1\frac{3}{5}\text{ cm}\right)$

15 $\frac{1}{36}$ m^2　　16 $\frac{17}{36}$, $\frac{11}{18}$

17 $\frac{24}{5}$ $cm^2$$\left(=4\frac{4}{5}\text{ cm}^2\right)$

10쪽

01 (간격의 수)$=50-1=49$(군데)

(가로등 사이의 간격)

$=1\frac{5}{9} \div 49 = \frac{14}{9} \div 49 = \frac{\cancel{14}^{2}}{9} \times \frac{1}{\cancel{49}_{7}} = \frac{2}{63}$ (km)

02 (이틀 동안 산 생수의 양)

$=1\frac{3}{5} + \frac{1}{2} = 1\frac{6}{10} + \frac{5}{10} = 1\frac{11}{10} = 2\frac{1}{10}$ (L)

(물통 한 개에 담아야 할 생수의 양)

$=2\frac{1}{10} \div 3 = \frac{21}{10} \div 3 = \frac{21 \div 3}{10} = \frac{7}{10}$ (L)

03 (배 6개의 무게)$=4\frac{7}{20}-\frac{3}{5}=4\frac{7}{20}-\frac{12}{20}$

$=3\frac{27}{20}-\frac{12}{20}=3\frac{15}{20}=3\frac{3}{4}$ (kg)

(배 한 개의 무게)

$=3\frac{3}{4}\div 6=\frac{15}{4}\div 6=\frac{\overset{5}{\cancel{15}}}{4}\times\frac{1}{\underset{2}{\cancel{6}}}=\frac{5}{8}$ (kg)

11쪽

04 어떤 수를 □라 하면 $\square\times 4=\frac{6}{5}$이므로

$\square=\frac{6}{5}\div 4=\frac{\overset{3}{\cancel{6}}}{5}\times\frac{1}{\underset{2}{\cancel{4}}}=\frac{3}{10}$입니다.

따라서 바르게 계산하면 $\frac{3}{10}\div 4=\frac{3}{10}\times\frac{1}{4}=\frac{3}{40}$입니다.

05 (정사각형을 1개 만드는 데 사용한 끈의 길이)

$=1\div 2=\frac{1}{2}$ (m)

(정사각형의 한 변의 길이)

$=\frac{1}{2}\div 4=\frac{1}{2}\times\frac{1}{4}=\frac{1}{8}$ (m)

➡ (정사각형의 넓이)$=\frac{1}{8}\times\frac{1}{8}=\frac{1}{64}$ (m^2)

06 $\left(\frac{7}{2}\text{과 }\frac{21}{5}\text{ 사이의 간격}\right)$

$=\frac{21}{5}-\frac{7}{2}=\frac{42}{10}-\frac{35}{10}=\frac{7}{10}$

(점 사이의 간격)$=\frac{7}{10}\div 4=\frac{7}{10}\times\frac{1}{4}=\frac{7}{40}$

㉠$=\frac{7}{2}+\frac{7}{40}=\frac{140}{40}+\frac{7}{40}=\frac{147}{40}=3\frac{27}{40}$

㉡$=\frac{21}{5}-\frac{7}{40}=\frac{168}{40}-\frac{7}{40}=\frac{161}{40}=4\frac{1}{40}$

주의

수직선 위에 찍은 점은 5개이지만 점과 점 사이의 간격 수는 4군데이므로 점 사이의 간격을 구할 때에는 $\frac{7}{2}$과 $\frac{21}{5}$ 사이의 간격을 4로 나누어야 합니다.

12쪽

07 (간격의 수)$=40-1=39$(군데)

(가로등 사이의 간격)

$=1\frac{5}{8}\div 39=\frac{13}{8}\div 39=\frac{\overset{1}{\cancel{13}}}{8}\times\frac{1}{\underset{3}{\cancel{39}}}=\frac{1}{24}$ (km)

08 문제 분석

08 ❶길이가 $\frac{12}{13}$ m인 철사 중에 $\frac{3}{13}$ m는 버리고 / ❷남은 철사를 모두 사용하여 가장 큰 정삼각형을 1개 만들었습니다. 만든 정삼각형의 한 변의 길이는 몇 m인지 기약분수로 나타내시오.

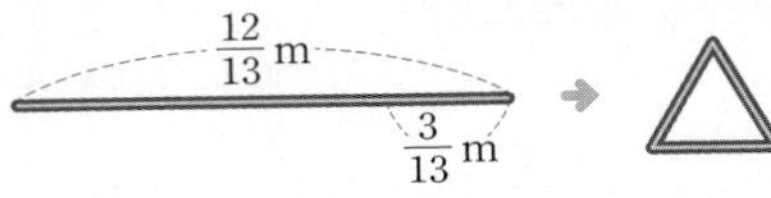

❶ 남은 철사의 길이를 구합니다.
❷ (정삼각형의 한 변의 길이)=(남은 철사의 길이)÷3

❶(남은 철사의 길이)$=\frac{12}{13}-\frac{3}{13}=\frac{9}{13}$ (m)

❷(정삼각형의 한 변의 길이)

$=\frac{9}{13}\div 3=\frac{9\div 3}{13}=\frac{3}{13}$ (m)

09 (이틀 동안 산 주스의 양)

$=1\frac{2}{3}+\frac{1}{5}=1\frac{10}{15}+\frac{3}{15}=1\frac{13}{15}$ (L)

(병 한 개에 담아야 할 주스의 양)

$=1\frac{13}{15}\div 7=\frac{28}{15}\div 7=\frac{28\div 7}{15}=\frac{4}{15}$ (L)

10 문제 분석

10 ❶자동차를 타고 학교에서 소방서를 거쳐서 도서관까지 가는 데 5분 걸렸습니다. / ❷일정한 빠르기로 달렸다면 이 자동차가 1분 동안 달린 거리는 몇 km인지 기약분수로 나타내시오.

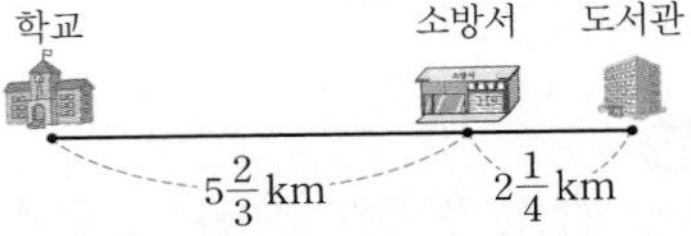

❶ (5분 동안 달린 거리)=(학교~소방서)+(소방서~도서관)
❷ (1분 동안 달린 거리)=(5분 동안 달린 거리)÷5

❶(5분 동안 달린 거리)

$=5\frac{2}{3}+2\frac{1}{4}=5\frac{8}{12}+2\frac{3}{12}=7\frac{11}{12}$ (km)

❷(1분 동안 달린 거리)

$=7\frac{11}{12}\div 5=\frac{95}{12}\div 5=\frac{95\div 5}{12}=\frac{19}{12}=1\frac{7}{12}$ (km)

11 (인형 40개의 무게)

$=4\frac{5}{6}-\frac{2}{3}=4\frac{5}{6}-\frac{4}{6}=4\frac{1}{6}$ (kg)

(인형 한 개의 무게)

$=4\frac{1}{6}\div 40=\frac{\overset{5}{\cancel{25}}}{6}\times\frac{1}{\underset{8}{\cancel{40}}}=\frac{5}{48}$ (kg)

12 문제 분석

12 ❶4장의 수 카드를 한 번씩만 사용하여 몫이 가장 큰 (대분수)÷(자연수)를 만들고 / ❷그 몫을 구하시오.

❶ 몫이 가장 크려면 나누는 자연수를 가장 작은 수로 하고, 나누어지는 대분수는 나머지 수 카드로 가장 큰 대분수를 만들어야 합니다.
❷ (대분수)÷(자연수)를 계산합니다.

❶가장 작은 수인 2를 나누는 수로 합니다.

남은 4, 5, 7로 만들 수 있는 가장 큰 대분수는 $7\frac{4}{5}$입니다.

❷➡ $7\frac{4}{5}\div2=\frac{39}{5}\div2=\frac{39}{5}\times\frac{1}{2}=\frac{39}{10}=3\frac{9}{10}$

13쪽

13 어떤 수를 □라 하면 $\square\times6=\frac{4}{15}$이므로

$\square=\frac{4}{15}\div6=\frac{\overset{2}{\cancel{4}}}{15}\times\frac{1}{\underset{3}{\cancel{6}}}=\frac{2}{45}$입니다.

따라서 바르게 계산하면 $\frac{2}{45}\div6=\frac{\overset{1}{\cancel{2}}}{45}\times\frac{1}{\underset{3}{\cancel{6}}}=\frac{1}{135}$입니다.

14 문제 분석

14 ❶똑같은 색 테이프 3장을 $\frac{2}{5}$ cm씩 겹치게 이어 붙였더니 전체 길이가 4 cm가 되었습니다. / ❷색 테이프 한 장의 길이는 몇 cm인지 기약분수로 나타내시오.

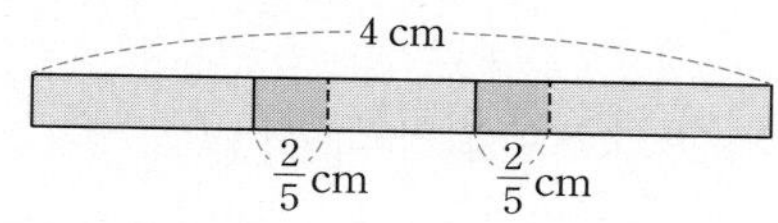

❶ (색 테이프 3장의 길이의 합)
=(전체 길이)+(겹친 길이)+(겹친 길이)
❷ (색 테이프 한 장의 길이)=(색 테이프 3장의 길이의 합)÷3

❶(색 테이프 3장의 길이의 합)

$=4+\frac{2}{5}+\frac{2}{5}=4\frac{2}{5}+\frac{2}{5}=4\frac{4}{5}$ (cm)

❷(색 테이프 한 장의 길이)

$=4\frac{4}{5}\div3=\frac{24}{5}\div3=\frac{24\div3}{5}=\frac{8}{5}=1\frac{3}{5}$ (cm)

15 (정사각형을 1개 만드는 데 사용한 끈의 길이)

$=2\div3=\frac{2}{3}$ (m)

(정사각형의 한 변의 길이)

$=\frac{2}{3}\div4=\frac{\overset{1}{\cancel{2}}}{3}\times\frac{1}{\underset{2}{\cancel{4}}}=\frac{1}{6}$ (m)

➡ (정사각형의 넓이)$=\frac{1}{6}\times\frac{1}{6}=\frac{1}{36}$ (m^2)

16 $\left(\frac{1}{3}\text{과 }\frac{3}{4}\text{ 사이의 간격}\right)=\frac{3}{4}-\frac{1}{3}=\frac{9}{12}-\frac{4}{12}=\frac{5}{12}$

(점 사이의 간격)$=\frac{5}{12}\div3=\frac{5}{12}\times\frac{1}{3}=\frac{5}{36}$

㉠$=\frac{1}{3}+\frac{5}{36}=\frac{12}{36}+\frac{5}{36}=\frac{17}{36}$

㉡$=\frac{3}{4}-\frac{5}{36}=\frac{27}{36}-\frac{5}{36}=\frac{22}{36}=\frac{11}{18}$

주의

수직선 위에 찍은 점은 4개이지만 점과 점 사이의 간격 수는 3군데이므로 점 사이의 간격을 구할 때에는 $\frac{1}{3}$과 $\frac{3}{4}$ 사이의 간격을 3으로 나누어야 합니다.

17 문제 분석

17 ❶그림과 같이 높이가 같은 삼각형과 평행사변형을 그렸습니다. 평행사변형의 넓이가 $12\frac{4}{5}$ cm^2일 때 / ❷삼각형의 넓이는 몇 cm^2인지 기약분수로 나타내시오.

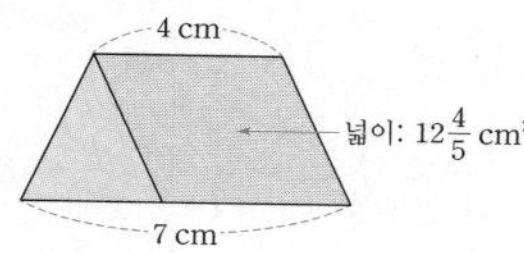

❶ (삼각형의 높이)=(평행사변형의 높이)
=(평행사변형의 넓이)÷(밑변의 길이)
❷ (삼각형의 넓이)=(밑변의 길이)×(높이)÷2

❶(삼각형의 높이)

=(평행사변형의 높이)

$=12\frac{4}{5}\div4=\frac{64}{5}\div4=\frac{64\div4}{5}=\frac{16}{5}=3\frac{1}{5}$ (cm)

❷(삼각형의 밑변의 길이)$=7-4=3$ (cm)

➡ (삼각형의 넓이)

$=3\times3\frac{1}{5}\div2=3\times\frac{16}{5}\div2=\frac{48}{5}\div2$

$=\frac{48\div2}{5}=\frac{24}{5}=4\frac{4}{5}$ (cm^2)

사고력 유형 14~15쪽

1 $\frac{9}{28}$　2 $\frac{2}{15}$　3 $\frac{1}{54}$　4 $\frac{4}{9}$ cm^2

14쪽

1 두 수 중 큰 수를 분자에, 작은 수를 분모에 넣은 가분수가 나오는 규칙입니다.
큰 수인 9를 분자에, 작은 수인 7을 분모에 넣으면 $\frac{9}{7}$입니다.
➡ $\frac{9}{7}\div4=\frac{9}{7}\times\frac{1}{4}=\frac{9}{28}$

2 단위분수는 분모가 작을수록 큰 수이므로 단위분수 중 가장 큰 수는 $\frac{1}{2}$입니다.
$\frac{1}{2}=\frac{3}{6}$, $\frac{2}{3}=\frac{4}{6}$에서 $\frac{1}{2}<\frac{2}{3}$이므로 가장 큰 수는 $\frac{2}{3}$입니다.
➡ $\frac{2}{3}\div5=\frac{2}{3}\times\frac{1}{5}=\frac{2}{15}$

15쪽

3 $\frac{1}{2}\div3=\frac{1}{2}\times\frac{1}{3}=\frac{1}{6}>\frac{1}{50}$ ➡ 아니요
$\frac{1}{6}\div3=\frac{1}{6}\times\frac{1}{3}=\frac{1}{18}>\frac{1}{50}$ ➡ 아니요
$\frac{1}{18}\div3=\frac{1}{18}\times\frac{1}{3}=\frac{1}{54}<\frac{1}{50}$ ➡ 예
따라서 에 $\frac{1}{54}$을 씁니다.

4 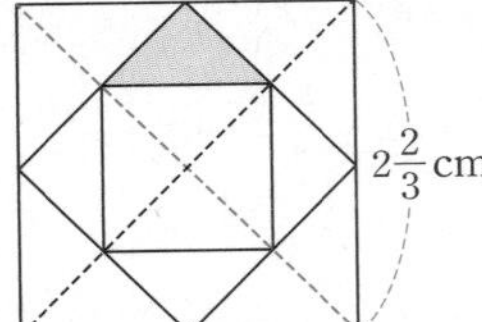

(가장 큰 정사각형의 넓이)
$=2\frac{2}{3}\times2\frac{2}{3}=\frac{8}{3}\times\frac{8}{3}=\frac{64}{9}=7\frac{1}{9}$ (cm^2)
색칠한 부분의 넓이는 가장 큰 정사각형을 똑같이 16으로 나눈 것 중의 1입니다.
➡ $7\frac{1}{9}\div16=\frac{64}{9}\div16=\frac{64\div16}{9}=\frac{4}{9}$ (cm^2)

도전! 최상위 유형 16~17쪽

1 $\frac{1}{28}$　2 20분　3 10일　4 15

16쪽

1 $\left(\frac{1}{6}+\frac{1}{12}+\frac{1}{20}+\frac{1}{30}+\frac{1}{42}\right)\div10$
$=\left(\frac{1}{2\times3}+\frac{1}{3\times4}+\frac{1}{4\times5}+\frac{1}{5\times6}+\frac{1}{6\times7}\right)\div10$
$=\left(\frac{1}{2}-\frac{1}{3}+\frac{1}{3}-\frac{1}{4}+\frac{1}{4}-\frac{1}{5}+\frac{1}{5}-\frac{1}{6}+\frac{1}{6}-\frac{1}{7}\right)\div10$
$=\left(\frac{1}{2}-\frac{1}{7}\right)\div10=\left(\frac{7}{14}-\frac{2}{14}\right)\div10$
$=\frac{5}{14}\div10=\frac{\overset{1}{\cancel{5}}}{14}\times\frac{1}{\underset{2}{\cancel{10}}}=\frac{1}{28}$

2 근우와 안나는 한 시간에 $5+4=9$ (km)씩 가까워지므로
(근우가 안나를 만나는 데 걸리는 시간)
$=24\div9=\frac{24}{9}=\frac{8}{3}=2\frac{2}{3}$(시간)입니다.
근우와 정희는 한 시간에 $5+3=8$ (km)씩 가까워지므로
(근우가 정희를 만나는 데 걸리는 시간)
$=24\div8=3$(시간)입니다.
따라서 근우는 안나를 만난 후
$3-2\frac{2}{3}=2\frac{3}{3}-2\frac{2}{3}=\frac{1}{3}=\frac{20}{60}$(시간), 즉 20분 만에 정희를 만나게 됩니다.

17쪽

3 (민준이가 하루에 일하는 양)
$=\frac{1}{4}\div3=\frac{1}{4}\times\frac{1}{3}=\frac{1}{12}$
(수빈이가 하루에 일하는 양)
$=\frac{1}{6}\div4=\frac{1}{6}\times\frac{1}{4}=\frac{1}{24}$
(수빈이가 3일 동안 일하는 양)$=\frac{1}{\underset{8}{\cancel{24}}}\times\overset{1}{\cancel{3}}=\frac{1}{8}$
(두 사람이 함께 일을 했을 때 하루에 일하는 양)
$=\frac{1}{12}+\frac{1}{24}=\frac{2}{24}+\frac{1}{24}=\frac{3}{24}=\frac{1}{8}$

3일 동안 수빈이가 혼자서 일한 후 남은 양은 전체의 $1-\frac{1}{8}=\frac{8}{8}-\frac{1}{8}=\frac{7}{8}$이고 두 사람이 함께 하루에 전체의 $\frac{1}{8}$을 하므로 7일이 더 걸립니다.

따라서 모두 $3+7=10$(일)이 걸립니다.

4 $\frac{5}{6}\times㉠\div㉡=\frac{5}{6}\times㉠\times\frac{1}{㉡}=\frac{5}{6}\times\frac{㉠}{㉡}$이 자연수가 되려면 ㉠은 6의 배수인 6, 12, 18 중 하나이어야 합니다.

① ㉠$=6$인 경우: $\frac{5}{6}\times\frac{㉠}{㉡}=\frac{5}{\cancel{6}_1}\times\frac{\cancel{6}^1}{㉡}=\frac{5}{㉡}$이므로

㉡$=5$입니다.

② ㉠$=12$인 경우: $\frac{5}{6}\times\frac{㉠}{㉡}=\frac{5}{\cancel{6}_1}\times\frac{\cancel{12}^2}{㉡}=\frac{10}{㉡}$이므로

㉡$=2, 5, 10$입니다.

③ ㉠$=18$인 경우: $\frac{5}{6}\times\frac{㉠}{㉡}=\frac{5}{\cancel{6}_1}\times\frac{\cancel{18}^3}{㉡}=\frac{15}{㉡}$이므로

㉡$=3, 5, 15$입니다.

따라서 ㉡에 들어갈 수 있는 수는 2, 3, 5, 10, 15이므로 가장 큰 수는 15입니다.

2 각기둥과 각뿔

잘 틀리는 실력 유형 20~21쪽

유형 01 2, 1

01 ③

02 (위부터) 오각형, 오각형 ; 직사각형, 삼각형

같은 점 예 밑면의 모양이 오각형입니다.

다른 점 예 오각기둥의 옆면의 모양은 직사각형이고 오각뿔의 옆면의 모양은 삼각형입니다.

유형 02 3

03 오각기둥 04 사각기둥

05 팔각기둥, 10개

유형 03 2

06 사각뿔 07 육각뿔

08 칠각뿔, 14개 09 20개

10 2

20쪽

01 ③ 각뿔의 밑면은 삼각형, 사각형, 오각형, ...으로 다양합니다.

왜 틀렸을까? 각기둥과 각뿔의 밑면은 여러 가지 다각형이 될 수 있다는 것을 몰랐습니다.

참고
- 밑면이 ■각형인 각기둥은 ■각기둥입니다.
- ■각기둥은 밑면인 ■각형이 2개, 옆면인 직사각형이 ■개입니다.
- 밑면이 ▲각형인 각뿔은 ▲각뿔입니다.
- ▲각뿔은 밑면인 ▲각형이 1개, 옆면인 삼각형이 ▲개입니다.

02 **서술형 가이드** 오각기둥과 오각뿔의 밑면과 옆면의 모양을 알아보고 같은 점과 다른 점을 바르게 썼는지 확인합니다.

채점 기준

상	오각기둥과 오각뿔의 밑면과 옆면의 모양을 쓰고 같은 점과 다른 점을 바르게 씀.
중	오각기둥과 오각뿔의 밑면과 옆면의 모양을 쓰고 같은 점과 다른 점을 썼지만 문장이 어색함.
하	오각기둥과 오각뿔의 밑면과 옆면의 모양을 쓰지 못하고 같은 점과 다른 점도 쓰지 못함.

왜 틀렸을까? 오각기둥과 오각뿔의 밑면과 옆면의 모양을 몰랐습니다.

03 한 밑면의 변의 수를 □개라 하면 꼭짓점의 수는 (□×2)개입니다.
➡ □×2=10, □=5이므로 한 밑면의 변의 수는 5개입니다.
따라서 이 각기둥은 밑면의 모양이 오각형인 오각기둥입니다.
왜 틀렸을까? ■각기둥의 꼭짓점의 수가 (■×2)개라는 것을 몰랐습니다.

04 한 밑면의 변의 수를 □개라 하면 면의 수는 (□+2)개입니다.
➡ □+2=6, □=4이므로 한 밑면의 변의 수는 4개입니다.
따라서 이 각기둥은 밑면의 모양이 사각형인 사각기둥입니다.
왜 틀렸을까? ■각기둥의 면의 수가 (■+2)개라는 것을 몰랐습니다.

05 한 밑면의 변의 수를 □개라 하면 모서리의 수는 (□×3)개입니다.
➡ □×3=24, □=8이므로 한 밑면의 변의 수는 8개입니다.
따라서 이 각기둥은 밑면의 모양이 팔각형인 팔각기둥이고, 면의 수는 8+2=10(개)입니다.
왜 틀렸을까? ■각기둥의 모서리의 수가 (■×3)개, 면의 수가 (■+2)개라는 것을 몰랐습니다.

21쪽

06 밑면의 변의 수를 □개라 하면 면의 수는 (□+1)개입니다.
➡ □+1=5, □=4이므로 밑면의 변의 수는 4개입니다.
따라서 이 각뿔은 밑면의 모양이 사각형인 사각뿔입니다.
왜 틀렸을까? ▲각뿔의 면의 수가 (▲+1)개라는 것을 몰랐습니다.

07 밑면의 변의 수를 □개라 하면 모서리의 수는 (□×2)개입니다.
➡ □×2=12, □=6이므로 밑면의 변의 수는 6개입니다.
따라서 이 각뿔은 밑면의 모양이 육각형인 육각뿔입니다.
왜 틀렸을까? ▲각뿔의 모서리의 수가 (▲×2)개라는 것을 몰랐습니다.

08 밑면의 변의 수를 □개라 하면 꼭짓점의 수는 (□+1)개입니다.
➡ □+1=8, □=7이므로 밑면의 변의 수는 7개입니다.
따라서 이 각뿔은 밑면의 모양이 칠각형인 칠각뿔이고, 모서리의 수는 7×2=14(개)입니다.
왜 틀렸을까? ▲각뿔의 꼭짓점의 수가 (▲+1)개, 모서리의 수가 (▲×2)개라는 것을 몰랐습니다.

09 밑면의 모양이 사각형인 각기둥은 사각기둥이고 밑면의 모양이 사각형인 각뿔은 사각뿔입니다.
(사각기둥의 모서리 수)=4×3=12(개),
(사각뿔의 모서리 수)=4×2=8(개)
➡ 12+8=20(개)

10 밑면의 변의 수가 10개인 각뿔은 십각뿔입니다.
(십각뿔의 꼭짓점의 수)=10+1=11(개),
(십각뿔의 면의 수)=10+1=11(개),
(십각뿔의 모서리의 수)=10×2=20(개)
➡ 11+11−20=2

참고
각기둥과 각뿔에서 꼭짓점, 면, 모서리의 수 사이에는 다음과 같은 규칙이 있습니다.

(꼭짓점의 수)+(면의 수)−(모서리의 수)=2
vertex face edge
➡ v+f−e=2

다르지만 같은 유형 22~23쪽

01 육각기둥 02 칠각뿔
03 예 옆면의 모양이 삼각형이므로 각뿔입니다.
밑면의 모양이 사각형이므로 사각뿔입니다.
; 사각뿔
04 5 cm 05 16 cm
06 26 cm 07 6개
08 15개 09 12개, 18개
10 39 cm 11 84 cm
12 36 cm

22쪽

01~03 핵심

	■각기둥	▲각뿔
밑면의 모양	■각형	▲각형
밑면의 수(개)	2	1
옆면의 모양	직사각형	삼각형
옆면의 수(개)	■	▲

01 옆면이 모두 직사각형이므로 각기둥입니다.
밑면의 모양이 육각형이므로 육각기둥입니다.

02 옆면이 모두 삼각형이므로 각뿔입니다.
밑면의 모양이 칠각형이므로 칠각뿔입니다.

03 서술형 가이드 옆면의 모양이 삼각형이므로 각뿔이고 밑면의 모양이 사각형이므로 사각뿔이라는 말이 들어 있어야 합니다.

채점 기준

상	옆면의 모양을 이용하여 각뿔인지 알아본 후 밑면의 모양을 이용하여 각뿔의 이름을 바르게 구함.
중	옆면의 모양을 이용하여 각뿔인지 알았지만 밑면의 모양을 잘못 이용하여 각뿔의 이름을 잘못 구함.
하	밑면과 옆면의 모양을 어떻게 이용해야 하는지 모름.

04~06 핵심
각기둥의 전개도에서 맞닿는 부분의 길이가 같음을 이용할 수 있어야 합니다.

04 전개도를 접었을 때 맞닿는 부분의 길이는 같습니다.
➡ (선분 ㄱㅎ)=(선분 ㅋㅌ)=5 cm

05 옆면은 직사각형이므로 마주 보는 선분의 길이가 같습니다.
➡ (선분 ㄴㅊ)=(선분 ㄷㄹ)=7 cm
전개도를 접었을 때 맞닿는 부분의 길이는 같습니다.
➡ (선분 ㅈㅇ)=(선분 ㄱㄴ)=4 cm
따라서 (선분 ㄴㅇ)=7+5+4=16 (cm)입니다.

06 전개도를 접었을 때 맞닿는 부분의 길이는 같습니다.
➡ (선분 ㄴㄷ)=(선분 ㄹㄷ)=2 cm
옆면은 직사각형이므로 마주 보는 선분의 길이가 같습니다.
➡ (선분 ㄷㅂ)=(선분 ㅎㅋ)=4 cm
직사각형 ㄱㄴㅇㅈ은 가로가 2+4+2+2=10 (cm)이고 세로가 3 cm입니다.
따라서 네 변의 길이의 합은 (10+3)×2=26 (cm)입니다.

참고
(직사각형의 네 변의 길이의 합)={(가로)+(세로)}×2

23쪽

07~09 핵심
각기둥의 전개도를 보고 어떤 각기둥의 전개도인지 알 수 있어야 합니다.

07 직사각형인 면을 제외한 나머지 2개의 면이 삼각형이므로 삼각기둥이 만들어집니다.
➡ (삼각기둥의 꼭짓점의 수)=3×2=6(개)

08 직사각형인 면을 제외한 나머지 2개의 면이 오각형이므로 오각기둥이 만들어집니다.
➡ (오각기둥의 모서리의 수)=5×3=15(개)

09 직사각형인 면을 제외한 나머지 2개의 면이 육각형이므로 육각기둥이 만들어집니다.
(육각기둥의 꼭짓점의 수)=6×2=12(개),
(육각기둥의 모서리의 수)=6×3=18(개)

10~12 핵심
각기둥과 각뿔에서 같은 길이의 모서리가 각각 몇 개씩 있는지 알 수 있어야 합니다.

10 4 cm인 모서리가 6개, 5 cm인 모서리가 3개입니다.
➡ (모든 모서리의 길이의 합)
=4×6+5×3=24+15=39 (cm)

11 3 cm인 모서리가 12개, 8 cm인 모서리가 6개입니다.
➡ (모든 모서리의 길이의 합)
=3×12+8×6=36+48=84 (cm)

12 4 cm인 모서리가 4개, 5 cm인 모서리가 4개입니다.
➡ (모든 모서리의 길이의 합)
=4×4+5×4=16+20=36 (cm)

응용 유형 24~27쪽

01 120 cm
02 6개
03 6개
04 75 cm
05 80 cm
06 6 cm
07 90 cm
08 72 cm^2
09 108 cm
10 26개
11 구각뿔
12 18개
13 11개
14 130 cm
15 78 cm
16 15개
17 4 cm
18 5 cm

24쪽

01 (선분 ㄱㄹ)$=9\times5=45$ (cm),
(선분 ㄱㄴ)$=15$ cm
➡ (네 변의 길이의 합)
$=(45+15)\times2=60\times2=120$ (cm)

참고
(직사각형의 네 변의 길이의 합)$=\{$(가로)$+$(세로)$\}\times2$

02 한 밑면의 변의 수를 □개라 하면
면의 수는 (□$+2$)개, 모서리의 수는 (□$\times3$)개입니다.
□$+2+$□$\times3=14$이므로 □$\times4+2=14$,
□$\times4=12$, □$=3$입니다.
한 밑면의 변의 수가 3개이므로 밑면의 모양이 삼각형인 삼각기둥입니다.
➡ (삼각기둥의 꼭짓점의 수)$=3\times2=6$(개)

03 밑면의 변의 수를 □개라 하면
꼭짓점의 수는 (□$+1$)개, 모서리의 수는 (□$\times2$)개입니다.
□$+1+$□$\times2=16$이므로 □$\times3+1=16$,
□$\times3=15$, □$=5$입니다.
밑면의 변의 수가 5개이므로 밑면의 모양이 오각형인 오각뿔입니다.
➡ (오각뿔의 면의 수)$=5+1=6$(개)

25쪽

04 똑같은 옆면이 3개이므로 오른쪽과 같은 삼각기둥입니다.

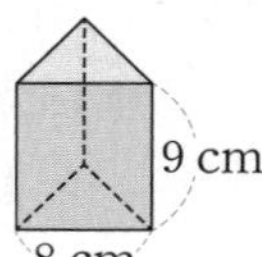

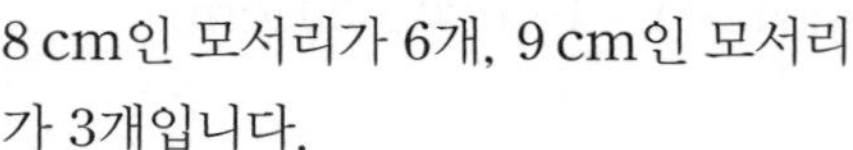

8 cm인 모서리가 6개, 9 cm인 모서리가 3개입니다.
➡ (모든 모서리의 길이의 합)
$=8\times6+9\times3=48+27=75$ (cm)

05 똑같은 옆면이 4개이므로 오른쪽과 같은 사각뿔입니다.

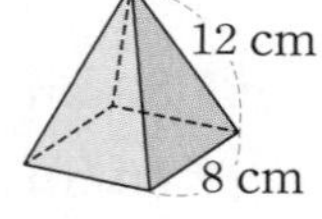

8 cm인 모서리가 4개, 12 cm인 모서리가 4개입니다.
➡ (모든 모서리의 길이의 합)
$=8\times4+12\times4=32+48=80$ (cm)

06 사각기둥의 높이를 □cm라 하고 사각기둥의 전개도를 그린 후 길이를 표시해 보면 다음과 같습니다.

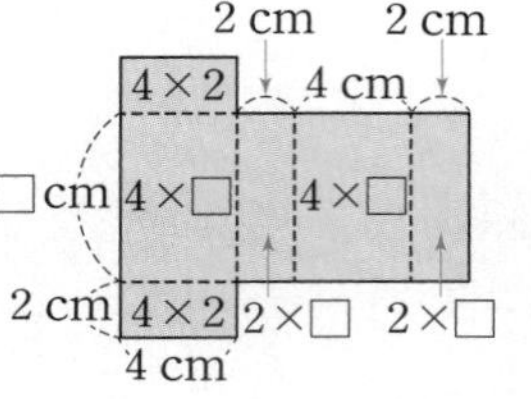

(전개도의 넓이)
$=4\times2+4\times2+4\times$□$+2\times$□$+4\times$□$+2\times$□
$=88$,
$16+12\times$□$=88$, $12\times$□$=72$, □$=6$

26쪽

07 문제 분석

07 ❶모든 면이 정삼각형인 삼각뿔입니다. / ❷이 삼각뿔의 모든 모서리의 길이의 합은 몇 cm입니까?

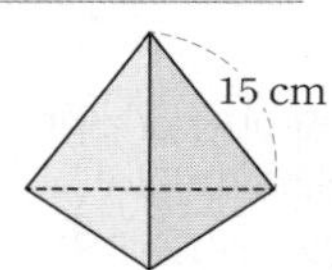

❶ 삼각뿔의 모든 모서리의 길이와 모서리의 수를 구합니다.
❷ (모든 모서리의 길이의 합)
$=$(한 모서리의 길이)$\times$(모서리의 수)

❶삼각뿔의 모든 모서리의 길이는 15 cm입니다.
(삼각뿔의 모서리의 수)$=3\times2=6$(개)
❷➡ (모든 모서리의 길이의 합)$=15\times6=90$ (cm)

08 문제 분석

08 ❶밑면의 모양이 정삼각형인 각기둥의 전개도입니다. / ❷모든 옆면의 넓이의 합은 몇 cm²입니까?

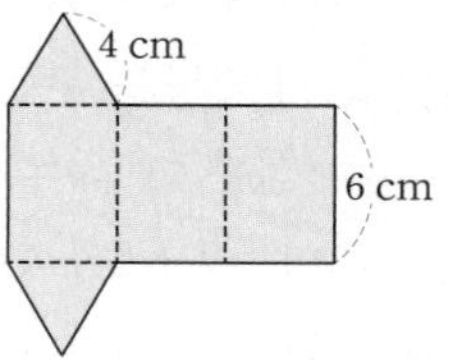

❶ 옆면의 가로와 세로를 알아봅니다.
❷ (모든 옆면의 넓이의 합)$=$(옆면 1개의 넓이)$\times3$

❶옆면은 가로가 4 cm, 세로가 6 cm인 직사각형이고 옆면의 수는 3개입니다.
❷➡ (모든 옆면의 넓이의 합)
$=4\times6\times3=24\times3=72$ (cm^2)

09 (선분 ㄱㄹ)$=7\times6=42$ (cm), (선분 ㄱㄴ)$=12$ cm
➡ (네 변의 길이의 합)
$=(42+12)\times2=54\times2=108$ (cm)

10 문제 분석

10 ❶밑면의 모양이 다음과 같은 각뿔이 있습니다. / ❷이 각뿔의 꼭짓점의 수, 면의 수, 모서리의 수의 / ❸합은 몇 개입니까?

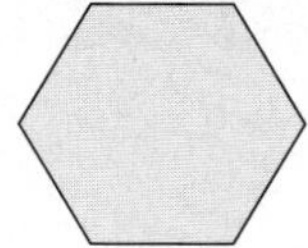

❶ 어떤 각뿔인지 알아봅니다.
❷ 각뿔에서
(꼭짓점의 수)=(밑면의 변의 수)+1,
(면의 수)=(밑면의 변의 수)+1,
(모서리의 수)=(밑면의 변의 수)×2
❸ ❷에서 구한 값을 모두 더합니다.

❶밑면의 모양이 육각형이므로 육각뿔입니다.
❷(육각뿔의 꼭짓점의 수)=6+1=7(개),
(육각뿔의 면의 수)=6+1=7(개),
(육각뿔의 모서리의 수)=6×2=12(개)
❸➡ 7+7+12=14+12=26(개)

11 문제 분석

11 ❶다음에서 설명하고 있는 / ❷각기둥이나 각뿔의 이름을 쓰시오.

• 꼭짓점이 10개입니다.
• 면이 10개입니다.

❶ 각기둥과 각뿔 중 꼭짓점의 수와 면의 수가 같은 입체도형은 어느 것인지 알아봅니다.
❷ 꼭짓점의 수와 면의 수 중 한 가지를 이용하여 ❶에서 알아본 입체도형의 이름을 구합니다.

❶꼭짓점의 수와 면의 수가 같으므로 각뿔입니다.
❷밑면의 변의 수를 □개라 하면 꼭짓점의 수는 (□+1)개입니다.
➡ □+1=10, □=9이므로 밑면의 변의 수는 9개입니다.
따라서 이 각뿔은 밑면의 모양이 구각형인 구각뿔입니다.

12 한 밑면의 변의 수를 □개라 하면
면의 수는 (□+2)개, 모서리의 수는 (□×3)개입니다.
□+2+□×3=38이므로 □×4+2=38,
□×4=36, □=9입니다.
한 밑면의 변의 수가 9개이므로 밑면의 모양이 구각형인 구각기둥입니다.
➡ (구각기둥의 꼭짓점의 수)=9×2=18(개)

27쪽

13 밑면의 변의 수를 □개라 하면
꼭짓점의 수는 (□+1)개, 모서리의 수는 (□×2)개입니다.
□+1+□×2=31이므로 □×3+1=31,
□×3=30, □=10입니다.
밑면의 변의 수가 10개이므로 밑면의 모양이 십각형인 십각뿔입니다.
➡ (십각뿔의 면의 수)=10+1=11(개)

14 똑같은 옆면이 5개이므로 오른쪽과 같은 오각기둥입니다.

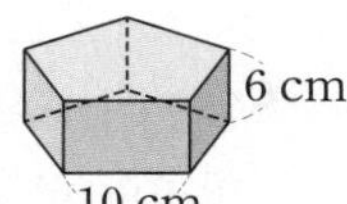

10 cm인 모서리가 10개, 6 cm인 모서리가 5개입니다.
➡ (모든 모서리의 길이의 합)
=10×10+6×5=100+30=130 (cm)

15 똑같은 옆면이 6개이므로 오른쪽과 같은 육각뿔입니다.

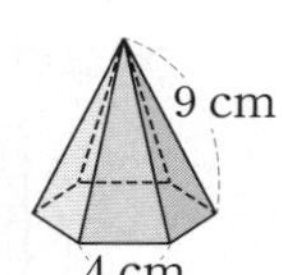

4 cm인 모서리가 6개, 9 cm인 모서리가 6개입니다.
➡ (모든 모서리의 길이의 합)
=4×6+9×6=24+54=78 (cm)

16 문제 분석

16 ❶면의 수가 가장 적은 각기둥의 / ❷꼭짓점의 수와 모서리의 수의 / ❸합은 몇 개입니까?

❶ 각기둥의 한 밑면의 변의 수가 적을수록 면의 수가 적은 각기둥이 됩니다.
❷ 각기둥에서
(꼭짓점의 수)=(한 밑면의 변의 수)×2,
(모서리의 수)=(한 밑면의 변의 수)×3
❸ ❷에서 구한 값을 모두 더합니다.

❶면의 수가 가장 적으려면 한 밑면의 변의 수가 가장 적어야 하므로 밑면의 모양은 삼각형이 되어야 하고 이 각기둥은 삼각기둥입니다.
❷(삼각기둥의 꼭짓점의 수)=3×2=6(개),
(삼각기둥의 모서리의 수)=3×3=9(개)
❸➡ 6+9=15(개)

17 문제 분석

17 ❶어떤 오각기둥에 대한 조건을 보고 / ❷이 오각기둥의 밑면의 한 변의 길이는 몇 cm인지 구하시오.

조건
- 각기둥의 옆면은 모두 합동입니다.
- 각기둥의 높이는 7 cm입니다.
- 각기둥의 모든 모서리의 길이의 합은 75 cm입니다.

❶ 밑면이 어떤 다각형인지 알아본 후 밑면의 한 변의 길이를 □ cm라 했을 때 □ cm인 모서리가 몇 개, 7 cm인 모서리가 몇 개인지 알아봅니다.
❷ ❶에서 알아본 모서리의 길이의 합이 75 cm임을 이용하여 밑면의 한 변의 길이를 구합니다.

❶옆면이 모두 합동이므로 밑면은 정오각형입니다.
밑면의 한 변의 길이를 □cm라고 하면 □cm인 모서리가 10개, 7 cm인 모서리가 5개입니다.
❷(모든 모서리의 길이의 합)=□×10+7×5=75이므로 □×10+35=75, □×10=40, □=4입니다.

18 사각기둥의 높이를 □cm라 하고 사각기둥의 전개도를 그린 후 길이를 표시해 보면 다음과 같습니다.

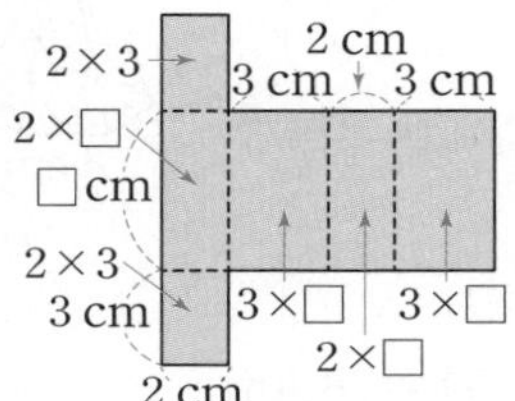

(전개도의 넓이)
=2×3+2×3+2×□+3×□+2×□+3×□
=62,
12+10×□=62, 10×□=50, □=5

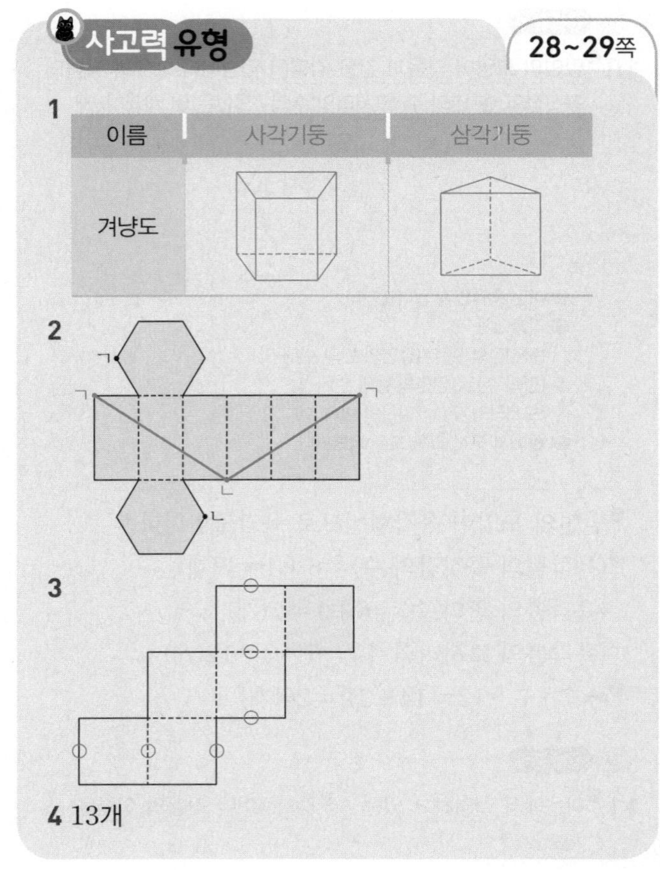

사고력 유형 28~29쪽

1

이름	사각기둥	삼각기둥
겨냥도		

2

3

4 13개

28쪽

1 밑면이 사각형과 삼각형으로 나누어지므로 사각기둥과 삼각기둥이 만들어집니다.
각기둥의 겨냥도를 그릴 때에는 보이는 모서리는 실선으로, 보이지 않는 모서리는 점선으로 나타냅니다.

2 전개도의 옆면에서 꼭짓점 ㄱ과 꼭짓점 ㄴ을 찾은 후 점 ㄱ에서 점 ㄴ까지 잇는 선분과 점 ㄴ에서 점 ㄱ까지 잇는 선분을 긋습니다.

29쪽

3 이 사각기둥의 두 밑면은 그림과 같습니다.

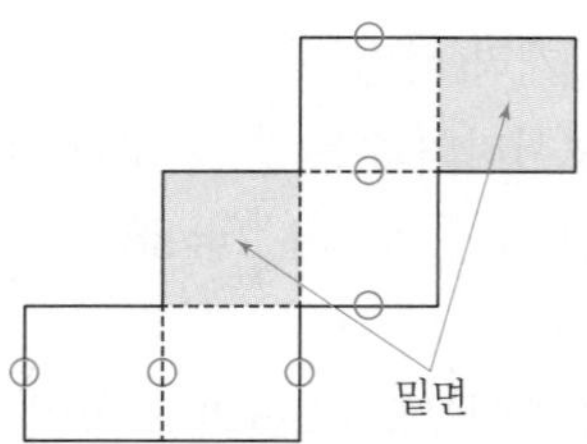

두 밑면 사이의 거리를 나타내는 선분을 모두 찾아 ○표 합니다.

4

순서(번째)	1	2	3	4	5	…
밑면의 모양	삼각형	사각형	오각형	육각형	칠각형	…
각기둥/각뿔	각기둥	각뿔	각기둥	각뿔	각기둥	…

밑면의 변의 수는 1씩 커지고, 홀수 번째는 각기둥, 짝수 번째는 각뿔입니다.

6번째부터 밑면의 모양을 알아보면 팔각형, 구각형, 십각형, 십일각형, 십이각형입니다.

10번째 입체도형은 밑면의 모양이 십이각형인 십이각뿔입니다.

➡ (십이각뿔의 면의 수)$=12+1=13$(개)

도전! 최상위 유형 30~31쪽

1 23개 **2** 150°
3 28개 **4** 40 cm

30쪽

1 밑면의 모양이 □각형인 □각기둥에서 꼭짓점의 수는 (□×2)개, 면의 수는 (□+2)개, 모서리의 수는 (□×3)개이므로

㉠=□×2+□+2+□×3=□×6+2입니다.

밑면의 모양이 □각형인 □각뿔에서 꼭짓점의 수는 (□+1)개, 면의 수는 (□+1)개, 모서리의 수는 (□×2)개이므로

㉡=□+1+□+1+□×2=□×4+2입니다.

➡ ㉠+㉡=□×6+2+□×4+2
=□×10+4=104,

□×10=100, □=10이므로 이 각기둥과 각뿔은 밑면의 모양이 십각형인 십각기둥과 십각뿔입니다.

따라서 십각기둥의 면의 수는 $10+2=12$(개), 십각뿔의 면의 수는 $10+1=11$(개)이므로 합은 $12+11=23$(개)입니다.

2

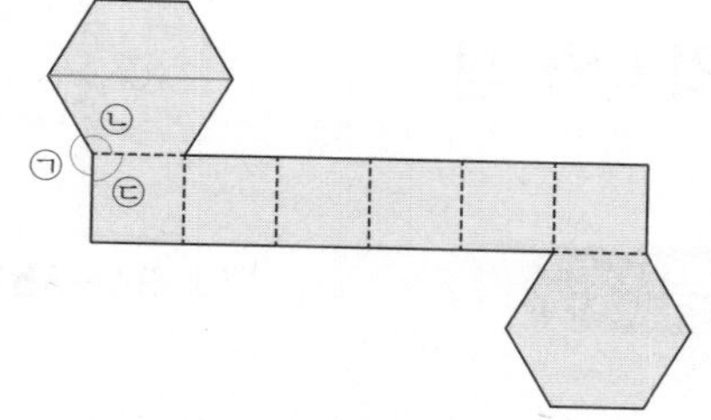

밑면의 모양은 정육각형입니다.

정육각형은 사각형 2개로 나누어지므로

(정육각형의 모든 각의 크기의 합)
$=360° \times 2=720°$,

(정육각형의 한 각의 크기)$=720° \div 6=120°$

➡ ㉡$=120°$

옆면의 모양은 정사각형입니다.

정사각형의 한 각의 크기는 90°입니다.

➡ ㉢$=90°$

따라서 ㉠$=360°-120°-90°=150°$입니다.

31쪽

3 삼각뿔의 모서리의 수는 $3 \times 2=6$(개)이므로 한 모서리의 길이는 $60 \div 6=10$ (cm)입니다.

꼭짓점을 제외한 곳에 찍어야 하는 점의 수는 한 모서리에서 $10 \div 2-1=5-1=4$(개)이므로 모두 $4 \times 6=24$(개)입니다.

삼각뿔의 꼭짓점의 수가 $3+1=4$(개)이므로 꼭짓점에 찍어야 하는 점의 수는 4개입니다.

따라서 점을 모두 $24+4=28$(개) 찍어야 합니다.

4 • 둘레가 가장 길 때

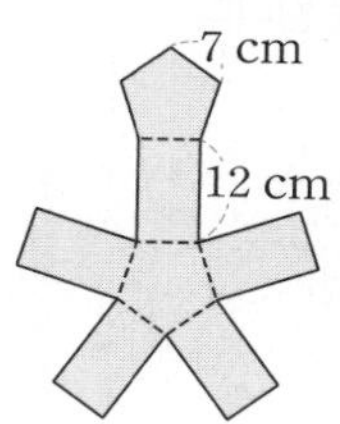

전개도에는 7 cm인 선분이 8개, 12 cm인 선분이 10개 있습니다.

➡ (둘레)$=7 \times 8+12 \times 10=56+120=176$ (cm)

• 둘레가 가장 짧을 때

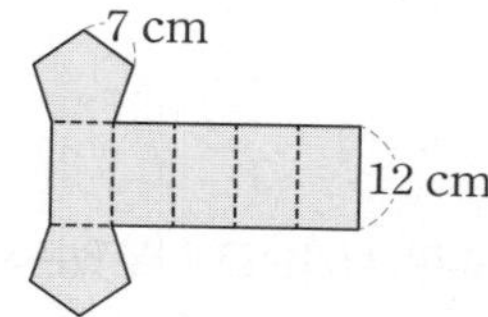

전개도에는 7 cm인 선분이 16개, 12 cm인 선분이 2개 있습니다.

➡ (둘레)$=7 \times 16+12 \times 2=112+24=136$ (cm)

따라서 둘레의 차는 $176-136=40$ (cm)입니다.

3 소수의 나눗셈

잘 틀리는 실력 유형 34~35쪽

유형 01 ■, ▲

01 (1) $2.5\,m^2$ (2) $0.4\,L$

02 (1) $0.4\,km$ (2) 2.5분

유형 02 5, 4

03 6.7 m　04 8.46 m

유형 03 (왼쪽부터) 5, 5 ; 2, 2

05 0.39　06 4.25

07 167.5, 18.44, 414.88

08 135.5, 8.84, 384.06

34쪽

01 (1) (페인트 1 L로 칠할 수 있는 벽의 넓이)
=(벽의 넓이)÷(페인트의 양)
=50÷20
=2.5 (m^2)

(2) (벽 1 m^2를 칠하는 데 필요한 페인트의 양)
=(페인트의 양)÷(벽의 넓이)
=20÷50
=0.4 (L)

왜 틀렸을까? (1) 벽의 넓이를 페인트의 양으로 나누었는지 확인합니다. 페인트의 양을 벽의 넓이로 나누면 안 됩니다.
(2) 페인트의 양을 벽의 넓이로 나누었는지 확인합니다. 벽의 넓이를 페인트의 양으로 나누면 안 됩니다.

02 (1) (1분 동안 갈 수 있는 거리)
=(간 거리)÷(걸린 시간)
=18÷45
=0.4 (km)

(2) (1 km를 가는 데 걸리는 시간)
=(걸린 시간)÷(간 거리)
=45÷18
=2.5(분)

왜 틀렸을까? (1) 간 거리를 걸린 시간으로 나누었는지 확인합니다. 걸린 시간을 간 거리로 나누면 안 됩니다.
(2) 걸린 시간을 간 거리로 나누었는지 확인합니다. 간 거리를 걸린 시간으로 나누면 안 됩니다.

03 의자 사이의 간격의 수는 6군데입니다.
➡ (의자 사이의 간격)=40.2÷6=6.7 (m)

왜 틀렸을까? 호수의 둘레를 간격의 수로 나누었는지 확인합니다. 이때 간격의 수는 의자의 수와 같으므로 6군데입니다.

04 (간격의 수)=8−1=7(군데)이므로 59.22 m를 7등분 해야 합니다.
➡ (가로등 사이의 간격)=59.22÷7=8.46 (m)

왜 틀렸을까? 도로의 길이를 간격의 수로 나누었는지 확인합니다. 이때 간격의 수는 가로등의 수보다 1 작으므로 7군데입니다.

35쪽

05 몫이 가장 작으려면 나누어지는 수는 가장 작은 수, 나누는 수는 가장 큰 수가 되어야 합니다.
주어진 수 카드로 만들 수 있는 가장 작은 소수 두 자리 수는 2.34이고 가장 큰 한 자리 수는 6입니다.
➡ 2.34÷6=0.39

왜 틀렸을까? 만들 수 있는 수 중 가장 작은 소수 두 자리 수를 가장 큰 한 자리 수로 나누었는지 확인합니다.

06 몫이 가장 크려면 나누어지는 수는 가장 큰 수, 나누는 수는 가장 작은 수가 되어야 합니다.
주어진 수 카드로 만들 수 있는 가장 큰 소수 한 자리 수는 8.5이고 가장 작은 한 자리 수는 2입니다.
➡ 8.5÷2=4.25

왜 틀렸을까? 만들 수 있는 수 중 가장 큰 소수 한 자리 수를 가장 작은 한 자리 수로 나누었는지 확인합니다.

07 입장료: 926.7÷5=185.34(유로)
식사비: 218÷5=43.6(유로)
숙박비: 837.5÷5=167.5(유로)
교통비: 92.2÷5=18.44(유로)
➡ (영국의 1일 여행 경비)
=185.34+43.6+167.5+18.44
=414.88(유로)

08 입장료: 992.4÷6=165.4(유로)
식사비: 445.92÷6=74.32(유로)
숙박비: 813÷6=135.5(유로)
교통비: 53.04÷6=8.84(유로)
(프랑스의 1일 여행 경비)
=165.4+74.32+135.5+8.84
=384.06(유로)

다르지만 같은 유형 36~37쪽

01 9.08　　02 12.75

03 예 (정사각형의 한 변의 길이)$=15.2\div4=3.8$ (cm)

➡ (정사각형의 넓이)$=3.8\times3.8=14.44$ (cm^2)

; $14.44\ cm^2$

04 5.35 cm　　05 7.4 cm

06 예 사각뿔의 모서리는 8개입니다.

➡ (한 모서리의 길이)$=36.4\div8=4.55$ (cm)

; 4.55 cm

07 7.32　　08 8.45

09 예 어떤 수를 □라 하면

$\square\times16=184.32$, $\square=184.32\div16=11.52$입니다.

어떤 수가 11.52이므로 바르게 계산하면

$11.52\div16=0.72$입니다. ; 0.72

10 배 한 개　　11 A 자동차

12 기차, 0.11 km

36쪽

01~03 핵심

도형의 넓이나 둘레를 이용하여 한 변의 길이를 구할 수 있어야 합니다.

01 (직사각형의 가로)$=$(넓이)$\div$(세로)

$=45.4\div5=9.08$ (cm)

02 (평행사변형의 밑변의 길이)$=$(넓이)$\div$(높이)

$=102\div8=12.75$ (cm)

03 서술형 가이드 정사각형의 한 변의 길이를 구한 다음 넓이를 구하는 과정이 들어 있어야 합니다.

채점 기준

상	정사각형의 한 변의 길이를 구한 다음 넓이를 바르게 구함.
중	정사각형의 한 변의 길이를 구했으나 넓이를 구하는 과정에서 실수가 있어서 답이 틀림.
하	정사각형의 한 변의 길이를 구하지 못함.

04~06 핵심

각 입체도형에서 모서리의 수를 알 수 있어야 합니다.

04 정육면체의 모서리는 12개이고 모든 모서리의 길이가 같습니다.

➡ (한 모서리의 길이)$=64.2\div12=5.35$ (cm)

05 삼각기둥의 모서리는 9개입니다.

모서리 9개의 길이가 모두 같으므로

(한 모서리의 길이)$=66.6\div9=7.4$ (cm)입니다.

06 서술형 가이드 사각뿔의 모서리의 수를 알아보고 한 모서리의 길이를 구하는 나눗셈식을 바르게 세웠는지 확인합니다.

채점 기준

상	사각뿔의 모서리의 수를 알아보고 한 모서리의 길이를 바르게 구함.
중	사각뿔의 모서리의 수는 알고 있으나 한 모서리의 길이를 구하는 과정에서 실수가 있어서 답이 틀림.
하	사각뿔의 모서리의 수를 모름.

37쪽

07~09 핵심

잘못 계산한 식을 세워 어떤 수를 구한 다음 바르게 계산한 값을 구해야 합니다.

07 어떤 수를 □라 하면

$\square+4=33.28$, $\square=33.28-4=29.28$입니다.

어떤 수가 29.28이므로 바르게 계산하면

$29.28\div4=7.32$입니다.

08 어떤 수를 □라 하면

$\square\div2=25.35$, $\square=25.35\times2=50.7$입니다.

어떤 수가 50.7이므로 바르게 계산하면

$50.7\div6=8.45$입니다.

09 서술형 가이드 잘못 계산한 식을 세워 어떤 수를 구한 다음 바르게 계산하는 과정이 들어 있어야 합니다.

채점 기준

상	어떤 수를 구한 다음 바르게 계산하여 답을 구함.
중	어떤 수를 구했으나 바르게 계산하는 과정에서 실수가 있어서 답이 틀림.
하	어떤 수를 구하지 못함.

10~12 핵심

비교하려고 하는 것을 각각 구한 다음 서로 비교합니다.

10 (오렌지 한 개의 무게)

$=1.08\div6=0.18$ (kg)

(배 한 개의 무게)

$=1.2\div5=0.24$ (kg)

➡ $0.18<0.24$이므로 배 한 개가 더 무겁습니다.

11 연료 1 L로 갈 수 있는 거리를 각각 구합니다.

A 자동차: $64.8\div4=16.2$ (km)

B 자동차: $45.3\div3=15.1$ (km)

C 자동차: $73.5\div5=14.7$ (km)

➡ $16.2>15.1>14.7$이므로 연료 1 L로 가장 멀리 갈 수 있는 자동차는 A 자동차입니다.

12 (자동차가 1분 동안 가는 거리)
$=7.44\div6=1.24$ (km)
(기차가 1분 동안 가는 거리)
$=12.15\div9=1.35$ (km)
➡ $1.24<1.35$이므로 기차가
$1.35-1.24=0.11$ (km) 더 앞서 있습니다.

응용 유형 38~41쪽

01 7.03	02 1.45 kg	03 4.4
04 3.5 cm	05 4.2 cm	06 180.9 km
07 4.05	08 2.7	09 0.45 L
10 8.25 cm	11 2.4 L	12 0.76 kg
13 13.08 m^2	14 5.64	15 5.06 cm
16 5	17 1.78 cm	18 163.5 km

38쪽

01 54.27 ★ $9=(54.27+9)\div9$
$=63.27\div9=7.03$

주의
(　)가 있는 계산은 (　) 안을 가장 먼저 계산합니다.

02 (운동화 8켤레의 무게)$=12.4-0.8=11.6$ (kg)
➡ (운동화 한 켤레의 평균 무게)
$=11.6\div8=1.45$ (kg)

03 (눈금 한 칸의 크기)$=(7.25-2.5)\div5$
$=4.75\div5=0.95$
㉠은 2.5에서 오른쪽으로 눈금 2칸 간 곳입니다.
➡ ㉠$=2.5+0.95\times2=2.5+1.9=4.4$

39쪽

04 변 ㄴㄷ은 삼각형의 밑변이고
(삼각형의 밑변의 길이)$=$(넓이)$\times2\div$(높이)입니다.
➡ (변 ㄴㄷ의 길이)$=8.75\times2\div5=3.5$ (cm)
17.5
3.5

05 (직사각형의 넓이)$=8.4\times6=50.4$ (cm^2)
(줄인 직사각형의 세로)$=6-2=4$ (cm)
➡ (새로 만든 직사각형의 가로)
$=50.4\div4=12.6$ (cm)
따라서 가로를 $12.6-8.4=4.2$ (cm) 늘려야 합니다.

06 (자동차가 1분 동안 가는 거리)
$=5.3\div5=1.06$ (km)
(오토바이가 1분 동안 가는 거리)
$=7.6\div8=0.95$ (km)
(1분 후 자동차와 오토바이 사이의 거리)
$=1.06+0.95=2.01$ (km)
1시간 30분$=$60분$+$30분$=$90분
➡ (90분 후 자동차와 오토바이 사이의 거리)
$=2.01\times90=180.9$ (km)

주의
자동차와 오토바이가 같은 곳에서 서로 반대 방향으로 동시에 출발했으므로 자동차와 오토바이 사이의 거리는 자동차와 오토바이가 간 거리의 합입니다.

참고
자동차가 1시간 30분 동안 가는 거리와 오토바이가 1시간 30분 동안 가는 거리를 각각 구하여 더할 수도 있습니다.

40쪽

07 문제 분석

07 같은 기호는 같은 수를 나타냅니다. ❷㉡이 나타내는 수를 구하시오.

❶㉠$\times3=48.6$
❷㉠$\div4=$㉡

❶ ㉠이 나타내는 수를 구합니다.
❷ ❶에서 구한 수 ㉠을 이용하여 ㉡이 나타내는 수를 구합니다.

❶㉠$\times3=48.6$에서 ㉠$=48.6\div3=16.2$입니다.
➡❷㉠$\div4=16.2\div4=4.05$이므로 ㉡$=4.05$입니다.

08 14.8 ❤ $4=(14.8-4)\div4=10.8\div4=2.7$

주의
(　)가 있는 계산은 (　) 안을 가장 먼저 계산합니다.

09 문제 분석

09 ❶물 13.5 L를 5개의 물통에 똑같이 나누어 담은 후, / ❷그중의 한 통을 6명이 똑같이 나누어 마셨습니다. 한 사람이 마신 물은 몇 L입니까?

❶ (물통 한 개에 담은 물의 양)$=$(전체 물의 양)$\div$(물통 수)
❷ (한 사람이 마신 물의 양)
$=$(물통 한 개에 담은 물의 양)$\div$(사람 수)

❶(물통 한 개에 담은 물의 양)$=13.5\div5=2.7$ (L)
➡❷(한 사람이 마신 물의 양)$=2.7\div6=0.45$ (L)

10 문제 분석

10 ❶한 변의 길이가 11 cm인 정삼각형이 있습니다. / ❷이 정삼각형과 둘레가 같은 정사각형의 / ❸한 변의 길이는 몇 cm인지 소수로 나타내시오.

❶ (정삼각형의 둘레)=(한 변의 길이)×3
❷ 정사각형의 둘레는 정삼각형의 둘레와 같습니다.
❸ (정사각형의 한 변의 길이)=(둘레)÷4

❶(정삼각형의 둘레)=(한 변의 길이)×3
=11×3=33 (cm)
❷정사각형의 둘레도 33 cm이므로
❸(정사각형의 한 변의 길이)=(둘레)÷4
=33÷4=8.25 (cm)

11 문제 분석

11 ❶가로 4 m, 세로 2 m인 직사각형 모양의 벽을 페인트 19.2 L를 사용하여 칠했습니다. / ❷1 m^2의 벽을 칠하는 데 사용한 페인트는 몇 L입니까?

❶ (직사각형의 넓이)=(가로)×(세로)
❷ (1 m^2의 벽을 칠하는 데 사용한 페인트의 양)
=(사용한 전체 페인트의 양)÷(칠한 벽의 넓이)

❶(페인트를 칠한 벽의 넓이)=4×2=8 (m^2)
➡ ❷(1 m^2의 벽을 칠하는 데 사용한 페인트의 양)
=19.2÷8=2.4 (L)

12 (장난감 5개의 무게)=4.15−0.35=3.8 (kg)
➡ (장난감 한 개의 평균 무게)=3.8÷5=0.76 (kg)

41쪽

13 문제 분석

13 ❶가로가 5.45 m, 세로가 4 m인 직사각형을 / ❷5등분 하였습니다. / ❸색칠한 부분의 넓이는 몇 m^2입니까?

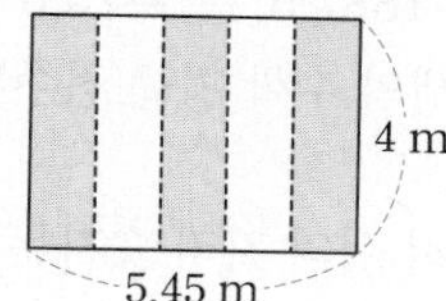

❶ 전체 직사각형의 넓이를 구합니다.
❷ 5등분 했을 때 한 칸의 넓이를 구합니다.
❸ 색칠한 부분은 5등분 했을 때 3칸입니다.

❶(전체 직사각형의 넓이)=5.45×4=21.8 (m^2)
❷(한 칸의 넓이)=21.8÷5=4.36 (m^2)
➡ ❸(색칠한 부분의 넓이)=4.36×3=13.08 (m^2)

14 (눈금 한 칸의 크기)
=(7.8−1.32)÷6=6.48÷6=1.08
㉠은 1.32에서 오른쪽으로 눈금 4칸 간 곳입니다.
➡ ㉠=1.32+1.08×4=1.32+4.32=5.64

다른 풀이
(눈금 한 칸의 크기)=(7.8−1.32)÷6=6.48÷6=1.08
㉠은 7.8에서 왼쪽으로 눈금 2칸 간 곳입니다.
➡ ㉠=7.8−1.08×2=7.8−2.16=5.64

15 변 ㄴㄷ은 삼각형의 밑변이고
(삼각형의 밑변의 길이)=(넓이)×2÷(높이)입니다.
➡ (변 ㄴㄷ의 길이)=10.12×2÷4=5.06 (cm)

16 문제 분석

16 ❷□ 안에 들어갈 수 있는 가장 작은 자연수를 구하시오.

❶, ❷ 

❶ 18.6÷□=4일 때 □ 안에 알맞은 수를 알아봅니다.
❷ 18.6÷□<4이려면 □ 안의 수는 ❶에서 구한 수보다 커야 합니다.

❶18.6÷□=4일 때 □ 안에 알맞은 수를 구합니다.
18.6÷□=4 ➡ □=18.6÷4=4.65
❷18.6÷□<4이려면 □ 안에는 4.65보다 큰 수가 들어가야 합니다. 따라서 □ 안에 들어갈 수 있는 가장 작은 자연수는 5입니다.

17 (직사각형의 넓이)=12×5.34=64.08 (cm^2)
(줄인 직사각형의 가로)=12−3=9 (cm)
➡ (새로 만든 직사각형의 세로)
=64.08÷9=7.12 (cm)
따라서 세로를 7.12−5.34=1.78 (cm) 늘려야 합니다.

18 (자동차가 1분 동안 가는 거리)
=6.24÷6=1.04 (km)
(오토바이가 1분 동안 가는 거리)
=5.7÷5=1.14 (km)
(1분 후 자동차와 오토바이 사이의 거리)
=1.04+1.14=2.18 (km)
1시간 15분=60분+15분=75분
➡ (75분 후 자동차와 오토바이 사이의 거리)
=2.18×75=163.5 (km)

참고
자동차가 1시간 15분 동안 가는 거리와 오토바이가 1시간 15분 동안 가는 거리를 각각 구하여 더할 수도 있습니다.

사고력 유형 42~43쪽

1 1.26분　　2 42.25 cm^2
3 1.2　　4 3.1 km

42쪽

1 통나무를 6도막으로 자르려면 $6-1=5$(번) 잘라야 합니다.
➡ (한 번 자르는 데 걸리는 시간)$=6.3\div5$
$=1.26$(분)

주의
통나무를 ■도막으로 자르려면 (■-1)번 잘라야 합니다.

2 (큰 정사각형의 넓이)$=13\times13$
$=169\ (cm^2)$
➡ (작은 정사각형의 넓이)$=$(큰 정사각형의 넓이)$\div4$
$=169\div4$
$=42.25\ (cm^2)$

다른 풀이
(작은 정사각형의 한 변의 길이)$=13\div2=6.5\ (cm)$
➡ (작은 정사각형의 넓이)$=6.5\times6.5=42.25\ (cm^2)$

43쪽

3 $32.4\div3=10.8$에서 몫 10.8은 2보다 작지 않으므로 다시 3으로 나눕니다.
$10.8\div3=3.6$에서 몫 3.6은 2보다 작지 않으므로 다시 3으로 나눕니다.
$3.6\div3=1.2$에서 몫 1.2는 2보다 작으므로 1.2를 인쇄합니다.

4 (오토바이 A가 1분 동안 가는 거리)
$=9.2\div8=1.15\ (km)$
(오토바이 B가 1분 동안 가는 거리)
$=10.08\div12=0.84\ (km)$
(1분 후 두 오토바이 사이의 거리)
$=1.15-0.84=0.31\ (km)$
➡ (10분 후 두 오토바이 사이의 거리)
$=$(1분 후 두 오토바이 사이의 거리)$\times10$
$=0.31\times10=3.1\ (km)$

주의
두 오토바이가 같은 곳에서 같은 방향으로 동시에 출발했으므로 두 오토바이 사이의 거리는 두 오토바이가 간 거리의 차입니다.

도전! 최상위 유형 44~45쪽

1 1.07　　2 120 cm^2
3 75.5점　　4 23.54

44쪽

1 $0.A\times0.A=0.BC$에서 $A\times A=BC$이므로 같은 수를 2번 곱하여 두 자리 수가 되는 수는
$4\times4=16$, $5\times5=25$, $6\times6=36$, $7\times7=49$, $8\times8=64$, $9\times9=81$입니다.
$BC\div A=7$에서 $BC=A\times7$, 즉 BC는 A의 7배이므로 $A=7$, $B=4$, $C=9$입니다.
따라서 A.BC는 7.49이므로
$A.BC\div7=7.49\div7=1.07$입니다.

2 오른쪽과 같이 그려 보면 색칠한 부분은 ㉮와 크기가 같은 삼각형이 5개이므로 ㉮의 넓이는 $37.5\div5=7.5\ (cm^2)$입니다.

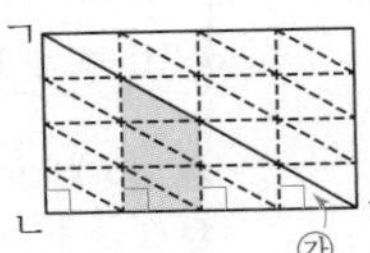

삼각형 ㄱㄴㄷ은 ㉮와 크기가 같은 삼각형이 16개이므로 넓이는 $7.5\times16=120\ (cm^2)$입니다.

45쪽

3 (남학생 수)$=25-12=13$(명)
남학생의 수학 평균 점수를 □점이라 하면 여학생의 수학 평균 점수는 (□$+5$)점이고 은우네 반 학생들의 수학 점수의 합계는 (77.9×25)점입니다.
➡ □$\times13+$(□$+5$)$\times12=77.9\times25$,
□$\times13+$□$\times12+60=1947.5$,
□$\times25+60=1947.5$,
□$\times25=1887.5$, □$=75.5$
따라서 남학생의 수학 평균 점수는 75.5점입니다.

4 ②의 조건에서 십의 자리 숫자는 2입니다.
③의 조건을 만족하려면 ①의 숫자 중 0, 1, 2, 5, 8을 사용합니다.
④의 조건을 만족하려면 2□.□2이어야 합니다.
①, ②, ③, ④를 만족하는 수는
20.02, 21.12, 22.22, 25.52, 28.82입니다.
➡ $(20.02+21.12+22.22+25.52+28.82)\div5$
$=117.7\div5=23.54$

4 비와 비율

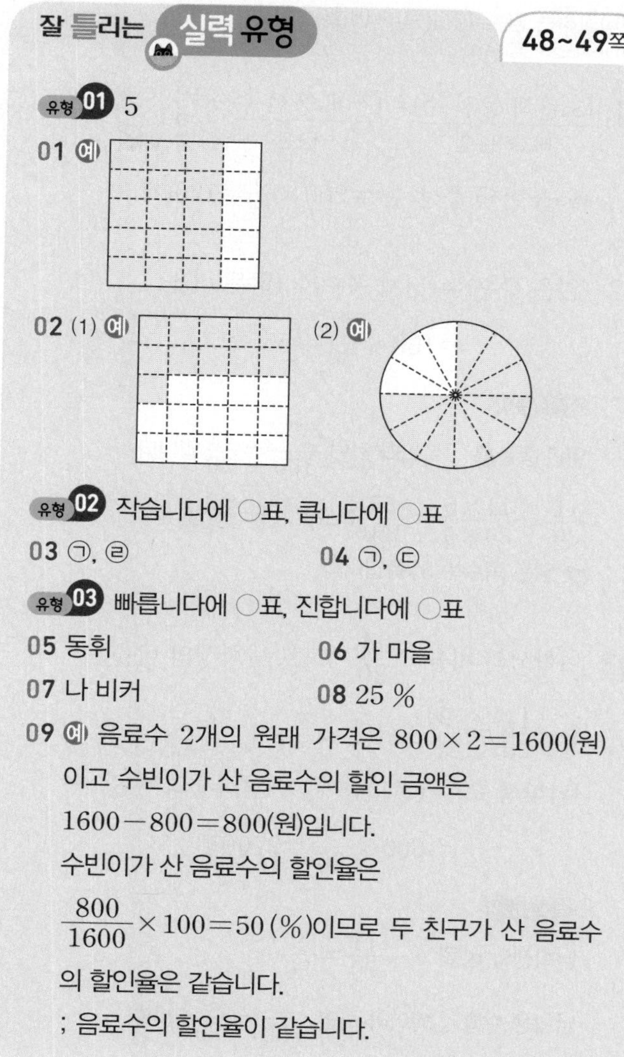

잘 틀리는 실력 유형 48~49쪽

유형 01 5

01 예)

02 (1) 예) (2) 예)

유형 02 작습니다에 ○표, 큽니다에 ○표

03 ㉠, ㉣ 04 ㉠, ㉢

유형 03 빠릅니다에 ○표, 진합니다에 ○표

05 동휘 06 가 마을

07 나 비커 08 25 %

09 예) 음료수 2개의 원래 가격은 $800 \times 2 = 1600$(원)이고 수빈이가 산 음료수의 할인 금액은 $1600 - 800 = 800$(원)입니다.
수빈이가 산 음료수의 할인율은 $\frac{800}{1600} \times 100 = 50\,(\%)$이므로 두 친구가 산 음료수의 할인율은 같습니다.
; 음료수의 할인율이 같습니다.

48쪽

01 (색칠한 칸 수) : (전체 칸 수)$=15 : 20$
➡ 전체 20칸 중 15칸에 색칠합니다.

왜 틀렸을까? 전체에 대한 색칠한 부분의 비 ➡ 15 : 20
전체 20칸 중 15칸에 색칠해야 합니다.

02 (1) $44\,\% = \frac{44}{100} = \frac{11}{25}$이므로
전체 25칸 중 11칸에 색칠합니다.
(2) $75\,\% = \frac{75}{100} = \frac{3}{4} = \frac{9}{12}$이므로
전체 12칸 중 9칸에 색칠합니다.

왜 틀렸을까? (1) 전체가 25칸으로 나누어져 있으므로 25칸 중 몇 칸에 색칠해야 하는지 알아봐야 합니다. 즉, 백분율을 분모(기준량)가 25인 분수로 나타내었을 때 분자(비교하는 양)만큼 색칠해야 합니다.
(2) 전체가 12칸으로 나누어져 있으므로 12칸 중 몇 칸에 색칠해야 하는지 알아봐야 합니다. 즉, 백분율을 분모(기준량)가 12인 분수로 나타내었을 때 분자(비교하는 양)만큼 색칠해야 합니다.

03 기준량이 비교하는 양보다 크면 비율은 1(100 %)보다 작습니다.
따라서 주어진 비율 중 1(100 %)보다 작은 비율을 찾으면 ㉠ $\frac{5}{6}$, ㉣ 72 %입니다.

왜 틀렸을까? (비율)$=\frac{\text{(비교하는 양)}}{\text{(기준량)}}$에서 기준량(분모)이 비교하는 양(분자)보다 크면 비율은 1(100 %)보다 작으므로 1(100 %)보다 작은 비율을 찾아야 합니다.

04 기준량이 비교하는 양보다 작으면 비율은 1(100 %)보다 큽니다.
따라서 주어진 비율 중 1(100 %)보다 큰 비율을 찾으면 ㉠ 1.3, ㉢ 150 %입니다.

왜 틀렸을까? (비율)$=\frac{\text{(비교하는 양)}}{\text{(기준량)}}$에서 기준량(분모)이 비교하는 양(분자)보다 작으면 비율은 1(100 %)보다 크므로 1(100 %)보다 큰 비율을 찾아야 합니다.

참고
㉡ $100\,\% = \frac{100}{100} = 1$로 기준량과 비교하는 양이 같습니다.

49쪽

05 달리는 데 걸린 시간에 대한 달린 거리의 비율을 비교합니다.
유빈: $\frac{100}{25} = 4$, 동휘: $\frac{50}{10} = 5$
➡ $4 < 5$이므로 동휘가 더 빨리 달렸습니다.

왜 틀렸을까? 달리는 데 걸린 시간에 대한 달린 거리의 비율을 구하여 비율이 더 큰 경우를 찾아야 합니다.

06 넓이에 대한 인구수의 비율을 비교합니다.
가 마을: $\frac{12300}{15} = 820$, 나 마을: $\frac{16000}{20} = 800$
➡ $820 > 800$이므로 가 마을이 더 밀집합니다.

왜 틀렸을까? 넓이에 대한 인구수의 비율을 구하여 비율이 더 큰 경우를 찾아야 합니다.

07 레몬주스 양에 대한 레몬 원액 양의 비율을 비교합니다.

가 비커: $\frac{10}{200}=\frac{1}{20}$, 나 비커: $\frac{45}{300}=\frac{3}{20}$

➡ $\frac{1}{20}<\frac{3}{20}$이므로 나 비커의 레몬주스가 더 진합니다.

왜 틀렸을까? 레몬주스 양에 대한 레몬 원액 양의 비율을 구하여 비율이 더 큰 경우를 찾아야 합니다.

08 (어제 오렌지 한 개의 가격)=6000÷5=1200(원)

(오늘 오렌지 한 개의 가격)=12000÷8=1500(원)

➡ (오른 비율)$=\frac{(\text{오른 금액})}{(\text{원래 가격})}\times 100$

$=\frac{1500-1200}{1200}\times 100=25\,(\%)$

주의

기준량을 원래 가격이 아니라 오른 가격으로 생각하여 비율을 $\frac{(\text{오른 금액})}{(\text{오른 가격})}=\frac{300}{1500}$으로 계산하지 않도록 주의합니다.

09 **서술형 가이드** (할인율)$=\frac{(\text{할인 금액})}{(\text{원래 가격})}$을 이용하여 수빈이가 산 음료수의 할인율을 구하는 과정이 들어 있어야 합니다.

채점 기준

상	수빈이가 산 음료수의 할인율을 구하여 두 친구가 산 음료수의 할인율을 바르게 비교함.
중	수빈이가 산 음료수의 할인율을 구하는 과정에서 실수가 있어서 답이 틀림.
하	할인율을 구하는 방법을 모름.

다르지만 같은 유형 50~51쪽

01 120 ; $\frac{3}{5}$, 120
02 55쪽
03 270명
04 15, 150 ; 150
05 24명
06 200 g
07 4번
08 예 75 %$=\frac{75}{100}$이므로 공을 128번 던질 때 공이 골대에 들어가는 횟수는 $128\times\frac{75}{100}=96$(번)입니다. ; 96번
09 시장, 11000원
10 가 비커
11 12 %
12 예 13 %$=\frac{13}{100}$이므로 필요한 소금의 양은 $3000\times\frac{13}{100}=390$ (g)입니다. 따라서 필요한 물의 양은 3000−390=2610 (g)입니다. ; 2610 g

50쪽

01~03 핵심
비율과 기준량을 알면 비교하는 양을 구할 수 있습니다.
(비교하는 양)=(기준량)×(비율)

01 (노란색 풍선 수)=(전체 풍선 수)$\times\frac{3}{5}$
(노란색 풍선 수: 비교하는 양, 전체 풍선 수: 기준량, $\frac{3}{5}$: 비율)

➡ (노란색 풍선 수)$=200\times\frac{3}{5}=120$(개)

02 (읽은 쪽수)=(전체 쪽수)×(읽은 비율)

$=150\times\frac{11}{30}=55$(쪽)

다른 풀이

읽은 쪽수를 □쪽이라 하면 $\frac{□}{150}=\frac{11}{30}$입니다.

$\frac{11}{30}=\frac{11\times5}{30\times5}=\frac{55}{150}$이므로 □=55입니다.

➡ 읽은 쪽수는 55쪽입니다.

03 여학생의 비율이 $\frac{11}{20}$이므로 남학생의 비율은 $1-\frac{11}{20}=\frac{9}{20}$입니다.

(남학생 수)=(전교생 수)×(남학생의 비율)

$=600\times\frac{9}{20}=270$(명)

다른 풀이

남학생의 비율: $1-\frac{11}{20}=\frac{9}{20}$

남학생 수를 □명이라 하면 $\frac{□}{600}=\frac{9}{20}$입니다.

$\frac{9}{20}=\frac{9\times30}{20\times30}=\frac{270}{600}$이므로 □=270입니다.

➡ 남학생 수는 270명입니다.

04~06 핵심
주어진 비율 $\frac{▲}{■}$로부터 $\frac{1}{■}$만큼의 양을 구하고, $\frac{1}{■}$만큼의 양에서 $1\left(=\frac{■}{■}\right)$만큼의 양을 구하는 순서로 기준량을 구할 수 있습니다.
수직선이나 띠그림을 이용하면 쉽게 이해할 수 있습니다.

04 전체 화분 수의 $\frac{1}{10}$이 45÷3=15(개)이므로 전체 화분 수는 15×10=150(개)입니다.

➡ 하나의 식으로 나타내면 45÷3×10=150(개)입니다.

05 전체 학생 수의 $\frac{1}{8}$이 $15\div5=3$(명)이므로 전체 학생 수는 $3\times8=24$(명)입니다.

➡ 하나의 식으로 나타내면 $15\div5\times8=24$(명)입니다.

다른 풀이

전체 학생 수를 □명이라 하면 $\frac{15}{□}=\frac{5}{8}$입니다.

$\frac{5}{8}=\frac{5\times3}{8\times3}=\frac{15}{24}$이므로 □$=24$입니다.

➡ 전체 학생 수는 24명입니다.

06 소금물의 양의 $\frac{1}{40}$이 $15\div3=5$ (g)이므로 소금물의 양은 $5\times40=200$ (g)입니다.

➡ 하나의 식으로 나타내면 $15\div3\times40=200$ (g)입니다.

51쪽

07~09 핵심

(비교하는 양)=(기준량)×(비율)

└ 백분율을 분수나 소수로 나타냅니다.

07 $40\ \%=\frac{40}{100}$ ➡ 이긴 횟수: $10\times\frac{40}{100}=4$(번)

다른 풀이

$40\ \%=\frac{40}{100}$이고 축구 경기를 10번 했을 때 이긴 횟수를 □번이라 하면 $\frac{□}{10}=\frac{40}{100}$입니다.

$\frac{40}{100}=\frac{40\div10}{100\div10}=\frac{4}{10}$이므로 □$=4$입니다.

08 서술형 가이드 백분율을 분수나 소수로 나타내어 비교하는 양을 구하는 과정이 들어 있는지 확인합니다.

채점 기준

상	백분율을 분수나 소수로 나타내어 공을 128번 던질 때 골대에 들어가는 횟수를 바르게 구함.
중	백분율을 분수나 소수로 나타내었으나 풀이 과정에서 실수하여 답이 틀림.
하	백분율을 분수나 소수로 나타내지 못하여 답을 구하지 못함.

09 시장에서 살 때 할인 금액은 $50000\times0.1=5000$(원)이므로 할인된 판매 가격은 $50000-5000=45000$(원)입니다.

백화점에서 살 때 할인 금액은 $70000\times0.2=14000$(원)이므로 할인된 판매 가격은 $70000-14000=56000$(원)입니다.

➡ $45000<56000$이므로 시장에서 사는 것이 $56000-45000=11000$(원) 더 저렴합니다.

10~12 핵심

(소금의 양)=(소금물의 양)×(비율)

비교하는 양 / 기준량 / └ 백분율을 분수나 소수로 나타냅니다.

10 가 비커의 소금의 양: $300\times\frac{10}{100}=30$ (g)

나 비커의 소금의 양: $200\times\frac{12}{100}=24$ (g)

$30>24$이므로 가 비커의 소금의 양이 더 많습니다.

11 가 비커의 소금의 양: $300\times\frac{10}{100}=30$ (g)

나 비커의 소금의 양: $200\times\frac{15}{100}=30$ (g)

(전체 소금물의 양)$=300+200=500$ (g)

(전체 소금의 양)$=30+30=60$ (g)

따라서 섞은 소금물의 진하기는 $\frac{60}{500}\times100=12$ (%)입니다.

12 서술형 가이드 필요한 소금의 양을 구한 다음 필요한 물의 양을 구하는 과정이 들어 있는지 확인합니다.

채점 기준

상	필요한 소금의 양을 구한 다음 필요한 물의 양을 바르게 구함.
중	필요한 소금의 양을 구하는 과정에서 실수하여 답이 틀림.
하	필요한 소금의 양을 구하지 못하여 답을 구하지 못함.

응용 유형 52~55쪽

01 $\frac{12}{25}$

02 예

03 430 g

04 720원

05 14.3 kg

06 B 샴푸

07 $\frac{3}{4}$

08 1.1

09 진호

10 가 자동차

11 8500원

12 예

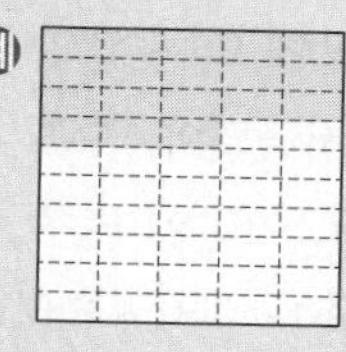

13 480 g

14 92명

15 3000원

16 현수네 모둠

17 420 mL

18 함께 사는 경우

52쪽

01 (정사각형의 넓이)$=5\times5=25$ (cm^2)
(직사각형의 넓이)$=3\times4=12$ (cm^2)
➡ (비율)$=\dfrac{(\text{직사각형의 넓이})}{(\text{정사각형의 넓이})}=\dfrac{12}{25}$

02 (강당의 넓이에 대한 무대의 넓이의 비율)$=\dfrac{36}{300}$
강당을 25칸으로 나누었으므로 위의 비율을 분모(기준량)가 25인 분수로 나타내면 $\dfrac{36}{300}=\dfrac{3}{25}$입니다.
따라서 무대의 넓이는 25칸 중 3칸을 차지하므로 3칸에 색칠합니다.

03 $14\ \%=\dfrac{14}{100}$이고 설탕물의 $\dfrac{1}{100}$이 $70\div14=5$ (g)이므로 설탕물은 $5\times100=500$ (g)입니다.
따라서 필요한 물의 양은 $500-70=430$ (g)입니다.

다른 풀이
$14\ \%=\dfrac{14}{100}$이고 필요한 물의 양을 □g이라 하면
$\dfrac{70}{\square+70}=\dfrac{14}{100}$입니다.
$\dfrac{14}{100}=\dfrac{14\times5}{100\times5}=\dfrac{70}{500}$이므로 $\square+70=500$, $\square=430$입니다.

53쪽

04 $5.1>4.8>4.5$이므로 이자율이 가장 높은 은행은 S 은행이고 가장 낮은 은행은 K 은행입니다.
- S 은행의 이자: $120000\times0.051=6120$(원)
- K 은행의 이자: $120000\times0.045=5400$(원)

➡ $6120-5400=720$(원)

05 (지난달에 먹은 쌀의 양)
=(지난달에 산 쌀의 양)×(지난달에 먹은 쌀의 비율)
$=40\times0.45=18$ (kg)
(이달에 먹은 쌀의 양)
=(지난달에 먹고 남은 쌀의 양)
×(이달에 먹은 쌀의 비율)
$=(40-18)\times0.65$
$=22\times0.65=14.3$ (kg)

주의
이달에 먹은 쌀의 양을 구할 때 $18\times0.65=11.7$ (kg)으로 계산하지 않도록 주의합니다. (18: 지난달에 먹은 쌀의 양)

06 A 샴푸를 샀을 때 전체 구매액:
$96780+3130=99910$(원)
B 샴푸를 샀을 때 전체 구매액:
$96780+5820=102600$(원)에서 3 %를 할인하면
$102600-102600\times0.03$
$=102600-3078=99522$(원)입니다.
➡ $99910>99522$이므로 B 샴푸를 골라야 더 저렴합니다.

54쪽

07 문제 분석

07 ❶넓이가 432 cm^{2}인 직사각형의 세로가 24 cm일 때, / ❷이 직사각형의 세로에 대한 가로의 비율을 기약분수로 나타내시오.

❶ 직사각형의 가로를 구합니다.
❷ (세로에 대한 가로의 비율)$=\dfrac{(\text{가로})}{(\text{세로})}$

❶(가로)$=432\div24=18$ (cm)
➡ ❷(비율)$=\dfrac{(\text{가로})}{(\text{세로})}=\dfrac{18}{24}=\dfrac{3}{4}$

08 (가 삼각형의 넓이)$=20\times10\div2=100$ (cm^2)
(나 삼각형의 넓이)$=20\times11\div2=110$ (cm^2)
➡ (비율)$=\dfrac{(\text{나 삼각형의 넓이})}{(\text{가 삼각형의 넓이})}=\dfrac{110}{100}=1.1$

09 문제 분석

09 어느 방송사에서 주최하는 춤 경연 대회에서 ❸득표율이 40 % 이상이면 본선에 진출할 수 있다고 합니다. 진주와 진호 중 본선에 진출할 수 있는 학생의 이름을 쓰시오.

❶ 진주의 득표율을 백분율로 나타냅니다.
❷ 진호의 득표율을 백분율로 나타냅니다.
❸ 득표율이 40 % 이상인 학생을 찾습니다.

❶(진주의 득표율)$=\dfrac{900}{2500}\times100=36\ (\%)<40\ \%$
❷(진호의 득표율)$=\dfrac{9}{20}\times100=45\ (\%)>40\ \%$
❸따라서 본선에 진출할 수 있는 학생은 진호입니다.

10 문제 분석

10 ❶가 자동차는 45 km를 가는 데 휘발유 3 L를 사용하고, / ❷나 자동차는 56 km를 가는 데 휘발유 4 L를 사용합니다. / ❸두 자동차가 같은 거리를 갈 때 어느 자동차를 타면 휘발유를 더 절약할 수 있습니까?

❶ 가 자동차가 사용하는 휘발유 양에 대한 가는 거리의 비율을 구합니다.
❷ 나 자동차가 사용하는 휘발유 양에 대한 가는 거리의 비율을 구합니다.
❸ ❶과 ❷에서 구한 비율을 비교하여 휘발유를 더 절약할 수 있는 자동차를 구합니다.

사용하는 휘발유 양에 대한 가는 거리의 비율을 비교합니다.

❶가 자동차: $\frac{45}{3}=15$

❷나 자동차: $\frac{56}{4}=14$

❸15>14이므로 같은 거리를 갈 때 사용하는 휘발유의 양에 대한 가는 거리의 비율이 더 높은 가 자동차를 타면 휘발유를 더 절약할 수 있습니다.

11 문제 분석

11 ❶민석이는 햄버거 가게에서 20 % 할인 쿠폰을 사용하여 치킨버거 세트를 6800원에 주문했습니다. / ❷치킨버거 세트의 원래 가격은 얼마입니까?

❶ 할인된 가격 6800원은 원래 가격의 몇 %인지 구합니다.
❷ 치킨버거 세트의 원래 가격을 구합니다.

❶20 % 할인 받았으므로 6800원은 원래 가격의 100−20=80 (%)입니다.

❷원래 가격의 1 %는 6800÷80=85(원)이므로 원래 가격은 85×100=8500(원)입니다.

➡ 하나의 식으로 나타내면
6800÷80×100=8500(원)입니다.

12 (공연장의 넓이에 대한 관람석의 넓이의 비율)$=\frac{90}{250}$

그림에서 공연장을 50칸으로 나누었으므로 위의 비율을 분모(기준량)가 50인 분수로 나타내면

$\frac{90}{250}=\frac{18}{50}$입니다.

따라서 관람석의 넓이는 50칸 중 18칸을 차지하므로 18칸에 색칠합니다.

55쪽

13 20 %$=\frac{20}{100}$이고 소금물의 $\frac{1}{100}$이 120÷20=6 (g)이므로 소금물은 6×100=600 (g)입니다.
따라서 필요한 물의 양은 600−120=480 (g)입니다.

14 문제 분석

14 ❶어떤 헬스장의 회원은 640명입니다. 남자 회원이 전체의 0.625이고 / ❷그중 23 %가 20대입니다. 이 헬스장의 20대 남자 회원은 몇 명입니까?

❶ (남자 회원 수)=(전체 회원 수)×(남자 회원의 비율)
❷ (20대 남자 회원 수)
=(남자 회원 수)×(20대 남자 회원의 비율)

❶남자 회원 수: 640×0.625=400(명)

❷23 %$=\frac{23}{100}$이므로 20대 남자 회원 수는

$400\times\frac{23}{100}=92$(명)입니다.

15 2.9>2.8>2.3이므로 이자율이 가장 높은 은행은 C 은행이고 가장 낮은 은행은 H 은행입니다.
C 은행의 이자: 500000×0.029=14500(원)
H 은행의 이자: 500000×0.023=11500(원)
➡ 14500−11500=3000(원)

16 문제 분석

16 정훈이네 학교에서 수학여행을 갔습니다. ❶정훈이네 모둠 7명은 10인실을 사용했고 / ❷현수네 모둠 5명은 8인실을 사용했습니다. / ❸어느 모둠이 방을 더 넓다고 느꼈을지 쓰시오.

❶ 정훈이네 모둠이 사용한 방의 정원에 대한 사용한 사람 수의 비율을 구합니다.
❷ 현수네 모둠이 사용한 방의 정원에 대한 사용한 사람 수의 비율을 구합니다.
❸ 정원에 대한 사용한 사람 수의 비율이 작을수록 방이 더 넓게 느껴집니다.

방의 정원에 대한 사용한 사람 수의 비율이 작을수록 방이 더 넓게 느껴집니다.

❶정훈이네 모둠: $\frac{(\text{방을 사용한 사람 수})}{(\text{정원})}=\frac{7}{10}=0.7$

❷현수네 모둠: $\frac{(\text{방을 사용한 사람 수})}{(\text{정원})}=\frac{5}{8}=0.625$

➡❸0.7>0.625이므로 현수네 모둠이 방을 더 넓다고 느꼈을 것입니다.

17 (어제 마신 주스의 양)$=1.5\times0.3=0.45$ (L)
(오늘 마신 주스의 양)
$=(1.5-0.45)\times0.4=1.05\times0.4=0.42$ (L)
1 L$=$1000 mL이므로 0.42 L$=$420 mL입니다.

18 1400원짜리 볼펜을 함께 살 때의 전체 가격은 $9200+1400=10600$(원)에서 15 %를 할인해 주므로 $10600-10600\times0.15=10600-1590=9010$(원)입니다. ➡ $9200>9010$이므로 1400원짜리 볼펜을 함께 사는 경우가 더 저렴합니다.

사고력 유형 56~57쪽

1 2등급 **2** A 쇼핑몰, 1000원
3 비만이 아닙니다. **4** 567만 원

56쪽

1 재혁이네 자동차의 연비는 $\dfrac{213}{15}=14.2$입니다.
14.2가 들어가는 연비의 범위는 13.8 이상 16.0 미만이므로 재혁이네 자동차의 에너지 소비효율 등급은 2등급입니다.

2 (A 쇼핑몰의 할인 금액)$=30000\times\dfrac{20}{100}=6000$(원)
(A 쇼핑몰의 할인된 판매 가격)
$=30000-6000=24000$(원)
(B 쇼핑몰의 할인된 판매 가격)
$=30000-5000=25000$(원)
➡ $24000<25000$이므로 A 쇼핑몰에서 사는 것이 $25000-24000=1000$(원) 더 저렴합니다.

57쪽

3 키가 153 cm인 사람의 표준 몸무게:
$(153-100)\times0.9=53\times0.9=47.7$ (kg)
키가 153 cm인 사람의 비만 몸무게:
$47.7\times\dfrac{120}{100}=57.24$ (kg) 이상
➡ 민현이의 몸무게 56 kg은 57.24 kg보다 가벼우므로 비만이 아닙니다.

4 4500만 원은 1200만 원 초과 4600만 원 이하에 들어가므로 세율은 15 %, 누진공제액은 108만 원입니다.
➡ (내야 할 세금)$=$4500만$\times0.15-$108만
$=$675만$-$108만$=$567만 (원)

도전! 최상위 유형 58~59쪽

1 $4\dfrac{4}{5}$ m **2** 575조 5000억 원
3 8000원 **4** 80개

58쪽

1 첫 번째 튀어 오르는 공의 높이: $\left(75\times\dfrac{2}{5}\right)$ m
두 번째 튀어 오르는 공의 높이: $\left(75\times\dfrac{2}{5}\times\dfrac{2}{5}\right)$ m
따라서 세 번째 튀어 오르는 공의 높이는
$75\times\dfrac{2}{5}\times\dfrac{2}{5}\times\dfrac{2}{5}=\dfrac{24}{5}=4\dfrac{4}{5}$ (m)입니다.

2 (환경부의 증가한 예산)$=$10조$\times\dfrac{15}{100}=$1.5조 (원)
➡ 1조 5000억 원
(교육부의 증가한 예산)$=$70조$\times\dfrac{20}{100}=$14조 (원)
(내년 우리나라 예산)$=$560조$+$1조 5000억$+$14조
$=$575조 5000억 (원)

59쪽

3 학용품을 사고 남은 돈의 $1-\dfrac{3}{4}=\dfrac{1}{4}$이 800원이므로 학용품을 사고 남은 돈은 $800\times4=3200$(원)입니다.
즉, 용돈의 $1-\dfrac{3}{5}=\dfrac{2}{5}$가 3200원이므로 재석이가 처음에 가지고 있던 용돈은 $3200\div2\times5=8000$(원)입니다.

4 (A 쇼핑몰의 할인 금액)$=3000\times\dfrac{20}{100}=600$(원)
(A 쇼핑몰의 할인된 판매 가격)
$=3000-600=2400$(원)
(B 쇼핑몰의 할인 금액)$=3000\times\dfrac{25}{100}=750$(원)
(B 쇼핑몰의 할인된 판매 가격)
$=3000-750=2250$(원)
B 쇼핑몰에서 판 머리핀을 □개라 하면 A 쇼핑몰에서 판 머리핀은 (□$+10$)개입니다.
$2400\times(□+10)-2250\times□=36000$,
$2400\times□+24000-2250\times□=36000$,
$150\times□+24000=36000$,
$150\times□=12000$, $□=80$
따라서 B 쇼핑몰에서 판 머리핀은 80개입니다.

5 여러 가지 그래프

잘 틀리는 실력 유형 62~63쪽

유형 01 30, 60

01 6명 02 135 m^2

유형 02 30, 90

03 56명 04 42명

유형 03 3, 120

05 90명 06 60명

07 증가에 ○표 08 감소에 ○표, 증가에 ○표

62쪽

01 $20\times\frac{30}{100}=6$(명)

왜 틀렸을까? 취미 생활별 학생 수의 비율이 백분율로 주어졌으므로 분수 또는 소수로 나타내어 계산해야 합니다.

다른 풀이
30 %를 소수로 나타내면 0.3입니다.
➡ (운동이 취미인 학생 수)$=20\times0.3=6$(명)

02 토마토와 상추를 심은 넓이는 전체의 $25+20=45$ (%)입니다.

➡ $300\times\frac{45}{100}=135$ (m^2)

왜 틀렸을까? 채소별 심은 넓이의 비율이 백분율로 주어졌으므로 분수 또는 소수로 나타내어 계산해야 합니다.

다른 풀이
토마토를 심은 넓이: $300\times\frac{25}{100}=75$ (m^2)
상추를 심은 넓이: $300\times\frac{20}{100}=60$ (m^2)
➡ $75+60=135$ (m^2)

03 (박물관에 가고 싶어 하는 학생 수)
$=280\times\frac{20}{100}=56$(명)

왜 틀렸을까? 체험 학습 장소별 학생 수의 비율이 백분율로 주어졌으므로 분수 또는 소수로 나타내어 계산해야 합니다.

다른 풀이
20 %를 소수로 나타내면 0.2입니다.
➡ (박물관에 가고 싶어 하는 학생 수)
$=280\times0.2=56$(명)

04 놀이 공원: $280\times\frac{30}{100}=84$(명)

과학관: $280\times\frac{15}{100}=42$(명)

➡ $84-42=42$(명)

왜 틀렸을까? 놀이 공원을 가고 싶어 하는 학생 수와 과학관을 가고 싶어 하는 학생 수의 차를 구해야 합니다.

다른 풀이
놀이 공원을 가고 싶어 하는 학생 수와 과학관을 가고 싶어 하는 학생 수의 차는 전체 학생 수의 $30-15=15$ (%)입니다.
➡ $280\times\frac{15}{100}=42$(명)

63쪽

05 비교적 안전(30 %)은 비교적 안전하지 않음(15 %)의 $30\div15=2$(배)입니다.
➡ (비교적 안전하다고 생각하는 학생 수)
=(비교적 안전하지 않다고 생각하는 학생 수)×2
$=45\times2$
$=90$(명)

왜 틀렸을까? 먹거리 위생이 비교적 안전하다고 생각하는 학생 수의 비율을 비교적 안전하지 않다고 생각하는 학생 수의 비율로 나누어 몇 배인지 구해야 합니다.

06 비교적 안전하지 않음(15 %) 또는 매우 안전하지 않음(5 %)은 매우 안전(5 %)의 $(15+5)\div5=20\div5=4$(배)입니다.
➡ (비교적 안전하지 않거나 또는 매우 안전하지 않다고 생각하는 학생 수)
=(매우 안전하다고 생각하는 학생 수)×4
$=15\times4$
$=60$(명)

왜 틀렸을까? 먹거리 위생이 비교적 안전하지 않음과 매우 안전하지 않음의 비율의 합을 매우 안전의 비율로 나누어 몇 배인지 구해야 합니다.

07 막대그래프의 막대가 2050년까지 계속 늘어나고 있습니다.
➡ 고령인구는 2050년까지 계속 증가할 것입니다.

08 15~64세의 띠의 길이가 줄어들고 있습니다.
➡ 15~64세의 인구 비율은 계속 감소합니다.
65세 이상의 띠의 길이가 늘어나고 있습니다.
➡ 65세 이상의 인구 비율은 계속 증가합니다.

다르지만 같은 유형 64~65쪽

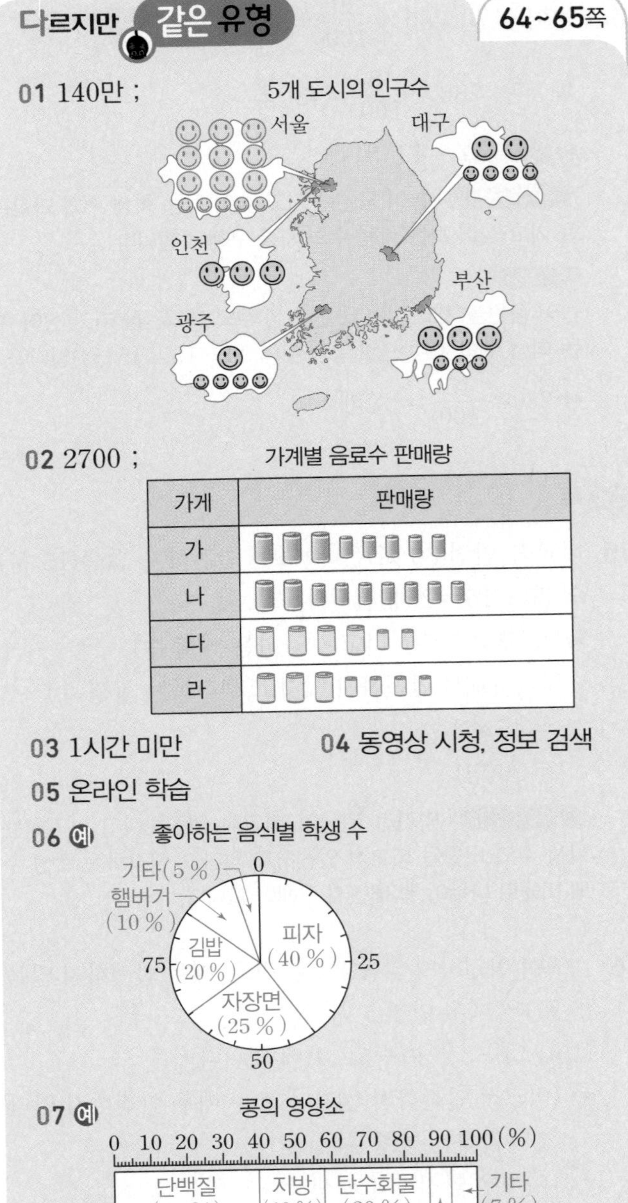

08 3배 09 2배 10 5배

64쪽

01~02 핵심
표에 주어진 자료를 보고 그림그래프로 나타내고, 그림그래프에 주어진 자료를 보고 표로 나타냅니다.

01 광주: ☺ 1개, ☺ 4개이므로 140만 명입니다.
서울: 950만 명이므로 ☺ 9개, ☺ 5개로 나타냅니다.

02 나 가게: ▮ 2개, ▮ 7개이므로 2700개입니다.
다 가게: 4200개이므로 ▮ 4개, ▮ 2개로 나타냅니다.
라 가게: 3400개이므로 ▮ 3개, ▮ 4개로 나타냅니다.

03~05 핵심
백분율의 합계는 100 %임을 이용하여 모르는 항목의 비율을 구한 다음 그래프를 해석해야 합니다.

03 1시간 미만의 비율:
$100-24.5-25.9-16.7-9.3-15.5=8.1$ (%)
➡ $8.1<9.3<15.5<16.7<24.5<25.9$이므로 비율이 8.1 %인 1시간 미만의 학생 수가 가장 적습니다.

04 게임의 비율: $100-28-22-23-5=22$ (%)
➡ 게임(22 %)보다 더 많은 비율을 차지하는 것은 동영상 시청(28 %)과 정보 검색(23 %)입니다.

05 게임의 비율: $100-28-22-23-5=22$ (%)
➡ 게임(22 %)과 같은 비율을 차지하는 것은 온라인 학습(22 %)입니다.

65쪽

06~07 핵심
띠그래프를 원그래프로, 원그래프를 띠그래프로 바꾸어 나타낼 수 있습니다.

06 피자 40 %, 자장면 25 %, 김밥 20 %, 햄버거 10 %, 기타 5 %입니다.

07 수분의 백분율을 □ %라 하면 지방의 백분율은 (□×3) %입니다.
40+□×3+29+□+7=100, □×4+76=100,
□×4=24, □=6
➡ (수분)=6 %, (지방)=18 %

08~10 핵심
여러 개의 그래프가 주어진 문제에서는 조건에 알맞은 비율을 실수없이 찾아야 합니다.

08 2008년도에 잡힌 두족류의 비율: 54 %
1971~1980년도에 잡힌 두족류의 비율: 16 %
$54\div16=3.375$ ➡ 약 3배

09 2022년의 A 제품 판매 비율은 28 %이고, 2018년의 A 제품 판매 비율은 14 %입니다.
➡ $28\div14=2$(배)

10 2022년에 B 제품의 판매 비율은 60 %이고, C 제품의 판매 비율은 12 %입니다.
➡ $60\div12=5$(배)

응용 유형 66~69쪽

01 5000 kWh
02 20명
03 371억 달러
04 33 %
05 2배
06 500 mm
07 100000 km²
08 20등분
09 20만 원
10 0.72 km²
11 175표
12 600명
13 26.6 %

66쪽

01 1인당 전력 소비량이 가장 많은 나라는 호주(11000 kWh)이고, 가장 적은 나라는 스페인(6000 kWh)입니다.

➡ $11000-6000=5000$ (kWh)

02 연예인이 되고 싶어 하는 학생 수 7명은 전체 학생 수의 35 %입니다.

전체 학생 수의 1 %는 $(7\div35)$명이므로 전체 학생 수는 $(7\div35\times100)$명입니다.

➡ (조사한 전체 학생 수)$=7\div35\times100=20$(명)

다른 풀이

연예인이 되고 싶어 하는 학생 수의 백분율은 35 %이고, 학생 수는 7명입니다.

조사한 전체 학생 수를 □명이라 하면 $\frac{7}{□}=\frac{35}{100}$입니다.

➡ $\frac{35\div5}{100\div5}=\frac{7}{20}$이므로 □$=20$입니다.

67쪽

03 (이 해 우리나라의 수출액)

$=7000$억$\times\frac{53}{100}=3710$억 (달러)

➡ (미국으로의 수출액)

$=3710$억$\times\frac{10}{100}=371$억 (달러)

04 (9월의 저금액)$=60000\times\frac{35}{100}=21000$(원)

(10월의 저금액)$=40000\times\frac{30}{100}=12000$(원)

➡ (두 달 동안의 저금액의 백분율)

$=\frac{21000+12000}{60000+40000}\times100$

$=\frac{33000}{100000}\times100=33$ (%)

68쪽

05 문제 분석

05 하루 동안 가족간 대화하는 시간을 조사하여 나타낸 그래프입니다. ❶2020년에는 / ❷2000년에 비해 가족간 대화하는 시간이 1시간 미만인 가족의 비율이 / ❸약 몇 배가 되었는지 반올림하여 일의 자리까지 나타내시오.

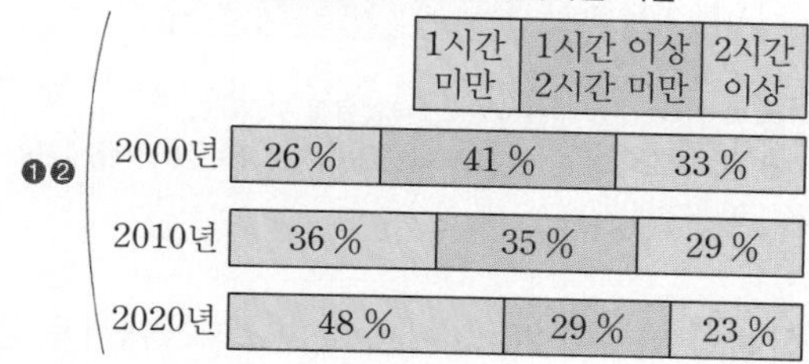

❶ 2020년 가족간 대화하는 시간이 1시간 미만인 가족의 비율을 알아봅니다.
❷ 2000년 가족간 대화하는 시간이 1시간 미만인 가족의 비율을 알아봅니다.
❸ ❶의 비율을 ❷의 비율로 나눕니다.

❶2020년에서 1시간 미만의 비율: 48 %

❷2000년에서 1시간 미만의 비율: 26 %

❸$48\div26=1.8\cdots$

➡ 반올림하여 일의 자리까지 나타내면 약 2배입니다.

참고

반올림: 구하려는 자리 바로 아래 자리의 숫자가 0, 1, 2, 3, 4이면 버리고, 5, 6, 7, 8, 9이면 올립니다.

06 연평균 강수량이 가장 많은 도시: 부산(1580 mm)

연평균 강수량이 가장 적은 도시: 대구(1080 mm)

➡ $1580-1080=500$ (mm)

07 도시 지역의 넓이 17000 km²는 우리나라의 전체 국토 넓이의 17 %입니다.

우리나라의 전체 국토 넓이의 1 %는 $(17000\div17)$ km²이므로 우리나라의 전체 국토 넓이는 $(17000\div17\times100)$ km²입니다.

➡ (우리나라의 전체 국토 넓이)

$=17000\div17\times100=100000$ (km²)

다른 풀이

도시 지역의 넓이는 17000 km², 백분율은 17 %입니다.

우리나라의 전체 국토 넓이를 □ km²라 하면

$\frac{17000}{□}=\frac{17}{100}$입니다.

$\frac{17\times1000}{100\times1000}=\frac{17000}{100000}$이므로 □$=100000$입니다.

08 문제 분석

08 ❶다음 띠그래프를 보고 원을 몇 등분 한 원그래프로 나타내었더니 과학책은 4칸에 그려졌습니다. / ❷원을 몇 등분 했습니까?

종류별 책의 수

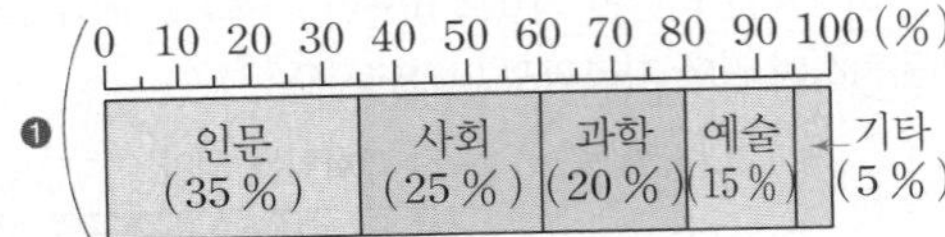

❶ 원그래프에서 눈금 한 칸의 백분율을 구합니다.
❷ 원그래프의 눈금 한 칸의 백분율을 이용하여 원 전체를 나눈 수를 알아봅니다.

❶과학책의 비율이 20 %이므로 원그래프에서 눈금 4칸이 나타내는 백분율이 20 %입니다.
원그래프에서 눈금 한 칸이 나타내는 백분율은 $20 \div 4 = 5$ (%)입니다.
❷따라서 원을 $100 \div 5 = 20$(등분) 했습니다.

다른 풀이

원을 □등분 했다고 하면 $\frac{4}{\square} = \frac{20}{100}$입니다.

➡ $\frac{20 \div 5}{100 \div 5} = \frac{4}{20}$이므로 □$=20$입니다.

따라서 원을 20등분 했습니다.

09 문제 분석

09 ❷다음은 영미네 집의 한 달 생활비의 쓰임새별 금액을 조사하여 나타낸 띠그래프입니다. / ❸한 달 생활비가 200만 원이고 / ❶주거비가 광열비의 3배라면 / ❸광열비는 얼마입니까?

생활비의 쓰임새별 금액

0 10 20 30 40 50 60 70 80 90 100(%)
식품비 (34 %) | 주거비 | 교육비 (20 %) | 광열비 | 기타 (6 %)

❶ 광열비의 비율을 □ %라 할 때 주거비의 비율을 □를 사용하여 나타냅니다.
❷ 항목별 백분율의 합계를 구하는 식을 이용하여 광열비의 비율을 구합니다.
❸ 광열비를 구합니다.

❶광열비의 비율을 □ %라 하면 주거비의 비율은 (□$\times 3$) %입니다.
❷$34 + \square \times 3 + 20 + \square + 6 = 100$, $\square \times 4 + 60 = 100$, $\square \times 4 = 40$, $\square = 10$
광열비는 한 달 생활비의 10 %입니다.
➡❸(광열비)$=200$만$\times \frac{10}{100} = 20$만 (원)

69쪽

10 밭: $100-(35+25+15+5)=20$ (%)

(밭의 넓이)$=20 \times \frac{20}{100} = 4$ (km^2)

고구마: $100-(28+23+17+14)=18$ (%)

(고구마를 심은 밭의 넓이)$=4 \times \frac{18}{100} = 0.72$ (km^2)

11 문제 분석

11 강희네 학교 회장 선거에서 후보자별 득표율을 나타낸 원그래프입니다. ❶지영이가 받은 표가 280표라면 / ❷강희가 받은 표는 몇 표입니까?

후보자별 득표율

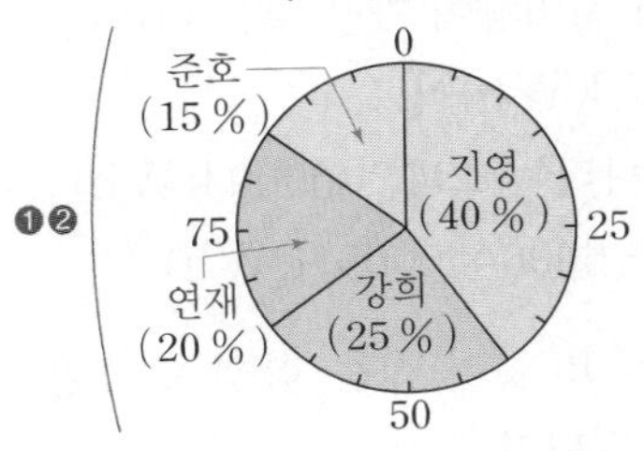

❶ 지영이가 받은 표수와 비율을 이용하여 전체 표수를 구합니다.
❷ ❶에서 구한 전체 표수와 비율을 이용하여 강희가 받은 표수를 구합니다.

❶지영이가 받은 280표는 전체 표수의 40 %입니다.
전체 표수의 1 %는 $(280 \div 40)$표이므로 전체 표수는 $280 \div 40 \times 100 = 700$(표)입니다.

❷따라서 강희가 받은 표는 $700 \times \frac{25}{100} = 175$(표)입니다.

다른 풀이

지영이가 받은 280표는 전체 표수의 40 %입니다.

전체 표수를 □표라 하면 $\frac{280}{\square} = \frac{40}{100}$입니다.

$\frac{40 \times 7}{100 \times 7} = \frac{280}{700}$이므로 □$=700$입니다.

전체 표수가 700표이므로 강희가 받은 표는

$700 \times \frac{25}{100} = 175$(표)입니다.

12 문제 분석

12 규원이네 학교 6학년 학생들의 현장 학습 참가에 대한 의견을 조사하여 나타낸 띠그래프입니다. ❶아파서 불참하는 학생이 27명이라면 / ❷규원이네 학교 6학년 학생은 모두 몇 명입니까?

참가 여부별 학생 수

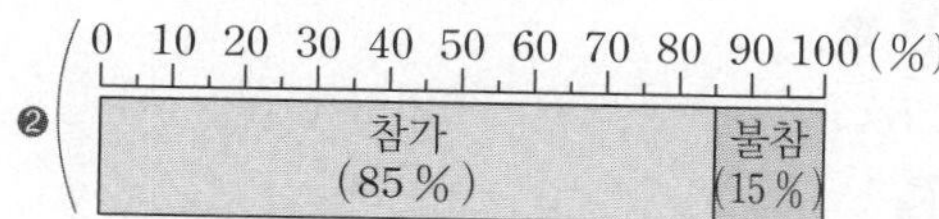

불참 이유별 학생 수

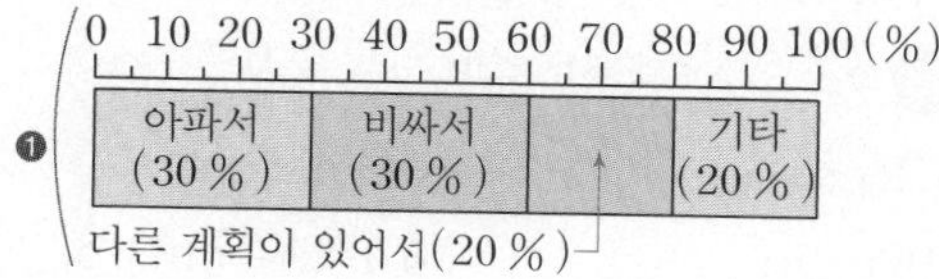

❶ 불참하는 학생 수를 구합니다.
❷ 규원이네 학교 6학년 학생 수를 구합니다.

❶아파서 불참하는 학생 수 27명은 불참하는 학생 수의 30 %이므로 불참하는 학생 수는 $27 \div 30 \times 100 = 90$(명)입니다.

❷또, 불참하는 학생 수 90명은 6학년 전체 학생 수의 15 %이므로 6학년 전체 학생 수는 $90 \div 15 \times 100 = 600$(명)입니다.

다른 풀이

불참하는 학생 수를 □명이라 하면 $\frac{27}{□} = \frac{30}{100}$입니다.

$\frac{30}{100} = \frac{3}{10}$이고 $\frac{3 \times 9}{10 \times 9} = \frac{27}{90}$이므로 □=90입니다.

6학년 전체 학생 수를 △명이라 하면 $\frac{90}{△} = \frac{15}{100}$입니다.

$\frac{15 \times 6}{100 \times 6} = \frac{90}{600}$이므로 △=600입니다.

따라서 6학년 전체 학생 수는 600명입니다.

13 (성주네 학교에서 봄을 좋아하는 학생 수)

$= 200 \times \frac{32}{100} = 64$(명)

(대호네 학교에서 봄을 좋아하는 학생 수)

$= 300 \times \frac{23}{100} = 69$(명)

➡ (두 학교에서 봄을 좋아하는 학생의 백분율)

$= \frac{64+69}{200+300} \times 100$

$= \frac{133}{500} \times 100 = 26.6\ (\%)$

사고력 유형 70~71쪽

1 5개

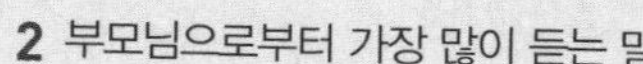
2 부모님으로부터 가장 많이 듣는 말

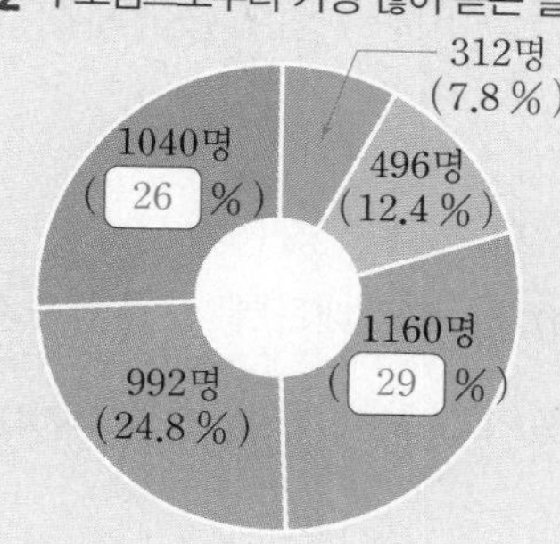

3 90명

4 예 2020년 남자 80.5세, 여자 86.5세인 기대수명은 2070년에 남자 89.5세, 여자 92.8세로 증가할 것으로 전망되며, 남녀 기대수명의 차이는 점차 감소할 것으로 예상됩니다.

70쪽

1 고령 인구 비율이 20 % 이상인 시도는 강원(21.70 %), 경북(22.70 %), 전북(22.30 %), 전남(24.30 %), 부산(20.40 %)으로 모두 5개입니다.

2 전체 학생 수:

$312+496+1160+992+1040=4000$(명)

정리해라: $\frac{1160}{4000} \times 100 = 29\ (\%)$

사랑해: $\frac{1040}{4000} \times 100 = 26\ (\%)$

71쪽

3 (재택근무가 비효율적이다고 응답한 사람 수)

$= 1000 \times \frac{45}{100} = 450$(명)

(소통 및 감독 부족으로 비효율적이다고 응답한 사람 수)

$= 450 \times \frac{20}{100} = 90$(명)

4 서술형 가이드 주어진 꺾은선그래프를 보고 바르게 해석하였는지 확인합니다.

채점 기준

상	알 수 있는 점을 바르게 씀.
중	알 수 있는 점을 썼으나 미흡함.
하	알 수 있는 점을 쓰지 못함.

도전! 최상위 유형 72~73쪽

1 2.8 cm　2 120명
3 90명　4 140명

72쪽

1 공업용지: $100-37-24-11=28$ (%)
➡ 전체 길이가 10 cm인 띠그래프에서 공업용지가 차지하는 부분의 길이는 $10\times\frac{28}{100}=2.8$ (cm)입니다.

2 (나와 라 마을에 사는 학생 수)$=30+24=54$(명)
(나 마을의 비율)+(라 마을의 비율)
$=100-40-15=45$ (%)
나와 라 마을에 사는 학생 수 54명은 6학년 전체 학생 수의 45 %입니다.
➡ (6학년 전체 학생 수)$=54\div45\times100=120$(명)

73쪽

3 (국어를 좋아하는 학생 수)$=600\times\frac{90}{360}=150$(명)
(수학을 좋아하는 학생 수)$=600\times\frac{120}{360}=200$(명)
(기타 과목을 좋아하는 학생 수)$=600\times\frac{10}{100}=60$(명)
체육을 좋아하는 학생 수를 □명이라고 하면 음악을 좋아하는 학생 수는 (□+10)명입니다.
$150+200+□+□+10+60=600$,
$□\times2+420=600$, $□\times2=180$, $□=90$

4 전체 여학생 중 여수를 가고 싶어 하는 여학생의 비율: $15\times2=30$ (%)
전체 여학생 중 제주를 가고 싶어 하는 여학생의 비율: $100-15-30=55$ (%)
(전체 여학생 수)$=110\div55\times100=200$(명)
(여수를 가고 싶어 하는 여학생 수)
$=200\times\frac{30}{100}=60$(명)
(여수를 가고 싶어 하는 전체 학생 수)
$=60\div30\times100=200$(명)
(여수를 가고 싶어 하는 남학생 수)
$=200-60=140$(명)

6 직육면체의 부피와 겉넓이

잘 틀리는 실력 유형 76~77쪽

유형 01 ●
01 125 cm^3　02 96 cm^2
유형 02 =, =
03 540 cm^3　04 1200 cm^3
유형 03 2
05 672 cm^3　06 2592 cm^3
07 1920 cm^2　08 10240 cm^3

76쪽

01 직육면체의 가장 짧은 모서리의 길이가 5 cm이므로 잘라서 만든 가장 큰 정육면체의 한 모서리의 길이는 5 cm입니다.
➡ (부피)$=5\times5\times5=125$ (cm^3)
왜 틀렸을까? 정육면체의 한 모서리의 길이가 직육면체의 가장 짧은 모서리의 길이인 5 cm와 같다는 것을 몰랐습니다.

02 직육면체의 가장 짧은 모서리의 길이가 4 cm이므로 잘라서 만든 가장 큰 정육면체의 한 모서리의 길이는 4 cm입니다.
➡ (겉넓이)$=4\times4\times6=96$ (cm^2)
왜 틀렸을까? 정육면체의 한 모서리의 길이가 직육면체의 가장 짧은 모서리의 길이인 4 cm와 같다는 것을 몰랐습니다.

03 (높아진 물의 높이)$=9-6=3$ (cm)
돌의 부피는 가로 18 cm, 세로 10 cm, 높이 3 cm인 직육면체의 부피와 같습니다.
➡ (돌의 부피)$=18\times10\times3=540$ (cm^3)
왜 틀렸을까? 돌의 부피가 늘어난 물의 부피와 같다는 것을 몰랐습니다.

04 (낮아진 물의 높이)$=15-11=4$ (cm)
돌의 부피는 가로 25 cm, 세로 12 cm, 높이 4 cm인 직육면체의 부피와 같습니다.
➡ (돌의 부피)$=25\times12\times4=1200$ (cm^3)
왜 틀렸을까? 돌의 부피가 줄어든 물의 부피와 같다는 것을 몰랐습니다.

77쪽

05 가로와 세로가 각각 4배인 직육면체의 부피는 처음 직육면체의 부피의 $4 \times 4 = 16$(배)입니다.
처음 직육면체의 부피가 $3 \times 7 \times 2 = 42$ (cm^3)이므로 $42 \times 16 = 672$ (cm^3)입니다.

다른 풀이
가로와 세로가 각각 4배인 직육면체의
가로는 $3 \times 4 = 12$ (cm), 세로는 $7 \times 4 = 28$ (cm)이므로
부피는 $12 \times 28 \times 2 = 672$ (cm^3)입니다.

왜 틀렸을까? 가로와 세로가 각각 4배가 되면 부피는 (4×4)배가 된다는 것을 몰랐습니다.

06 가로, 세로, 높이가 각각 3배인 직육면체의 부피는 처음 직육면체의 부피의 $3 \times 3 \times 3 = 27$(배)입니다.
처음 직육면체의 부피는 $8 \times 3 \times 4 = 96$ (cm^3)이므로 $96 \times 27 = 2592$ (cm^3)입니다.

다른 풀이
가로, 세로, 높이가 각각 3배인 직육면체의
가로는 $8 \times 3 = 24$ (cm), 세로는 $3 \times 3 = 9$ (cm),
높이는 $4 \times 3 = 12$(cm)이므로
부피는 $24 \times 9 \times 12 = 2592$ (cm^3)입니다.

왜 틀렸을까? 가로, 세로, 높이가 각각 3배가 되면 부피는 $(3 \times 3 \times 3)$배가 된다는 것을 몰랐습니다.

07 [20 cm, 24 cm 직사각형] 20 cm인 면이 4개 늘어납니다.
➡ (늘어난 겉넓이)$= 24 \times 20 \times 4 = 1920$ (cm^2)

08 (상자의 가로)$= 56 - 8 - 8 = 40$ (cm),
(상자의 세로)$= 48 - 8 - 8 = 32$ (cm),
(상자의 높이)$= 8$ cm
➡ (부피)$= 40 \times 32 \times 8 = 10240$ (cm^3)

다르지만 같은 유형 78~79쪽

01 216 cm^3 **02** 150 cm^2
03 729 cm^3 **04** 24번
05 23개 **06** 5번
07 236 cm^2 **08** 208 cm^2
09 예 정육면체의 한 모서리의 길이를 □cm라 하면 □×□×□$=1000$, $10 \times 10 \times 10 = 1000$이므로 □$=10$입니다. 따라서 겉넓이는 $10 \times 10 \times 6 = 600$ (cm^2)입니다. ; 600 cm^2
10 30 cm^3 **11** 24 cm^3
12 예 정육면체의 한 모서리의 길이를 □cm라 하면 □×□×$6 = 150$, □×□$=25$, $5 \times 5 = 25$이므로 □$=5$입니다.
따라서 부피는 $5 \times 5 \times 5 = 125$ (cm^3)입니다.
; 125 cm^3

78쪽

01~03 **핵심**
정육면체의 모든 모서리의 길이는 같음을 이용할 수 있어야 합니다.

01 정육면체의 한 모서리의 길이를 □cm라 하면 □×□$=36$, $6 \times 6 = 36$이므로 □$=6$입니다.
➡ (부피)$= 6 \times 6 \times 6 = 216$ (cm^3)

02 색칠한 면은 정사각형이므로
(정육면체의 한 모서리의 길이)$= 20 \div 4 = 5$ (cm)입니다.
➡ (겉넓이)$= 5 \times 5 \times 6 = 150$ (cm^2)

03 정육면체의 전개도의 둘레는 정육면체의 한 모서리가 14개 있는 것과 같으므로
(정육면체의 한 모서리의 길이)$= 126 \div 14 = 9$ (cm)입니다.
➡ (부피)$= 9 \times 9 \times 9 = 729$ (cm^3)

04~06 **핵심**
(붓는 횟수)
=(채워야 할 곳의 부피)÷(한 번 부을 때의 부피)

04 (흙의 부피)$= 5 \times 6 \times 8 = 240$ (m^3)
➡ (날라야 할 횟수)$= 240 \div 10 = 24$(번)

05 1 m 40 cm=1.4 m, 3 m 20 cm=3.2 m
➡ (흙의 부피)=$1.4 \times 5 \times 3.2 = 22.4$ (m^3)
따라서 상자는 적어도 $22+1=23$(개) 필요합니다.

06 (가의 부피)=$8 \times 8 \times 8 = 512$ (cm^3),
(나의 부피)=$16 \times 12 \times 12 = 2304$ (cm^3)
➡ $2304 \div 512 = 4.5$이므로 적어도 $4+1=5$(번) 부어야 합니다.

79쪽

07~09 핵심
- (직육면체의 부피)=(가로)×(세로)×(높이)
- (정육면체의 부피)
=(한 모서리의 길이)×(한 모서리의 길이)×(한 모서리의 길이)

07 높이를 □ cm라 하면
$6 \times 5 \times \square = 240$, $30 \times \square = 240$, $\square = 8$입니다.
➡ (겉넓이)=$(6 \times 5 + 6 \times 8 + 5 \times 8) \times 2$
$= 118 \times 2 = 236$ (cm^2)

08 가로를 □ cm라 하면
$\square \times 6 \times 4 = 192$, $\square \times 24 = 192$, $\square = 8$입니다.
➡ (겉넓이)=$(8 \times 6 + 8 \times 4 + 6 \times 4) \times 2$
$= 104 \times 2 = 208$ (cm^2)

09 서술형 가이드 부피를 이용하여 정육면체의 한 모서리의 길이를 구한 후 겉넓이를 구하는 풀이 과정이 들어 있어야 합니다.

채점 기준

상	부피를 이용하여 정육면체의 한 모서리의 길이를 구한 후 겉넓이를 바르게 구함.
중	부피를 이용하여 정육면체의 한 모서리의 길이는 구했지만 겉넓이를 구하는 과정에서 실수하여 답이 틀림.
하	부피를 이용하여 정육면체의 한 모서리의 길이를 구하지 못하여 답을 구하지 못함.

10~12 핵심
- (직육면체의 겉넓이)=(합동인 세 면의 넓이의 합)×2
- (정육면체의 겉넓이)=(한 면의 넓이)×6

10 가로를 □ cm라 하면
$(\square \times 5 + \square \times 3 + 5 \times 3) \times 2 = 62$, $\square \times 8 + 15 = 31$,
$\square \times 8 = 16$, $\square = 2$입니다.
➡ (부피)=$2 \times 5 \times 3 = 30$ (cm^3)

11 높이를 □ cm라 하면
$(3 \times 2 + 3 \times \square + 2 \times \square) \times 2 = 52$, $6 + 5 \times \square = 26$,
$5 \times \square = 20$, $\square = 4$입니다.
➡ (부피)=$3 \times 2 \times 4 = 24$ (cm^3)

12 서술형 가이드 겉넓이를 이용하여 정육면체의 한 모서리의 길이를 구한 후 부피를 구하는 풀이 과정이 들어 있어야 합니다.

채점 기준

상	겉넓이를 이용하여 정육면체의 한 모서리의 길이를 구한 후 부피를 바르게 구함.
중	겉넓이를 이용하여 정육면체의 한 모서리의 길이는 구했지만 부피를 구하는 과정에서 실수하여 답이 틀림.
하	겉넓이를 이용하여 정육면체의 한 모서리의 길이를 구하지 못하여 답을 구하지 못함.

응용 유형 80~83쪽

01 784 cm^2
02 440 cm^3
03 208 cm^3
04 294 cm^2
05 54 cm^3
06 4 cm
07 150 cm^2
08 8 m^3
09 1782 cm^2
10 17 cm
11 192 cm^3
12 76 cm^3
13 1300 cm^2
14 1000 cm^3
15 560 cm^2
16 128 cm^3
17 11 cm

80쪽

01 직육면체의 가로는 $7 \times 2 = 14$ (cm), 세로는 7 cm, 높이는 $7 \times 2 = 14$ (cm)입니다.
➡ (겉넓이)=$(14 \times 7 + 14 \times 14 + 7 \times 14) \times 2$
$= 392 \times 2 = 784$ (cm^2)

02 (뚫려 있지 않았을 때의 정육면체의 부피)
$= 8 \times 8 \times 8 = 512$ (cm^3),
(뚫린 부분의 부피)=$3 \times 3 \times 8 = 72$ (cm^3)
➡ (입체도형의 부피)=$512 - 72 = 440$ (cm^3)

03
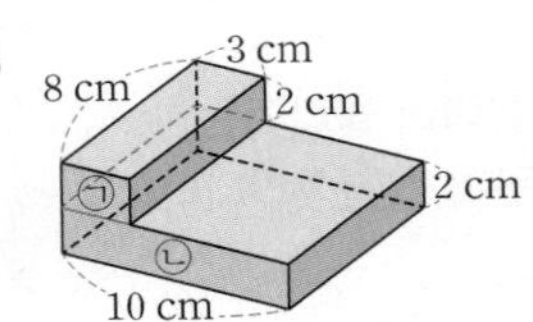

㉠ 가로 3 cm, 세로 8 cm, 높이 2 cm인 직육면체
㉡ 가로 10 cm, 세로 8 cm, 높이 2 cm인 직육면체
➡ (입체도형의 부피)=(㉠의 부피)+(㉡의 부피)
$= 3 \times 8 \times 2 + 10 \times 8 \times 2$
$= 48 + 160 = 208$ (cm^3)

81쪽

04

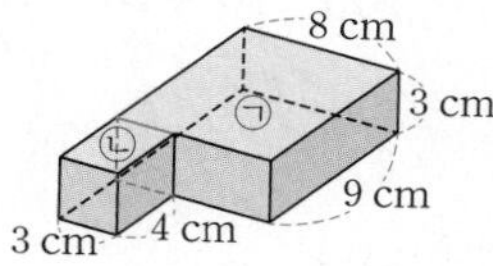

㉠ 가로 8 cm, 세로 9 cm, 높이 3 cm인 직육면체
㉡ 가로 3 cm, 세로 4 cm, 높이 3 cm인 직육면체
➡ (입체도형의 겉넓이)
=(㉠의 겉넓이)+(㉡의 겉넓이)
−(겹치는 부분의 넓이)×2
$=(8\times9+8\times3+9\times3)\times2$
$+(3\times4+3\times3+4\times3)\times2-3\times3\times2$
$=123\times2+33\times2-18$
$=246+66-18=294\ (\text{cm}^2)$

05 가로와 세로의 합이 $12\div2=6$ (cm)입니다.

가로(cm)	1	2	3	4	5
세로(cm)	5	4	3	2	1
(가로)×(세로)(cm^2)	5	8	9	8	5
부피(cm^3)	30	48	54	48	30

따라서 부피가 가장 큰 직육면체는 면 ㅁㅂㅅㅇ이 한 변의 길이가 3 cm인 정사각형일 때로 부피는 54 cm^3입니다.

06 가의 물을 다에 모두 부었을 때 다에 남은 공간의 부피는
$14\times6\times(18-13)-3\times5\times13$
$=420-195=225\ (\text{cm}^3)$
이므로 나의 물은 225 cm^3만큼 부을 수 있습니다.
다에 가득 부을 때 사용한 나의 물의 높이를 □cm라 하면 $5\times5\times$□$=225$이므로 $25\times$□$=225$, □$=9$입니다.
➡ $13-9=4$ (cm)

82쪽

07 문제 분석

07 ❶모든 모서리의 길이의 합이 60 cm인 정육면체의 / ❷겉넓이는 몇 cm^2입니까?

❶ (정육면체의 한 모서리의 길이)
=60÷(정육면체의 모서리의 수)
❷ (정육면체의 겉넓이)=(한 면의 넓이)×6

❶(정육면체의 모서리의 수)=12개,
(한 모서리의 길이)$=60\div12=5$ (cm)
❷➡ (겉넓이)$=5\times5\times6=150\ (\text{cm}^2)$

08 문제 분석

08 ❶직육면체 가와 정육면체 나의 부피의 / ❷차는 몇 m^3입니까?

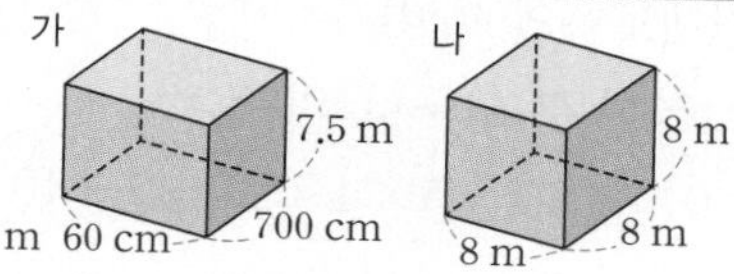

❶ 직육면체 가와 나의 부피를 구합니다.
❷ ❶에서 구한 값의 차를 구합니다.

❶가: 9 m 60 cm=9.6 m, 700 cm=7 m
➡ (부피)$=9.6\times7\times7.5=504\ (\text{m}^3)$
나: (부피)$=8\times8\times8=512\ (\text{m}^3)$
❷따라서 부피의 차는 $512-504=8\ (\text{m}^3)$입니다.

09 직육면체의 가로는 $9\times3=27$ (cm), 세로는 9 cm, 높이는 $9\times2=18$ (cm)입니다.
➡ (겉넓이)$=(27\times9+27\times18+9\times18)\times2$
$=891\times2=1782\ (\text{cm}^2)$

10 문제 분석

10 ❶직육면체 모양의 수조에 정육면체 모양의 벽돌을 넣으려고 합니다. 벽돌이 완전히 잠겼을 때 / ❷수조의 물의 높이는 몇 cm입니까? (단, 수조의 두께는 생각하지 않습니다.)

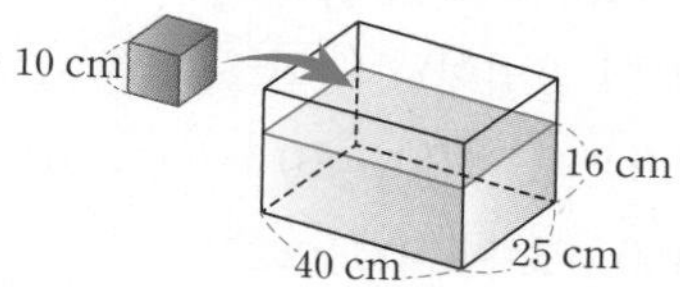

❶ (벽돌의 부피)=(늘어난 물의 부피)임을 이용하여 높아진 물의 높이를 구합니다.
❷ (물의 높이)=16+❶

❶(벽돌의 부피)$=10\times10\times10=1000\ (\text{cm}^3)$
벽돌을 넣었을 때 높아진 물의 높이를 □cm라 하면 $40\times25\times$□$=1000$, $1000\times$□$=1000$, □$=1$입니다.
❷따라서 물의 높이는 $16+1=17$ (cm)입니다.

11 (뚫려 있지 않았을 때의 정육면체의 부피)
$=6\times6\times6=216\ (\text{cm}^3)$,
(뚫린 부분의 부피)$=2\times2\times6=24\ (\text{cm}^3)$
➡ (입체도형의 부피)$=216-24=192\ (\text{cm}^3)$

12 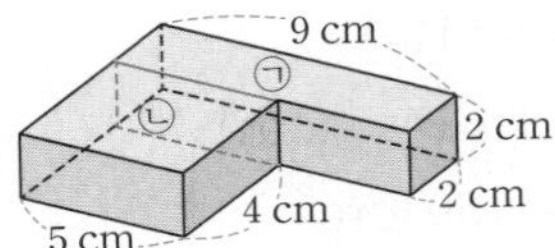

㉠ 가로 9 cm, 세로 2 cm, 높이 2 cm인 직육면체
㉡ 가로 5 cm, 세로 4 cm, 높이 2 cm인 직육면체
➡ (입체도형의 부피)
$=$(㉠의 부피)$+$(㉡의 부피)
$=9\times2\times2+5\times4\times2=36+40=76\ (\text{cm}^3)$

83쪽

13 문제 분석

13 ❶다음과 같이 직육면체 모양의 상자에 길이가 150 cm인 색 테이프를 둘러 붙였더니 40 cm가 남았습니다. / ❷이 상자의 겉넓이는 몇 cm^2입니까? (단, 색 테이프가 안 붙여진 면은 없습니다.)

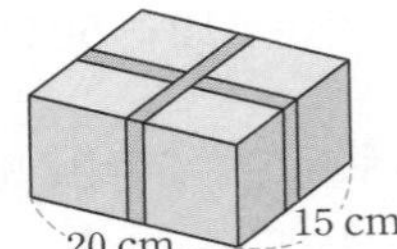

❶ 사용한 색 테이프의 길이를 구한 후 상자의 높이를 구합니다.
❷ ❶에서 구한 길이를 이용하여 상자의 겉넓이를 구합니다.

❶(사용한 색 테이프의 길이)$=150-40=110\ (\text{cm})$
상자의 높이를 □cm라 하면
$20\times2+15\times2+\square\times4=110$, $70+\square\times4=110$, $\square\times4=40$, $\square=10$입니다.
❷➡ (상자의 겉넓이)
$=(20\times15+20\times10+15\times10)\times2$
$=650\times2=1300\ (\text{cm}^2)$

14 문제 분석

14 ❶다음 직육면체와 겉넓이가 같은 정육면체의 / ❷부피는 몇 cm^3입니까?

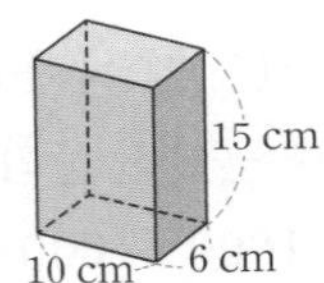

❶ 직육면체의 겉넓이를 구한 후 정육면체의 한 모서리의 길이를 구합니다.
❷ ❶에서 구한 길이를 이용하여 정육면체의 부피를 구합니다.

❶(직육면체의 겉넓이)
$=(10\times6+10\times15+6\times15)\times2$
$=300\times2=600\ (\text{cm}^2)$

정육면체의 한 모서리의 길이를 □cm라 하면
$\square\times\square\times6=600$, $\square\times\square=100$, $10\times10=100$이므로 $\square=10$입니다.
❷따라서 정육면체의 부피는
$10\times10\times10=1000\ (\text{cm}^3)$입니다.

15 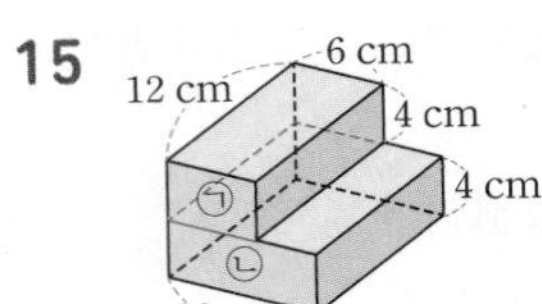

㉠ 가로 6 cm, 세로 12 cm, 높이 4 cm인 직육면체
㉡ 가로 10 cm, 세로 12 cm, 높이 4 cm인 직육면체
➡ (입체도형의 겉넓이)
$=$(㉠의 겉넓이)$+$(㉡의 겉넓이)
$-$(겹치는 부분의 넓이)$\times2$
$=(6\times12+6\times4+12\times4)\times2$
$+(10\times12+10\times4+12\times4)\times2$
$-6\times12\times2$
$=144\times2+208\times2-144$
$=288+416-144$
$=560\ (\text{cm}^2)$

16 가로와 세로의 합이 $16\div2=8\ (\text{cm})$입니다.

가로(cm)	1	2	3	4	5	6	7
세로(cm)	7	6	5	4	3	2	1
(가로)×(세로)(cm^2)	7	12	15	16	15	12	7
부피(cm^3)	56	96	120	128	120	96	56

따라서 부피가 가장 큰 직육면체는 면 ㅁㅂㅅㅇ이 한 변의 길이가 4 cm인 정사각형일 때로 부피는 $128\ \text{cm}^3$입니다.

17 가의 물을 다에 모두 부었을 때 다에 남은 공간의 부피는
$12\times8\times(15-12)-4\times5\times12$
$=288-240=48\ (\text{cm}^3)$
이므로 나의 물은 $48\ \text{cm}^3$만큼 부을 수 있습니다.
다에 가득 부을 때 사용한 나의 물의 높이를 □cm라 하면 $6\times8\times\square=48$이므로 $48\times\square=48$, $\square=1$입니다.
➡ $12-1=11\ (\text{cm})$

사고력 유형

84~85쪽

1 $1500\,cm^3$ **2** $600\,cm^2$
3 $512\,cm^3$ **4** $1200\,cm^2$

84쪽

1 가로 10 cm, 세로 10 cm, 높이 15 cm인 직육면체입니다.
따라서 부피는 $10\times10\times15=1500\,(cm^3)$입니다.

2 $1\times1\times1=1$이므로 쌓기나무의 한 모서리의 길이는 1 cm입니다.

순서	1번째	2번째	3번째	4번째	…
한 모서리의 길이(cm)	1	2	3	4	…

10번째 모양은 한 모서리의 길이가 $1\times10=10\,(cm)$인 정육면체입니다.
따라서 겉넓이는 $10\times10\times6=600\,(cm^2)$입니다.

85쪽

3 정육면체의 각 모서리의 길이를 2배로 늘이면 부피는 $2\times2\times2=8$(배)가 됩니다.
한 모서리의 길이가 1 cm인 정육면체의 부피: $1\times1\times1=1\,(cm^3)$
첫 번째: $1\times8=8\,(cm^3)<500\,cm^3$ ➡ 아니요
두 번째: $8\times8=64\,(cm^3)<500\,cm^3$ ➡ 아니요
세 번째: $64\times8=512\,(cm^3)>500\,cm^3$ ➡ 예
따라서 끝에 나오는 정육면체의 부피는 $512\,cm^3$입니다.

다른 풀이
첫 번째: 한 모서리의 길이가 2 cm인 정육면체
→ $2\times2\times2=8\,(cm^3)<500\,cm^3$
➔ 아니요
두 번째: 한 모서리의 길이가 4 cm인 정육면체
→ $4\times4\times4=64\,(cm^3)<500\,cm^3$
➔ 아니요
세 번째: 한 모서리의 길이가 8 cm인 정육면체
→ $8\times8\times8=512\,(cm^3)>500\,cm^3$
➔ 예
따라서 끝에 나오는 정육면체의 부피는 $512\,cm^3$입니다.

4

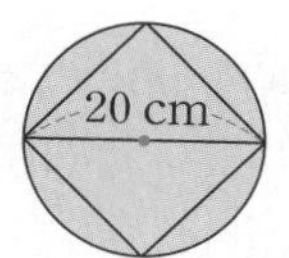

원 안에 들어갈 수 있는 가장 큰 정사각형은 한 대각선의 길이가 20 cm일 때입니다.
이 정사각형은 두 대각선의 길이가 모두 20 cm인 마름모이므로 넓이는 $20\times20\div2=200\,(cm^2)$입니다.
➡ (정육면체의 겉넓이)$=200\times6=1200\,(cm^2)$

도전! 최상위 유형

86~87쪽

1 $792\,cm^3$ **2** $26\,cm^2$
3 $464\,cm^2$ **4** $64\,cm^3$

86쪽

1 정육면체의 한 모서리의 길이를 □cm라 하면
$□\times□\times6=864$, $□\times□=144$, $12\times12=144$이므로 □$=12$입니다.
이때 정육면체의 한 모서리는 직육면체의 가로와 같습니다.
(직육면체의 부피)$=12\times14\times15=2520\,(cm^3)$,
(정육면체의 부피)$=12\times12\times12=1728\,(cm^3)$
➡ (남은 부분의 부피)$=2520-1728=792\,(cm^3)$

2 쌓기나무 6개를 면끼리 맞닿도록 이어 붙여 만든 직육면체 모양은 2가지입니다.

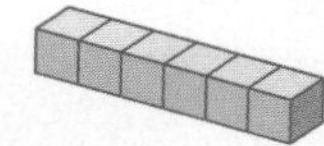

가로 6 cm, 세로 1 cm, 높이 1 cm인 직육면체입니다.
➡ (겉넓이)$=(6\times1+6\times1+1\times1)\times2$
$=13\times2=26\,(cm^2)$입니다.

가로 3 cm, 세로 2 cm, 높이 1 cm인 직육면체입니다.
➡ (겉넓이)$=(3\times2+3\times1+2\times1)\times2$
$=11\times2=22\,(cm^2)$입니다.
따라서 가장 넓은 직육면체의 겉넓이는 $26\,cm^2$입니다.

87쪽

3 (한 밑면의 넓이)
$=6\times10-3\times4=60-12=48\ (cm^2)$,
(바깥쪽 옆면의 넓이)
$=(6+10+6+10)\times8=32\times8=256\ (cm^2)$,
(안쪽 옆면의 넓이)
$=(3+4+3+4)\times8=14\times8=112\ (cm^2)$
➡ (입체도형의 겉넓이)
=(한 밑면의 넓이)×2+(바깥쪽 옆면의 넓이)+(안쪽 옆면의 넓이)
$=48\times2+256+112=464\ (cm^2)$

4 주어진 색종이 6장으로 만들 수 있는 직육면체의 모서리가 될 수 있는 길이는 3 cm, 4 cm, 6 cm입니다. 직육면체의 (가로, 세로, 높이)가 될 수 있는 경우는 다음과 같습니다.

- 가로, 세로, 높이가 모두 같은 경우
  (4 cm, 4 cm, 4 cm)
  ➡ 라 6장으로 만들 수 있고 부피는 $4\times4\times4=64\ (cm^3)$입니다.
- 가로, 세로, 높이 중 두 부분이 같은 경우
  (4 cm, 4 cm, 6 cm)
  ➡ 가 4장, 라 2장으로 만들 수 있고 부피는 $4\times4\times6=96\ (cm^3)$입니다.
  (4 cm, 4 cm, 3 cm)
  ➡ 다 4장, 라 2장으로 만들 수 있고 부피는 $4\times4\times3=48\ (cm^3)$입니다.
- 가로, 세로, 높이가 모두 다른 경우
  (3 cm, 4 cm, 6 cm)
  ➡ 가 2장, 나 2장, 다 2장으로 만들 수 있고 부피는 $3\times4\times6=72\ (cm^3)$입니다.

따라서 $96>72>64>48$이므로 부피가 세 번째로 큰 직육면체의 부피는 $64\ cm^3$입니다.